Karina Marschner

Wettbewerbsanalyse in der Automobilindustrie

GABLER EDITION WISSENSCHAFT

Marketing und Innovationsmanagement

Herausgegeben von Professor Dr. Martin Benkenstein

Die Schriftenreihe „Marketing und Innovationsmanagement" soll drei für die Betriebswirtschaftslehre richtungsweisende Forschungsfelder integrieren: die marktorientierte Unternehmensführung mit Fragen der Kunden- und der Wettbewerbsorientierung, die marktorientierte Technologiepolitik mit allen Fragen des Innovationsmanagements und schließlich das internationale Marketing mit einer speziellen Fokussierung auf den Ostseeraum und Osteuropa. Die Schriftenreihe will dabei ein Forum für wissenschaftliche Beiträge zu diesen Themenbereichen des Marketing-Managements bieten, aktuelle Forschungsergebnisse präsentieren und zur Diskussion stellen.

Karina Marschner

Wettbewerbsanalyse in der Automobilindustrie

Ein branchenspezifischer Ansatz auf Basis strategischer Erfolgsfaktoren

Mit einem Geleitwort von Prof. Dr. Martin Benkenstein

Springer Fachmedien Wiesbaden GmbH

Bibliografische Information Der Deutschen Bibliothek
Die Deutsche Bibliothek verzeichnet diese Publikation in der Deutschen
Nationalbibliografie; detaillierte bibliografische Daten sind im Internet über
<http://dnb.ddb.de> abrufbar.

Dissertation Universität Rostock, 2004

1. Auflage November 2004

Lektorat: Brigitte Siegel / Sabine Schöller

www.duv.de

Umschlaggestaltung: Regine Zimmer, Dipl.-Designerin, Frankfurt/Main

Gedruckt auf säurefreiem und chlorfrei gebleichtem Papier

ISBN 978-3-8244-8250-4   ISBN 978-3-663-11844-2 (eBook)
DOI 10.1007/978-3-663-11844-2

Geleitwort

Die Wettbewerbsintensität in der Automobilindustrie bewegt sich nach wie vor auf extrem hohem Niveau. Dies ist vor allem deshalb nicht erstaunlich, weil der Automobilmarkt auf den wesentlichen Absatzmärkten auf hohem Niveau stagniert und gleichzeitig die Globalisierung in dieser Branche sehr weit fortgeschritten ist. Im Ergebnis dieser Entwicklung hat sich in den vergangenen zwanzig Jahren ein nachhaltiger Konzentrationsprozess vollzogen.

Gleichzeitig hat sich die wissenschaftliche Forschung – ebenfalls in den vergangenen zwanzig Jahren – sehr intensiv mit Fragen des Wettbewerbs, der Wettbewerbsstrategien und auch der Wettbewerbsanalyse auseinander gesetzt. Ein Branchenmodell der Wettbewerbsanalyse für die wichtigste Gebrauchsgüterbranche – nicht nur in Deutschland, sondern weltweit – liegt bislang allerdings nicht vor, wenngleich viele Einzelkonzepte der Wettbewerbsanalyse und vor allem der Wettbewerbsstrategie regelmäßig am Beispiel der Automobilindustrie entworfen worden sind.

Diese Zusammenhänge greift die Verfasserin der vorliegenden Schrift auf. Sie hat sich die Aufgabe gestellt, ein Branchenmodell der Wettbewerbsanalyse für die Automobilindustrie zu entwickeln. Dabei liegt der Schwerpunkt ihrer Überlegungen auf einer konzeptionell-theoriegeleiteten Diskussion, die zu den Bausteinen eines automobilbezogenen Branchenmodells der Wettbewerbsanalyse führen soll. Darüber hinaus stellt sie sich aber auch die Aufgabe, die Praktikabilität der so entwickelten Konzeption empirisch an ausgewählten Beispielen zu demonstrieren. Bereits mit dieser Zielsetzung wird deutlich, dass die Verfasserin eine konsequent entscheidungsorientierte Arbeit vorlegt, die ausgehend von einer detaillierten Analyse der Ergebnisse bestehender Forschungsarbeiten ein Branchenmodell der Wettbewerbsanalyse entwickelt. Sie liefert damit auch gezielte Lösungsvorschläge für die Wettbewerbsbeobachtung in der Automobilindustrie.

Als Ausgangspunkt ihrer Überlegungen setzt sich die Verfasserin zunächst auf einer konzeptionellen Ebene mit den Inhalten der Wettbewerbsanalyse auseinander. Darauf aufbauend werden die branchenspezifischen Inhalte der Wettbewerbsanalyse erarbeitet. Hierzu geht die Verfasserin zunächst auf die Triebkräfte des Wettbewerbs in der Automobilindustrie ein. Als wesentliche Triebkräfte des Wettbewerbs identifiziert sie die Marktsättigung, die Individualisierung, die Globalisierung, die Innovationsdynamik und die Preistransparenz. Darauf aufbauend setzt sich die Verfasserin mit den Erfolgsdeterminanten in der Automobilindustrie auseinander. Sie leitet dabei aus den Triebkräften des Wettbewerbs die wettbewerbsstrategisch relevanten Erfolgsfaktoren und Erfolgspotenziale ab. Insgesamt münden die Überlegungen der Verfasserin in ein Branchenmodell der Wettbewerbsanalyse, das auf dem Grundmodell aufbaut und die Inhalte branchenspezifisch präzisiert. **Schließlich** widmet sich die Verfasserin der praktischen Prüfung dieses Branchenmodells zur Wettbewerbsanalyse in der Automobilindustrie. Die Verfasserin wählt dazu zwei Automobilkonzerne – und zwar General Motors und BMW – aus, und demonstriert an diesen Beispielen, dass sich das Branchenmodell auf höchst unterschiedliche Automobilhersteller anwenden lässt.

Die Verfasserin legt insgesamt eine konsequent entscheidungsorientierte Arbeit vor, indem sie – ausgehend vom aktuellen Forschungsstand – ein eigenständiges Branchenmodell zur Wettbewerbsanalyse entwirft und die empirische Relevanz dieses Modells an zwei ausgewählten Automobilherstellern belegt. Es ist zu wünschen, dass die vorliegende Schrift in Theorie und Praxis eine weite Verbreitung findet.

Prof. Dr. Martin Benkenstein

Vorwort

Die vorliegende Dissertationsschrift entstand während meiner Promotionszeit (2000 - 2003) im Konzern-Marketing der Volkswagen AG. Deshalb möchte ich mich zuerst bei meinem langjährigen unternehmensseitigen Betreuer, Herrn Dr. Hans-Peter Höhm, bedanken. Neben der grundsätzlichen Möglichkeit, bei Volkswagen zu promovieren, erhielt ich von ihm eine hervorragende fachliche Begleitung sowie die Gelegenheit, als seine Nachfolgerin die wertvolle Arbeit in der Wettbewerbsanalyse bei Volkswagen fortzusetzen.

Für die universitätsseitige Betreuung meiner Dissertationsschrift möchte ich mich bei Herrn Prof. Dr. Martin Benkenstein vom Lehrstuhl für Marketing und Dienstleistungsforschung an der Universität Rostock bedanken. Dabei sind insbesondere die konstruktiven Anregungen, der große Freiraum bei der Umsetzung der Ideen sowie die zügige Korrekturarbeit hervorzuheben. Ferner darf auch die grundsätzliche Bereitschaft, eine externe Promotion in Kooperation mit der Volkswagen AG zu betreuen, nicht unerwähnt bleiben. Bei Herrn Prof. Dr. Graßhoff vom Lehrstuhl für Rechnungswesen, Controlling und Wirtschaftsprüfung an der Universität Rostock bedanke ich mich für die Übernahme des Zweitgutachtens.

Neben der unternehmens- und universitätsseitigen Betreuer haben eine Reihe weiterer Personen maßgeblich zur Entstehung der vorliegenden Arbeit beigetragen. Besonderer Dank gilt dabei meiner Schwester, Frau Dipl.-Kffr. Kirstin Marschner, sowie Herrn Dr. Axel Pfeifer für die akribische Korrekturarbeit während der Endphase der Dissertation, die kritischen Anregungen und Fragen sowie das kontinuierliche Bestreben, mich zur Umsetzung dieses Vorhabens zu motivieren. Ebenso möchte ich mich bei meiner Studienfreundin, Frau Dipl.-Kffr./MIT Elena Luise Schamp, für die konstruktive Kritik, die zahlreichen Korrekturschleifen sowie ihre wertvolle Motivationsarbeit vor Beginn meiner Promotionszeit bedanken. In diesem Kontext waren auch die Diskussionsrunden mit meinem geschätzten Kollegen, Herrn Dr. Gordon H. Eckardt, unverzichtbar. Nicht zuletzt gilt mein Dank auch meinem Freund, Herrn Dirk Fähse, der großes Verständnis für die mit einem Promotionsvorhaben verbundenen Freizeitdefizite sowie sonstige Begleiterscheinungen aufbrachte.

Schließlich möchte ich den besonderen Beitrag meiner Eltern, Herbert und Dorothea Marschner, würdigen. Insbesondere meine Mutter verstand es, sich abzeichnende Zukunftspläne meinerseits aufzugreifen und mögliche Wege zur Erreichung dieser Ziele zu diskutieren. Meine Eltern haben mit ihrer unermüdlichen Erziehungs- und Motivationsarbeit während meiner schulischen und akademischen Ausbildung den eigentlichen Grundstein für das Entstehen dieser Arbeit gelegt.

Karina Marschner

Inhaltsverzeichnis

Abbildungsverzeichnis

Abkürzungsverzeichnis

abs.	absolut
ACEA	Association des Constructeurs Européens d' Automobiles
ADAC	Allgemeiner Deutscher Automobil-Club
AktG	Aktiengesetz
AQR	Automotive Quarterly Review
BMW	Bayerische Motoren Werke
bspw.	beispielsweise
bzgl.	bezüglich
CRM	Customer Relationship Management
DC	DaimlerChrysler
Diff.	Differenz
div. Jgg.	diverse Jahrgänge
EBITDA	Earnings Before Interest, Tax, Depreciation and Amortisation
ECDH	European Car Distribution Handbook
e. g.	exempli gratia
et al.	et alteri
FAZ	Frankfurter Allgemeine Zeitung
FL	Facelift
F&E	Forschung und Entwicklung
FTD	Financial Times Deutschland
Fzg.	Fahrzeuge
GAAP	Generally Accepted Accounting Principles
geg.	gegenüber
g. Vj.	gegenüber Vorjahr
GJ	Geschäftsjahr
GM	General Motors
GMA	General Motors Automotive
GMAP	General Motors Asia Pacific
GMDAT	General Motors Daewoo Auto & Technology Corporation
GME	General Motors Europe
GMLAAM	General Motors Latin America, Africa, Middle East
GMNA	General Motors North America
GVO	Gruppenfreistellungsverordnung
HGB	Handelsgesetzbuch
http	Hypertext Transfer Protocol
IAS	International Accounting Standards
IFRS	International Financial Reporting Standards

incl.	inklusive
i. d. R.	In der Regel
i. e. S.	Im engeren Sinne
i. H. v.	In Höhe von
IuK	Informations- und Kommunikationstechnik
i. V. m.	In Verbindung mit
i. w. S.	Im weiteren Sinne
JV	Joint Venture
KBA	Kraftfahrtbundesamt
Kfz.	Kraftfahrzeug
KGV	Kurs-Gewinn-Verhältnis
LNF	Leichte Nutzfahrzeuge
Mgmt.	Management
ME	Markteinführung
MM	manager magazin
MPV	Multi Purpose Vehicle
nachrichtl.	nachrichtlich
n. St.	nach Steuer
NF	Nachfolger
Nfz.	Nutzfahrzeuge
o. Jg.	ohne Jahrgang
o. Nr.	ohne Nummer
o. S.	ohne Seitenangabe
o. V.	ohne Verfasser
ops.	operations
PIMS	Profit Impact of Market Strategies
PSA	Peugeot Société Anonyme
ROE	Return on Equity
ROI	Return on Investment
ROS	Return on Sales
SAIC	Shanghai Automotive Industries Corporation
SAV	Sports Activity Vehicle
sonst.	sonstige
S. p. A.	Societa per azioni
steig.	steigende
strat.	strategisch
SUV	Sports Utility Vehicle
SWOT	Strengths, Weaknesses, Opportunities, Threats
TMC	Toyota Motor Corporation

übr.	übrige
v. a.	vor allem
VAE	Vereinigte Arabische Emirate
VDA	Verein der Automobilindustrie
v. St.	vor Steuer
VW	Volkswagen
WAMS	Welt am Sonntag
WTO	World Trade Organisation
ZfAW	Zeitschrift für Automobilwirtschaft
ZfB	Zeitschrift für Betriebswirtschaft
ZfbF	Zeitschrift für betriebswirtschaftliche Forschung
ZFP	Zeitschrift für Forschung und Praxis
ZfW	Zeitschrift für Wirtschaftswissenschaften

1 Strategische Bedeutung der Wettbewerbsanalyse in der Automobilindustrie

1.1 Wettbewerbssituation in der Automobilindustrie

Die Automobilbranche[1] hat im Verlaufe der letzten Jahrzehnte eine enorme Wettbewerbsdynamisierung und -intensivierung erfahren. In erster Linie sind Sättigungstendenzen auf den Triademärkten, auf denen noch immer über siebzig Prozent des weltweiten Automobilabsatzes realisiert werden,[2] sowie die Globalisierung des gesamten Wirtschaftszweiges für die Verschärfung der Marktbedingungen verantwortlich.

Parallel zu diesen Entwicklungen zeichnet sich eine Veränderung der Kundenbedürfnisse auf dem Automobilmarkt ab. Mobilität wird zunehmend als Selbstverständlichkeit angesehen und auf der Kundenseite wachsen der Wunsch nach Selbstverwirklichung und das Bedürfnis nach Spontaneität bzw. Abwechslung.[3] Dieses so genannte „variety-seeking-Verhalten"[4] ist eine wesentliche Ursache, weshalb der Automobilmarkt seit Beginn der neunziger Jahre zunehmend in kleinere Segmente zerfällt (vgl. Abbildung 1).

---

[1] Die Begriffe „Automobilbranche" und „Automobilindustrie" werden in der Arbeit synonym verwendet.

[2] Das weltweite Absatzvolumen aller Automobilhersteller (Pkw und leichte Nutzfahrzeuge) belief sich im Jahr 2002 auf 55,7 Mio. Fahrzeuge. Davon entfielen 41,1 Mio. Fahrzeuge (74 Prozent) auf die Triademärkte Westeuropa (16,0 Mio. Fzg.), NAFTA (19,4 Mio. Fzg.) und Japan (5,7 Mio. Fzg.), vgl. DRI-WEFA (Hrsg., 2002): World Car Industry Forecast Report, Dezember 2002, S. 27.

[3] Vgl. OEHM, E. (2000): Gesellschaftliche Trends und Kundenwünsche im Zeitalter der selbstverständlichen Mobilität. In: ZfAW, Jg. 3, Nr. 4, S. 78 ff.

[4] Vgl. HELMIG, B. (1997): Variety-seeking-behavior im Konsumgüterbereich: Beeinflussungsmöglichkeiten durch Marketinginstrumente, S. 3 ff.

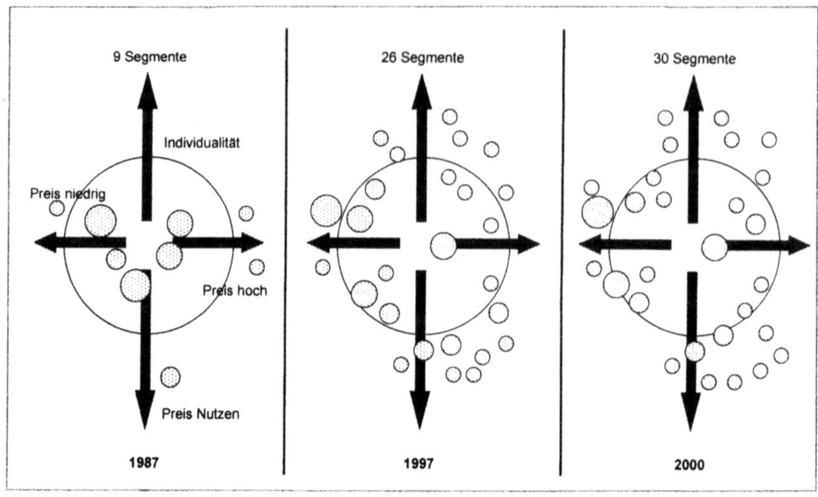

Abbildung 1: Fragmentierung des Automobilmarkts[5]

Die in Abbildung 1 dargestellte Verdreifachung der Kundensegmente bleibt für die Hersteller nicht ohne Wirkung. Sie zieht zum einen die Erhöhung der Variantenvielfalt nach sich, da sich alle Hersteller bemühen, den wechselfreudigen Kunden eine entsprechend abwechslungsreiche und innovative Produktpalette anzubieten. Die Zahl der angebotenen Karosserieformen hat sich deshalb nahezu proportional von ehemals drei Varianten (Limousine, Kombi, Sportwagen) auf mehr als zehn Varianten im Jahre 2000 erhöht.[6] Neben der Variantenvielfalt erweitert sich auch das Angebot an Fahrzeugausstattungen. Das Ergebnis dieser Entwicklung sind die hohen Sicherheitseigenschaften, der zunehmende Anteil von Elektronikbauteilen sowie die kraftstoffsparenden Antriebskonzepte der heutigen Fahrzeuge.

Das Spannungsfeld zwischen der Wettbewerbsintensivierung auf der einen Seite und der variantengetriebenen Kostenexplosion auf der anderen Seite hat zu einem umfassenden Konzentrationsprozess unter den Automobilproduzenten geführt. Unternehmenskäufe, Fusionen oder strategische Allianzen sollen Synergieeffekte, d. h. Kosteneinsparungen durch gemeinsamen Einkauf, gemeinsame Nutzung von Produktionskapazitäten, Vervollständigung der Markenportfolios und damit der Marktabdeckung,[7] liefern. Wie aus Abbildung 2 ersichtlich, sind von den 1980 noch 30 unabhängigen Herstellern im Jahre 2002 nur noch 12 rechtlich und wirt-

---

[5] Quelle: BÜCHELHOFER, R. (2002): Markenführung im Volkswagen-Konzern im Rahmen der Mehrmarkenstrategie. In: MEFFERT, H.; BURMANN, C.; KOERS, M. (Hrsg., 2002): Markenmanagement: Grundfragen der identitätsorientierten Markenführung, S. 527.

[6] Vgl. STOCKMAR, J. (2002): Neue Vernetzung zwischen Herstellern und ihren Zulieferern. In: ZfAW, Jg. 5, Nr. 4, S. 12. Ausführlich dazu Kapitel 3.1.2.

[7] Vgl. DUDENHÖFFER, F. (2000): Im Mittelpunkt strategischer Übernahmen steht ein Marketingproblem. In: absatzwirtschaft, Jg. 43, Nr. 11, S. 56 - 61.

schaftlich selbständige Anbieter[8] in der Branche verblieben. Prognosen zufolge wird sich diese Zahl bis zum Jahre 2010 auf acht Mehr-Marken-Anbieter weiter reduzieren.[9]

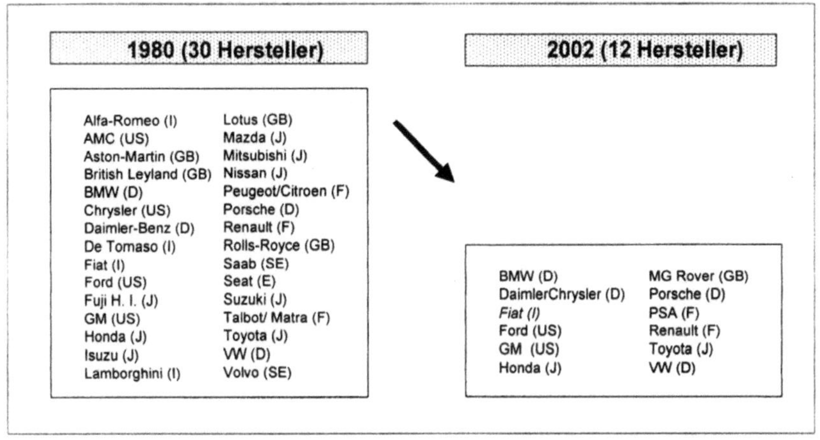

Abbildung 2: Konzentrationsprozess unter den Automobilherstellern[10]

Vor dem Hintergrund der beschriebenen Wettbewerbsbedingungen in der Automobilbranche ist die kontinuierliche Beobachtung der Wettbewerberaktivitäten unerlässlich.[11] Der Wettbewerbsanalyse kommt bei der Beurteilung der eigenen Konkurrenzfähigkeit sowie der Identifikation von Zukunftschancen und –risiken folglich eine besondere Bedeutung zu.

---

[8] Zu den derzeit unabhängigen Automobilherstellern (Global Player) gehören General Motors, Ford, DaimlerChrysler, Toyota, VW Gruppe, Fiat, PSA, Renault, Honda, BMW, Porsche und MG Rover.

[9] Vgl. MEIẞNER, D. (2001): Erfolgsfaktor im Wettbewerb – über die Bedeutung von Innovationsmanagement für die Automobilindustrie. In: Diebold Management Report, Heft 6/ 7, S. 14 – 18.

[10] In Anlehnung an DIEZ, W. (2001c): Automobilmarketing: Erfolgreiche Strategien, Praxisorientierte Konzepte, Effektive Instrumente, S. 33. Die Selbständigkeit von Fiat Auto steht aufgrund der Kaufoption des GM-Konzerns noch zur Disposition. Die Angaben in Klammern indizieren den Sitz des Mutterunternehmens.

[11] Zur strategischen Bedeutung der Wettbewerbsbeobachtung vgl. FISCHER, G. (1986): Strategische Konkurrenzanalyse. In: WIESELHUBER, N.; TÖPFER, A. (Hrsg., 1986): Handbuch Strategisches Marketing; S. 103 – 115; RÖMER, E. (1988): Konkurrenzforschung. In: ZfB, Jg. 58, Nr. 4, S. 481 – 501.

1.2   Definition und Abgrenzung der Wettbewerbsanalyse

Die Auseinandersetzung mit dem Thema „Wettbewerbsanalyse" setzt zunächst ein grundlegendes Verständnis vom Wettbewerb voraus. Wettbewerb ist nicht nur als wirtschaftliches Phänomen, sondern in erster Linie als eine gesellschaftliche Erscheinung zu verstehen, die immer dann vorliegt, „wenn mehrere Interessenten das gleiche Ziel verfolgen, es aber nicht gleichzeitig erreichen können"[12]. Als Beispiele dafür können sportliche Ausscheide und politische Wahlkämpfe angeführt werden.

Der wirtschaftliche Wettbewerb, synonym als „Konkurrenz"[13] bezeichnet, wird in der Literatur vorrangig unter volkswirtschaftlichen Gesichtspunkten diskutiert. Die bekannteste Aufgabe des Wettbewerbs ist in diesem Zusammenhang die zentrale Steuerungs- und Kontrollfunktion in der Marktwirtschaft.[14] In der nationalökonomischen Wettbewerbstheorie wird Wettbewerb allgemein als ein in der Zeit ablaufender, dynamischer Marktprozess gekennzeichnet, der sich in Vorstoß und Verfolgung der Akteure dokumentiert.[15] Dieser Prozess kann sich grundsätzlich auf Güter- und Faktormärkten vollziehen. Angesichts zunehmend gesättigter Märkte entwickelte sich in den letzten Jahrzehnten jedoch die Absatzkomponente zum planerischen Engpass für Unternehmen. Die hier vorliegende Arbeit fasst den wirtschaftlichen Wettbewerb daher in Anlehnung an BORCHARDT/ FIKENTSCHER als das selbständige Streben sich gegenseitig im Wirtschaftserfolg beeinflussender Anbieter nach Geschäftsverbindungen mit Dritten (Kunden) durch Inaussichtstellen möglichst günstiger Geschäftsbedingungen auf.[16]

Die Intensität des Wettbewerbs zwischen den Anbietern unterliegt diversen Einflussfaktoren. Mit den strukturellen Determinanten des Wettbewerbs und somit der Rentabilität von Branchen befasst sich vor allem die Lehre der Industrieökonomik. Vertreter dieser Schule postulieren einen kausalen Zusammenhang zwischen Branchenstrukturmerkmalen, Wettbewerbsver-

---

[12] OLTEN, R. (1998): Wettbewerbstheorie und Wettbewerbspolitik, S. 13.

[13] Einer etymologischen Betrachtung zufolge kann das aus dem Lateinischen entlehnte Wort „Konkurrenz" mit „Zusammenlauf" oder „Zusammenstoß" übersetzt werden. Teilweise abgelöst wurde der Begriff „Konkurrenz" seit dem 19. Jahrhundert durch die Bezeichnungen „Wettbewerb" oder „Wettstreit". Die Begriffe werden in dieser Arbeit synonym verwendet. Vgl. KLUGE, F. (2002): Etymologisches Wörterbuch der deutschen Sprache.

[14] Vgl. COX, H.; HÜBENER, H. (1981): Wettbewerb. Eine Einführung in die Wettbewerbstheorie und Wettbewerbspolitik. In: COX, H. (1981): Handbuch des Wettbewerbs, S. 4.

[15] Zu Inhalten und Stand der Wettbewerbstheorie vgl. MANTZAVINOS, C. (1994): Wettbewerbstheorie: Eine kritische Auseinandersetzung; OLTEN, R. (1998): a.a.O., S. 29 – 80; SCHREITER, C. (1999): Wettbewerbsordnung und Wettbewerbstheorie. In: ENGELHARD, P.; GEUE, H. (Hrsg., 1999): Theorie der Ordnungen – Lehren für das 21. Jahrhundert, S. 101 – 134; KIRZNER, I. (2000): Competition and the market process: some doctrinal milestones. In: KRAFFT, J. (Hrsg., 2000): The Process of Competition, S. 11 – 26.

[16] Vgl. BORCHARDT, K.; FIKENTSCHER, W. (1957): Wettbewerb, Wettbewerbsbeschränkungen, Marktbeherrschung, S. 15.

halten und Ergebnissituation („Structure-Conduct-Performance"-Paradigma).[17] Nach PORTER lassen sich in einer Branche fünf strukturelle Determinanten der Wettbewerbsintensität identifizieren:[18]

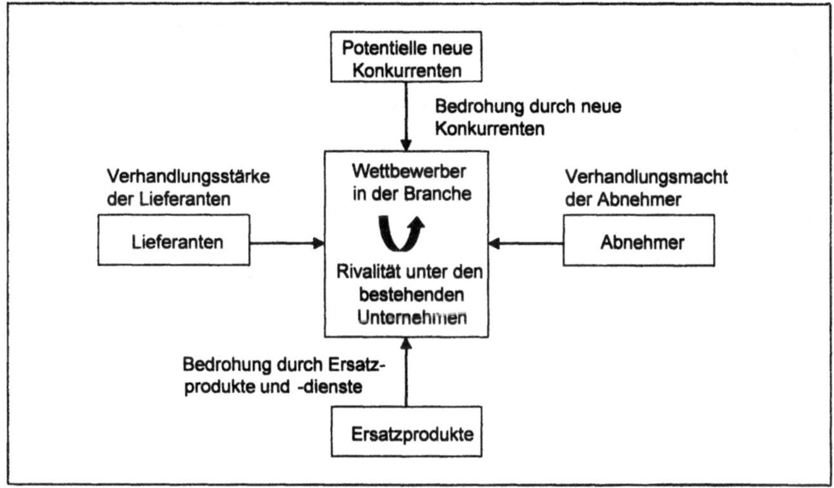

Abbildung 3: Triebkräfte des Wettbewerbs nach PORTER[19]

Die *Rivalität unter bestehenden Unternehmen* wird u. a. dadurch verstärkt, dass Märkte in Stagnationsphasen eintreten, der Kampf um Marktanteile einsetzt und hohe Austrittsbarrieren das Ausscheiden erfolgloser Konkurrenten verhindern.[20] Darüber hinaus wird auch der *Eintritt neuer Konkurrenten* als wettbewerbsverschärfend angesehen. Dies hängt jedoch von der Höhe der Markteintrittsbarrieren (e. g. economies of scale, Zugang zu Vertriebskanälen, Kapitalbedarf) ab. *Substitutionsprodukte* stellen dann eine Bedrohung dar, wenn sie durch ein besseres Preis-Leistungs-Verhältnis oder innovativere Technologien den bestehenden Produkten überlegen sind. Große *Verhandlungsmacht der Abnehmer* bewirkt auf Seiten der Anbieter einen Preisdruck, besonders dann, wenn die Nachfrager ihre Macht bündeln, mit Rückwärtsintegration drohen oder das hergestellte Produkt für den Abnehmer unbedeutend ist. Im umgekehrten

---

[17] Vgl. KNIEPS, G. (2001): Wettbewerbsökonomie – Regulierungstheorie, Industrieökonomie, Wettbewerbspolitik, S. 45 – 66.; BÜHLER, S.; JAEGER, F. (2002): Einführung in die Industrieökonomik, S. 1 ff.; BESTER, H. (2003): Theorie der Industrieökonomik, S. 2 ff.

[18] Darüber hinaus können das Marktstadium, das Wettbewerbsgleichgewicht sowie unternehmensbezogene Determinanten den Branchenwettbewerb bestimmen, vgl. MEFFERT, H. (1997): Marketing-Management, S. 141.

[19] Vgl. PORTER, M. E. (1999): Wettbewerbsstrategie: Methoden zur Analyse von Branchen und Konkurrenten, S. 34.

[20] Zu diesen und nachfolgenden Anführungen vgl. KREILKAMP (1987): Strategisches Management und Marketing: Markt- und Wettbewerbsanalyse, strategische Frühaufklärung, Portfolio-Management, S. 86 – 87; MEFFERT, H. (1997): a.a.O., S. 143; BAUM, H.-G.; COENENBERG, A. G.; GÜNTHER, T. (1999): Strategisches Controlling, S. 60 – 63; PORTER, M. E. (1999): a.a.O., S. 50 - 54.

Falle kann auch die *Angebotsmacht der Lieferanten* den Wettbewerbsdruck erhöhen. Durch Konzentration, glaubwürdige Androhung von Vorwärtsintegration oder die Vermarktung des zugelieferten Produktes als wesentlichen Bestandteil des Folgeproduktes können Zulieferer Macht erwerben und somit Einfluss auf die Abnehmerpreise nehmen. Neben den porterschen Strukturdeterminanten kommt auch der Marktform eine Bedeutung als Determinante der Wettbewerbsintensität zu.

Zur langfristigen Sicherung der Konkurrenzfähigkeit muss ein Unternehmen folglich ein tiefes Verständnis für den Kunden, das eigene Unternehmen, insbesondere jedoch für sein Wettbewerbsumfeld entwickeln.[21] Diese Aufgabe kommt der Wettbewerbsanalyse zu. Die Wettbewerbsanalyse wird in der betriebswirtschaftlichen Literatur unter verschiedenen Gesichtspunkten diskutiert, dabei streuen die Auffassungen je nach Untersuchungsgegenstand, Betrachtungsebene und zeitlicher Abgrenzung. Abbildung 4 demonstriert einige mögliche Formen der Wettbewerbsanalyse.

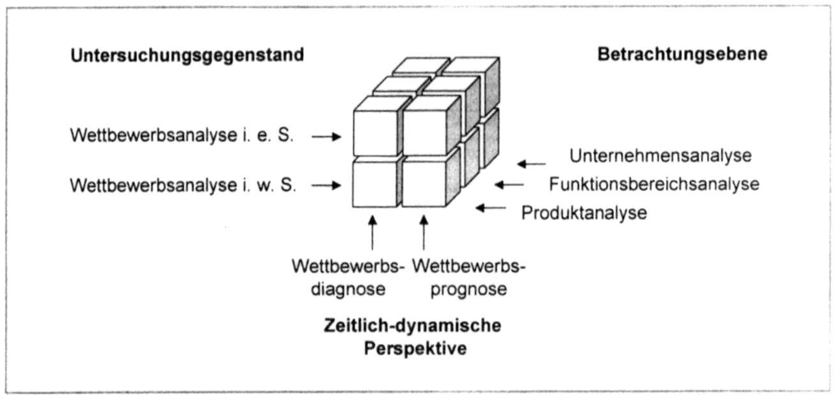

Abbildung 4: Formen der Wettbewerbsanalyse[22]

Zunächst sollen einige Standpunkte bezüglich des **Untersuchungsgegenstandes** von Wettbewerbsanalysen vorgestellt werden. FISCHER begreift den Untersuchungsgegenstand der Wettbewerbsanalyse als eine reine Konkurrentenanalyse und bezieht derzeitige (direkte, indirekte) und zukünftige (potentielle) Konkurrenten in die Analyse ein.[23] Ebenso beschränkt sich HOFFMANN auf die Untersuchung der Konkurrenten. In seine „Konkurrenzuntersuchung i. e. S." gehen Konkurrenten mit Gütern derselben Produktgruppe und Preislage ein. Die

---

[21] Vgl. FISCHER, G. (1986): a.a.O., S. 105.

[22] Quelle: Eigene Darstellung.

[23] Vgl. FISCHER, G. (1986): a.a.O., S. 106.

„Konkurrenzuntersuchung i. w. S" hingegen umfasst Anbieter von Gütern gleicher Produktgruppe (unabhängig vom Preisniveau) sowie Güter des gleichen Verwendungszwecks.[24]

Etwas weiter gefasst ist dagegen der Ansatz von KREIKEBAUM: Demnach untersucht die Wettbewerbsanalyse „alle Daten und Umweltbedingungen, die durch die Wettbewerber selbst und durch die Wettbewerbsstruktur (Branche) vorgegeben werden. Sie umfasst folglich die Konkurrentenanalyse und die Analyse der Branchenstruktur".[25] Er unterteilt in:

- Wettbewerbsanalyse im engeren Sinne,

- Wettbewerbsanalyse im weiteren Sinne.

Die Wettbewerbsanalyse i. e. S. konzentriert sich auf das Verhältnis eines Unternehmens zu seinen gegenwärtigen Konkurrenten, die Analyse i. w. S. beschäftigt sich darüber hinaus mit potentiellen Konkurrenten sowie Abnehmern und Lieferanten.[26]

Die weiteste Auslegung des Untersuchungsgegenstandes liefert MEFFERT in Anlehnung an RIESER.[27] Dabei werden unternehmensbezogene und strukturelle Determinanten des Wettbewerbs in die Analyse einbezogen, wobei in die Begriffe *„Konkurrentenanalyse"* und *„Wettbewerbsanalyse"* unterschieden wird. Die „Konkurrentenanalyse" wird als Mittel zur „Charakterisierung und Beurteilung der wichtigsten Wettbewerber im Hinblick auf Gemeinsamkeiten und Unterschiede in der Marktposition und dem Verhalten sowie in den Zielen, Voraussetzungen und Fähigkeiten"[28] gesehen. Die „Konkurrentenanalyse" nach MEFFERT entspricht inhaltlich der Wettbewerbsanalyse i. e. S. nach KREIKEBAUM; der „Wettbewerbsanalyse" nach MEFFERT werden zusätzlich Elemente der Branchenanalyse, der Marktform, des Marktstadiums und des Wettbewerbsgleichgewichts zugeordnet.[29]

Neben dem sachlichen Analyseumfang existieren auch Formen der Wettbewerbsanalyse, die sich hinsichtlich **zeitlich-dynamischer Kriterien** unterscheiden. Nach HOFFMANN kann die Wettbewerbsuntersuchung in die eher statische *Konkurrenzanalyse* und die dynamische *Konkurrenzbeobachtung* unterteilt werden. Letztere hat insbesondere die Entwicklung des Marktangebots im Zeitablauf zum Gegenstand.[30] Ähnlich argumentieren auch SCHELD, RÖMER und

---

[24] Vgl. HOFFMANN, K. (1979): Die Konkurrenzuntersuchung als Determinante der langfristigen Absatzplanung, S. 66.

[25] KREIKEBAUM, H. (1989): a.a.O., S. 132.

[26] Vgl. KREIKEBAUM, H. (1989): a.a.O., S. 132.

[27] Vgl. RIESER, I. (1989): Konkurrenzanalyse: Wettbewerbs- und Konkurrentenanalyse im Marketing. In: Die Unternehmung, Jg. 43, Nr. 4, S. 293 – 309; MEFFERT, H. (1997): Marketing-Management: Analyse, Strategie, Implementierung, S. 141 ff.

[28] MEFFERT, H. (1997): a.a.O., S. 141 in Anlehnung an RIESER, I. (1989): a.a.O., S. 303.

[29] Vgl. MEFFERT, H. (1997): a.a.O., S. 141.

[30] Vgl. HOFFMANN, K. (1979): a.a.O., S. 10 – 11.

BREZSKI.[31] Ihrer Auffassung nach kann die Wettbewerbsuntersuchung die Formen der *Konkurrenzdiagnose* und *–prognose* annehmen.

Wenngleich sich die meisten Arbeiten vorrangig auf die Analyse der Konkurrenzunternehmungen und deren Geschäftsumgebung konzentrieren, so widmen sich doch einige Ansätze auch der Gegenüberstellung einzelner Funktionen bzw. des Produktangebots. Das dritte Unterteilungskriterium von Wettbewerbsanalysen bildet folglich die **Betrachtungsebene** im Unternehmen.[32] Die Wettbewerbsanalyse *auf Unternehmensebene* befasst sich unter ganzheitlichen Gesichtspunkten mit dem Wettbewerbsunternehmen. Instrumente dafür sind beispielsweise die Wertketten-, Erfahrungskurven- oder Erfolgsfaktorenanalyse.[33] Bei der Wettbewerbsanalyse *auf Funktionsbereichsebene* werden spezielle Aspekte eines abgegrenzten Unternehmensbereichs beleuchtet. Bilanz- oder Liquiditätsanalyse, funktionales Benchmarking und die Analyse des absatzpolitischen Instrumentariums der Wettbewerber sind aus der Unternehmenspraxis hinlänglich bekannt.[34] *Auf Produktebene* gehören das reverse engineering und die Produktlebenszyklusanalyse zu den bekannten Methoden der Wettbewerbsanalyse.[35]

Eine vierte Unterteilungsmöglichkeit von Wettbewerbsanalysen nehmen LINK und FISCHER vor.[36] Demnach lässt sich in *strategische* und *operative Wettbewerbsanalyse* unterteilen. Strategische Wettbewerbsanalyse wird als das systematische Vorgehen zur Ermittlung der strategischen Wettbewerbsfähigkeit von Konkurrenzunternehmen charakterisiert und fungiert als "wesentlicher Baustein bei der Anpassung und Weiterentwicklung einer Unternehmensstrategie an die Wettbewerbsverhältnisse"[37]. Unter einer operativen Konkurrenzanalyse versteht

---

[31] Vgl. SCHELD, M (1985): Wettbewerbsdiagnose und –prognose im Rahmen der strategischen Unternehmensplanung von Industrieunternehmungen; RÖMER, E. (1988): a.a.O., S. 481 – 501; dazu auch BORRMANN, B. (1992): Analyse des absatzpolitischen Instrumentariums und der Marktbedingungen im Rahmen der Konkurrenzforschung des Export-Marketing, S. 48; BREZSKI, E. (1993): Konkurrenzforschung im Marketing: Analyse und Prognose, S. 5.

[32] Demnach kann die Wettbewerbsanalyse auf Gesamtunternehmens- und Funktionsbereichsebene erfolgen, vgl. BORRMANN, B. (1992): a.a.O., S. 17 – 34.

[33] Ausführlich zu den Instrumenten der Wettbewerbsanalyse vgl. KREIKEBAUM, H. (1989): Wettbewerbsanalysen für Marketingentscheidungen. In: BRUHN, M. (Hrsg., 1989): Handbuch des Marketing: Anforderungen an Marketingkonzeptionen aus Wissenschaft und Praxis, S. 133 – 141 sowie KREIKEBAUM, H. (1997): Strategische Unternehmensplanung, S. 117 – 131; FLEISHER, C. S.; BENSOUSSAN, B. E. (2003): Strategic and Competitive Analysis: Methods and Techniques for Analyzing Business Competition.

[34] Mit der funktionsbereichsbezogenen Wettbewerbsanalyse setzt sich folgende Literatur auseinander: ODENWALD, G. (1976): Bilanzanalysen, branchenbezogen: Der Vergleich mit der Konkurrenz; BORRMANN, B. (1992): a.a.O.; ZAIRI, M. (1994): Competitive Benchmarking: An Executive Guide.

[35] Einen Überblick über das reverse engineering bietet OTTO, K. N; WOOD, K. L. (2001): Product design: techniques in reverse engineering and new product development. Grundlagen zur Produktlebenszyklusanalyse finden sich in der Marketingliteratur, vgl. KOTLER, P.; BLIEMEL, F. (2001): Marketing-Management: Analyse, Planung und Verwirklichung, S. 571 ff.

[36] Vgl. FISCHER, G. (1986): a.a.O., S. 103; LINK, U. (1988): Strategische Konkurrenzanalyse im Konsumgütermarketing: Theoretische Grundlagen und Operationalisierung, S. 34 ff.

[37] LINK, U. (1988): a.a.O., S. 36.

LINK hingegen „das systematische Vorgehen zur Beschaffung aller Informationen über das Wettbewerbsumfeld, die im Zuge operativer Planung, d. h. bei der Umsetzung der Wettbewerbsstrategie in konkrete Aktionen, benötigt werden."[38]

Die Vielzahl der Bedeutungen, die mit dem Begriff „Wettbewerbsanalyse" assoziiert werden, verdeutlicht die Notwendigkeit einer klaren Abgrenzung des in dieser Arbeit untersuchten Gegenstands. Ausgangspunkt der vorliegenden Arbeit soll die Auffassung nach KREIKEBAUM sein, wonach Wettbewerbsanalyse „alle Daten und Umweltbedingungen, die durch die Wettbewerber selbst und durch die Wettbewerbsstruktur (Branche) vorgegeben werden"[39], untersucht.

1.3 Aufgaben der Wettbewerbsanalyse in der strategischen Planung

Die Erhaltung und erfolgreiche Weiterentwicklung der Unternehmung sind die grundlegendsten Ziele einer betrieblichen Organisation.[40] Zu diesem Zweck müssen adäquate Unternehmens- und Wettbewerbsstrategien festgelegt, d. h. langfristig rentable Geschäftsfelder lokalisiert und mit erfolgreichen Wettbewerbskonzeptionen belegt werden. Mit diesen Entscheidungen befasst sich ein Unternehmen im Rahmen der strategischen Planung. Zur Erläuterung des Beitrags, den die Wettbewerbsanalyse dabei leisten kann, bedarf es zunächst einer kurzen Klärung des Planungs- und Strategiebegriffs sowie einer Einordnung der Wettbewerbsanalyse in den Prozess der strategischen Planung.

Der Begriff „*Planung*" ist im Allgemeinen eine gedankliche Vorwegnahme zukünftiger Geschehnisse. Übertragen auf das Unternehmen bedeutet dies eine „vorgedachte systematische zielorientierte Ordnung, nach der sich das zukünftige Unternehmensgeschehen vollziehen soll"[41]. Die zentrale Aufgabe der strategischen Planung ist die Festlegung von Unternehmens- und Wettbewerbsstrategien.[42] Die **Unternehmensstrategien** (corporate strategies) werden auf oberster Ebene (Konzernleitung, Holding etc.) festgelegt. Dabei werden diejenigen Produkt-

---

[38] LINK, U. (1988): a.a.O., S. 35.

[39] KREIKEBAUM, H. (1989): a.a.O., S. 132. Auf eine Trennung der Begriffe „Wettbewerbs-" und „Konkurrenzanalyse" wird in dieser Arbeit verzichtet, da dies nicht im Einklang mit der festgelegten synonymen Verwendung der Begriffe „Wettbewerb" und „Konkurrenz" stünde.

[40] Vgl. HAHN, D. (1999): Stand und Entwicklungstendenzen der strategischen Planung. In: HAHN, D.; TAYLOR, B. (1999): Strategische Unternehmensplanung, strategische Unternehmensführung: Stand und Entwicklungstendenzen, S. 4.

[41] KORNDÖRFER, W. (1999): Unternehmensführungslehre: Einführung, Entscheidungslogik, Soziale Komponenten, S. 104.

[42] Der Begriff „*Strategie*" entstammt dem Altgriechischen (Wortbestandteile: „stratos" = umfassend, übergreifend; „igo" = handeln) und fand ursprünglich Anwendung im Militärbereich. Zur weiteren Erläuterung des Strategiebegriffs vgl. GÄLWEILER, A. (1990): Strategische Unternehmensführung, S. 60 ff.; HENTZE, J.; BROSE, P.; KAMMEL, A. (1993): Unternehmensplanung: Eine Einführung, S. 129. Zur Gegenüberstellung verschiedener Strategiebegriffe vgl. RABL, K. (1990): Strukturierung strategischer Planungsprozesse, S. 13 – 15.

märkte und Segmente selektiert, auf denen eine Organisation ihre unternehmerischen Aktivitäten entfalten möchte.[43] Unterstellt man einen grundsätzlichen Wachstumskurs eines Unternehmens, so muss die Unternehmensstrategie festlegen, womit man wachsen möchte, d. h. mit welchen Produkten und auf welchen Märkten.[44] Aufgrund der Tragweite der Unternehmensstrategien bilden sie das wichtigste Ergebnis des strategischen Planungsprozesses und zugleich die Ausgangsbasis für die Formulierung von **Wettbewerbsstrategien** (competitive strategies).[45] Letztere zielen auf die Erlangung von Wettbewerbsvorteilen in den bereits ausgewählten Geschäftsfeldern ab.[46] Dabei kommt es insbesondere darauf an, möglichst kaufrelevante, kommunizierbare sowie verteidigungsfähige Vorteile gegenüber den Wettbewerbern zu generieren.[47] Besondere Bedeutung hat in diesem Kontext das Konzept der **„drei generischen Wettbewerbsstrategien"** nach PORTER erlangt, welches mögliche Wettbewerbsstrategien nach Zielobjekt (Ausdehnung) und Art des strategischen Vorteils (preisliche bzw. nichtpreisliche Wettbewerbsparameter) klassifiziert:[48]

---

[43] Zu diesen und folgenden Ausführungen vgl. WELGE, M. K. (1985): Unternehmensführung: Planung, Bd. 1, S. 233; KREIKEBAUM, H. (1997): a.a.O., S. 28; STEINMANN, H.; SCHREYÖGG, G. (2000): Management: Grundlagen der Unternehmensführung: Konzepte – Funktionen – Fallstudien, S. 155 ff.

[44] Nach ANSOFF können vier Typen von Unternehmensstrategien identifiziert werden: Marktdurchdringung, Marktentwicklung, Produktentwicklung, Diversifikation. Vgl ANSOFF, H. J. (1988): The New Corporate Strategy, S. 83. Detailliert zu den einzelnen Strategietypen vgl. KREIKEBAUM, H. (1997): a.a.O., S. 73; MACHARZINA, K. (1999): Unternehmensführung: Das internationale Managementwissen; Konzepte – Methoden – Praxis, S. 203.

[45] Vgl. ZAHN, E. (1989): Strategische Planung. In: SZYPERSKI, N. (Hrsg., 1989): Handwörterbuch der Planung, Sp. 1903 – 1916; HAMMER, R. M. (1998): a.a.O., S. 55.

[46] Vgl. hierzu HINTERHUBER, H. H. (1996): Strategische Unternehmensführung: 1. Strategisches Denken, S. 180 ff.; STEINMANN, H.; SCHREYÖGG, G. (2000): a.a.O., S. 156.

[47] Vgl. SIMON, H. (1988): Management strategischer Wettbewerbsvorteile. In: ZfB, Jg. 58, Nr. 4, S. 465.

[48] Vgl. PORTER, M. E. (2000): Wettbewerbsvorteile: Spitzenleistungen erreichen und behaupten, S. 37 - 55. Ausführlich zu einzelnen Strategietypen vgl. FLECK, A. (1995): Hybride Wettbewerbsstrategien, S. 9 ff.

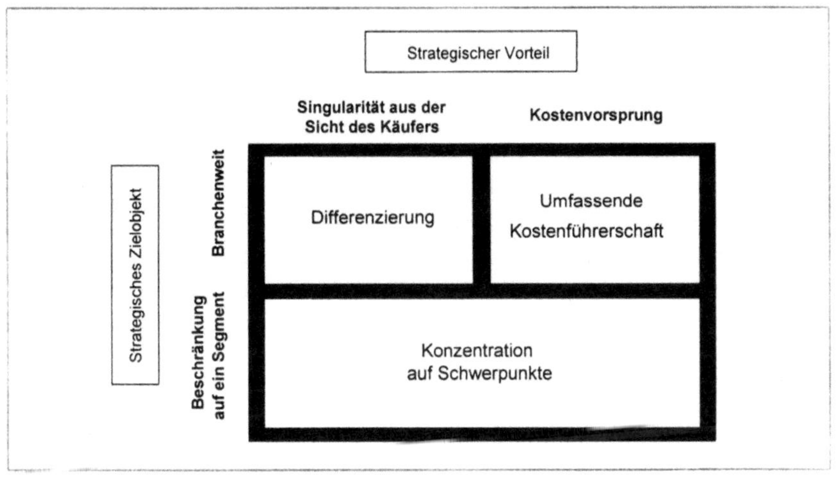

Abbildung 5: Generische Wettbewerbsstrategien nach PORTER[49]

Die Strategie der *„umfassenden Kostenführerschaft"* stellt darauf ab, dem Unternehmen auf dem Gesamtmarkt einen preispolitischen Spielraum zu verschaffen und somit die Abhängigkeit von Kunden und Lieferanten herabzusetzen.[50] Bei der *„Differenzierung"* sollen sich die Produkte oder Dienstleistungen durch Produkteigenschaften, besondere Leistungen (objektiv-technischer Vorteil) oder durch einen subjektiven Zusatznutzen (psychologisch-emotionale Vorteile, e. g. Markenimage) von der Konkurrenz abheben.[51] Die Strategie soll dem Produkt/ der Dienstleistung zu einer branchenweiten Reputation als „einzigartiges Angebot" verhelfen.[52] PORTER geht davon aus, dass Kosten- und Differenzierungsstrategien sich gegenseitig ausschließen.[53] Ein dritter Strategietyp ist die *„Konzentration auf Schwerpunkte"*. Bei dieser Strategievariante beschränkt sich ein Unternehmen auf die Bedienung einer Marktnische (Bedürfnisse einer speziellen Abnehmergruppe, eines regionalen Marktes, einer engen Produktli-

---

[49] Quelle: PORTER, M. E. (1999): a.a.O., S. 75.

[50] Die Kostenführerschaft setzt hohe Marktanteile zur Generierung von Größendegressionseffekten voraus, darüber hinaus müssen die Kapazitäten ständig erweitert werden, um zusätzlich Erfahrungskurveneffekte zu nutzen, vgl. WELGE, M. K.; AL-LAHAM, A. (2001): Strategisches Management: Grundlagen – Prozess – Implementierung, S. 383 – 374, 379 ff.

[51] Vgl. HINTERHUBER, H. H. (1990): Wettbewerbsstrategie, S. 197 ff.; PORTER, M. E. (1999): a.a.O., S. 73; STEINMANN, H.; SCHREYÖGG, G. (2000): a.a.O., S. 198; BENKENSTEIN, M. (2002): Strategisches Marketing: Ein wettbewerbsorientierter Ansatz, S. 129 ff.

[52] Zu den Grundlagen der Differenzierung und Positionierung vgl. KOTLER, P.; BLIEMEL, F. (2001): a.a.O., S. 468 ff. Zur Erfolgswirkung von Differenzierungsstrategien vgl. GAIDANIDES, M.; WESTPHAL, J. (1995): Strategische Gruppen und Unternehmenserfolg, S. 114.

[53] Anderer Meinung sind WELGE/ AL-LAHAM, FLECK und CORSTEN. Nach Meinung der Autoren gibt es in der Vergangenheit durchaus Unternehmen, denen unter Anwendung so genannter „Hybridstrategien" die Kombination beider Strategiealternativen gelungen ist, vgl. dazu FLECK, A. (1995): a.a.O., S. 85 ff.; CORSTEN, H. (1998): Grundlagen der Wettbewerbsstrategie, S. 110 ff.

nie). Ziel ist es, ein eng begrenztes strategisches Ziel wirkungsvoller oder effizienter zu erreichen als die Konkurrenten, die den breiten Markt bedienen.[54] Neben den generischen Strategietypen existieren auch verhaltensbezogene Wettbewerbsstrategien. MEFFERT differenziert in
diesem Kontext in Ausweich-, Konflikt-, Anpassungs- und Kooperationsstrategien.[55]

Die Auswahl der richtigen Strategie setzt eine bedarfsgerechte und zeitnahe Informationsversorgung voraus. Zu berücksichtigende Faktoren sind dabei die unternehmerische Zielsetzung,
relevante Umweltentwicklungen sowie die Verfügbarkeit von Unternehmensressourcen.[56] Das
zentrale Element der strategischen Planung ist deshalb die strategische Analyse und Prognose,
die sich mit der Analyse der Umweltbedingungen sowie den Unternehmensressourcen auseinander setzt.

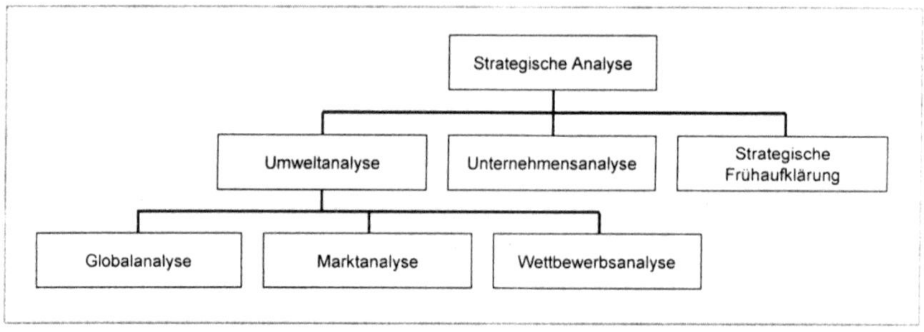

Abbildung 6: Elemente der strategischen Analyse und Prognose[57]

Die strategische Analyse ermittelt die Ausgangsposition des Unternehmens. Sie ist notwendig, um die Unsicherheit, die mit zukunftsgerichteten Entscheidungen verbunden ist, wirksam
zu verringern.[58] Somit bildet sie die informatorische Grundlage für strategische Entscheidun-

---

[54] Quelle: PORTER, M. E. (1999): a.a.O., S. 75. In der Nische stehen dem Unternehmen erneut die Varianten der
Kostenführerschaft oder Differenzierung zur Verfügung.

[55] Vgl. MEFFERT, H. (2000): Marketing: Grundlagen marktorientierter Unternehmensführung, S. 284. Eine ähnliche Aufteilung nimmt HOFFMANN vor: Er unterscheidet in „Kampf-", „Abgrenzungs-", „Anpassungs-",
„Ausweich-" und „Kooperationsstrategien", vgl. HOFFMANN, K. (1979): a.a.O., S. 47 ff.; MILES/ SNOW unterteilen Organisationen dem Wettbewerbsverhalten entsprechend in „Defenders", „Prospectors", „Analyzers"
sowie „Reactors", vgl. MILES, R. E.; SNOW C. C. (1978): Organizational Strategy, Structure, and Process,
S. 31 ff.

[56] Umstritten ist dabei, ob Ziele Ausgangspunkt oder Ergebnis des Planungsprozesses sind. WILD und KREIL-
KAMP differenzieren zu diesem Zweck zwischen Ausgangs- und Planzielen, vgl. WILD, J. (1982): Grundlagen
der Unternehmensplanung, S. 40; KREILKAMP, E. (1987): a.a.O., S. 6. Vgl. dazu auch VOIGT, K.-I. (1993):
Strategische Unternehmensplanung: Grundlagen, Konzepte, Anwendung, S. 66 ff.; KORNDÖRFER, W. (1999):
a.a.O., S. 133.

[57] In Anlehnung an KREIKEBAUM, H. (1997): a.a.O., S. 40 ff. und HAMMER, R. M. (1998): Unternehmensplanung: Lehrbuch der Planung und strategischen Unternehmensführung, S. 165.

[58] Vgl. VOIGT, K.-I. (1993): a.a.O., S. 213; HENTZE, J.; BROSE, P.; KAMMEL, A. (1993): a.a.O., S. 28 ff.

gen. In der betriebswirtschaftlichen Literatur wird die strategische Analyse in drei Komponenten untergliedert (Abbildung 6):[59]

- Strategische Frühaufklärung,

- Unternehmensanalyse,

- Umweltanalyse.

Die *„strategische Früherkennung"* antizipiert künftige unternehmensinterne und externe Gegebenheiten.[60] Bei der *„Unternehmensanalyse"* geht es speziell um die Erfassung unternehmensinterner Ressourcen (Finanzen, Rohstoffe, etc.) und Fähigkeiten (e. g. Kernkompetenzen, Patente), folglich um die Ermittlung von Stärken und Schwächen der Unternehmung.[61] Im Zuge der *„Umweltanalyse"* werden alle Gegebenheiten und Tatbestände untersucht, die außerhalb des Einflussbereichs der Unternehmung liegen.[62] An dieser Stelle ist auch die Wettbewerbsanalyse thematisch anzusiedeln, da Wettbewerberaktivitäten ebenfalls außerhalb des Einflussbereichs einer Unternehmung liegen. Ihr Beitrag bleibt jedoch nicht auf die Umweltanalyse beschränkt. Wichtige Informationen liefert die Wettbewerbsanalyse auch für die Unternehmensanalyse (Ermittlung von Unternehmensstärken und –schwächen), für die Strategieentwicklung (Bezugspunkte und Bewertungsmaßstäbe für Portfolio-Analysen) und für die Strategieauswahl (Risikoanalyse, Gefahren einzelner Strategieoptionen).[63]

Die Wettbewerbsanalyse kann also als ein wesentlicher Bestandteil der strategischen Analyse und Prognose angesehen werden. Im Folgenden soll nun der Frage nachgegangen werden, welche konkreten Aufgaben der Wettbewerbsanalyse daraus resultieren. Zu den Zielen und Aufgaben der Wettbewerbsanalyse existiert in der Literatur eine Vielzahl von Ansätzen. Nach PORTER besteht die Aufgabe der Wettbewerbsanalyse in der Ermittlung:

---

[59] Vgl. dazu KREIKEBAUM, H. (1997): a.a.O., S. 40 ff.; MACHARZINA, K. (1999): a.a.O., S. 220 ff.

[60] Vgl. MACHARZINA, K. (1999): a.a.O., S. 237 – 241; WELGE, M.; AL-LAHAM, A. (2001): a.a.O., S. 289.

[61] Vgl. CORSTEN, H. (1998): a.a.O., S. 59 ff.; WELGE, M.; AL-LAHAM, A. (2001): a.a.O., S. 231 ff.

[62] Vgl. VOIGT, K. I. (1993): a.a.O., S. 86; STEINMANN, H.; SCHREYÖGG, G. (2000): a.a.O., S. 160 ff.

[63] Vgl. HAINZL, M. (1985): Konkurrenzanalyse in der strategischen Planung, S. 43 ff., ausführlich zum Einsatz von Portfolio-Konzepten in der Konkurrenzanalyse vgl. HINTERHUBER, H. H. (1996): a.a.O., S. 169 ff.

- „der voraussichtlichen strategischen Schritte eines jeden Wettbewerbers;

- der zu erwartenden Reaktion jedes Wettbewerbers auf das Bündel möglicher strategischer Schritte, die andere Unternehmen initiieren könnten;

- der wahrscheinlichen Reaktion jedes Wettbewerbers auf die Vielzahl der möglichen Veränderungen der Branche und des weiteren Umfelds."[64]

Im Mittelpunkt PORTERS Betrachtung steht folglich die Antizipation zukünftiger Aktionen und Reaktionen der Wettbewerber. Etwas weiter greift die Aufgabenanalyse nach AAKER. Danach liegt die zentrale Zielsetzung der Wettbewerbsanalyse in dem Aufbau und der Erhaltung dauerhafter Wettbewerbsvorteile, zu deren Erreichung vier Teilaufgaben erfüllt werden müssen:

- Identifikation von Stärken, Schwächen,

- Identifikation der gegenwärtigen Strategie,

- Identifikation der Chancen und Risiken,

- Antizipation der zukünftigen Wettbewerbsstrategien und Aktionen eines Konkurrenten.[65]

HINTERHUBER sieht ebenfalls die vornehmliche Aufgabe der Wettbewerbsanalyse in der Schaffung dauerhafter Wettbewerbsvorteile in Bezug auf die stärksten Konkurrenten.[66] FISCHER, RIESER, LINK und RÖMER fügen hinzu, dass die Wettbewerbsanalyse auch die Konsequenzen aufzeigen muss, die sich aus den Wettbewerbsinformationen für die eigene strategische Planung ergeben.[67] Als Begründung führt RÖMER an, dass sich nur bei rechtzeitig erkanntem Handlungsbedarf das Risiko von Fehlentscheidungen in der strategischen Unternehmensplanung vermindern lässt.[68]

Wenngleich die Ansätze unterschiedliche Teilaufgaben der Wettbewerbsanalyse identifizieren, so ist man sich doch darüber einig, dass die Hauptaufgabe der Wettbewerbsanalyse in dem Erhalt dauerhafter Wettbewerbsvorteile liegt. Bei der Präzisierung der Aufgaben soll in dieser Arbeit der Einteilung von MONTGOMERY und WEINBERG gefolgt werden, die Ziele und Aufgaben der Wettbewerbsanalyse wie folgt spezifizieren (Abbildung 7):

---

[64] PORTER, M. E. (1999): a.a.O., S. 86.

[65] Vgl. AAKER, D. A. (1989): Strategisches Markt-Management: Wettbewerbsvorteile erkennen; Märkte erschließen; Strategien entwickeln, S. 69 und 76.

[66] Vgl. HINTERHUBER, H. H. (1983): a.a.O., S. 243.

[67] Vgl. FISCHER, G. (1986): a.a.O., S. 103; RÖMER, E. M. (1988): Konkurrenzforschung. In: ZfB, Jg. 58, Nr. 4, S. 481; LINK, U. (1988): a.a.O., S. 12; RIESER, I. (1989): a.a.O., S. 293.

[68] Vgl. RÖMER, E. M. (1988): a.a.O., S. 481.

Zielsetzungen	Zur ...
• Defensiv	**Vermeidung von Überraschungen** d. h. Überprüfung eigener Annahmen über die Umwelt
• Passiv	**Ermittlung von Beurteilungsmaßstäben** d. h. Identifikation von Stärken und Schwächen
• Offensiv	**Entdeckung von Gelegenheiten** d. h. Erkennen von Chancen und Risiken

Abbildung 7: Ziele der Wettbewerbsanalyse nach MONTGOMERY und WEINBERG[69]

Zur Systematisierung der Aufgaben der Wettbewerbsanalyse im strategischen Planungsprozess lässt sich abschließend festhalten, dass die Wettbewerbsanalyse im Allgemeinen die „zentrale Informationsquelle bei der Bestimmung der Wettbewerbsstrategien"[70] bildet und somit der Absicherung von Wettbewerbsvorteilen dient. Im Speziellen liefert sie Informationen über relevante Entwicklungen in der Umwelt sowie die Stärken und Schwächen bzw. Chancen und Risiken von Unternehmen.

1.4   Zielsetzung und Aufbau der Arbeit

Vor dem Hintergrund des anhaltenden Verdrängungswettbewerbs in der Automobilbranche nimmt die Wettbewerbsanalyse bei der Zukunftsplanung der Automobilproduzenten einen besonderen Stellenwert ein. Dieses Vorhaben wird jedoch bis dato nicht hinreichend durch die automobilbezogene Fachliteratur unterstützt: Es existiert bislang kein Branchenansatz, nach welchem speziell Automobilkonzerne unter wettbewerbsstrategischen Gesichtspunkten analysiert werden können. Bei der Formulierung von Wettbewerbsstrategien erscheint jedoch ein konsequenter Branchenfokus angesichts zentraler Besonderheiten im Automobilsektor (e. g. lange Kaufintervalle, hohe Fixkostenbelastung) unerlässlich.

Ein zweites Wissensdefizit lässt sich hinsichtlich der Erfolgsfaktorenforschung lokalisieren. Unter dem Begriff „Erfolgsfaktoren" werden diejenigen Determinanten zusammengefasst, die maßgeblich den Erfolg eines Unternehmens bestimmen. Sieht man von WOMACK/ JONES/ ROOS (1997) sowie einigen vereinzelten Ansätzen ab, so lässt sich augenblicklich keine umfassende wissenschaftliche Studie ausfindig machen, die sich schwerpunktmäßig mit der I-

---

[69] Vgl. MONTGOMERY, D. B.; WEINBERG, C. B. (1979): Toward Strategic Intelligence Systems. In: Journal of Marketing, Jg. 43, o. Nr., S. 42.

[70] Vgl. RÖMER, E. M. (1988): a.a.O., S. 483.

dentifikation von Erfolgsfaktoren für Automobilkonzerne auseinandersetzt.[71] Folglich können sich die Wettbewerbsstrategen im Unternehmen auch nicht auf Erfolgsfaktoren als relevante Beurteilungskriterien der Wettbewerber stützen.

Nicht zuletzt ist auch die praktische Umsetzbarkeit von Wettbewerbsanalysen problembehaftet. Die Möglichkeit der direkten Gegenüberstellung von Automobilkonzernen wird durch mehrstufige Konzernverflechtungen, differierende Rechnungslegungsnormen sowie uneinheitliche Marktabgrenzungen beeinträchtigt. Lückenhafte Informationen ermöglichen zudem keine vollständige Analyse. Somit stellen eingeschränkte Informations- und Vergleichsmöglichkeiten einen dritten kritischen Punkt bei der Erstellung von Wettbewerbsanalysen dar.

Vor dem Hintergrund der beschriebenen Problemstellung liegt die zentrale Zielsetzung der vorliegenden Arbeit darin, der Unternehmensführung von Automobilkonzernen ein Instrument zur Wettbewerbsanalyse an die Hand zu geben, das branchenrelevante Inhalte in anforderungsgerechter Form zur Verfügung stellt. Aus dieser Globalzielsetzung lassen sich drei aufeinander aufbauende Teilzielsetzungen ableiten:

1. Identifikation der grundlegenden Anforderungen an die Inhalte von Wettbewerbsanalysen, unabhängig von der untersuchten Branche,

2. Identifikation der automobilbranchenspezifischen Anforderungen an die Inhalte von Wettbewerbsanalysen,

3. Prüfung der praktischen Anwendbarkeit des Branchenmodells anhand ausgewählter Fallstudien aus dem Automobilsektor.

Entsprechend der Reihenfolge der Teilzielsetzungen gliedert sich die hier vorliegende Arbeit in einen theoretisch-konzeptionellen (Kapitel 2) und einen automobilbezogenen-praktischen Teil (Kapitel 3 und 4).

Die zentrale Zielsetzung des **theoretisch-konzeptionellen Teils** ist eine theoretisch-fundierte Ermittlung grundlegender Inhalte der Wettbewerbsanalyse. Damit eine Wettbewerbsanalyse ihren Aufgaben in der strategischen Planung gerecht wird, erscheint zunächst eine aufgabenorientierte Grundstruktur der Wettbewerbsanalyse nahe liegend. Als ersten Ansatz zur Strukturierung von Wettbewerbsinformationen wird deshalb die „Aufgabenanalyse" herangezogen

---

[71] WOMACK/ JONES/ ROOS setzen sich mit dem Erfolgsfaktor „Lean Management" in der Automobilindustrie auseinander, vgl. WOMACK, J. P.; JONES, D. T.; ROOS, D. (1997): Die zweite Revolution der Autoindustrie: Konsequenzen aus der weltweiten Studie aus dem Massachusetts Institute of Technologie. Zu den vereinzelten Ansätzen gehören ZIEBART und DUDENHÖFFER, die Autoren stellen ebenfalls nur jeweils einen bzw. zwei Erfolgsfaktoren der Automobilindustrie vor, eine umfassende Auseinandersetzung mit den Erfolgsbedingungen der Automobilindustrie wird hingegen nicht vorgenommen, vgl. ZIEBART, W. (2000): Personenwagen – BMW-Erfolgsfaktoren in der globalen Wirtschaft. In: Motortechnische Zeitschrift, Jg. 61, Nr. 3, S. 10 – 12 sowie DUDENHÖFFER, F. (2001): Konzentrationsprozesse in der Automobilindustrie: Stellgrößen für die Rest-Player. In: ZfB, Jg. 71, Nr. 4, S. 393 – 412.

werden. Ausgehend von den drei Hauptaufgaben der Wettbewerbsanalyse werden in Kapitel 2.2 drei Komponenten für ein Grundmodell zur Wettbewerbsanalyse identifiziert und inhaltlich präzisiert.

Ein zweiter Ansatz zur Strukturierung von Wettbewerbsinformationen ergibt sich aus der Überlegung, den Informationsbedarf auf der Basis kritischer Erfolgsfaktoren zu ermitteln. Eine Vielzahl an Studien der Erfolgsfaktorenforschung widmet sich der Aufgabe, diese Stellgrößen auf theoretisch-deduktivem, erfahrungsbasierendem oder empirisch-induktivem Wege zu identifizieren. Da in dieser Arbeit die Wettbewerbsanalyse auf Gesamtunternehmensebene im Mittelpunk steht, wertet das Kapitel 2.3 diejenigen Erfolgsfaktorenstudien aus, die sich schwerpunktmäßig mit der Ermittlung von Erfolgsfaktoren auf Gesamtunternehmensebene befassen. Die wichtigsten Ergebnisse der Studien gehen ebenfalls in das Grundmodell der Wettbewerbsanalyse ein.

In Kapitel 2.4 erfolgt ein Abgleich der aufgaben- und erfolgsfaktorenbasierenden Inhalte mit den Erkenntnissen früherer Grundkonzepte zur Wettbewerbsanalyse. Diese entstammen überwiegend den achtziger Jahren. Durch die Gegenüberstellung sollen fehlende Inhalte ergänzt und Redundanzen eliminiert werden. Das Kapitel 2.5 verdichtet die Ergebnisse und fasst den ermittelten Informationsbedarf abschließend zu einem „Grundmodell der Wettbewerbsanalyse auf Basis strategischer Erfolgsfaktoren und –potenziale" zusammen. Diese Grundstruktur beschränkt sich gegenüber früheren Ansätzen überwiegend auf erfolgskritische Analysevariabeln und weist einen höheren Aktualitätsgrad auf.

Das zentrale Anliegen des **automobilbezogenen-praktischen Teils** der Arbeit (Kapitel 3 und 4) ist die Anpassung des ermittelten Grundmodells an die Bedürfnisse der Zielgruppe im Automobilsektor. Als Ausgangspunkt werden zunächst die aktuellen Wettbewerbsbedingungen in der Branche untersucht und zu fünf zentralen Triebkräften verdichtet (Kapitel 3.1). Im zweiten Schritt werden die in der Branche verbliebenen zwölf Automobilkonzerne in erfolgreiche sowie weniger erfolgreiche Unternehmen gruppiert und im Hinblick auf zentrale Unterscheidungsmerkmale (Erfolgsfaktoren) miteinander verglichen (Kapitel 3.2). Ein entscheidender Anhaltspunkt ist dabei, wie sich erfolgreiche und weniger erfolgreiche Hersteller an die Wettbewerbskräfte der Branche angepasst haben. Daraus werden insgesamt zehn Erfolgsfaktoren und -potenziale der Automobilbranche abgeleitet und mit Beispielen belegt.[72] Den Abschluss des Kapitels 3 bildet die Zusammenfassung der Erkenntnisse zu einem „Branchenmodell der Wettbewerbsanalyse", das auf Erfolgsmerkmalen der Automobilindustrie fußt und gegenüber dem Grundmodell eine klare Zielgruppenspezifität aufweist (Kapitel 3.3).

---

[72] Eine Analyse mit Hilfe multivariater Analysemethoden (e. g. Clusteranalyse) erscheint bei der geringen Stichprobe (12 Automobilkonzerne) nicht sinnvoll.

Neben der inhaltlichen Relevanz stellt die Zielgruppe im Automobilsektor auch Anforderungen an die Umsetzbarkeit des Modells. In Kapitel 4 werden deshalb zwei Wettbewerbsanalysen auf Basis des Branchenmodells erstellt. Als Fallbeispiele dienen der BMW-Konzern und der GM-Konzern, da sie jeweils ein erfolgreiches und ein weniger erfolgreiches Automobilunternehmen repräsentieren. Auf diese Weise kann die tatsächliche Erfolgsrelevanz der ermittelten Kriterien überprüft werden. Des Weiteren wird in Kapitel 4 eine Systematik entwickelt, nach der Wettbewerbsanalysen auf Basis des Branchenmodells erstellt und die Ergebnisse in anforderungsgerechter Form präsentiert werden können. Nicht zuletzt werden auch Probleme hinsichtlich der Datenverfügbarkeit und Quellenbewertung in der Wettbewerbsanalyse aufgezeigt und Lösungsansätze diskutiert. Das Kapitel 4.5 würdigt die Ergebnisse der Fallstudien und leitet daraus Anwendungsrichtlinien für die Unternehmenspraxis ab. Das abschließende Kapitel 5 fasst die wichtigsten Ergebnisse der Arbeit zusammen und zeigt Implikationen für Theorie und Praxis auf.

2 Konzeptionelle Anforderungen an die Inhalte der Wettbewerbsanalyse

2.1 Vorüberlegungen zur Informationsbedarfsermittlung

2.1.1 Anforderungen an die Inhalte von Wettbewerbsanalysen

Das Kapitel 1.3 hat die Entscheidungsunterstützung bei der strategischen Planung als zentrale Aufgabe der Wettbewerbsanalyse hervorgehoben. Diese Aufgabe stellt hohe qualitative Anforderungen an die Inhalte einer Wettbewerbsanalyse. Im Folgenden werden nun inhaltliche und formelle Kriterien ermittelt, die für die Wettbewerbsanalyse maßgeblich sind.

Zentrale Charakteristika der strategischen Planung sind die besondere Bedeutung für die Vermögens- und/ oder Erfolgsentwicklung der Unternehmung, die Verantwortung für die ganze Unternehmung, die langfristige Wirkungsweise sowie das hohe Aggregationsniveau der Input-Daten.[73] Dieser Definition entsprechend lassen sich nachstehende inhaltliche Anforderungen an Wettbewerbsinformationen formulieren:[74]

- **Aufgabenrelevanz**: Der Wettbewerbsanalyse kommen im Rahmen der strategischen Unternehmensplanung drei Teilaufgaben zu: Das Erkennen von Chancen/ Risiken, die Ermittlung von Stärken und Schwächen sowie die Vermeidung von Überraschungen.[75] Informationen einer Wettbewerbsanalyse sind folglich erst dann als „relevant" einzustufen, wenn sie der Erfüllung einer der genannten Aufgaben dienen.

- **Wahrheitsgrad**: Aufgrund der weitreichenden Folgen der strategischen Planung für die Vermögens- und/ oder Erfolgsentwicklung eines Unternehmens sind zutreffende Input-Informationen von essentieller Bedeutung. Bei Wettbewerbsinformationen besteht insbesondere die Gefahr, dass Konkurrenten gezielte Desinformationen verteilen, um sich gegenüber den Wettbewerbern einen Zeitvorsprung zu verschaffen. Der Wahrheitsgehalt von Informationen sollte daher durch Hinzuziehung von Zweitquellen und durch Plausibilitätsüberlegungen validiert werden.

- **Verdichtungsgrad**: Die strategische Planung erfolgt auf Gesamtunternehmensebene. Zu detaillierte Informationen können dabei den Blick von wichtigen Entwicklungen ablenken. Aufgrund der Menge an Informationen, die Entscheidungsträger tagtäglich zur Ver-

---

[73] Vgl. LINK, U. (1988): a.a.O., S. 28; VOIGT, K.-I. (1993): a.a.O., S. 35; HENZE, J.; BROSE, P.; KAMMEL, A. (1993): a.a.O., S. 130; HAHN, D. (1999): a.a.O., S. S. 32 – 35.

[74] Vgl. hierzu auch BEREKOVEN, L.; ECKERT, W., ELLENRIEDER, P. (2002): Marktforschung: Methodische Grundlagen und praktische Anwendung, S. 26 – 29.

[75] Vgl. Kapitel 1.3.

fügung gestellt bekommen, ist die Beschränkung auf hochaggregierte, relevante Daten ein entscheidender Faktor in der Wettbewerbsanalyse.

- **Aktualitätsgrad**: Aufgrund zunehmender Umweltdiskontinuitäten besteht die Notwendigkeit, Wettbewerbsinformationen zeitnah, d. h. bei aktuellen Problemstellungen rechtzeitig zur Verfügung zu stellen.[76] Wettbewerbsinformationen sind deshalb umso wertvoller, je neueren Datums sie sind.

- **Branchenrelevanz**: Die Bedeutung einzelner Analysevariablen der Wettbewerbsanalyse kann hinsichtlich ihrer Wirkung, Intensität und Richtung zwischen verschiedenen Branchen variieren. Die Beschränkung auf eine Branche dürfte sich positiv auf die Aussagekraft einer Wettbewerbsanalyse auswirken.

Da in einem dynamischen Wettbewerbsumfeld die Zeit häufig zum Engpassfaktor für Entscheidungsträger wird, sollen neben inhaltlichen Anforderungen auch einige formelle Kriterien bei der Wettbewerbsanalyse berücksichtigt werden:

- **Übersichtlichkeit**: Wettbewerbsinformationen müssen von der Zielgruppe (Entscheidungsträger) schnell erfasst und verarbeitet werden können. Eine klare Strukturierung der Informationen sowie graphische und tabellarische Darstellungen sind dabei unabdingbar.

- **Vergleichbarkeit**: Um richtige Schlussfolgerungen zu ermöglichen, müssen Wettbewerbsinformationen eines Unternehmens mit denen anderer Unternehmen vergleichbar sein. Sie sollten sich folglich auf gleiche Sachverhalte und zeitliche Abgrenzungen beziehen.

- **Erweiterbarkeit**: Aufgrund der Beschränkung auf hochaggregierte Daten bleiben der Zielgruppe einige Details vorenthalten. Um vertiefende Nachforschungen zu ermöglichen, ist die Dokumentation der Informationsursprünge (Quellenverzeichnisse) unerlässlich.

Zusammenfassend lässt sich festhalten, dass die Wettbewerbsanalyse, bei Berücksichtigung der genannten Qualitätsanforderungen, eine aussagefähige und bedarfsgerechte Informationsgrundlage für die strategische Planung darstellen dürfte. Bevor der Informationsbedarf von Wettbewerbsanalysen im Einzelnen analysiert wird, soll zunächst der Frage nach relevanten Wettbewerbern nachgegangen werden.

---

[76] Vgl. HEINEN, K.-C. (2002): Die Berücksichtigung von Kosten in der Konkurrenzanalyse, S. 75.

2.1.2 Identifikation und Abgrenzung relevanter Wettbewerber

Der Ausgangspunkt einer Wettbewerbsanalyse ist zunächst die Identifikation der relevanten Wettbewerber. Deren Anzahl hängt maßgeblich davon ab, welche Marktabgrenzung ein Unternehmen zugrunde legt. In der wirtschaftswissenschaftlichen Literatur existieren verschiedene Ansätze, die vor allem unter wettbewerbs-, unternehmens- und marketingpolitischen Gesichtspunkten entwickelt wurden.[77] Im Folgenden werden einige der Ansätze kurz vorgestellt und eine geeignete Methodenkombination für die Ermittlung relevanter Wettbewerber vorgeschlagen.

Allgemein kann der relevante Markt als jener Teil des Gesamtmarktes charakterisiert werden, auf dem ein Produkt im Wettbewerb steht und auf den die Marketinginstrumente fixiert sind.[78] Die Abgrenzung kann zunächst in räumlicher, zeitlicher sowie sachlicher Hinsicht erfolgen.[79]

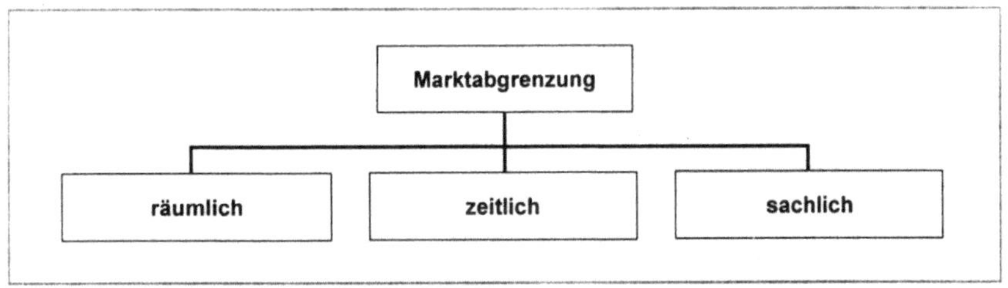

Abbildung 8: Dimensionen der Marktabgrenzung[80]

Die **räumliche Grenze** wird im Allgemeinen dort gezogen, wo es für „Abnehmer innerhalb des relevanten Gebietes entweder unmöglich ist, oder zumindest nur unter Inkaufnahme erheblicher Unbequemlichkeit oder unzumutbarer Fracht- und Wegekosten möglich wäre, die relevanten Erzeugnisse von außerhalb des Gebietes zu beziehen."[81] Im internationalen Kontext ist die räumliche Abgrenzung zumeist identisch mit der Entscheidung über ethno-, poly-

---

[77] Vgl. hierzu MEFFERT, H. (2000): a.a.O, S. 36 ff.; NIESCHLAG, R.; DICHTL, E.; HÖRSCHGEN, H. (2002): Marketing, S. 85 ff.; Für eine detaillierte Auseinandersetzung mit dem Thema vgl. BAUER, H. H. (1989): Marktabgrenzung: Konzeption und Problematik von Ansätzen und Methoden zur Abgrenzung und Strukturierung von Märkten unter besonderer Berücksichtigung von marketingtheoretischen Verfahren, S. 23 ff.

[78] Vgl. WIND, Y.; MAHAJAN, V. (1981): Market Share: Concepts, Findings and Directions for Future Research. In: ENIS, B. M.; ROERING, K. J (Hrsg., 1981): Review of Marketing 1981, S. 32.

[79] Vgl. HOPPMANN, E. (1974): Die Abgrenzung des relevanten Marktes im Rahmen der Mißbrauchsaufsicht über marktbeherrschende Unternehmen, S. 32; BUSSE von COLBE, W.; HAMMANN, P.; LASSMANN, G. (1992): Betriebswirtschaftstheorie, Bd. 2. Absatztheorie, S. 6.

[80] Quelle: Eigene Darstellung.

[81] HOPPMANN, E. (1974): a.a.O., S. 32. Zur Problematik der räumlichen Marktabgrenzung vgl. auch RÖßL, D. (1986): Ein Stufenplan zur Marktabgrenzung: Informationsselektion zur effizienten strategischen Marketingplanung, S. 142 ff.

oder geozentrische Internationalisierungsstrategien.[82] In **zeitlicher Hinsicht** kann der relevante Markt nach tatsächlichen und potentiellen Marktteilnehmern abgegrenzt werden.[83] Tatsächliche Marktteilnehmer sind zum Untersuchungszeitpunkt im Markt befindliche Nachfrager und Anbieter. Potentielle Marktteilnehmer werden durch künftig angesprochene Kundengruppen sowie durch vorwärts- und rückwärtsintegrierende, branchenneue oder anderen strategischen Gruppen angehörende Wettbewerber konstituiert.[84] Bei der Abgrenzung von **Sachmärkten** unterscheidet man in der Literatur in produkt-, unternehmens- und nachfragerbezogene Ansätze (vgl. Abbildung 9).[85] Dieser Dreiteilung liegt die Überlegung zugrunde, dass, wenn man einen Markt als Austauschplattform für Güter und Leistungen (zwischen Anbietern und Nachfragern) auffasste, folglich die Marktakteure (Anbieter, Nachfrager) sowie Gegenstände des Marktprozesses (Produkte, Dienstleistungen) als Objekte der Marktabgrenzung in Betracht kämen.[86]

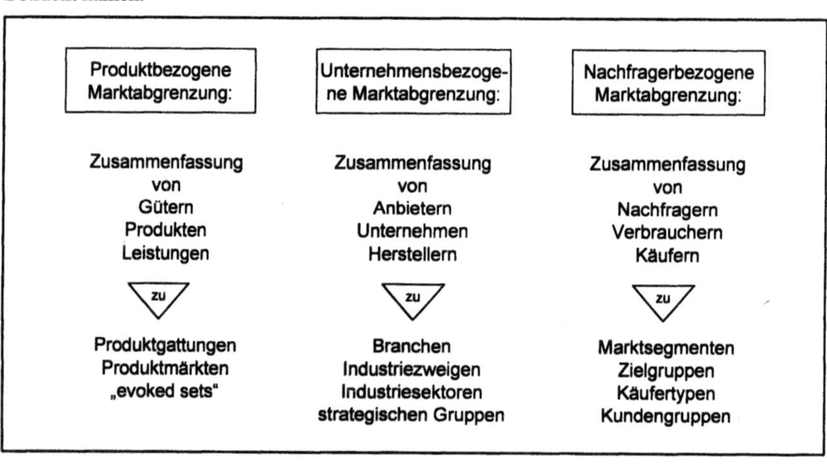

Abbildung 9: Objekte und Methoden der Marktabgrenzung[87]

Einen **produktbezogenen** Ansatz zur Abgrenzung sachlicher Märkte liefert ROBINSON.[88] Nach seiner *„Theorie der Substitutionslücke"* konkurrieren alle Konsumgüter um die Kauf-

---

[82] Ausführlich zu den Internationalisierungsstrategien vgl. Kapitel 3.2.1.3.

[83] Vgl. RÖßL., D. (1986): a.a.O., S. 149 ff.; KREILKAMP, E. (1987): a.a.O., S. 93.

[84] Vgl. BAUER, H. H. (1991): a.a.O., S. 397; HOMBURG, C.; SÜTTERLIN, S. (1992): Strategische Gruppen: Ein Survey. In: ZfB, Jg. 62, Nr. 6, S. 636; PORTER, M. E. (1999): a.a.O., S. 183.

[85] Vgl. BAUER, H. H. (1989): a.a.O., S. 39 sowie STEFFENHAGEN, H. (2000): Marketing: Eine Einführung. S. 44 ff.

[86] Vgl. BAUER, H. H. (1989): a.a.O., S. 30.

[87] In Anlehnung an BAUER, H. H., 1989): a.a.O., S. 39.

[88] Vgl. ROBINSON, J. (1969): The Economics of Imperfect Competition.

kraft der Konsumenten.[89] Sie bilden eine Kette von Substituten, die jedoch unterschiedliche Abstände (so genannte Substitutionslücken) aufweist.[90] Eine Gruppe von Anbietern wird demnach von den nicht zur Gruppe gehörenden Anbietern durch das Auftreten von Substitutionslücken abgegrenzt. Dem Konzept liegt folglich die Auffassung zugrunde, dass Konkurrenzbeziehungen durch Substituierbarkeit von Produkten entstehen. Bei der Substituierbarkeit von Produkten setzt auch TRIFFIN mit dem Konzept der *„Kreuzpreiselastizität"* an:[91]

$$T_{ij} = \frac{dx_i}{x_i} \div \frac{dp_j}{p_j}$$

Der Koeffizient setzt die relative Mengenänderung des Gutes *i* ins Verhältnis mit der relativen Preisänderung des Gutes *j*.[92] Zieht eine Preiserhöhung des Gutes *j* eine erhöhte Nachfrage des Gutes *i* nach sich, so können die Produkte als Substitute bezeichnet werden. Ein hoher positiver Wert signalisiert starke Konkurrenzbeziehungen zwischen den Gütern *i* und *j*. Sie gehören demnach einem sachlich gleichen Markt an.[93] Die Anwendung des Konzeptes ist jedoch nicht unproblematisch. Auf der einen Seite setzt das Konzept bereits die ex-ante-Kenntnis der konkurrierenden Produkte voraus, auf der anderen Seite unterliegt die Festlegung des kritischen Wertes *T*, d. h. ab welchem Wert zwei Produkte einem sachlich gleichen Markt angehören, subjektiven Einflüssen.

Weitere produktbezogene Ansätze sind die der funktionalen und physikalisch-technischen Ähnlichkeit.[94] Bei dem Konzept der *„funktionalen Ähnlichkeit"* werden Güter zu einem relevanten Markt zusammengefasst, die das gleiche Grundbedürfnis bzw. die gleiche Funktion erfüllen.[95] Dem entgegen steht das *„Konzept der physikalisch-technischen Produktäquivalenz"*, das Güter zu einem Markt zusammenfasst, die sich nach Stoff, Verarbeitung, Form oder technischer Gestaltung gleichen und infolgedessen als substituierbar gelten.[96]

---

[89] Vgl. OTT, A. E. (1997): Grundzüge der Preistheorie, S. 45; WIED-NEBBELING (1997): Markt- und Preistheorie, S. 10.

[90] Vgl. WIED-NEBBELING, S. (1997): a.a.O., S. 10.

[91] Vgl. TRIFFIN, R. (1971): Monoplistic Competition and General Equilibrium Theory, S. 98 ff.; BENKENSTEIN, M. (2002): a.a.O., S. 16 ff.

[92] Vgl. WIED-NEBBELLING, S. (1997): a.a.O., S. 12.

[93] Vgl. BERNDT, R. (1992): Marketing: Käuferverhalten, Marktforschung und Marketing-Prognosen, Bd. 1, S. 25 − 26; BENKENSTEIN, M. (2002): a.a.O., S. 16 ff.

[94] Vgl. NIESCHLAG, R.; DICHTL, E.; HÖRSCHGEN, H. (2002): a.a.O., S. 86.

[95] Vgl. MEFFERT, H. (2000): a.a.O., S. 39. Das Konzept ist auch unter dem Begriff „Bedarfsmarktkonzept" in der Literatur zu finden.

[96] Vgl. MEFFERT, H. (2000): a.a.O., S. 39. Ursprünglich von MARSHALL, A. (1925): Principles of Economics.

Einen **nachfragerbezogenen** Ansatz liefern DICHTL/ ANDRITZKY/ SCHOBERT.[97] Sie befassen sich mit der Erfassung der tatsächlich seitens der Konsumenten empfundener („perzipierter") Substituierbarkeit von Produkten. Der Ansatz (auch als Konzept des „evoked set" bekannt) geht ebenfalls vom Verwendungszweck des Produktes für den Kunden aus, fasst jedoch im Gegensatz zum Konzept der funktionalen Ähnlichkeit nicht alle Produktalternativen zum relevanten Markt zusammen, sondern nur diejenigen, die dem Verbraucher in Erinnerung (evoke = hervorrufen, erinnern) sind.[98] Zur Operationalisierung und Visualisierung der Konkurrenzbeziehungen bedienen sich DICHTL et al. der Distanzmessung und Darstellung in einem Produktmarktraum. Es gehören folglich Anbieter solcher Güter zu den relevanten Wettbewerbern, deren „Distanzen im Produktmarktraum einen kritischen Wert unterschreiten"[99]. Wenngleich erneut die Frage nach dem kritischen Wert unbeantwortet bleibt, erscheint das Konzept durchaus dazu geeignet, relevante Wettbewerbsbeziehungen aufzuzeigen.

Aus **unternehmensbezogener Sicht** sind zwei weitere Konzepte in den Mittelpunkt der Betrachtung zu rücken: das „Konzept der Wirtschaftspläne" sowie der „Ansatz strategischer Gruppen". Dem *„Konzept der subjektiven Wirtschaftspläne"*[100] zufolge umfasst der relevante Markt „alle Unternehmungen, die Aktionen und Reaktionen der jeweils anderen bei ihren Absatzaktivitäten zu antizipieren gehalten sind."[101] Problematisch ist dieses Konzept jedoch aufgrund des fehlenden Nachfragerbezugs sowie der unzureichenden Verfügbarkeit von Detailplänen der Unternehmen. Ein weiterer unternehmensbezogener Ansatz ist die Bildung so genannter *„strategischer Gruppen"*. Eine strategische Gruppe umfasst jene Unternehmungen, „die sich in gleichen oder ähnlichen Umweltsituationen hinsichtlich der wettbewerbsrelevanten strategischen Entscheidungsparameter homogen verhalten"[102]. Sie kommt somit dem angebotsseitigen Gegenstück der Marktsegmentierung gleich.[103] Der relevante Markt wäre demzufolge „der Teil des Gesamtmarkts, den die strategische Gruppe, zu der das Unternehmen gehört, bedient"[104].

---

[97] Vgl. DICHTL, E.; ANDRITZKY; K.; SCHOBERT, R. (1977): Ein Verfahren zur Abgrenzung des „relevanten Marktes" auf der Basis von Produktperzeptionen und Präferenzurteilen. In: WiST, Jg. 5, Nr. 6, S. 290 – 301 [Anführungszeichen im Originaltext].

[98] Vgl. MEFFERT, H. (2000): a.a.O., S. 42.

[99] BENKENSTEIN, M. (2002): a.a.O., S. 21.

[100] Vgl. SCHNEIDER, E. (1972): Einführung in die Wirtschaftstheorie: Wirtschaftspläne und wirtschaftliches Gleichgewicht in der Verkehrswirtschaft, Bd. 2, S. 68.

[101] NIESCHLAG, R.; DICHTL, E.; HÖRSCHGEN, H. (2002): a.a.O., S. 86.

[102] BENKENSTEIN, M. (2002): a.a.O., S. 21 zitiert nach HUNT, M. S. (1972): Competition in the Major Home Appliance Industry (1960 – 1970), S. 15 ff. HUNT nutzte – aufbauend auf die Marktzutrittstheorie – das Konzept der strategischen Gruppen als Erklärungsmodell für Profitabilitätsunterschiede in der US-amerikanischen Haushaltsgeräteindustrie.

[103] Vgl. BAUER, H. H. (1991): a.a.O., S. 396.

[104] HOMBURG, C.; SÜTTERLIN, S. (1992): a.a.O., S. 638.

Die Bildung strategischer Gruppen erfolgt in drei Stufen. Zunächst muss ein Ausgangsmarkt ermittelt werden. Dieser Ausgangsmarkt kommt i. d. R. der Branche gleich, zu der man die Gesamtheit aller Unternehmen zählt, „die mehr oder minder substituierbare Produkte herstellen"[105]. Im Anschluss daran sind die für die Branche relevanten strategischen Dimensionen (e. g. Spezialisierungsgrade, Wettbewerbstrategien) sowie Mobilitätsbarrieren zu ermitteln.[106] Unter Mobilitätsbarrieren werden Hindernisse verstanden, die eine strategische Gruppe vor dem Eintritt potentieller neuer Konkurrenten sowie dem Überwechseln der etablierten Unternehmungen der Branche aus einer strategischen Gruppe zur anderen schützen[107]. Von Relevanz für die Wettbewerbsanalyse ist das Konzept insofern, als dass Unternehmen derselben strategischen Gruppe sich durch eine hohe Reaktionsverbundenheit und somit intensivere Wettbewerbsbeziehungen auszeichnen („Intragruppen-Wettbewerb").[108] Unternehmen derselben strategischen Gruppe können folglich als Hauptwettbewerber angesehen werden.

Zusammenfassend ist zu konstatieren, dass eine geeignete Vorgehensweise zur Identifikation relevanter Wettbewerbsunternehmen sich aus einer Kombination der vorgestellten Ansätze ergeben muss. Zunächst ist ein Ausgangsmarkt in räumlicher und zeitlicher Hinsicht abzugrenzen. Darauf aufbauend kann die Ermittlung sachlich gleicher Märkte erfolgen (vgl. Abbildung 10). Ausgangspunkt könnte dabei die Ermittlung der Kundenbedürfnisse, also funktional ähnlicher Produkte sein. Diese ergibt jedoch eine sehr große Anzahl an Wettbewerbern. Im zweiten Schritt kann die Zahl der Wettbewerber mittels Produktartenbildung weiter eingegrenzt werden. Nachfolgend könnten durch Ermittlung besonders intensiver Substitutionsbeziehungen zwischen Gütern (e. g. auf Basis der Kreuzpreiselastizitäten) die relevanten Wettbewerber spezifiziert und ihren Strategietypen entsprechend in strategische Gruppen unterteilt werden

---

[105] BAUER, H. H. (1991): a.a.O., S. 397. Zur Branchendefinition vgl. auch PORTER, M. E. (1999): a.a.O., S. 67 ff.

[106] Ausführlich zu den strategischen Dimensionen vgl. HOMBURG, C. (1992): a.a.O., S. 83; HAEDRICH, G.; JENNER, T. (1995): Die Bedeutung strategischer Gruppen für die Marktwahl- und Marktbearbeitungsentscheidung bei der Neuproduktplanung in Konsumgütermärkten. In: ZFP, Jg. 17, Nr. 1, S. 31; PORTER, M. E. (1999): a.a.O., S. 183 ff.

[107] Vgl. PORTER, M. E. (1999): a.a.O., S. 187. Das Konzept der strategischen Gruppen sowie der gruppeninterne Protektionismus durch Mobilitätsbarrieren werden von ALBACH hingegen stark angezweifelt. Seiner Auffassung nach führt die Bildung strategischer Gruppen zu einer zu engen Marktabgrenzung, da potentielle Konkurrenten jederzeit den gesamten Markt betreten können, vgl. ALBACH, H. (1992): Strategische Allianzen, strategische Gruppen und strategische Familien. In: ZfB, Jg. 62, Nr. 6, S. 667.

[108] Vgl. HOMBURG, C. (1992): a.a.O., S. 86; BENKENSTEIN, M. (2002): a.a.O., S. 23.

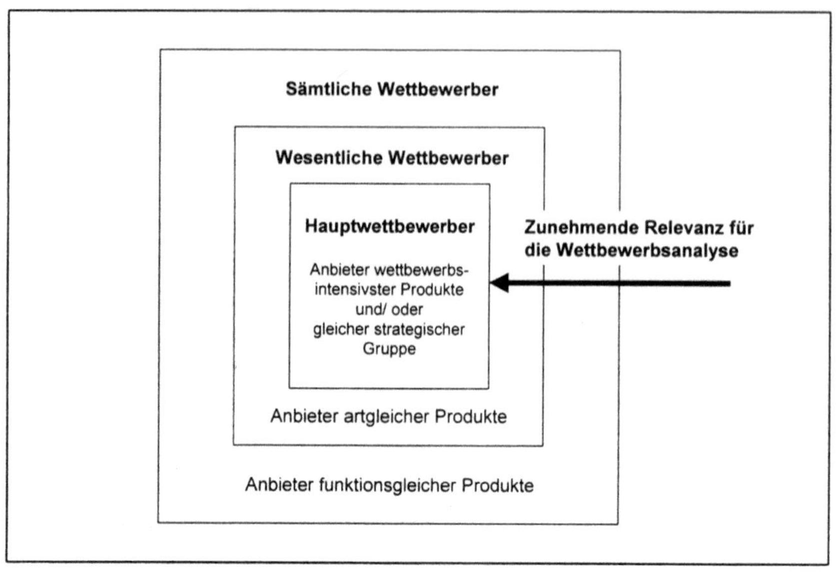

Abbildung 10: Identifikation relevanter Wettbewerber auf sachlich gleichen Märkten[109]

---

[109] Quelle: Eigene Darstellung.

2.1.3 Auswahl geeigneter Verfahren der Informationsbedarfsermittlung

Nachdem die Methoden zur Ermittlung relevanter Wettbewerber vorgestellt wurden, soll sich nun der Identifikation des Informationsbedarfs zugewandt werden. Die folgenden Ausführungen setzen sich zunächst mit den Begriffen „Information" und „Informationsbedarf" auseinander. Im Anschluss daran werden mehrere Verfahren zur Informationsbedarfsermittlung vorgestellt. Daraus werden schließlich zwei Verfahren ausgewählt, die in der vorliegenden Arbeit zur Anwendung kommen sollen.

Aussagefähige Informationen bilden die Grundlage unternehmerischer Entscheidung, sie reduzieren die Unsicherheit und minimieren das Entscheidungsrisiko.[110] Einige Autoren erheben Informationen sogar – neben Arbeit, Kapital und Boden – zum vierten Produktionsfaktor eines Unternehmens.[111] Im betriebswirtschaftlichen Schrifttum definiert man den Begriff „Information" als „zweckorientiertes Wissen"[112]. Folglich wird die Kenntnis eines Sachverhalts erst dann zur Information, wenn es der Vorbereitung einer speziellen Handlung und der Erreichung eines Ziels dient.[113] Gegenüber „Daten" kann der Begriff hinsichtlich des Neuigkeitsgrades beim Empfänger abgegrenzt werden: Daten stellen alle verfügbaren, maschinell verarbeitbaren Angaben über Sachverhalte und Gegenstände dar.[114] Informationen hingegen konstituieren das Ergebnis eines Verarbeitungsprozesses und sind mit neuen Erkenntnissen und somit Wirkungen beim Empfänger verbunden.

Informationen sind demzufolge die wesentlichsten Grundlagen unternehmerischer Entscheidungen.[115] Besonders wichtig ist in diesem Zusammenhang die Abstimmung zwischen Informationsangebot und Informationsbedarf (vgl. Abbildung 11).

---

[110] Vgl. ZILAHI-SZABÓ, M. G. (1993): Wirtschaftsinformatik: Anwendungsorientierte Einführung, S. 19; BEREKHOVEN, L; ECKERT, W.; ELLENRIEDER, P. (1999): Marktforschung: Methodische Grundlagen und praktische Anwendung, S. 19.

[111] Vgl. HENNES, W. (1995): Informationsbeschaffung Online: Wettbewerbsvorteile durch weltweite Kommunikation, S. 16; WALL, F. (1999): Planungs- und Kontrollsysteme: Informationstechnische Perspektiven für das Controlling; Grundlagen – Instrumente – Konzepte, S. 29; MACHARZINA, K. (1999): a.a.O., S. 649.

[112] Vgl. WITTMANN, W. (1959): Unternehmung und unvollkommene Information, S. 14 ff.; MEYER, C. (1994): Betriebswirtschaftliche Kennzahlen und Kennzahlen-Systeme, S. 2.

[113] Vgl. SCHWARZER, B; KRCMAR, H. (1999): Wirtschaftsinformatik: Grundzüge der betrieblichen Datenverarbeitung, S. 9; WALL, F. (1999): a.a.O., S. 25.

[114] Zu den Unterschieden zwischen Informationen und Daten vgl. BROCKHAUS, R. (1992): Informationsmanagement als ganzheitliche, informationsorientierte Gestaltung von Unternehmen: Organisatorische, personelle und technologische Aspekte, S. 13; GEITNER, U. W. (1993): Betriebsinformatik für Produktionsbetriebe, S. 207; SCHWARZER B; KRCMAR, H. (1999): a.a.O., S. 9.

[115] Vgl. BEREKOVEN, L.; ECKERT, W.; ELLENRIEDER, P. (2002): a.a.O., S. 19. Eine detaillierte Auseinandersetzung mit dem betriebswirtschaftlichen Informationsbegriff liefert BODE, J. (1997): Der Informationsbegriff in der Betriebswirtschaftslehre. In: ZfbF, Jg. 49, Nr. 5, S. 449 – 468.

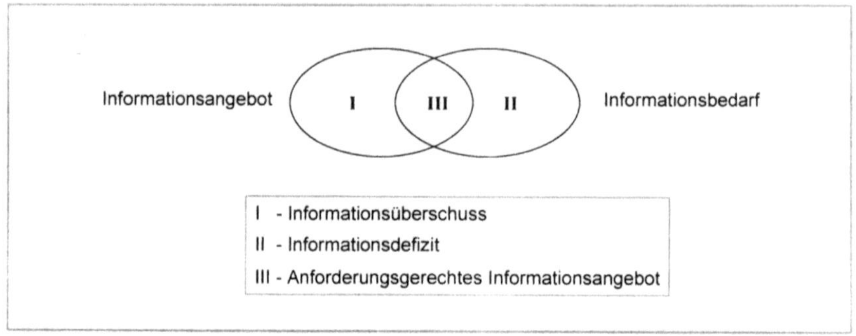

Abbildung 11: Ermittlung des anforderungsgerechten Informationsangebots[116]

Das **Informationsangebot** umfasst die Gesamtheit der zu einem bestimmten Zeitpunkt im Zusammenhang mit einer Problemstellung verfügbaren Informationen.[117] Im Gegensatz dazu umfasst der **Informationsbedarf** die Summe aller Informationen, die ein Informationssubjekt (Mensch) in einer bestimmten Zeit für die Erfüllung einer bestimmten Aufgabe benötigt.[118] Der Informationsbedarf kann in den objektiven und subjektiven Bedarf unterteilt werden. Der *objektive Informationsbedarf* umfasst dabei die zur Erfüllung einer speziellen Aufgabe benötigten Informationen.[119] In der Praxis entsteht jedoch häufig die Situation, dass Entscheidungsträger ihre subjektiven Informationsbedürfnisse festlegen. Diese weichen nicht selten von den objektiv erforderlichen Informationen sowie dem Informationsangebot ab.[120] Der Abstimmung zwischen den drei Teilmengen kommt folglich eine besondere Bedeutung zu.

Neben der Unterteilung in objektive und subjektive Bedarfsformen lässt sich der Begriff „Informationsbedarf" auch in Anlehnung an SZYPERSKI/ WIENAND präzisieren. Demnach umfasst der Informationsbedarf die Art, Qualität und Menge der Informationsgüter, „die ein Informationssubjekt im gegebenen Informationskontext zur Erfüllung einer (Planungs-) Aufgabe in einer bestimmten Raum-/ Zeitkonstellation benötigt"[121]. Folglich müssen im Rahmen der Informationsbedarfsermittlung vier Teilkomponenten definiert werden:

---

[116] Quelle: In modifizierter Form entnommen aus SCHULZE-WISCHELER, B. (1995): Lean information: Computergestützte Systeme in der mittelständischen Industrie, S. 12.

[117] Zu den Begriffen Informationsangebot und –bedarf vgl. WALL, F. (1999): a.a.O., S. 33.

[118] Vgl. SCHULZE-WISCHELER, B. (1994): „Lean Information" – die Notwendigkeit eines Informationsmanagementkonzeptes für einen effizienten Umgang mit der Information. In: LÜCKE, W.; NISSEN-BAUDEWIG, G. (Hrsg., 1994): Neuorientierung des Management: Rezession und wirtschaftlicher Wandel, S. 193.

[119] Vgl. SCHULZE-WISCHELER, B. (1994): a.a.O., S. 194.

[120] Vgl. HORVÁTH, P. (2001): Controlling, S. 364, WALL, F. (1999): a.a.O., S. 33.

[121] SZYPERSKI, N.; WIENAND, U. (1980): Grundbegriffe der Unternehmungsplanung, S. 96.

- Definition der zu lösenden Problemstellung/ Aufgabe,

- Definition der benötigten Informationsarten,

- Definition der benötigten Informationsmenge,

- Definition der benötigten Informationsqualität.

Zur Analyse der **Problem-/ Aufgabenstellung** gehört die detaillierte Erfassung des Entscheidungstatbestandes (*welche* Entscheidungsart muss von *wem wie oft* innerhalb *welchen Zeitraums* und bezogen auf *welchen Raum* gefällt werden?).[122] Sie ist „derjenige Bestimmungsfaktor des Informationsbedarfs, der die begriffsnotwendige Zweckorientierung der Informationen vorgibt"[123]. Einschränkend ist jedoch darauf hinzuweisen, dass der Informationsbedarf im Vorfeld nicht immer hinreichend aus der Aufgabenbeschreibung ableitbar ist. In diesem Falle müssen die notwendigen Teilinformationen im Verlaufe des Entscheidungsprozesses erschlossen werden.[124]

Die zweite Teilaufgabe bei der Informationsbedarfsermittlung ist die Festlegung der **Informationsarten**. Je nach unternehmerischer Fragestellung (Aussage) können diese folgende Formen annehmen:[125]

- faktische Informationen (*„Ist-Aussage"*),

- prognostische Informationen (*„Wird-Aussage"*),

- explanatorische Informationen (*„Warum-Aussage"*),

- konjunktive Informationen (*„Kann-Aussage"*),

- normative Informationen (*„Soll-Aussage"*),

- logische Informationen (*„Muss-Aussage"*),

- explikative Informationen (*„definitorische Aussage "*),

- instrumentale Informationen (*„methodologische Aussage "*).

---

[122] Vgl. HORVATH, P. (2001): a.a.O., S. 367.

[123] WALL, F. (1999): a.a.O., S. 41.

[124] BEIERSDORF differenziert deshalb zwischen dem „Informationsgrundbedarf" und dem „prozessbegleitenden Informationsbedarf". Vgl. BEIERSDORF, H. (1995): Informationsbedarf und Informationsbedarfsermittlung im Problemlösungsprozess „Strategische Unternehmungsplanung", S. 71.

[125] Vgl. WILD, J. (1982): a.a.O., S. 123.

Soll im Unternehmen eine zukunftsgerichtete Entscheidung getroffen werden, sind eher prognostische Informationen gefragt. Wird hingegen die Ursache einer Unternehmensschwäche analysiert, so sind in erster Linie explanatorische Informationen relevant. Im Rahmen einer Wettbewerbsanalyse werden vor allem faktische (bspw. Erfolgssituation des Konkurrenten), prognostische (bspw. Entwicklung eines Konkurrenten) und explanatorische (bspw. Erklärung der Erfolgssituation eines Konkurrenten) Informationen verarbeitet.

Weiterhin können Informationen in *quantitative* und *qualitative Informationen* sowie *externe* und *interne* Informationen unterschieden werden. Im Rahmen von Wettbewerbsanalysen können sowohl qualitative als auch quantitative Informationen vorkommen. Wettbewerbsanalysen weisen jedoch die Besonderheit auf, dass sie inhaltlich einer externen Unternehmensanalyse gleichkommen und sich somit nur auf extern zugängliche Informationen stützen können.

Bei der Definition der **Informationsmenge** muss darauf geachtet werden, dass insbesondere unter Wirtschaftlichkeitsgesichtspunkten nur so viele Informationen beschafft werden müssen, wie auch für die Lösung eines Entscheidungsproblems erforderlich sind. Nach WITTMANN ist der Informationsgrad von eins anzustreben, um den Informationsbedarf optimal abzudecken und ein ausgewogenes Kosten-Nutzen-Verhältnis zu gewährleisten.[126]

$$\text{Informationsgrad} = \frac{\text{tatsächlich vorhandene Information}}{\text{notwendige Information}}$$

Die vierte Teilaufgabe bei der Definition des Informationsbedarfs ist die Festlegung der erforderlichen **Informationsqualität**. Determinanten der Informationsqualität sind beispielsweise die inhaltliche Relevanz, Vollständigkeit, Sicherheit, Aktualität und der Verdichtungsgrad.[127] Zusammenfassend ist festzuhalten, dass eine präzise Definition des Informationsbedarfs im Vorfeld einer Entscheidung die Grundlage für eine rationale Informationsversorgung darstellt.

Für die **Informationsbedarfsermittlung** bietet die Literatur eine Reihe von Methoden an, die an verschiedenen Stellen im Unternehmen ansetzen. In Abbildung 12 werden einige Verfahren dargestellt und in aufgaben-, angebots- und nachfragerorientierte Methoden unterteilt.[128]

---

[126] In den meisten Fällen ist der Informationsgrad jedoch größer als eins, da u. a. bedingt durch neue Medien (Internet) mehr Informationen zur Verfügung stehen als tatsächlich benötigt werden. Zum Informationsgrad vgl. WITTMANN, W. (1959): a.a.O., S. 25; GRAUMANN, M. (1992): Marktinformation als Wettbewerbsstrategie. In: Wirtschaft und Wettbewerb, Bd. 42, Nr. 11, S. 906; SCHULZE-WISCHELER, B. (1995): a.a.O., S. 7.

[127] Zu diesen und folgenden Ausführungen vgl. WILD, J. (1982): a.a.O., S. 124; BEREKOVEN, L.; ECKERT, W. ELLENRIEDER, P. (2002): a.a.O., S. 19 ff.; HORVÁTH, P. (2001): a.a.O., S. 364 ff.; GEITER, U. W. (1993): a.a.O., S. 212 ff.; WALL, F. (1999): a.a.O., S. 32. Zu den qualitativen Anforderungen an Wettbewerbsinformationen vgl. Kapitel 2.1.1.

[128] Eine umfassende Auflistung der bestehenden Verfahren findet sich bei BEIERSDORF, H. (1995): a.a.O., S. 75.

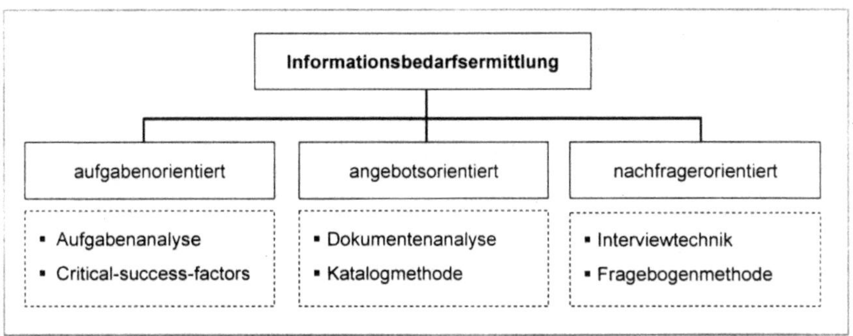

Abbildung 12: Methoden der Informationsbedarfsermittlung[129]

Die **aufgabenorientierten Verfahren** setzen bei der zu lösenden Problemstellung an. Sie dienen folglich der Ermittlung des objektiven Informationsbedarfs. Die *„Aufgabenanalyse"* befasst sich speziell mit der Zerlegung des Entscheidungstatbestandes in Einzelschritte und ermittelt auf diesem Weg die erforderlichen Teilinformationen.[130] Die *„Critical-Success-Factor-Methode"* stellt ebenfalls auf die Ermittlung des objektiven Informationsbedarfs ab. Der Ansatz geht davon aus, dass für jede Aufgabe im Unternehmen einige wenige erfolgsbestimmende Faktoren existieren.[131] Die Kenntnis und gezielte Steuerung dieser Stellgrößen erlauben es dem Unternehmen, die Wettbewerbsposition nachhaltig zu verteidigen oder zu verbessern.[132] ROCKART definiert die kritischen Erfolgsfaktoren deshalb als „key areas where ‚things must go right' for the business to flourish"[133].

Im Zuge der **angebotsorientierten Verfahren** werden entweder die zu einem früheren Zeitpunkt zur Verfügung gestellten Dokumente untersucht oder beschaffbare Informationen in einem Katalog zusammengestellt und dem Entscheidungsträger zur Auswahl vorgelegt. Ein Vorteil dieses Verfahrens ist der geringe Rechercheaufwand, dennoch beschränkt sich die Methode primär auf die Ermittlung der beschaffbaren, aber nicht zwingend notwendigen Informationen.

Die **nachfragerbezogenen Verfahren** setzen direkt beim Entscheidungsträger (= Informationsnachfrager) an und ermitteln auf mündlichem (*„Interviewtechnik"*) oder schriftlichem

---

[129] Quelle: Eigene Darstellung.

[130] Zu diesen und folgenden Ausführungen vgl. MEYER, C. (1994): a.a.O., S. 22 ff.; SCHULZE-WISCHELER, B. (1995): a.a.O., S. 19 ff.; BEIERSDORF, H. (1995): a.a.O., S. 57 ff.; HORVATH, P. (2001): a.a.O., S. 366 ff.

[131] Ursprünglich entwickelt von ROCKART, vgl. ROCKART, J. (1978): A New Approach to Defining the Chief Executive's Information Needs. Zur Methode vgl. auch BOYNTON, A. C.; ZMUD, R. W. (1984): An Assessment of Critical Success Factors. In: Sloan Managment Review, Jg. 25, Nr. 4, S. 17 – 27; HORVATH & PARTNER (Hrsg.; 2000): Das Controllingkonzept: Der Weg zu einem wirkungsvollen Controllingsystem, S. 225.

[132] Vgl. ZÜHLKE, R. B. (1994): a.a.O., S. 248.

[133] ROCKART, J. F. (1978): a.a.O., S. 12.

Wege („*Fragebogenmethode*") den subjektiven Informationsbedarf des Entscheidungsträgers.[134] Der Vorteil dieser Verfahren liegt in der Nähe zu den Bedarfsträgern. Nachteilig ist dagegen, dass sie primär den subjektiven Informationsbedarf des Entscheidungsträgers berücksichtigen, der jedoch von dem objektiven Bedarf abweichen kann.

Die einzelnen Verfahren sind keineswegs isoliert zu betrachten, sinnvoller erscheint eine Abstimmung in der Reihenfolge aufgabenorientiert, nachfragerorientiert, angebotsorientiert. Dieser Abfolge liegt die Logik zugrunde, dass zunächst der objektive Informationsbedarf ermittelt, dieser daraufhin mit Bedürfnissen der Entscheidungsträger (subjektiver Informationsbedarf) abgestimmt und abschließend mit dem vorhandenen Informationsangebot abgeglichen wird. Die Vorgehensweise beschränkt sich damit auf den tatsächlich noch zu erhebenden Bedarf.

Den ersten Schritt dieser Argumentationslinie übernimmt die vorliegende Arbeit. Im Folgenden werden die Methoden „Aufgabenanalyse" sowie „Erfolgsfaktorenanalyse" zur Ermittlung des objektiven Informationsbedarfs von Wettbewerbsanalysen herangezogen. Die Ergebnisse beider Bedarfsermittlungsmethoden werden daraufhin in ein Grundmodell zur Wettbewerbsanalyse integriert. Somit soll den Wettbewerbsanalysten in der Unternehmenspraxis ein Basismodell angeboten werden, das an individuelle Informationsbedürfnisse angepasst und mit dem Informationsangebot im jeweiligen Unternehmen abgeglichen werden kann.

2.2 Identifikation der aufgabenspezifischen Inhalte von Wettbewerbsanalysen

2.2.1 Ableitung der drei Komponenten der Wettbewerbsanalyse

Die erste Methode zur Ermittlung des objektiven Informationsbedarfs ist die Aufgabenanalyse. In der Aufgabenanalyse wird der Entscheidungstatbestand detailliert beschrieben und die daraus resultierenden Teilaufgaben abgeleitet. In Kapitel 1.3 sind die zentralen Aufgaben der Wettbewerbsanalyse bereits ermittelt worden. Dabei wurde heraus gestellt, dass die Wettbewerbsanalyse als zentrale Informationsquelle bei der Bestimmung von Wettbewerbsstrategien fungiert. In diesem Zusammenhang müssen drei konkrete Teilaufgaben erfüllt werden:

- Vermeidung von Überraschungen (Erkennen von Handlungsabsichten),

- Ermittlung von Beurteilungsmaßstäben (Erkennen von Stärken/ Schwächen),

- Entdecken von Gelegenheiten (Erkennen von Chancen/ Risiken).

---

[134] Zu den einzelnen Methoden vgl. BEIERSDORF, H. (1995): a.a.O., S. 75 ff.

Zunächst muss die Wettbewerbsanalyse unangenehme Überraschungen vermeiden, indem sie Ziele und Absichten der Wettbewerber offen legt. Zum Zweiten sollte sie Maßstäbe zur Beurteilung der eigenen Unternehmungsleistung bieten, indem sie die Ressourcen und Fähigkeiten der Wettbewerber sichtbar und vergleichbar macht. Drittens kommt ihr die Aufgabe zu, Chancen und Risiken zu entdecken, indem sie relevante Umwelt- und Markttrends den Stärken/ Schwächen des Wettbewerbers gegenüberstellt. Damit Antworten auf alle drei Fragestellungen gefunden werden können, muss die strategische Ausgangslage des Wettbewerbers ermittelt werden. Das bedeutet, die strategische Analyse und Prognose aus Sicht des Wettbewerbers vorzunehmen. Dazu gehören in erster Linie die Ermittlung der Unternehmenszielsetzung sowie die Untersuchung unternehmensinterner und –externer Gegebenheiten des Wettbewerbers.[135]

Entsprechend der skizzierten Aufgabenstellungen lässt sich eine Wettbewerbsanalyse folglich in drei Teile gliedern:

- *Analyse der Umwelt- und Erfolgssituation des Wettbewerbers*: Wie erfolgreich ist der Wettbewerber und welchen Umwelteinflüssen unterliegt er?

- *Ziel- und Strategieanalyse*: Welche Pläne und Absichten verfolgt der Wettbewerber?

- *Analyse der Unternehmenssituation*: Welche Ressourcen/ Fähigkeiten besitzt der Wettbewerber?

Zunächst müssen also die Unternehmensumwelt sowie die Erfolgssituation der Wettbewerber untersucht werden. Die Erfolgslage des Wettbewerbers gibt dabei Aufschluss über die aktuellen Wettbewerbspositionen in einer Branche. Die Umweltanalyse liefert Anhaltspunkte zu relevanten Markt- und Wettbewerbstrends, die prinzipiell auf alle Unternehmen der Branche einwirken. Die Unternehmensanalyse liefert Daten zum internen Handlungsspielraum von Unternehmen. Fasst man beide Komponenten zusammen, so ergeben sich die Chancen und Risiken von Unternehmen in einer Branche. Diese können mit Hilfe einer SWOT-Analyse (Strengths, Weaknesses, Opportunities, Threats) dargestellt werden (vgl. Abbildung 13). Trifft eine Unternehmensstärke auf einen Umwelttrend, so ist diese Situation als Chance zu beurteilen. Im umgekehrten Falle (Umwelttrend trifft auf Unternehmensschwäche) kann ein Risiko identifiziert werden.

---

[135] Zu den Elementen der strategischen Analyse vgl. Kapitel 1.3.

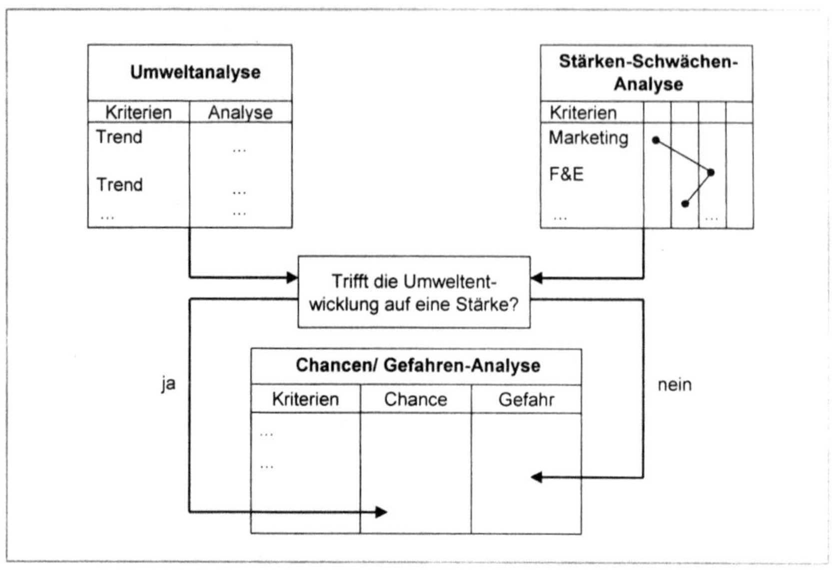

Abbildung 13: Grundriss der SWOT-Analyse[136]

Unter Einbeziehung der Absichten der Wettbewerber (Ziel- und Strategieanalyse) lassen sich abschließend aus der Vielzahl an möglichen Chancen und Risiken (Gefahren) des Wettbewerbers die tatsächlich beabsichtigten strategischen Schritte abgrenzen und die allgemeine Zufriedenheit des Wettbewerbers mit seiner Situation offen legen. Mittels dieser drei Komponenten kann folglich eine begründete Aussage darüber getroffen werden, welche Aktivitäten in Zukunft von Wettbewerbern zu erwarten sind.

Dieser „Aufgabe-Inhalt-Logik" entsprechend fasst Abbildung 14 die drei Komponenten der Wettbewerbsanalyse zusammen.

---

[136] Quelle: In gekürzter Form entnommen aus: MARCHARZINA, K. (1999): a.a.O., S. 234.

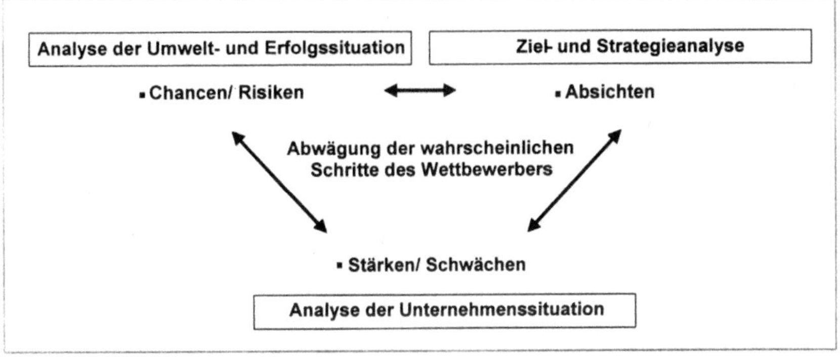

Abbildung 14: Die drei Komponenten der Wettbewerbsanalyse[137]

Eine wesentliche Anforderung an die Wettbewerbsanalyse ist jedoch auch die Erarbeitung des Handlungsbedarfs für das eigene Unternehmen. Dabei kann man sich die Kenntnis über das entgegengesetzt wirkende Abhängigkeitsverhältnis der Wettbewerber zunutze machen: Strategische Vorstöße der Wettbewerber schmälern auf stagnierenden bzw. schrumpfenden Märkten den Markterfolg des eigenen Unternehmens. Deshalb ist ein Konsumententrend, der beim Wettbewerber auf eine Stärke stößt, als Warnsignal für das eigene Unternehmen zu interpretieren. Ebenso ist die umgekehrte Konstellation (Konsumententrend trifft auf Wettbewerberschwäche) für das eigene Unternehmen als Chance anzusehen.

Die nachfolgenden Kapitel erarbeiten sukzessive die Inhalte der einzelnen Analyseperspektiven. Den Ausgangspunkt bildet die Umwelt- und Erfolgsanalyse, die die allgemeine Erfolgssituation der Wettbewerber ermittelt und relevante Trends im Unternehmensumfeld lokalisiert. Darauf aufbauend wird die Ziel- und Strategieanalyse inhaltlich konkretisiert. Abschließend werden verschiedene Ansätze der Unternehmensanalyse im Hinblick auf ihre Verwendbarkeit in der Wettbewerbsanalyse untersucht.

2.2.2 Identifikation der Inhalte der Umwelt- und Erfolgsanalyse

Die Bestimmung der derzeitigen und zukünftigen Position des Wettbewerbers bildet den Ausgangspunkt einer Wettbewerbsanalyse. Diese besteht aus zwei separaten Fragestellungen:

- Wie erfolgreich ist der Wettbewerber?

- Welchen Umwelteinflüssen unterliegt der Wettbewerber?

Um die **Erfolgssituation eines Wettbewerbers** zu dokumentieren, müssen aussagefähige und zeitstabile Maßstäbe als Erfolgsindikatoren gewählt werden. Dabei überwiegen vergangen-

---

[137] Quelle: Eigene Darstellung.

heits- und gegenwartsbezogene, faktische Informationen („Ist-Aussagen"), da die Erfolgssituation von Wettbewerbern zumeist nur a posteriori erkennbar ist.[138] Erfolgsinformationen werden häufig als Kennzahlen ausgedrückt, diese lassen sich untergliedern in:

- *Grundzahlen* (absolute Größen),

- *Verhältniszahlen* (relative Größen).[139]

Grundzahlen sind Einzelkennzahlen, Summen und Differenzen. Ihre Aussagekraft ist gegenüber den Verhältniszahlen eingeschränkt, da sie lediglich absolute Veränderungen berücksichtigen. Verhältniszahlen hingegen haben eine höhere Aussagekraft, weil sie Werte miteinander in Beziehung setzen und somit relative Aussagen ermöglichen.[140]

Für die Abbildung der Erfolgssituation eines Wettbewerbsunternehmens sind in erster Linie Kennzahlen zur Beurteilung des Gesamtbetriebes relevant.[141] Das Primärziel einer Unternehmung ist die Erwirtschaftung von Gewinnen. Deshalb nehmen **Erfolgskennzahlen** eine dominante Stellung bei zwischenbetrieblichen Vergleichen ein. Diese werden in der betrieblichen Bilanzanalyse verdichtet und häufig in den Jahres- und ggf. Quartalsabschlüssen der Unternehmen dargestellt.[142] Zu wichtigen Erfolgsmaßstäben gehören Ergebnis- und Rentabilitätskennzahlen. Der *Umsatz* eines Unternehmens ist beispielsweise eine **Ergebniskennzahl**, die die Verkäufe einer Periode wertmäßig erfasst.[143] Eine zweite Ergebniskennzahl ist der *Unternehmenserfolg*. Dieser ergibt sich aus der Gegenüberstellung aller Aufwendungen und Erträge des Geschäftsjahres. Grundsätzlich eignen sich das operative Ergebnis (Ergebnis aus der gewöhnlichen Geschäftätigkeit) sowie das Nettoergebnis vor und nach Steuer für zwischen-

---

[138] In einigen Fällen werden von Unternehmen auch Planzahlen publiziert, so dass auch prognostische Informationen auftreten können.

[139] Die Literatur weist eine Fülle betriebswirtschaftlicher Kennzahlen auf, eine Auflistung der wichtigsten Systematisierungsansätze findet sich bei MEYER, vgl. MEYER, C. (1994): a.a.O., S. 7. Zu den Begriffsdefinitionen „absolute" und „relative" Kennzahlen vgl. LANGENBECK, J. (1997): PC-gestützte Betriebsführung mit Kennzahlen, eine Praxisanleitung zum Controlling kleinerer und mittlerer Unternehmen, S. 14; KÜTING, K.; WEBER, C.-**P.** (2001): Die Bilanzanalyse: Lehrbuch zur Beurteilung von Einzel- und Konzernabschlüssen, S. 24 - 25.

[140] Vgl. JACOBS, O. H. (1994): Bilanzanalyse: EDV-gestützte Jahresabschlußanalyse als Planungs- und Entscheidungsrechnung, S. 79; COENENBERG, A. G. (1997): Jahresabschluß und Jahresabschlußanalyse: Grundfragen der Bilanzierung nach betriebswirtschaftlichen, steuerrechtlichen und internationalen Grundsätzen, S. 577; ZDROWOMYSLAW, N. (2001): Jahresabschluss und Jahresabschlussanalyse: Praxis und Theorie der Erstellung und Beurteilung von handels- und steuerrechtlichen Bilanzen sowie Erfolgsrechnungen unter Berücksichtigung des internationalen Bilanzrechts, S. 660.

[141] Vgl. REICHMANN, T. (2001): Controlling mit Kennzahlen und Managementberichten, S. 22.

[142] Den Jahresabschlüssen sind zumindest die Grunddaten zu entnehmen, aus denen die Kennzahlen errechnet werden können. Frei zugänglich sind die Jahresabschlüsse bei publizitätspflichtigen Unternehmen (Kapitalgesellschaften, Gesellschaften mit beschränkter Haftung ab bestimmter Größenordnung).

[143] Vgl. JACOBS, O. H. (1994): a.a.O., S. 92; LANGENBECK, J. (1997): a.a.O., S. 83.

betriebliche Vergleiche.[144] Aufgrund unterschiedlicher Besteuerungs-, Abschreibungs- und Finanzierungsmöglichkeiten gehen Unternehmen jedoch inzwischen zur Ausweisung der so genannten EBIDTA-Kennzahl über.[145] Diese weist den Erfolg vor Zins-, Abschreibungs- und Steuerabzug aus.[146] Neben den Unternehmensgesamtgrößen können auch Umsatzquoten (e. g. Sparten- oder Gebietsumsätze im Verhältnis zum Gesamtumsatz) wichtige Erkenntnisse über Abhängigkeitsverhältnisse und Ergebnisbeiträge einzelner Sparten bzw. Umsatzgebieten liefern.

Als ein weiteres Maß für den Unternehmenserfolg können Rentabilitätskennzahlen herangezogen werden. Dabei wird eine Ergebnisgröße im Hinblick auf eine zur Erfolgserzielung eingesetzte Kapital- oder Vermögensgröße (teilweise auch Umsatz) relativiert.[147] Sie liefern in erster Linie Informationen zu Mittel-Zweck-Beziehungen und somit über relative Entwicklungen. Beispielsweise können der *ROS* (Gewinn vor Steuern/ Umsatz), *ROI* (Gewinn vor Steuern/ Gesamtkapital) oder *ROE* (Gewinn vor Steuern/ Eigenkapital) wichtige Erkenntnisse über die Ertragskraft eines Unternehmens vermitteln.[148] Der ROS liefert beispielsweise Informationen zur Entwicklung der Gesamtkosten, da er die Verläufe von Gewinn und Umsatz relativiert. Die ROI- und ROE-Größen vermögen eine Input-Größe (Kapital) ins Verhältnis zum Output (Gewinn) eines Unternehmens zu setzen und indizieren somit die Verzinsung des Kapitals. Eines der bekanntesten Rentabilitätskennzahlschemen ist das „DuPont-Schema", welches die zentrale Rentabilitätsgröße „ROI" (Kapitalrentabilität) in die Teilgrößen Umsatzrendite und Kapitalumschlag zerlegt und somit auf deduktivem Wege die Haupteinflussfaktoren des Unternehmungsergebnisses offen legt (vgl. Abbildung 15).[149]

---

[144] Vgl. JACOBS, O. H. (1994): a.a.O., S. 101. Zu weiteren mögliche Kennzahlen der Erfolgswirtschaft vgl. ZDROWOMYSLAW, N. (2001): a.a.O., S. 744.

[145] Abkürzung EBITDA steht für Earnings before Income Tax, Depreciation and Amortisation.

[146] GIESEL, F. (1999): Wandel der externen Unternehmensanalyse durch Globalisierung der Finanzmärkte. In: PAUSENBERGER, E.; GIESEL, F.; GLAUM, M. (Hrsg., 1999): Globalisierung: Herausforderung an die Unternehmensführung zu Beginn des 21. Jahrhunderts, S. 333.

[147] Vgl. WÖHE, G. (2002): Einführung in die allgemeine Betriebswirtschaftslehre, S. 47; SCHULT, E. (2003): Bilanzanalyse: Möglichkeiten und Grenzen externer Unternehmensbeurteilung, S. 98.

[148] Abkürzungen: ROS steht für Return on Sales, ROE steht für Return on Equity, ROI steht für Return on Investment.

[149] Vgl. MEYER, C. (1995): a.a.O., S. 118; MACHARZINA, K. (1999): a.a.O., S. 162; HORVÁTH, P. (2001): a.a.O., S. 572.

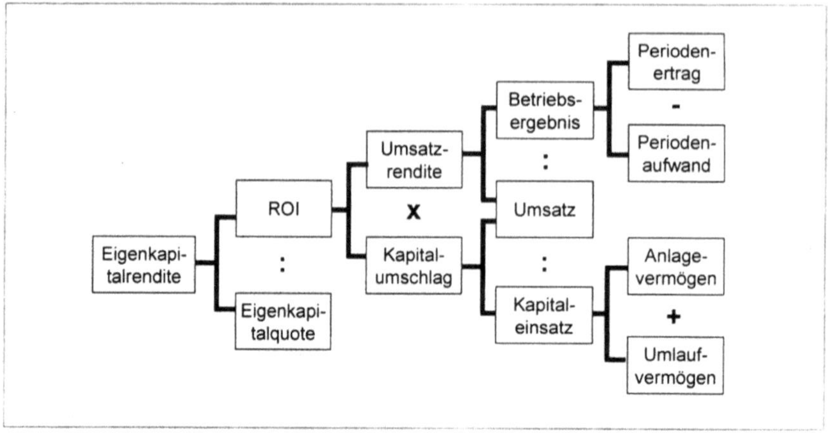

Abbildung 15: DuPont ROI-Kennzahlensystem[150]

Der große Vorteil monetärer Kennzahlen liegt darin, dass sie als Erfolgskennzahlen die Anforderungen an Authentizität, Aktualität und Verfügbarkeit erfüllen. Bei publizitätspflichtigen Unternehmen sind sie jährlich den Geschäftsberichten zu entnehmen, die ihrerseits von unabhängigen Abschlussprüfern auf sachliche Richtigkeit geprüft wurden.[151] Ein weiterer Vorteil monetärer Größen ist die Möglichkeit der Aufgliederung auf Geschäftsbereichsebenen. Somit werden gegebenenfalls Lücken im Unternehmensportfolio transparent. Ihr zentraler Nachteil liegt jedoch darin, dass sie keinen Aufschluss über die Ursachen des Erfolgs bzw. Misserfolgs geben müssen.

Neben monetären Größen können Marktstellungs- sowie Wertschöpfungskennzahlen als Erfolgsmaßstäbe herangezogen werden. **Marktstellungskennzahlen** werden bei der Beurteilung der Gesamtunternehmenslage als „Frühindikatoren" bezeichnet, da ihre Entwicklung im laufenden Geschäftsjahr bereits Auswirkungen auf die finanzielle Situation am Periodenende anzeigt.[152] Zu den wichtigsten Größen gehören das Absatzvolumen bzw. der Marktanteil (Absatzvolumen/ Gesamtmarktvolumen). Darüber hinaus können auch „Soft Facts" als Grundlage zur Beurteilung des Markterfolgs eines Unternehmens dienen: Kundenloyalität, Markenimage und Kundenzufriedenheit seien hier als Beispiele genannt. Kritisch ist jedoch deren aufwen-

---

[150] Quelle: BENKENSTEIN, M. (2002): a.a.O., S. 117.

[151] Wie das Beispiel des amerikanischen Energiehändlers „Enron" gezeigt hat, sind im Rahmen von Jahresabschlüssen trotz bestehender Prüfungspflicht Verschleierungstaktiken möglich. Die Authentizität von Jahresabschlüssen kann prinzipiell unterstellt werden, vereinzelte Abweichungen sind jedoch nicht auszuschließen. Vgl. dazu o. V. (2002): Enron: Management hat die Pleite bewusst riskiert. In: FTD vom 28.01.2002.

[152] Vgl. BOTTA, V. (1997): Kennzahlensysteme als Führungsinstrumente: Planung, Steuerung und Kontrolle der Rentabilität im Unternehmen, S. 19. Zur Bedeutung der Marktstellungskennzahlen für die Rentabilität eines Unternehmens vgl. BUZZEL R. D.; GALE, B. T. (1989): Das PIMS-Programm: Strategien und Unternehmenserfolg, S. 20 ff.

dige Erhebung (i. d. R. durch Primärerhebungen). Als Indikator für die **Wertschöpfung** eines Unternehmens kann die Kennzahl „Leistung" herangezogen werden, die sich – stark vereinfacht – als Saldo von Umsatz und Vorleistungen ergibt.[153] Da die Verfügbarkeit dieser Kennzahlen aus externer Sicht jedoch kritisch ist, soll sie in der Wettbewerbsanalyse nicht weiter berücksichtigt werden.

Erfolgsindikatoren sollen Entscheidungsträgern überblickartig Auskunft über die Ertragslage eines Unternehmens liefern. Ihre Aussage lässt sich durch den Vergleich mit den Kennzahlen früherer Perioden bzw. Durchschnittsergebnissen von Unternehmen der gleichen Branche weiter erhöhen. Der Marktanteil einer Geschäftseinheit kann beispielsweise als Teil des Gesamtmarktes gemessen werden, die zusätzliche Relativierung im Hinblick auf einen oder mehrere führende Konkurrenten lässt zudem auf die Wettbewerbssituation des Kontrahenten schließen.[154] In dieser Arbeit sollen die in Abbildung 16 dargestellten Kennzahlen als branchenübergreifende Beurteilungsmaßstäbe zugrundegelegt werden. Sie erfüllen die in Kapitel 2.1.1 formulierten Anforderungen an Aufgabenrelevanz, Wahrheitsgehalt, Verdichtungsgrad sowie Aktualität und dürften auch aus externer Perspektive zugänglich sein.

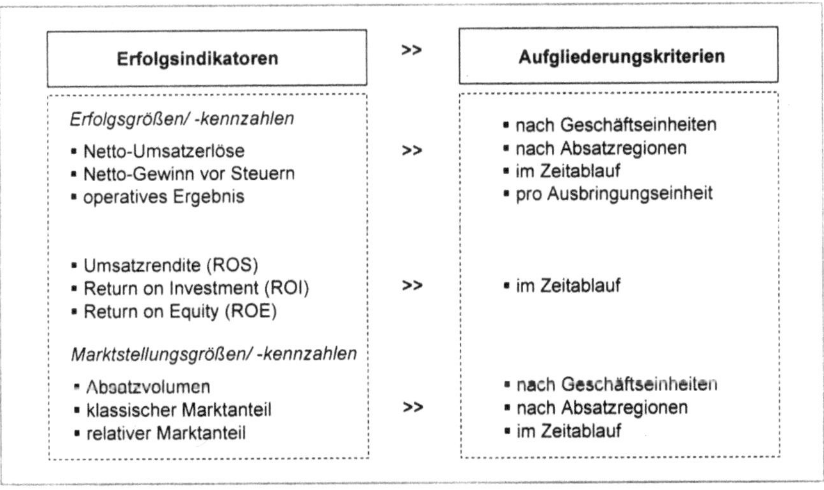

Abbildung 16: Erfolgsmaßstäbe in einer Wettbewerbsanalyse[155]

Die zweite Komponente der Umwelt- und Erfolgsanalyse ist die Untersuchung der Umwelttrends, um in der Zukunft liegende Offensivschritte des Wettbewerbers zu prognostizieren.

---

[153] Vgl. COENENBERG, A. G. (1997): a.a.O., S. 711; MICHEL, R. (1999): Komprimiertes Kennzahlen-Know-how: Analysemethoden, Frühwarnsysteme, PC-Anwendungen, Checklisten, S. 71.

[154] Vgl. BUZZEL, R. D.; GALE, B. T. (1989): a.a.O., S. 21.

[155] Quelle: Eigene Darstellung.

Als relevante **Umweltentwicklungen** sind die Veränderungen der *fünf Wettbewerbskräfte einer Branche* anzusehen (vgl. Abbildung 3). Sie üben maßgeblichen Einfluss auf die Wettbewerbsintensität und somit auf die zukünftige Rentabilitätslage eines Unternehmens aus.[156] In Kapitel 1.2 wurden die von PORTER identifizierten Wettbewerbskräfte von Branchen bereits vorgestellt. Auf eine Wiederholung soll deshalb an dieser Stelle verzichtet werden.

Neben unmittelbar in der Branche wirkenden Kräften müssen auch Elemente der *Globalanalyse* berücksichtigt werden, sofern sie Einfluss auf die Situation der Branche und somit der Wettbewerber haben. Veränderungen politisch-rechtlicher (e. g. Öffnung neuer Wirtschaftsräume, Wettbewerbspolitik), ökonomischer (e. g. Einkommens-, Arbeitsmarkt-, Konjunkturveränderungen), ökologischer (e. g. Emissionsverordnungen, Ressourcenverknappung) sowie soziokultureller (e. g. Verstädterung, Bevölkerungsüberalterung in Industrieländern) Rahmenbedingungen einer Wirtschaftsregion können Folgen für Anbieter und Nachfrager eines Marktes haben und sollten daher überblicksweise in einer Wettbewerbsanalyse erfasst werden.[157]

Abschließend kann festgehalten werden, dass die Umwelt- und Erfolgsanalyse wichtige Informationen über aktuelle Branchenentwicklungen sowie die Wettbewerbspositionen von Unternehmen (Erfolgssituation) liefert. Die Informationen müssen in der Regel nicht speziell erhoben werden, sondern können zumeist Trend-, Marktforschungs- oder Geschäftsberichten entnommen werden.

2.2.3 Identifikation der Inhalte der Ziel- und Strategieanalyse

Zusätzlich zu den Branchenentwicklungen müssen die Absichten der Kontrahenten identifiziert werden, um das Bündel möglicher Aktivitäten der Wettbewerber auf tatsächlich geplante Schritte einzugrenzen. In Anlehnung an PORTER müssen dazu folgende Punkte abgearbeitet werden:[158]

- Ziele des Wettbewerbers,

- Strategien des Wettbewerbers,

- Annahmen des Wettbewerbers.

Ziele des Wettbewerbers geben Aufschluss über Zufriedenheit und Risikobereitschaft des Kontrahenten. Für eine Wettbewerbsanalyse sind die folgenden Zieltypen von Bedeutung:

---

[156] Vgl. LIEBL, F. (1996): Strategische Frühaufklärung: Trends – Issues – Stakeholders, S. 65 ff.; PORTER, M. E. (1999): a.a.O., S. 34. Ausführlich zum Konzept der fünf Wettbewerbskräfte vgl. Abbildung 3, S. 5.

[157] Vgl. HINTERHUBER, H. H. (1996): a.a.O., S. 116 ff.; KREIKEBAUM, H. (1997): a.a.O., S. 42 ff.; BAUM, H.-G.; COENENBERG, A. G.; GÜNTHER, T. (1999): a.a.O., S. 57 – 60; MACHARZINA, K. (1999): a.a.O., S. 221.

[158] Vgl. PORTER, M. E. (1999): a.a.O., S. 88.

- Gesamtunternehmensziele,

- Geschäftsbereichsziele.

Unternehmensziele bilden den Ausgangspunkt der strategischen Planung eines Unternehmens. Sie reflektieren die generelle Entwicklungsrichtung eines Unternehmens und bilden die Grundlage für die Formulierung von Unternehmens- und Wettbewerbsstrategien.[159] Eine Diagnose der Unternehmensziele des Wettbewerbers ist aus zweierlei Gründen notwendig:[160] Zum Einen spiegeln sie den derzeitigen Zielerreichungsgrad des Wettbewerbers wider und eröffnen somit den Blick auf mögliche Strategiekorrekturen. Zum Zweiten erlaubt die Kenntnis der Unternehmensziele die Einschätzung des Ausmaßes der Gegenreaktion auf strategische Maßnahmen. Zielt ein Unternehmen beispielsweise auf eine Verbesserung der Marktstellung im Heimatmarkt ab und wird dort von einem Kontrahenten angegriffen, so ist eine heftigere Reaktion zu erwarten als bei einem Angriff auf einem anderen Markt.[161] Zusätzlich eignet sich eine Analyse der Geschäftsbereichsziele zur Ableitung von Prioritäten im Gesamtunternehmensportfolio.

Sind Informationen über die Ziele des Wettbewerbers bekannt, so können daraus Schlüsse über **plausible Strategievarianten** gezogen werden. Aus den Gesamtunternehmens- sowie Geschäftsbereichszielen ergeben sich die Strategietypen:

- Unternehmensstrategie.

- Wettbewerbsstrategie.

Mit der Unternehmensstrategie werden die grundlegenden Tätigkeitsfelder (Produkt-Märkte) einer Organisation bestimmt. Auf stagnierenden und schrumpfenden Märkten hat jede Art von Wachstumsambition eines Wettbewerbers Auswirkungen auf das eigene Unternehmen. Die Kenntnis der derzeitigen und zukünftigen Unternehmensstrategien der Wettbewerber wird ein Unternehmen davon abhalten, in einen Produkt-Markt-Raum einzudringen, den stärkere Wettbewerber besetzt haben bzw. besetzen wollen. Die Kenntnis der Wettbewerbsstrategie anderer Unternehmen ermöglicht es zudem, sich auf den Einsatz von Wettbewerbsparametern sowie Verhaltensweisen der Wettbewerber gezielt einzustellen und Präventivmaßnahmen vorzubereiten. Verfolgt ein Wettbewerber beispielsweise eine erfolgreiche Differenzierungsstrategie, so ist es weniger wahrscheinlich, dass er einen Preiskampf eröffnen wird. Bietet ein

---

[159] Vgl. KREILKAMP, E. (1987): a.a.O., S. 6; BECKER, J. (2001): Marketing-Konzeption: Grundlagen des zielstrategischen und operativen Marketing-Managements, S. 14.

[160] Vgl. dazu auch PORTER, M. E. (1999): a.a.O., S. 89.

[161] Der Angriff auf einem anderen Markt wird von PORTER als Querparade bezeichnet, vgl. PORTER, M. E. (1999): a.a.O., S. 129.

anderer Wettbewerber hingegen ein standardisiertes Produkt an, so ist mit einem Direktangriff über eine Niedrig-Preis-Strategie durchaus zu rechnen.

Als drittes sind Informationen zu den **Annahmen** der Wettbewerber über sich und ihre Umwelt einzuholen. Annahmen sind Prämissen, auf deren Basis ein Unternehmen seine Planung formuliert.[162] Sie werden getätigt, um den strategischen Planungsprozess zu vereinfachen und das Augenmerk auf relevante Ereignisse und Sachverhalte zu lenken. Die Annahmen eines Wettbewerbers können durch historische, emotionale oder kulturelle Einflüsse von den wahren Begebenheiten abweichen.[163] Die Planungsgrundlagen der Konkurrenten sind deshalb im Hinblick auf ihre Gültigkeit zu prüfen. Erweisen sie sich als fehlerhaft, so kann das eigene Unternehmen den Informationsvorsprung nutzen, um auf richtigen Annahmen basierende Wettbewerbsmaßnahmen zu lancieren.

Stellt man den Ergebnissen aus der Umwelt- und Erfolgssituation die Schlüsse aus der Ziel-, Strategie- und Annahmendiagnose gegenüber, so kann man bereits aus den strategischen Optionen des Wettbewerbers diejenigen Möglichkeiten herausfiltern, die der Wettbewerber entsprechend seiner Ziele, Strategien und Annahmen wahrscheinlich nutzen möchte. Letztlich bleibt jedoch noch die Frage offen, ob diese Schritte vom Wettbewerber tatsächlich durchsetzbar sind. Mit dieser Frage beschäftigt sich die Analyse der Unternehmenssituation.

2.2.4 Identifikation der Inhalte der Unternehmensanalyse

Die Unternehmensanalyse widmet sich nun der Frage, ob der Wettbewerber überhaupt in der Lage ist, seine Ziele zu erreichen. Ziele zu erreichen und Chancen zu nutzen setzt voraus, dass ein Untenehmen über kritische Ressourcen verfügt. Folglich muss im Rahmen von Wettbewerbsanalysen ein Abgleich der angekündigten Maßnahmen mit den tatsächlich vorhandenen Stärken und Schwächen erfolgen. Erst nach dieser letzten Untersuchung kann eine begründete Antwort auf die Frage nach Plausibilität und Wahrscheinlichkeit angekündigter Wettbewerbsaktionen gegeben werden.

In der betriebswirtschaftlichen Literatur findet sich eine Reihe von Ansätzen, die im Rahmen interner Unternehmensanalysen Anwendung finden. In den eher traditionellen Konzepten zur Unternehmensanalyse untersucht man vor allem die Funktionsbereiche eines Unternehmens bezüglich Stärken und Schwächen.[164] Dabei lehnt man sich zumeist an die **klassische Einteilung der Funktionsbereiche** in Forschung und Entwicklung, Produktion, Marketing, Finanzen und Personal an. Die Literatur bietet eine Reihe von Checklisten, die als Kriterienkataloge

---

[162] Zu den Annahmen eines Unternehmens vgl. ULRICH, P.; FLURI, E. (1995): Management: Eine konzentrierte Einführung, S. 130.

[163] Vgl. PORTER, M. E. (1999): a.a.O., S. 100.

[164] Vgl. SZYPERSKI, N.; WIENAND, U. (1980): a.a.O., S. 49, ULRICH, E.; FLURI, E. (1995): a.a.O., S. 117; WELGE, M. K.; AL-LAHAM, A. (2001): a.a.O., S. 232.

zur Beurteilung der Funktionsbereiche herangezogen werden können.[165] Die Höhe der Ressourcenverfügbarkeit indiziert das Ausmaß der Stärken und Schwächen. Abbildung 17 zeigt ein Beispiel für funktionsbereichsbezogene Checklisten.

---

[165] Vgl. HOFER, C. W.; SCHENDEL, D. (1982): Strategy formulation: Analytical Concepts, S. 149 ff.; HABERLAND, G. (1993): Checklist Unternehmensanalyse; MACHARZINA, K. (1999): a.a.O., S. 221 ff.; NAGEL, K.; STALDER, J. (2001): Unternehmensanalyse: Schnell und punktgenau, S. 21 ff.

Allgemeine Unternehmensentwicklung	- Umsatzentwicklung - Cash-Flow-Entwicklung - Entwicklung des Personalbestands - Entwicklung der Kosten (fixe Kosten, variable Kosten)
Marketing	- Marketingleistung (Sortiment, vor allem Breite, Tiefe und Bedürfniskonformität des Sortiments; Qualität der Hauptleistungen, vor allem Konstanz und Individualität der Leistungen sowie Fehlerraten; Qualität der Nebenleistungen, zum Beispiel Anwendungsberatung; Garantieleistungen und Lieferservice; Qualitätsimage) - Preis (allgemeines Preisniveau; Rabatte; Zahlungskonditionen) - Marktbearbeitungsaktivitäten (Werbung; Verkauf; Verkaufsförderung; Öffentlichkeitsarbeit; Markenpolitik; Imagepflege) - Distribution (inländische Absatzorganisation; Exportorganisationen; Lieferbereitschaft; vor allem Lagerbewirtschaftung und Transportwesen)
Produktion	- Produktprogramm - Produktionstechnologie - (Zweckmäßigkeit, Modernität und Automationsgrad der Anlagen) - Vertikale Integration - Produktionskapazitäten - Produktivität - Produktionskosten - Einkauf und Versorgungssicherheit
F & E	- Leistungsfähigkeit der F & E (gegenwärtige Aktivitäten sowie geplante Investitionen hinsichtlich Verfahrens-, Produkt- und Softwareentwicklung; F & E-Know-how, Patente und Lizenzen)
Finanzen	- Kapitalvolumen und Kapitalstruktur (Finanzierungspotential; Working Capital) - Kapitalumschlag (Gesamtkapitalumschlag; Lagerumschlag; Debitorenumschlag) - Stille Reserven - Liquidität - Investitionsintensität
Personal	- Qualitative Leistungsfähigkeit der Mitarbeiter (Leistungswille; Betriebsklima; Teamgeist; Unité de doctrine) - Entgeltpolitik und Sozialleistungen
Führung und Organisation	- Entwicklungsstand des PuK-Systems - Qualität der Führungskräfte (Entscheidungsgüte und -geschwindigkeit) - Strategie-Struktur-Kultur-Fit - Know-how (bezüglich Kooperationen; Akquisitionen)
Innovationsfähigkeit	- Einführungen neuer Marktleistungen - Erschließung neuer Märkte

Abbildung 17: Checkliste zur Unternehmensanalyse[166]

Im Rahmen von Wettbewerbsanalysen eignen sich diese Checklisten jedoch nur begrenzt, da sie zu einer äußerst umfangreichen und ungewichteten Datenbasis führen. Des Weiteren sind

---

[166] Quelle: MACHARZINA, K. (1999): a.a.O., S. 222.

einige Informationen für externe Beobachter nicht zugänglich sind, beispielsweise können die Analysevariabeln Führung und Organisation in einer Wettbewerbsanalyse kaum untersucht werden. Drittens sind die angegebenen Analysevariabeln nicht für alle Branchen relevant (e. g. Produktion im Dienstleistungssektor). Insgesamt tragen die Checklisten deshalb nicht zwingend zu einer bedarfsorientierten Informationsversorgung bei.

Bedarfsgerechtere Konzepte zur Unternehmensanalyse stellen beispielsweise der **„Resource-Based-View"** sowie die **„Kernkompetenzanalyse"** dar. Der „Resource-Based-View" untersucht nicht die Funktionsbereiche, sondern führt den Erfolg eines Unternehmens auf die Existenz einzigartiger Ressourcen und Ressourcenkombinationen zurück.[167] Eng damit verwandt ist auch das Konzept der „Kernkompetenzen". Die Begriffe lassen sich nur insofern trennen, als dass Ressourcen all diejenigen Dinge umfassen, die eine Unternehmung hat, während Kompetenzen das bezeichnen, was eine Unternehmung kann. Ein Unternehmen ist folglich umso stärker einzuschätzen, je mehr branchenrelevante Ressourcen und Kernkompetenzen es besitzt. Kernkompetenzen müssen zudem folgende Charakteristika aufweisen:[168]

- Zugang zu einer Vielzahl von Märkten,

- Nichtimitierbarkeit durch die Wettbewerber,

- Fähigkeit zur Generierung eines Kundennutzens („markterprobte Fähigkeiten"[169]).

Ein weiteres Instrument zur Unternehmensanalyse liefert PORTER mit seiner **Wertkettenanalyse**.[170] Dass Konzept gliedert Unternehmen nicht in funktionale Bereiche, sondern in strategisch relevante „Wertschöpfungsaktivitäten". Diese sind so auszurichten, dass sie je nach Wettbewerbsstrategie im Endergebnis einen Wert, entweder in Form eines Kostenvorteils oder eines höheren Kundennutzens, generieren.[171] Liegen die Aufwendungen für die Erstellung eines Produkts/ einer Dienstleistung unter dem Wert, den ein Kunde dafür zu zahlen be-

[167] Ausführlich zum „Resource-Based-View" vgl. PETERAF, M. A. (1993): The Cornerstones of Competitive Advantage: A Resource Based View. In: Strategic Managment Journal, Jg. 14, Nr. 3, S. 179 – 191; MAHONEY, J. T. (1995): The Management of Resources and the Resource of Management. In: Journal of Business Research, 1995, S. 91 – 101; HINTERHUBER, H. H.; FRIEDRICH, St. A. (1999): Markt- und ressourcenorientierte Sichtweise zur Steigerung des Unternehmungswertes. In: HAHN, D.; TAYLOR, B. (1999): a.a.O., S. 995.

[168] Vgl. HAMEL, G.; PRAHALAD, C. K. (1991): Nur Kernkompetenzen sichern das Überleben. In: Harvard Manager, Jg. 13, Nr. 2, S. 71. Vgl. auch PRAHALAD, C. K.; HAMEL, G. (1999): The Core Competence of the Corporation. In: HAHN, D.; TAYLOR, B. (Hrsg., 1999): a.a.O., S. 959; HAHN, D. (1999): US-amerikanische Konzepte strategischer Unternehmungsführung. In: HAHN, D.; TAYLOR, B. (Hrsg., 1999): a.a.O., S. 157.

[169] KRÜGER, W. (2002): Unternehmenswachstum auf der Basis von Kernkompetenzen. In: GLAUM, M.; HOMMEL, U.; THOMASCHEWSKI, D. (Hrsg., 2002): Wachstumsstrategien internationaler Unternehmungen: Internes vs. externes Unternehmenswachstum, S. 192.

[170] Ausführlich zur Wertkettenanalyse vgl. PORTER, M. E. (2000): a.a.O., S. 67 – 85.

[171] Vgl. PORTER, M. E. (2000): a.a.O., S. 63 ff.

reit ist, so erwirtschaftet ein Unternehmen einen Gewinn und kann als effizient bezeichnet werden.[172]

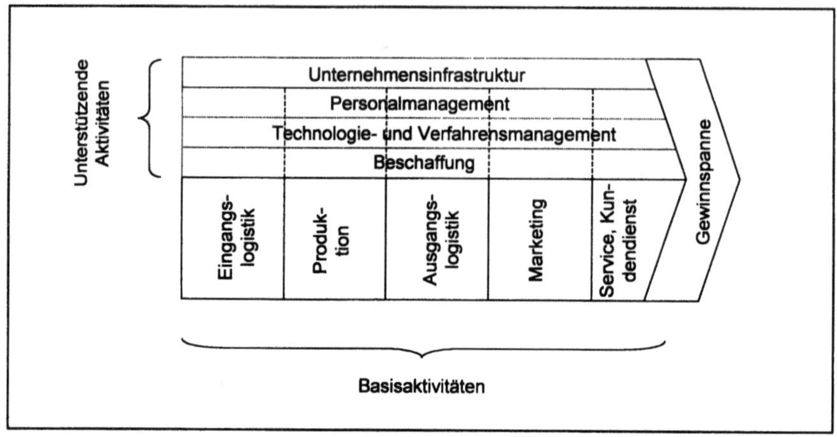

Abbildung 18: Wertschöpfungskette nach PORTER[173]

Die Struktur der Wertschöpfungskette ist in starkem Maße von den Anforderungen einer Branche sowie der verfolgten Wettbewerbsstrategie abhängig. Das Konzept kann zur Eruierung von Stärken und Schwächen von Konkurrenzunternehmen führen, wenn zwei Unternehmen gleicher wettbewerbsstrategischer Ausrichtung gegenübergestellt und die Effizienz ihrer Prozesse verglichen werden. Darüber hinaus dürften einige Analyseinhalte (e. g. Informationen zur Kostenstruktur) aus der externen Sicht eines Konkurrenzforschers nur schwer zugänglich sein. Somit eignet sich das Konzept nur eingeschränkt für die Wettbewerbsanalyse.

Einen weiteren Ansatz zur Analyse und Steuerung unternehmensinterner Ressourcen und Fähigkeiten ist das **Balanced-Scorecard-Konzept**. Im Zuge dieses Konzeptes werden vier Analysedimensionen beleuchtet und operationalisiert, um die Gesamtunternehmenslage einschätzen zu können:[174]

- Finanzwirtschaftliche Perspektive,

- Kundenperspektive,

---

[172] Vgl. KREIKEBAUM, H. (1997): a.a.O., S. 48 ff.; WALL, F. (1999): a.a.O., S. 143 ff. PORTER differenziert in *„primäre"* und *„sekundäre"* Wertschöpfungsaktivitäten. Erstere umfassen alle Tätigkeiten, die direkt im Zusammenhang mit der Marktversorgung stehen (Logistik, Herstellung, Verkauf, Kundendienst). Letzteren kommen dagegen nur unterstützende Funktionen zu. Vgl. PORTER, M. E. (2000): a.a.O., S. 63 ff.

[173] Vgl. PORTER, M. E. (2000): a.a.O., S. 66.

[174] Vgl. NORTON, D. P.; KAPLAN, R. S. (1998): Balanced Scorecard: Strategien erfolgreich umsetzen, S. 24 ff.

- Interne Prozessperspektive,

- Lern- und Entwicklungsperspektive.

Die Analyseinhalte stellen ein ausgewogenes Portfolio aus kurz- und langfristigen Kennzahlen dar, sie sind kritische Einflussfaktoren der strategischen Ziele.[175] Eine ausgeglichene Berücksichtigung aller vier Perspektiven im Unternehmen („Balance") führt demnach zu höherem Strategieerfolg und somit zu langfristiger Rentabilität.[176] Für die Gewichtung innerhalb der Perspektiven können strategisch relevante Faktoren herangezogen werden, wie dies in den erweiterten Scorecard-Konzepten von HORNUNG/ MAYER und JESSEL/ OEHLER/ WUHRER vorgeschlagen wird.[177] Für die interne Unternehmensanalyse stellt das Konzept durchaus ein geeignetes und in der Unternehmenspraxis erprobtes Schema zur Ermittlung von Stärken und Schwächen dar.[178] Die Wettbewerbsanalyse kommt jedoch einer externen Unternehmensanalyse gleich, deshalb dürften einige Inhalte der Balanced Scorecard (e. g. die interne Prozessperspektive) für den Wettbewerbsforscher nicht zwingend zugänglich sein.

Zusammenfassend kann festgehalten werden, dass sich die vorgestellten Ansätze unterschiedlich gut für den Einsatz im Rahmen von Wettbewerbsanalysen eignen. Die Checklisten verfügen über den Vorteil, ein strukturiertes und relativ vollständiges Bild von der Unternehmenslage wieder zu geben. Kritisch sind jedoch deren Datenumfang und die mangelnde Gewichtung. Der Ressource-Based-View sowie die Kompetenzanalyse stellen deutlich bedarfsgerechtere Instrumente zur Unternehmensanalyse dar. Sie beschränken sich auf die Analyse branchenrelevanter Ressourcen und Kompetenzen. Die Wertkettenanalyse und Balanced Scorecard sind ebenfalls bedarfsgerechte Ansätze der Unternehmensanalyse, wenngleich sich ihre Anwendbarkeit vornehmlich auf interne Analysezwecke beschränkt. Im Folgenden soll nun ein Ansatz zur Unternehmensanalyse vorgestellt werden, der nur diejenigen Unternehmensmerkmale in die Analyse einbezieht, die maßgeblichen Einfluss auf den Unternehmenserfolg haben.

---

[175] Vgl. NORTON, D. P.; KAPLAN, R. S. (1998): a.a.O., S. 21, vgl. dazu auch WALL, F. (2000): Die Balanced Scorecard als modernes Instrument der strategischen Unternehmenssteuerung. In: REICHMANN, T. (2000): 15. Deutscher Controlling Congress – Tagungsband, S. 203 – 222.

[176] Vgl. FRIEDAG, H. R.; SCHMIDT, W. (1999): Balanced Scorecard: Mehr als ein Kennzahlensystem, S. 21 ff.; REICHMANN, T. (2001): a.a.O., S. 584.

[177] Vgl. HORNUNG, K.; MAYER, J. H. (1999): Erfolgsfaktoren-basierte Balanced Scorecards zur Unterstützung einer wertorientierten Unternehmensführung. In: Controlling, Jg. 11; Nr. 8/ 9, S. 389 – 398; JESSEL, R.; OEHLER, K.; WUHRER, J. (2002): Systemgestützte Erweiterung der Balanced Scorecard um Erfolgsfaktoren. In: controller magazin, Jg. 27, Nr. 2, S. 145 – 151.

[178] Praxiserfahrungen mit der Balanced Scorecard werden bei GREISCHEL ausführlich beschrieben, vgl. GREISCHEL, P. (2003): Balanced Scorecard: Erfolgsfaktoren und Praxisberichte.

2.3 Identifikation der erfolgsfaktorenbasierenden Inhalte von Wettbewerbsanalysen

2.3.1 Ansatz, Zielsetzung und Kritik der Erfolgsfaktorenforschung

Für eine zielgerichtete Unternehmensführung ist die Konzentration auf bedarfsgerechte Informationen unerlässlich. In der Literatur mehren sich daher in den letzten Jahren die Überlegungen, zu Führungsinformationssystemen auf Basis strategischer Erfolgsfaktoren überzugehen.[179] An die Stelle totalanalytischer Ansätze tritt dabei eine Ermittlung und Operationalisierung so genannter „kritischer Erfolgsfaktoren". Das Konzept geht von der Existenz einiger kritischer Determinanten aus, die das Zustandekommen „sichtbarer" Erfolgs- und Liquiditätsgrößen (Spitze des Eisbergs in Abbildung 19) erklären können. HORNUNG/ MAYER definieren strategische Erfolgsfaktoren deshalb als begrenzte Anzahl an Determinanten, „die aus dem strategischen Zielsystem deduziert werden und maßgeblich den Erfolg eines Unternehmens bestimmen"[180].

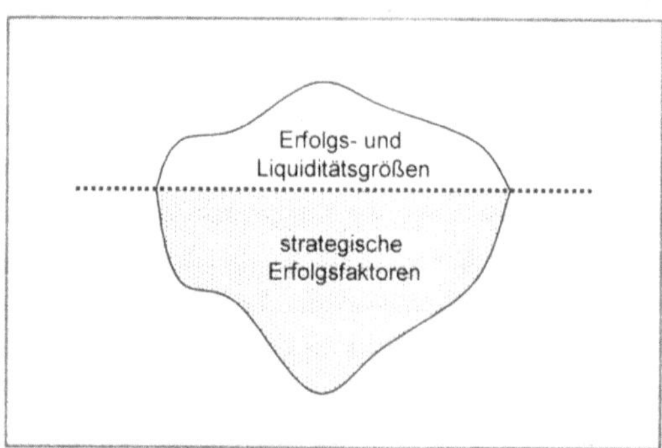

Abbildung 19: Eisbergmodell nach HORNUNG/ MAYER[181]

Da diese geringe Anzahl an Kausalfaktoren die Erfolgssituation eines Unternehmens maßgeblich determiniert, bietet sie ein entscheidungsrelevantes und komprimiertes Schema zur Bewertung des eigenen Unternehmens sowie der Wettbewerber. Aus diesem Grunde wird der Ansatz der kritischen Erfolgsfaktoren als zweite Methode zur Ermittlung des Informationsbedarfs von Wettbewerbsanalysen herangezogen. Bevor jedoch die Ergebnisse im Einzelnen

---

[179] So zum Beispiel bei ZÜHLKE, R. V. (1994): Strategische Planung von Informationssystemen auf der Grundlage marktkritischer Erfolgsfaktoren. In: LÜCKE, W.; NISSEN-BAUDEWIG, G. (Hrsg., 1994): a.a.O., S. 243 – 270; LEHNER, F. (1995): Die Erfolgsfaktoren-Analyse in der betrieblichen Informationsverarbeitung. In: ZfB, Jg. 65, Nr. 4, S. 385 – 409; SUHREN, V. (1998): Von der kritischen Information zum Informationssystem: Operationalisierung kritischer Erfolgsfaktoren durch die Hierarchische Informationsgruppierung.

[180] HORNUNG, K; MAYER, J. H. (1999): a.a.O., S. 392.

[181] Quelle: HORNUNG, K; MAYER, J. H. (1999): a.a.O., S. 392.

vorgestellt werden, sollen zunächst einige grundlegende Aspekte zur Erfolgsfaktorenforschung angesprochen werden.

Der Ansatz der „Critical-Success-Factors" geht ursprünglich auf ROCKART zurück.[182] Seit Anfang der achtziger Jahre befasst sich die eigenständige wissenschaftliche Disziplin, die Erfolgsfaktorenforschung, mit der Ermittlung erfolgskritischer Variablen.[183] Die Vielzahl der seitdem entstandenen Forschungsstudien kann nach unterschiedlichen Kriterien klassifiziert werden. Zunächst wird die **Ermittlungsmethode** als Unterscheidungsmerkmal herangezogen. Erfolgsfaktoren werden dabei bestimmt auf Basis:

- strategischer Grundsätze (theoretisch-deduktiv als Kausalketten),

- Expertenwissens (erfahrungsbasierend),

- empirischer Untersuchungen (empirisch-induktiv).[184]

Darüber hinaus differieren die bestehenden Untersuchungen hinsichtlich ihrer **Analyseebenen**. Demnach kann unterteilt werden in:

- branchenübergreifende Studien (e. g. PIMS-Studie),

- industriespezifische Studien (e. g. Erfolgsfaktoren in der pharmazeutischen Industrie),

- projektbezogene Studien (e. g. Erfolgsfaktoren der Diversifikation).[185]

Die Ergebnisse der Untersuchungen können folglich globale, industriespezifische oder projektbezogene Gültigkeit besitzen. Bedeutende Untersuchungen wie die PIMS-Studie und der PETERS/ WATERMAN-Ansatz identifizieren globale Kausalfaktoren des Unternehmenserfolgs. Ferner kann nach dem jeweiligen **Untersuchungsfeld** in umfeld-, markt- und unternehmensbezogene kritische Erfolgsfaktoren unterschieden werden. Einschränkend ist hierbei jedoch ESCHENBACH/ ESCHENBACH/ KUNESCH zuzustimmen, dass die Marktumwelt eines Unternehmens/ einer Geschäftseinheit nicht beeinflusst werden kann und deshalb weitgehend als gege-

---

[182] Vgl. ROCKART, J. (1978): a.a.O.; HORVÁTH & PARTNER (Hrsg.; 2000): a.a.O., S. 225.

[183] Die Begriffe „kritisch" und „strategisch" werden synonym verwendet und weisen auf die besondere Bedeutung sowie langfristige Dimension der Faktoren hin. Vgl. BÜRGEL, H. D.; ZELLER, A. (1997): Controlling kritischer Erfolgsfaktoren in Forschung und Entwicklung. In: Controlling, Jg. 9, Nr. 4, S. 219.

[184] Vgl. STEINLE, C.; KIRSCHBAUM, J.; KIRSCHBAUM, V. (1996): Erfolgreich überlegen: Erfolgsfaktoren und ihre Gestaltung in der Praxis, S. 19.

[185] Die Arbeit von HECKNER kann als Beispiel für eine branchenspezifische Erfolgsfaktorenanalysen angeführt werden, vgl. HECKNER, F. (1998): Identifikation marktspezifischer Erfolgsfaktoren: Ein heuristisches Verfahren angewendet am Beispiel eines pharmazeutischen Teilmarktes. Zu den projektspezifischen Arbeiten gehört beispielsweise die Studie von JACOBS, vgl. JACOBS, S. (1992): Erfolgsfaktoren der Diversifikation.

ben zu betrachten ist.[186] SCHEFCZYK differenziert deshalb in interne (beeinflussbare) und externe (nicht kontrollierbare) Erfolgsfaktoren.[187] Nicht zuletzt können die Faktoren auch in quantitative und qualitative Variablen unterteilt werden: Quantitative Faktoren lassen eine Abbildung auf metrischen Skalen (in Mengen- oder Werteinheiten bzw. deren Relationen) zu, qualitative Faktoren beschränken sich hingegen auf Nominal- oder maximal Ordinalskalen.[188]

Naturgemäß treten bei mehrdimensionalen Klassifikationen auch Kombinationen mehrerer Teilkomponenten auf. Abbildung 20 stellt drei Klassifikationsansätze schematisch dar. Umfassende Listen zu Merkmalen und Befunden bestehender Erfolgsfaktorenstudien finden sich bei JACOBS, HAENECKE und SCHEFCZYK.[189]

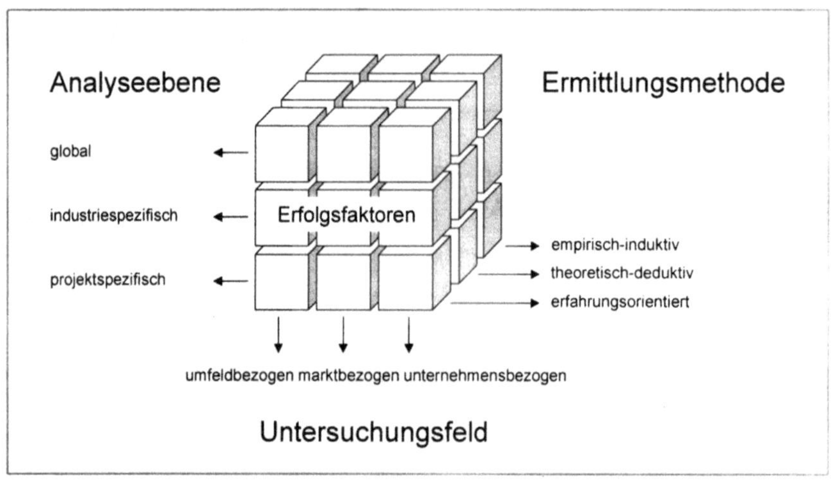

Abbildung 20: Klassifikation der Erfolgsfaktorenforschung[190]

Trotz der großen Beliebtheit, die die Erfolgsfaktorenforschung in der betrieblichen Informationsversorgung inzwischen erlangt hat, wird der Ansatz auch in einigen wesentlichen Punkten kritisiert:[191]

---

[186] Vgl. ESCHENBACH, R.; ESCHENBACH, S.; KUNESCH, H. (2003): Strategische Konzepte: Management-Ansätze von Ansoff bis Ulrich, S. 283.

[187] Vgl. SCHEFCZYK, M. (1994): Kritische Erfolgsfaktoren in schrumpfenden Branchen dargestellt am Beispiel der Gießerei-Industrie, S. 28.

[188] Vgl. BENKENSTEIN, M. (2001): Entscheidungsorientiertes Marketing: Eine Einführung, S 89; HAENECKE, H. (2002): Methodenorientierte Systematisierung der Kritik an der Erfolgsfaktorenforschung. In: ZfB, Jg. 72, Nr. 2, S. 168.

[189] Vgl. JACOBS, S. (1992): a.a.O., S. 50 ff.; SCHEFCZYK, M. (1994): a.a.O., S. 63 – 72; HAENECKE, H. (2002): a.a.O., S. 177 ff.

[190] Quelle: Eigene Darstellung.

- *Multikausalität und –dimensionalität*: Die ermittelte Ursache-Wirkungsbeziehung kann nicht zwingend einem bestimmten Faktor zugerechnet werden, da andere, vorgeschaltete oder intervenierende Größen die Erfolgswirkung stark beeinflussen können.

- *Beschränkende Extrahierung*: Bei Aufspaltung hochaggregierter Erfolgsgrößen (vgl. ROI-Schema) kann eine beliebig hohe Zahl an Erfolgsfaktoren ermittelt werden, die nachträglich eingeschränkt werden muss.

- *Unzureichende theoretische Fundierung*: Der überwiegende Teil der Erkenntnisse der Erfolgsfaktorenforschung wurde auf empirisch-induktivem Wege ermittelt. Eine Fundierung mittels bestehender theoretischer Ansätze wurde nicht immer vorgenommen.

- *Simplifizierende Verallgemeinerung*: Bei der Ermittlung von Erfolgsfaktoren werden die Ergebnisse häufig in stark verallgemeinerter Form präsentiert, die Ausdifferenzierung der Erfolgskriterien sowie deren Anpassung an kontextspezifische Gegebenheiten bleibt den Anwendern selbst überlassen.

Im Folgenden werden zunächst einige Ansätze der Erfolgsfaktorenforschung vorgestellt. Dabei werden insbesondere solche Studien herausgegriffen, die sich schwerpunktmäßig mit der Identifikation branchenübergreifender Erfolgsfaktoren auf Gesamtunternehmens- bzw. Geschäftseinheitsebene beschäftigen. Der Grund dafür ist, dass in dieser Arbeit ein Modell zur Wettbewerbsanalyse auf Gesamtunternehmensebene zu konzipieren ist. Aus den vorgestellten Studien wird exemplarisch ein Katalog an Erfolgsdeterminanten zusammengestellt und als Beurteilungsmaßstab in das Grundmodell der Wettbewerbsanalyse integriert. Bei dieser Vorgehensweise ist jedoch einzuräumen, dass branchenspezifische Bedingungen nicht hinreichend berücksichtigt werden. Folglich bieten die Ergebnisse der Erfolgsfaktorenstudien lediglich einen ersten Ansatz zur Strukturierung des Informationsbedarfs von Wettbewerbsanalysen.

2.3.2 Wesentliche Ergebnisse der Erfolgsfaktorenforschung

Die Pionieruntersuchung unter den empirischen Erfolgsfaktorenstudien ist das **PIMS-Programm** (**P**rofit **I**mpact of **M**arket **S**trategie).[192] Anliegen der ersten PIMS-Untersuchung

---

[191] Zur Kritik an der Erfolgsfaktorenforschung vgl. LANGE, B. (1982): Bestimmung strategischer Erfolgsfaktoren und Grenzen ihrer empirischen Fundierung. Dargestellt am Beispiel der PIMS-Studie. In: Die Unternehmung, Jg. 36, Nr. 1, S. 27 - 41; JACOBS, S. (1992): a.a.O., S. 32; SCHRÖDER, H. (1994): Erfolgsfaktorenforschung im Handel – Stand der Forschung und kritische Würdigung der Ergebnisse. In: Marketing - Zeitschrift für Forschung und Praxis, Jg. 16, Nr. 2, S. 89 - 104; KRÜGER, W.; SCHWARZ, G. (1999): Strategische Stimmigkeit von Erfolgsfaktoren und Erfolgspotentialen. In: HAHN, D.; TAYLOR, B. (Hrsg., 1999): a.a.O., S. 76.

[192] Das Projekt wurde ursprünglich in den sechziger Jahren vom amerikanischen Mischkonzern General Electric ins Leben gerufen, um Prioritäten für Investitionszwecke zu eruieren. Zur Geschichte des PIMS-Konzepts vgl. NEUBAUER, F.-F. (1999): Das PIMS-Programm und Portfolio-Management. In: HAHN, D.; TAYLOR, B. (1999): a.a.O., S. 469 - 477.

war es, über einen siebenjährigen Zeitraum (1970 – 1976) die Existenz allgemeingültiger Marktgesetze („laws of the market place") auf Geschäftsbereichsebene nachzuweisen. Über 60 Firmen verschiedener Branchen (vornehmlich amerikanische Großkonzerne) mit insgesamt mehr als 800 strategischen Geschäftseinheiten partizipierten an diesem Projekt. Mittlerweile ist diese Zahl auf mehr als 400 Unternehmen mit etwa 4.000 strategische Geschäftseinheiten angestiegen und die Projektkoordination an ein eigenes Forschungsinstitut (Strategic Planning Institute) übertragen worden.[193]

In Anlehnung an das „structure-conduct-performance-Paradigma" der Industrieökonomik wird auch beim PIMS-Projekt ein kausaler Zusammenhang zwischen der Marktstruktur, der Wettbewerbsposition, dem Wettbewerbsverhalten (Unternehmens- und Wettbewerbsstrategien) und der Erfolgs- bzw. Leistungssituation des Unternehmens unterstellt.[194] In dem Projekt wurden Daten von Unternehmen verschiedenster Branchen systematisch erfasst und in einem quantitativ-explorativen Ansatz unter Anwendung der multiplen Regressionsanalyse ausgewertet. Im Zuge der Untersuchung identifizieren BUZZEL/ GALE insgesamt 37 unabhängige Variablen, die zusammen ca. 80 Prozent der Varianz des Erfolgsindikators „ROI" erklären.[195] Diese 37 unabhängigen Variablen wurden zu nachstehenden neun Erfolgsfaktoren verdichtet:

- relativer Marktanteil,

- Produktqualität,

- relativer F&E-Aufwand,

- Investitionsintensität,

- Bestellhäufigkeit,

- Unternehmensgröße,

- Marktwachstum,

- Produktivität,

- vertikale Integration.

---

[193] Vgl. HAENECKE, H. (2002): a.a.O., S. 166; ESCHENBACH, R.; ESCHENBACH, S.; KUNESCH, H. (2003): a.a.O., S. 277 ff.; Seit den achtziger Jahren werden PIMS-Untersuchungen auch für europäische Unternehmen durchgeführt.

[194] Zu den wesentlichen Inhalten der Industrieökonomik vgl. BÜHLER, S.; JAEGER, F. (2002): a.a.O., S. 1 - 12; BESTER, H. (2003): a.a.O., S. 1 - 20.

[195] Vgl. BUZZEL, R. D.; GALE, B. T. (1989): a.a.O., S. 20 ff. Zu den Ergebnissen der PIMS-Studie vgl. auch FRITZ, W. (1993) Die empirische Erfolgsfaktorenforschung und ihr Beitrag zum Marketing: Eine Bestandsaufnahme, S. 17 ff.; KREIKEBAUM, H. (1997): a.a.O., S. 113 ff.

Der relative Marktanteil ist eine wesentliche, im Rahmen der PIMS-Studie ermittelte Erfolgsdeterminante.[196] Seine Rentabilitätswirkung wird auf Betriebsgrößen-, Erfahrungskurven- und Marktmachteffekte zurückgeführt.[197] Dennoch ist die Erfolgsrelevanz des relativen Marktanteils umstritten und wurde beispielsweise in der Studie von WOO/ COOPER widerlegt.[198] Eine ebenfalls nicht ganz unproblematische Erfolgsgröße aus der PIMS ist die (geringe) Investitions- oder Kapitalintensität. Der Kapitaleinsatz ist Bestandteil des ROI-Berechnungsschemas (vgl. Abbildung 15) und beeinflusst somit den Nenner des in der PIMS-Studie zugrunde gelegten Erfolgsmaßstabs ROI. Darüber hinaus veranlasst eine zweite Überlegung zur Vorsicht mit dieser Erfolgsdeterminante: Zwar korreliert eine geringe Investitionsintensität mit der Rentabilität eines Unternehmens, langfristig kann eine geringe Investitionstätigkeit jedoch nicht im Sinne eines Unternehmens sein.

Die Erkenntnisse des PIMS-Programms stehen auch im Einklang mit den Überlegungen aus der Portfolio-Analyse. Beispielsweise bewertet das Boston-Consulting-Group-Portfolio die strategischen Positionen einzelner Geschäftseinheiten eines Unternehmens anhand der Dimensionen Marktwachstum und relativer Marktanteil.[199] Trotz der großen Popularität des PIMS-Programms sind die Ergebnisse auch in einigen wesentlichen Punkten nicht unumstritten. Kritik findet sich vor allem hinsichtlich folgender Punkte:[200]

---

[196] Der relative Marktanteil eines Unternehmens berechnet sich aus dem klassischen Marktanteil dividiert durch den Anteil des größten Wettbewerbers bzw. durch die kumulierten Anteile der drei größten Wettbewerber, vgl. BUZZELL, R. D.; GALE, B. T. (1989): a.a.O., S. 66 ff.

[197] Vgl. MEFFERT, H. (2000): a.a.O., S. 250 - 251. Eine Reihe von Autoren nimmt hierzu jedoch kritisch Stellung: Vgl. LANGE, B. (1982): a.a.O., S. 35; BLOOM, P. N.; KOTLER, P. (1983): Strategien für Unternehmen mit hohem Marktanteil. In: Harvard Manager, Jg. 5, Nr. 3, S. 74 - 82; BARZEN, D.; WAHLE, P. (1990): Das PIMS-Programm – was es wirklich wert ist. In: Harvard Manager, Jg. 12, Nr. 1, S. 105 ff.; SZYMANSKI, D. M.; BHARADWAJ, S. G.; VARADARAJAN, P. R. (1993): An Analysis of the Market Share-Profitability Relationship. In: Journal of Marketing, Jg. 57, Nr. 3, S. 1 - 18; PORTER, M. E. (1999): a.a.O., S. 81. Eine Erklärung der kontroversen Ergebnisse ergibt sich bei näherer Betrachtung der jeweiligen relevanten Märkte: BUZZEL/ GALE beschränken sich mit ihren PIMS-Ergebnissen lediglich auf den „bedienten Markt" einer Geschäftseinheit. PORTER und andere Kritiker der PIMS-Studie hingegen beziehen sich auf den Gesamtmarkt.

[198] Die Autoren untersuchten insgesamt 126 Firmen und ermittelten unter Anwendung der Clusteranalyse Charakteristika der 40 in der Stichprobe enthaltenen erfolgreichen Niedrig-Anteil-Unternehmen. WOO, C. Y.; COOPER, A. C. (1983): Erfolg trotz kleinem Marktanteil. In: Harvard Manager, Jg. 5, Nr. 3, S. 72 – 75, so auch WOO, C. Y. (1983): Evaluation of the strategies and performance of low ROI market share leaders. In: Strategic Management Journal, Jg. 4, o. Nr., S. 123 – 135.

[199] Vgl. ESCHENBACH, R.; ESCHENBACH, S.; KUNSCH, H. (2003): a.a.O., S. 284.

[200] Vgl. BARZEN, D.; WAHLE, P. (1990): a.a.O., S. 109; STEINLE, C.; KIRSCHBAUM, J.; KIRSCHBAUM, V. (1996): a.a.O., S. 27; KREIKEBAUM, H. (1997): a.a.O., S. 116; WELGE, M. K.; AL-LAHAM, A. (2001): a.a.O., S. 156.

- *Modelladäquanz*: Die Multikollinearität der Faktoren wirft die Frage auf, ob die multiple Regressionsanalyse, die mit unabhängigen erklärenden Faktoren arbeitet, die richtige Methode zur Abbildung der Erfolgsbeziehungen ist.

- *Subjektivität*: In der PIMS-Untersuchung werden subjektive Betrachtungsweisen der befragten Manager bezüglich der Marktvariablen und der Qualität der Produkte abgebildet.

- *Allgemeingültigkeit*: Branchenspezifika werden im Rahmen der PIMS-Studie nicht berücksichtigt.

- *„Harte" Faktoren*: Wichtige qualitative Aspekte (e. g. Unternehmenskultur, Image) werden in der Studie weitgehend vernachlässigt.

- *Stichprobe*: Aufgrund der starken „Amerikalastigkeit" (überwiegend US-amerikanischen Teilnehmer) sowie einer zu starken Konzentration auf Großkonzerne ist die Stichprobe nur eingeschränkt repräsentativ.

Eine zweite Pionierstudie auf dem Gebiet der Erfolgsfaktorenforschung stammt von **PETERS/ WATERMAN**. In ihrer 1982 erstmals veröffentlichten Studie „Auf der Suche nach Spitzenleistungen" geht es den ehemaligen McKinsey-Beratern darum, „exzellente" US-amerikanische Großunternehmen zu identifizieren und ihre Erfolgsrezepte aufzudecken.[201] Dabei wurden im Winter 1979/ 1980 insgesamt 62 Unternehmen ausgewählt, als Informationsbasis wählten die Autoren Expertenbefragungen sowie Sekundärmaterialien.[202] Als Erfolgskriterien wurden der kumulierte Vermögenszuwachs, das kumulierte Eigenkapitalwachstum, das durchschnittliche Verhältnis Marktwert zu Buchwert, die durchschnittliche Gesamtkapitalrendite, die durchschnittliche Eigenkapitalrendite sowie die durchschnittliche Umsatzrendite zugrundegelegt.[203] Um sich für das Prädikat „exzellent" zu qualifizieren, musste ein Unternehmen in mindestens vier der sechs Kriterien über den Zeitraum von 1961 bis 1980 in der oberen Hälfte seines Industriezweigs gelegen haben. Als Ergebnis wurden acht Merkmale („Grundtugenden") besonders erfolgreicher und innovativer Unternehmen identifiziert.[204] Was die Autoren unter den einzelnen Grundtugenden verstehen, wird im Folgenden kurz skizziert:[205]

---

[201] Vgl. PETERS, T. J.; WATERMAN, R. H. (2000): Auf der Suche nach Spitzenleistungen: Was man von den bestgeführten US-Unternehmen lernen kann, S. 8 ff.

[202] Die Unternehmen entstammten den Industriezweigen: Spitzentechnologie, Konsumgüterhersteller, Investitions- und Gebrauchsgüterhersteller, Dienstleistungsunternehmen, Engineering- und rohstoffabhängige Prozessindustrie.

[203] Vgl. PETERS, T. J.; WATERMAN, R. H. (2000): a.a.O., S. 43.

[204] Vgl. PETERS, T. J.; WATERMAN, R. H. (2000): a.a.O., S. 36 ff.

[205] Vgl. PETERS, T. J.; WATERMAN, R. H. (2000): a.a.O., S. 149 ff. sowie 189 ff.; 235 ff.; 273 ff.; 321 ff.; 335 ff.; 351 ff. und 363 ff.

- *„Primat des Handelns"*: Erfolgreiche Unternehmen verfügen über flexible Organisationsstrukturen, Einfachheit der Systeme, Förderung der Experimentierfreudigkeit und eine konsequente Aktionsorientierung.

- *„Nähe zum Kunden"*: Erfolgreiche Unternehmen zeigen wirkliches Bemühen um Qualität, Zuverlässigkeit, Service und den Mut zum Nischendenken.

- *„Freiraum für Unternehmertum"*: Erfolgreiche Unternehmen steigern die Innovationskraft des Unternehmens durch gezielte Förderung von Champions.[206]

- *„Produktivität durch Menschen"*: Erfolgreiche Unternehmen zeichnen sich durch eine konsequente Mitarbeiterorientierung aus und behandeln sie „als die wichtigste Quelle für Produktivitätssteigerung"[207].

- *„Sichtbar gelebtes Wertsystem"*: Erfolgreiche Unternehmen verfügen über ein Unternehmensklima, das Einsatzfreude und Identifikation mit dem Unternehmen fördert.

- *„Bindung an das angestammte Geschäft"*: Erfolgreiche Unternehmen diversifizieren in eng verbundene Geschäfte.[208]

- *„Einfacher, flexibler Aufbau"*: Erfolgreiche Unternehmen verfügen über klare Grundstrukturen (e. g. Produktsparten). Darin sind Prioritäten der Aufgabenfelder und Kompetenzverteilungen klarer ersichtlich und ermöglichen schnelleres, kreativeres Handeln.

- *„Straff-lockere Führung"*: Erfolgreiche Unternehmen geben zwar strenge Regeln vor, fördern aber gleichzeitig innovative sowie unternehmerisch denkende und handelnde Mitarbeiter.

Insgesamt reihen sich alle von PETERS/ WATERMAN identifizierten Erfolgsmerkmale um den soft factor „Selbstverständnis". Die Studie stellt somit das qualitative Äquivalent zur PIMS-Studie dar. Die Untersuchung ist ebenfalls nicht ohne Kritik geblieben. Mängel werden vor allem bei nachstehenden Aspekten gesehen:[209]

---

[206] Champions sind Produktentwickler, die bahnbrechende Neuerungen schnell auf den Markt bringen und somit der Überoptimierungsfalle von Großunternehmen entgehen können. Unter einem innovativen Unternehmen verstehen PETERS/ WATERMAN eine Organisation, die einen „kontinuierlichen Strom richtungsweisender Produkte und Dienstleistungen sowie insgesamt schnelle Reaktionen auf veränderte Marktverhältnisse oder sonstige Umweltveränderungen aufweisen kann." PETERS, T. J.; WATERMAN, R. H. (2000): a.a.O., S. 45.

[207] PETERS, T. J.; WATERMAN, R. H. (2000): a.a.O., S. 276.

[208] Die Aussage wird in der Diversifikationsstudie von JACOBS empirisch bestätigt. Vgl. JACOBS, S. (1992): a.a.O., S. 206 ff.

[209] Insbesondere KRÜGER kritisiert die Undifferenziertheit, Unschärfe, Unvollständigkeit, Einseitigkeit, Umweltabkopplung der PETERS/ WATERMAN-Studie sowie die unzureichende Auseinandersetzung mit sachlichen und zeitlichen Abhängigkeiten zwischen den Faktoren, vgl. KRÜGER, W. (1989): Hier irrten Peters/ Waterman. In: Harvard Manager, Jg. 11, Nr. 1, S. 13 – 18.

- *„Weiche" Faktoren*: Die Grundtugenden stellen großflächige Kategorien dar, es bleibt ungeklärt, wie die Erfolgsmerkmale zu präzisieren bzw. zu operationalisieren sind.

- *Subjektivität*: PETERS/ WATERMAN greifen 62 von Experten als erfolgreich eingestufte Unternehmen heraus und prüfen sie mit Hilfe ihrer Beratererfahrungen auf gemeinsame Merkmale. Daher sind subjektive Fehlwahrnehmungen nicht auszuschließen.

- *Stichprobe*: Analog zur PIMS-Studie muss auch hier auf die eingeschränkte Allgemeingültigkeit aufgrund der Konzentration auf US-amerikanische Unternehmen hingewiesen werden.

- *Kontrollgruppe*: Die Studie beschränkt sich einseitig auf eine Gruppe erfolgreicher Unternehmen. Im gleichen Zuge müsste jedoch eine Kontrollgruppe untersucht werden, um zu prüfen, ob weniger erfolgreiche Unternehmen die identifizierten Erfolgsmerkmale nicht aufweisen.

- *Theoretische und empirische Fundierung*: Die Ergebnisse basieren vollständig auf Erfahrungen und Beobachtungen. Eine empirische Überprüfung findet nicht statt.

Der PIMS-Studie und der Untersuchung von PETERS/ WATERMAN verdankt die Erfolgsfaktorenforschung insgesamt wichtige Impulse. Ihre Verwendung im Rahmen von Wettbewerbsanalysen ist jedoch nicht unkritisch. Im Kapitel 2.1.1 wurden u. a. die Kriterien Aufgabenrelevanz, Wahrheitsgehalt, Aktualität und Verdichtungsgrad als Anforderungsmaßstäbe für Wettbewerbsinformationen festgelegt. Die Ergebnisse der PIMS- bzw. PETERS/ WATERMAN-Studie weisen zwar eine hohe inhaltliche Relevanz (Determinanten des Gesamtunternehmenserfolgs) und ein hohes Aggregationsniveau auf, haben jedoch Defizite hinsichtlich ihres Wahrheitsgehalts (Stichprobenproblematik, Ergebnisse teilweise widerlegt) und der Aktualität (Studien stammen aus den siebziger/ achtziger Jahren). Zum inhaltlichen Abgleich sollen deshalb zusätzlich die Ergebnisse jüngerer Studien zum gleichen Untersuchungsgegenstand (Determinanten des Gesamtunternehmenserfolgs) dargelegt werden.

In der Literatur existiert eine Vielzahl an Studien zur Erfolgsfaktorenforschung. Um den Kreis nicht zu weit zu ziehen, werden stellvertretend die Studien von DILLER/ LÜCKING, FRITZ, GÖTTGENS, STEINLE, HAEDRICH/ JENNER und BECKER vorgestellt. In Summe repräsentiert die Auswahl die Ergebnisse von insgesamt 45 Erfolgsfaktorenstudien.[210] Die Studien stammen - bis auf eine Ausnahme[211] - aus den neunziger Jahren und befassen sich mit der Er-

---

[210] In der Studie von FRITZ werden wichtige Erfolgsmerkmale aus insgesamt 40 Literaturstudien extrahiert. Die fünf übrigen Studien (DILLER/ LÜCKING, GÖTTGENS, STEINLE, HAEDRICH/ JENNER, BECKER) enthalten Ergebnisse aus Unternehmensbefragungen.

[211] Die Studie von BECKER stammt aus 2001.

gründung von Schlüsselfaktoren für den Gesamtunternehmenserfolg. Somit qualifizieren sich ihre Ergebnisse für die Verwendung in einer Wettbewerbsanalyse.

Mit den Erfolgsfaktoren aus Sicht der Unternehmenspraxis setzt sich die Studie von DILLER/ LÜCKING[212] auseinander. Dabei wurden 1992 104 Topmanager in Großunternehmen schriftlich um die Aufzählung der wichtigsten Erfolgsfaktoren auf Unternehmensebene gebeten. Fünf Faktoren wurden von den Unternehmenslenkern als besonders wichtig empfunden (in Reihenfolge): Produktqualität, Kostenmanagement, Marktanteil, Innovationen und Mitarbeiterqualität. Die Ergebnisse sind teilweise kongruent mit den „harten" Faktoren der PIMS-Studie (Marktanteil, Produktqualität) und den „weicheren" Determinanten aus der PETERS/ WATERMAN-Studie (Innovationen, Mitarbeiterqualität).

Die Studie von FRITZ[213] verfolgt dagegen einen literaturgeleiteten Metaansatz: Sie wertet Ergebnisse von 40 Erfolgsfaktorenstudien aus der Literatur aus. FRITZ extrahiert aus den Studien insgesamt fünf der am häufigsten nachgewiesenen Erfolgsfaktoren (in Reihenfolge): Humanressourcen, Kundenähe, Innovationsfähigkeit, Produktqualität und Führungsstil. Stellt man die Ergebnisse von FRITZ und DILLER/ LÜCKING gegenüber, so kann festgestellt werden, dass in der Praxis noch immer harte („handfeste") Faktoren wie Marktanteil und Kosten dominieren, wogegen in der Literatur besonders häufig den qualitativen Aspekten (Führungsstil, Humanressourcen) eine Erfolgsrelevanz zugesprochen wird. Mit der Auswahl der beiden Studien können gleichzeitig die Kernaussagen von 40 Erfolgsfaktorenstudien aus der Literatur sowie die Sicht der Unternehmenspraxis berücksichtigt werden.

Der Erhebung subjektiv empfundener Faktoren des Gesamtunternehmenserfolgs seitens der Unternehmenspraxis widmet sich auch das „Excellence Barometer" von BECKER.[214] Dabei wurden 800 Vorstände und Geschäftsführer deutscher Unternehmen im Jahre 2002 telefonisch befragt. Zu den am häufigsten genannten Faktoren gehören (nach Häufigkeit sortiert): Qualität der Produkte/ Dienstleistungen, Qualität der Mitarbeiter, Kundenorientierung, Wirtschaftslage, Innovation, Marktsituation, effiziente Prozesse/ Leistung, Flexibilität, Unternehmenspolitik/ -strategie, Marketing/ Vertrieb und Führungskompetenz. Auch in dieser Studie tritt deutlich hervor, dass soft facts (e. g. Führungskompetenz, Unternehmenspolitik) in der Praxis eher als sekundär betrachtet werden.

Eine weitere Studie, die sich auf das Erfahrungswissen von Managern stützt, ist das HEFAP-Projekt von STEINLE. Dabei wurde eine repräsentative Stichprobe von Produktionsunterneh-

---

[212] Vgl. DILLER, H.; LÜCKING, J. (1993): Die Resonanz der Erfolgsfaktorenforschung beim Management von Großunternehmen. In: ZfB, Jg. 63; Nr. 12, S. 1229 – 1249.

[213] Vgl. FRITZ, W. (1994): Die Produktqualität – ein Schlüsselfaktor des Unternehmenserfolgs? In: ZfB, Jg. 64, Nr. 8, S. 1049 ff.

[214] Vgl. BECKER, R. (2002): Verzerrte Sicht in deutschen Führungsetagen: Studie: Excellence Barometer weist unternehmerische Erfolgsfaktoren nach. In: QM-Systeme, Jg. 48, Nr. 3, S. 202 – 207.

men in Baden-Württemberg und Niedersachsen in Wellen (1992 bis 1994) erhoben und über Korrelationsanalysen ausgewertet.[215] Als Erfolgsindikatoren wurden der ROI (eher langfristige Größe) und der Cash flow (eher kurzfristige Größe) herangezogen. 1994 konnten in der Untersuchung insgesamt zehn Faktoren ermittelt werden, die mit den gewählten Erfolgsindikatoren signifikant korrelierten. Diese umfassen das Innovationsmanagement, Zeitmanagement, Leitbild, EDV-Einsatz, Planung, marktliche Umweltfaktoren (Branchenbedingungen), Strategiekontrolle, Umweltschutzmanagement, Faktoren strategischer Wahl und die Effizienz der Strategieimplementierung.

Eine ebenfalls auf den Gesamtunternehmenserfolg abstellende Studie ist die Analyse der Erfolgsbedingungen auf stagnierenden und schrumpfenden Märkten von **GÖTTGENS**[216]. Da diese Situation inzwischen auf über drei Viertel aller Branchen in der Triade zutrifft,[217] besitzen die Studienergebnisse vor allem aktuelle Gültigkeit. In der konfirmatorisch-explikativen Analyse werden 152 Unternehmen schriftlich um die Angabe der aus ihrer Sicht wichtigen Faktoren gebeten. Die Ergebnisse sind in Abbildung 21 zusammengefasst. GÖTTGENS hebt dabei besonders hervor, dass auf stagnierenden und schrumpfenden Märkten eine umfassende Mitarbeiter- und Marktorientierung von besonderer Bedeutung ist.

---

[215] Vgl. STEINLE, C. (1996): Erfolgsfaktoren und ihre Gestaltung in der betrieblichen Praxis: Empirische Ergebnisse und Handlungsempfehlungen. In: Aus Politik und Zeitgeschichte, Jg. 46, Nr. 23, S. 14 – 23.

[216] Vgl. GÖTTGENS, O. (1996): Erfolgsfaktoren in stagnierenden und schrumpfenden Märkten: Instrumente einer erfolgreichen Unternehmenspolitik. Als Erfolgsindikator wird der Erreichungsgrad der Unternehmensziele – nach eigener Einschätzung der Befragten – herangezogen.

[217] Vgl. GÖTTGENS, O. (1996): a.a.O., S. 1.

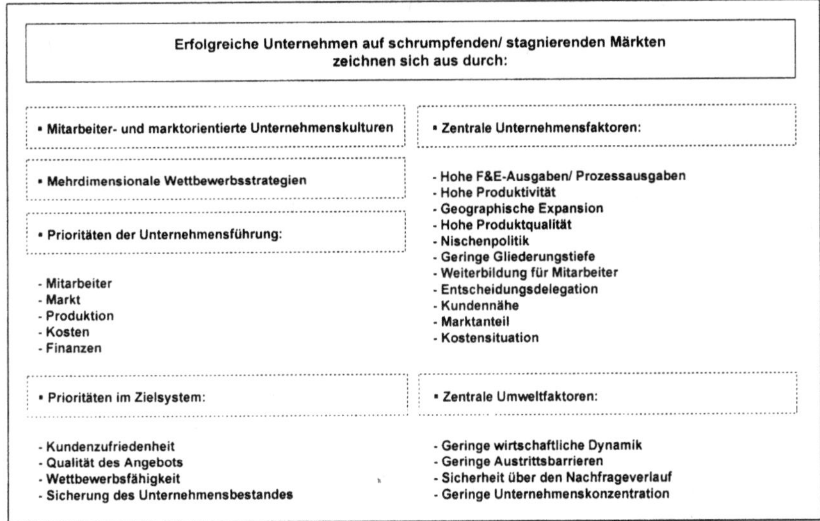

Abbildung 21: Erfolgsbedingungen auf stagnierenden und schrumpfenden Märkten[218]

Abschließend soll auch auf die Forschungsarbeit von **HAEDRICH/ JENNER** eingegangen werden. Die Autoren konzentrieren sich auf Erfolgsdeterminanten in Konsumgütermärkten. Insgesamt führten sie 50 computergestützte mündliche Interviews zu 150 Geschäftseinheiten durch und konnten die Erfolgsrelevanz der Faktoren Design, Produktimage, Preis, Produktqualität, Service, Vertrieb (im Sinne von Verfügbarkeit) nachweisen.[219] Einschränkend ist hier hinzuzufügen, dass die Studienergebnisse nur für Konsumgütermärkte gelten. Bei Konsumgütermärkten handelt es sich in erster Linie um Massenmärkte, die die Grundbedürfnisse der Konsumenten bedienen. Daher sind die Verfügbarkeit und Qualität der Produkte sowie deren Preis wesentliche Erfolgsfaktoren. Grundbedürfnisse werden jedoch inzwischen von allen Hersteller befriedigt und konstituieren folglich keinen Wettbewerbsvorteil mehr. Somit vollzieht sich in diesem Sektor derzeit eine Entwicklung zu immer stärker zusatznutzengeprägten Produkten.[220] Da diese Bedingungen auf gesättigten Märkten der Triade ebenfalls inzwischen häufig anzutreffen sind (so auch in der Automobilindustrie)[221], soll sie für den hier verfolgten Zweck, der Ermittlung allgemeingültiger Bewertungsmaßstäbe für die Wettbewerbsanalyse, herangezogen werden.

---

[218] Quelle: GÖTTGENS, O. (1995): a.a.O., S. 335 – 350.

[219] Vgl. HAEDRICH, G.; JENNER, T. (1996): Strategische Erfolgsfaktoren in Konsumgütermärkten. In: Die Unternehmung, Jg. 50, Nr. 1, S. 20 ff.

[220] Vgl. BECKER, J. (2001): a.a.O., S. 700.

[221] Auch in der Automobilindustrie werden die Produkte technisch-funktional immer homogener und die Unternehmen konkurrieren auf gesättigten Märkten um die Erfüllung produktbezogener Zusatznutzen (e. g. Markenimage, Service, Innovationen). Vgl. dazu Kapitel 3.1.2.

Die nachfolgende tabellarische Darstellung fasst in chronologischer Reihenfolge noch einmal die wichtigsten Ergebnisse der vorgestellten Erfolgsfaktorenstudien zusammen.

Autoren	Datenherkunft	Wichtigste Ergebnisse
PETERS/ WATERMAN (1982)	n = 62 amerikanische Unternehmen, erfahrungsbasierte Ermittlung der Faktoren	Determinanten des Gesamtunternehmenserfolgs: Primat des Handelns, Nähe zum Kunden, Freiraum für Unternehmertum, Produktivität durch Menschen, sichtbar gelebtes Wertsystem, einfach-flexibler Aufbau, straff-lockere Führung.
PIMS-Studie (1989)	n = 800 strategische Geschäftseinheiten amerikanischer Unternehmen, quantitativ-explorative Analyse mit Hilfe der multiplen Regressionsanalyse	Determinanten des Gesamtunternehmenserfolgs: relativer Marktanteil, Produktqualität, relativer F&E-Aufwand, Investitionsintensität, Bestellhäufigkeit, Unternehmensgröße, Marktwachstum, Produktivität, vertikale Integration.
FRITZ (1990)	Literatursynopse aus 40 Erfolgsfaktorenstudien, Häufigkeitsverteilungen	Determinanten des Gesamtunternehmenserfolgs (Ranking): Humanressourcen, Kundennähe, Innovationsfähigkeit, Produktqualität, Führungsstil.
DILLER/ LÜCKING (1992)	n = 104 Unternehmen, schriftliche Befragung von deutschen Top-Managern, Häufigkeitsverteilungen	Determinanten des Gesamtunternehmenserfolgs (Ranking): Produktqualität, Kostenmanagement, Marktanteil, Innovationen, Mitarbeiterqualität.
GÖTTGENS (1995)	n = 152, schriftliche Befragung, komfirmatorisch-explikative Analyse mit Hilfe der LISREL-Methode	Determinanten des Gesamtunternehmenserfolgs auf stagnierenden und schrumpfenden Märkten: Mitarbeiter- und marktorientierte Unternehmenskulturen. Prioritäten im Zielsystem: Kundenzufriedenheit, Qualität des Angebots, Wettbewerbsfähigkeit, Sicherung des Unternehmensbestandes. Mehrdimensionale Wettbewerbsstrategien. Unternehmensfaktoren: hohe F&E-Ausgaben, hohe Produktivität, geographische Expansion, hohe Produktqualität, Nischenpolitik, geringe Gliederungstiefe, Weiterbildung der Mitarbeiter, Entscheidungsdelegation, Kundennähe, Marktanteil, Kostensituation. Umweltmerkmale: geringe wirtschaftliche Dynamik, geringe Austrittsbarrieren, Sicherheit über Nachfrageverlauf, geringe Unternehmenskonzentration.
STEINLE (1996)	n = 146, Befragung von Produktionsunternehmen in Baden Württemberg, Niedersachsen, Korrelationsanalyse	Determinanten des Gesamtunternehmenserfolgs: Innovationsmanagement, Zeitmanagement, Leitbild, EDV-Einsatz, Planung, marktliche Umweltfaktoren, Strategiekontrolle, Umweltschutzmanagement, Faktoren strategischer Wahl, Strategieimplementierung.
HAEDRICH/ JENNER (1996)	n = 150, d. h. 55 computergestützte Interviews zu 164 Geschäftseinheiten Mittelwerte der wahrgenommenen Bedeutung	Determinanten des Gesamtunternehmenserfolgs auf Konsumgütermärkten: Design, Produktimage, Preis, Produktqualität, Service, Vertrieb (im Sinne von Verfügbarkeit).
BECKER (2002)	n = 800, telefonische Befragung von Vorständen/ Geschäftsführern deutscher mittelgroßer und großer Unternehmen, Häufigkeitsverteilungen	Determinanten des Gesamtunternehmenserfolgs (Ranking): Qualität der Produkte/ Dienstleistungen, Qualität der Mitarbeiter, Kundenorientierung, Wirtschaftslage, Innovation, Marktsituation, effiziente Prozesse/ Leistung, Flexibilität, Unternehmenspolitik/ -strategie, Marketing/ Vertrieb und Führungskompetenz.

Abbildung 22: Synopse der Studien zur Erfolgsfaktorenforschung[222]

---

[222] Quelle: Eigene Darstellung. Symbol *n* steht für Stichprobe.

2.3.3 Auswahl und Integration untersuchungsrelevanter Erfolgsdeterminanten

Im Folgenden wird nun der Frage nachgegangen, welche der genannten Faktoren in die Wettbewerbsanalyse zu übernehmen sind. Bei der Übernahme der Kausalfaktoren in die Wettbewerbsanalyse ist zunächst zu berücksichtigen, dass nicht alle Informationen erhebbar sind. Die Wettbewerbsanalyse kommt inhaltlich einer externen Unternehmensanalyse gleich, daher sind einige ermittelte Erfolgskriterien (e. g. Führungsstil) für den Wettbewerbsbeobachter bereits im Vorfeld als nicht zugänglich einzuschätzen.[223] Ferner ist zu berücksichtigen, dass nicht alle Kausalfaktoren vom Management direkt steuerbar sind. Besondere Priorität wird deshalb an dieser Stelle den unternehmensbezogenen Erfolgsbedingungen eingeräumt.[224]

Neben der Auswahl von Kausalfaktoren stellt sich auch die Frage nach einer sinnvollen Kategorisierung und Einordnung der Erfolgsdeterminanten in die Wettbewerbsanalyse. Die Kategorisierung erfolgt entsprechend Ihrer Wahrnehmbarkeit am Markt, denn sie können einerseits am Markt spürbar (e. g. Produktqualität, Preis) sein, sind vielfach aber auch nur unternehmensintern zu lokalisieren (e. g. F&E-Kompetenz, Produktivität). Streng genommen begründen interne Unternehmensmerkmale keinen Wettbewerbsvorteil, da sie das Kriterium „am Markt wahrnehmbar" nicht direkt erfüllen.[225] Dennoch wird ihre Erfolgswirkung in den dargelegten Studien nachgewiesen. Deshalb soll in Anlehnung an JENNER[226] in die Kategorien „Erfolgsfaktoren" und „Erfolgspotenziale" unterschieden werden. Strategische Erfolgsfaktoren gründen „auf den Erfolgspotentialen eines Unternehmens und unterscheiden sich von diesen dadurch, dass sie den marktlichen Erfolg direkt beeinflussen, indem sie unmittelbar durch die Kunden wahrgenommen werden."[227] Zusammenfassend kann also kategorisiert werden in:

- *„Erfolgsfaktoren"* stellen Unternehmensmerkmale dar, die den Forderungen SIMONs nach relativer Dauerhaftigkeit, Wahrnehmbarkeit seitens des Marktes sowie Relevanz für den Kunden erfüllen.

- *„Erfolgspotenziale"* stellen Unternehmensmerkmale dar, die vom Kunden zwar nicht wahrgenommen werden, dennoch als Vorsteuergrößen marktlicher Wettbewerbsvorteile anzusehen sind.

---

[223] Faktoren wie „Planungsintensität" oder „Unternehmungskultur" dürften beispielsweise aus externer Perspektive kaum zu ermitteln sein. Dies geht auf die Problematik zurück, dass die Konkurrenzforschung überwiegend auf sekundäre Quellen angewiesen ist.

[224] Die umweltbezogenen Erfolgsfaktoren (e. g. in der Studie von GÖTTGENS) sind i. d. R. für alle Unternehmen einer Branche gleich und sind seitens der Unternehmen kaum steuerbar.

[225] Vgl. SIMON, H. (1988): a.a.O., S. 468.

[226] Vgl. JENNER, T. (1999): Determinanten des Unternehmenserfolges: Eine empirische Analyse auf der Basis eines holistischen Untersuchungsansatzes, S. 250 ff.

[227] Vgl. HAEDRICH G.; JENNER, T. (1996): a.a.O., S. 16.

Da sich auf unternehmensbezogene Erfolgsdeterminanten beschränkt werden soll, können diese in den dritten Teil der Wettbewerbsanalyse („Analyse der Unternehmenssituation") integriert werden. Abbildung 23 fasst den erfolgsfaktorenbasierenden Informationsbedarf der Wettbewerbsanalyse schematisch zusammen.

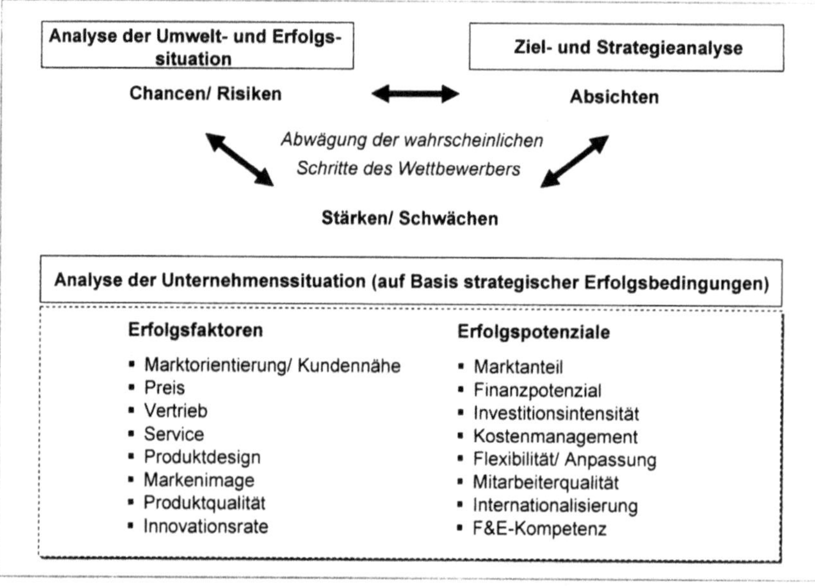

Abbildung 23: Erfolgsfaktorenbasierende Inhalte der Wettbewerbsanalyse[228]

Bei der Integration kritischer Erfolgsdeterminanten in eine Wettbewerbsanalyse ist vorab darauf hinzuweisen, dass die Faktoren noch an branchenspezifische Rahmenbedingungen anzupassen sind. Darüber hinaus erscheinen sie in dieser hochverdichteten Form noch nicht zwingend erhebbar. Sie müssen deshalb im weiteren Verlauf der Arbeit (Kapitel 3) an branchenspezifische Bedingungen angepasst und durch geeignete Messgrößen operationalisiert werden. Letztere sollten dem Anspruch genügen, eine eindeutige Interpretation als Stärke oder Schwäche des Wettbewerbers zuzulassen.

Bevor jedoch die Anpassung an branchenspezifische Gegebenheiten sowie die Operationalisierung der Faktoren vorgenommen werden kann, sollen zunächst einige in der Literatur bestehenden Konzepte zur Wettbewerbsanalyse vorgestellt und im Hinblick auf die theoretisch erforderlichen Inhalte gewürdigt werden.

---

[228] Quelle: Eigene Darstellung.

2.4 Kritische Würdigung bestehender theoretischer Konzepte

In den vorangegangen Kapiteln wurden die theoretisch erforderlichen Inhalte von Wettbewerbsanalysen ermittelt. Das folgende Kapitel wird sich den bereits bestehenden Ansätzen zur Wettbewerbsanalyse widmen und einen Abgleich der Konzepte mit den theoretisch ermittelten Inhalten vornehmen. Dabei werden diejenigen Beiträge aus der Literatur herausgegriffen, die sich schwerpunktmäßig mit der Identifikation relevanter Analyseinhalte von Wettbewerbsanalysen auseinandersetzen. Zunächst sollen die ermittelten Analyseinhalte dargelegt und die Argumentation der Autoren nachvollzogen werden. Im zweiten Schritt werden die Konzepte hinsichtlich ihrer Abdeckung der theoretisch erforderlichen Inhalte beurteilt. Entsprechend dieser Maßgabe soll der inhaltliche Abgleich klären:

- inwieweit sich die Konzepte eignen, die drei Aufgaben der Wettbewerbsanalyse zu erfüllen,

- inwieweit strategische Erfolgsfaktoren als wesentliche Inhalte Berücksichtigung finden.

Die vorgestellten Konzepte entstammen überwiegend den achtziger Jahren. In der Zeit wurde der Wettbewerbsorientierung eine zentrale Bedeutung in der theoretischen Diskussion zur strategischen Unternehmensführung eingeräumt. Die Ursache dafür lag in der Erkenntnis, dass es bei zunehmend gleichgerichteten Marketingaktivitäten und homogenen Leistungen immer schwieriger wurde, durch alleinige Ausrichtung auf den generellen Kundenwunsch erfolgreich zu agieren.[229] Die Arbeiten von PORTER lösten dabei eine Reihe theoretischer Auseinandersetzungen mit dem Themen Konkurrenzanalyse aus, wie die folgenden Ausführungen zeigen werden. Aus der Entstehungszeit der Konzepte heraus erklärt sich auch, warum der Ansatz der strategischen Erfolgsfaktoren erst zum Teil berücksichtigt werden konnte. Das abschließende Kapitel 2.4.5 fasst die Ergebnisse des inhaltlichen Abgleichs tabellarisch zusammen.

---

[229] Vgl. BRUHN, M. (2002): Das Konzept der kundenorientierten Unternehmensführung. In: HINTERHUBER, H. H.; MATZLER, K. (Hrsg., 2002): Kundenorientierte Unternehmensführung, S. 35 ff.

2.4.1 Das System zur Konkurrentenanalyse nach PORTER

Eine der umfassendsten theoretischen Auseinandersetzungen mit dem Thema Wettbewerbsanalyse stammt von PORTER.[230] Seiner Auffassung zufolge ist die erkenntnisorientierte Konkurrentenanalyse ein zentraler Aspekt der Strategieformulierung im Unternehmen und muss
insgesamt drei Zielsetzungen dienen:

- der Herausarbeitung der Inhalte und Erfolgschancen der voraussichtlichen strategischen
  Schritte eines jeden Wettbewerbers,

- der Herausarbeitung der zu erwartenden Reaktion jedes Wettbewerbers auf das Bündel
  möglicher strategischer Schritte, die andere Unternehmen initiieren könnten,

- der Herausarbeitung der wahrscheinlichen Reaktion jedes Wettbewerbers auf die Vielzahl
  der möglichen Veränderungen der Branche und des weiteren Umfelds.[231]

Entsprechend der skizzierten Zielsetzung identifiziert PORTER vier Elemente, die im Rahmen
der Konkurrentenanalyse diagnostiziert werden müssen. Die Synthese der vier Elemente erlaubt danach eine begründete Vorhersage des Reaktionsprofils der Konkurrenten. Abbildung
24 gibt einen Überblick zu den von PORTER vorgeschlagenen notwendigen Analyseinhalten
einer Konkurrentenanalyse.

---

[230] Zu den Ausführungen in diesem Abschnitt vgl. PORTER, M. E. (1999): a.a.O., S. 86 – 114.

[231] Vgl. PORTER, M. E. (1999): a.a.O., S. 86.

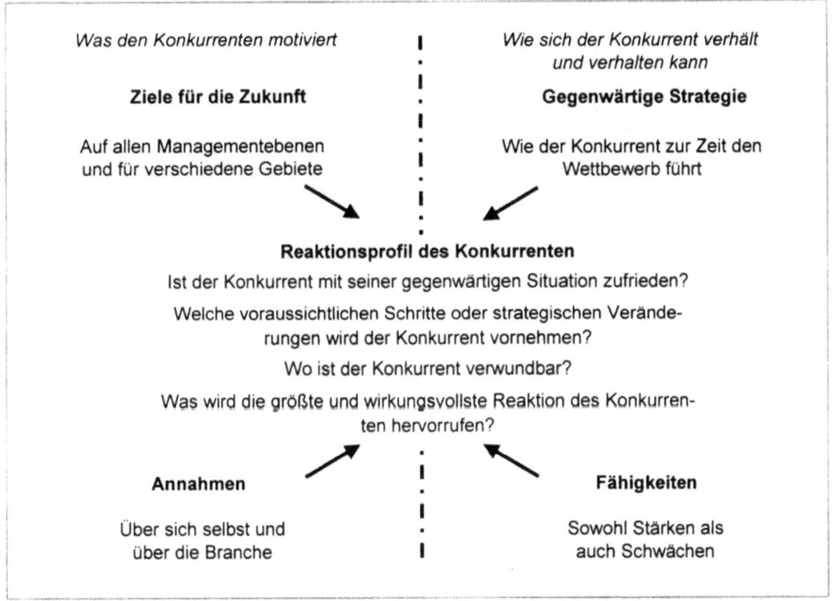

Abbildung 24: System zur Konkurrentenanalyse nach PORTER[232]

Das erste Element im System zur Konkurrentenanalyse wird durch die **„Zielsetzungen"** des Wettbewerbers konstituiert. Die Relevanz der Wettbewerberziele im Rahmen einer Konkurrentenanalyse wird von PORTER wie folgt begründet: Zunächst erlaubt die Kenntnis der Ziele eine Aussage darüber, ob ein Wettbewerber mit seiner gegenwärtigen Position und seinen finanziellen Ergebnissen zufrieden ist oder nicht. Die mutmaßliche Zufriedenheit des Wettbewerbers lässt Schlüsse darüber zu, ob ein Strategiewechsel wahrscheinlich ist und mit welcher Intensität der Wettbewerber auf äußere Ereignisse (bspw. Maßnahmen anderer Unternehmen) reagieren wird. Überdies verhilft die Kenntnis der Ziele zu einer Vorhersage der Reaktion auf Strategieänderungen, d. h., inwieweit sich ein Wettbewerber bedroht fühlt. Ein weiterer von PORTER angeführter Beleg für die Relevanz der Zielinformationen ist, dass sie den Ernst einer Konkurrenteninitiative indiziert, d. h., inwieweit mit einer Maßnahme zur Erreichung der Gesamtziele beigetragen wird. Nach PORTER sollten sowohl Unternehmens- als auch Geschäftsbereichsziele analysiert werden, der Informationsbedarf bezüglich der Ziele von Wettbewerbern wird dabei durch eine Reihe von Leitfragen inhaltlich konkretisiert.[233]

„Annahmen" des Wettbewerbers über sich und die Branche stellen das zweite Element im System der Konkurrentenanalyse dar. Annahmen lenken das Verhalten des Unternehmens

---

[232] Quelle: PORTER, M. E. (1999): a.a.O., S. 88.

[233] Vgl. PORTER, M. E. (1999): a.a.O., S. 91 – 99.

und bestimmen seine Reaktion auf Ereignisse. Mit der Annahmenanalyse verfolgt PORTER das Ziel, Verzerrungen sowie blinde Flecken in der Wahrnehmung des Wettbewerbers zu lokalisieren und den Informationsvorsprung für das eigene Unternehmen zu nutzen. Auch an dieser Stelle wird der Informationsbedarf durch Leitfragen inhaltlich konkretisiert.[234]

Das dritte Element im porterschen System bildet die Analyse der **„gegenwärtigen Strategien"** des Wettbewerbers. Dieses Element stellt insbesondere darauf ab, für welchen Strategietyp (Kostenführerschaft, Differenzierung und Konzentration) sich ein Wettbewerber entschieden hat beziehungsweise inwieweit er Elemente einzelner Strategietypen miteinander kombiniert.[235] Die Kenntnis der Strategie des Wettbewerbers kann offen legen, auf welche Wettbewerbsparameter und Marktsegmente sich ein Kontrahent konzentriert und auf welche Aktionen er folglich am stärksten reagieren wird.

Die **„Stärken und Schwächen"** eines Wettbewerbers stellen das vierte und letzte Element im System der Konkurrentenanalyse nach PORTER dar. Während Ziele, Annahmen und gegenwärtige Strategie eines Wettbewerbers die Wahrscheinlichkeit und Intensität seiner Reaktion beeinflussen, determinieren die Stärken und Schwächen die Fähigkeit, strategische Schritte zu ergreifen. Die Stärken und Schwächen von Wettbewerbern lassen sich bei PORTER im Hinblick auf die fünf Wettbewerbskräfte der Branche (vgl. Kapitel 1.2) sowie hinsichtlich diverser Unternehmenseigenschaften lokalisieren. In dem Konzept wird ein Analysekatalog vorgeschlagen, nach dem Wettbewerbsunternehmen systematisch untersucht werden können (e. g. Produkte, Händler/ Vertrieb, Marketing, Forschung und Technik, Organisation, finanzielle Stärke).[236] Darüber hinaus bietet PORTER dem Anwender eine Reihe von Leitfragen an, die Informationen hinsichtlich verschiedener Stärken und Schwächen des Wettbewerbers (e. g. Anpassungsfähigkeit, Durchhaltevermögen) liefern können.[237]

Durch die Synthese aller vier Analyseelemente lassen sich nach Auffassung PORTERS Aussagen über die Offensivschritte, die Verteidigungsfähigkeit sowie die Wahl des Wettbewerbsfeldes der Wettbewerber treffen. Nimmt man die Reaktionsprofile aller Wettbewerber zusammen, so kann überdies eine Prognose zur Branchenentwicklung vorgenommen werden. Insgesamt stellt der Ansatz von PORTER eine der umfassendsten Auseinandersetzungen mit der Konkurrentenanalyse dar. Die in Kapitel 1.3 formulierten drei Aufgabenstellungen der Wettbewerbsanalyse deckt der Ansatz weitgehend ab. Ungewollte Überraschungen werden mittels einer detaillierten Ziel- und Strategieanalyse des Wettbewerbes vermieden. Chancen bzw. Risiken aus der Unternehmensumwelt werden über das Element „Annahmen" abgedeckt, wenngleich dieses Informationsfeld etwas vernachlässigt wird. Stärken und Schwächen

---

[234] Vgl. PORTER, M. E. (1999): a.a.O., S. 100 – 103.

[235] Zu den Typen von Wettbewerbsstrategien vgl. Kapitel 1.3.

[236] Vgl. PORTER, M. E. (1999): a.a.O., S. 106 – 107.

[237] Vgl. PORTER, M. E. (1999): a.a.O., S. 108 – 109.

können anhand des vorgeschlagenen Variablenkatalogs eruiert werden. Durch die Vielzahl an Leitfragen werden die Analyseelemente inhaltlich konkretisiert und können insbesondere in der Unternehmenspraxis relativ problemlos Anwendung finden. Dennoch besteht unter heutigen Bedingungen die Gefahr einer Informationsüberflutung. Die Methode kritischer Erfolgsfaktoren findet in dem Konzept von PORTER keine Berücksichtigung.

2.4.2 Das Konzept zur Konkurrenzanalyse nach AAKER

Ein zweiter in diesem Zusammenhang vorzustellender Ansatz stammt von AAKER.[238] Für den Autor besteht der grundlegende Zweck einer Konkurrenzanalyse in der Ermittlung der Stärken, Schwächen, gegenwärtigen Strategien eines Konkurrenten, der Identifikation daraus resultierender Chancen und Risiken sowie dem Einblick in die zukünftigen Wettbewerbsstrategien und Aktionen eines Konkurrenten.[239] Um diese Fragen beantworten zu können, identifiziert der Autor sechs Analyseelemente, auf die die Wettbewerber hin untersucht werden müssen (Abbildung 25).

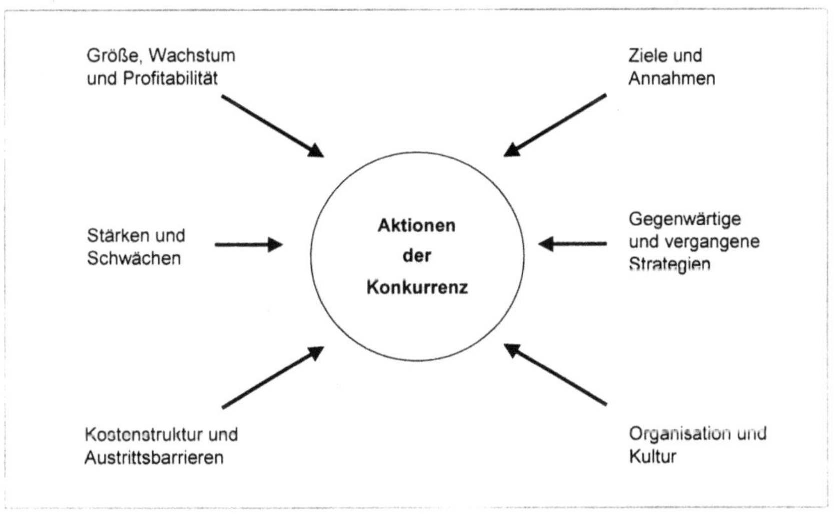

Abbildung 25: "Die Konkurrenz verstehen" nach AAKER[240]

Nach Auffassung AAKERS üben die sechs Elemente der Konkurrenzanalyse maßgeblichen Einfluss auf die Aktionen der Konkurrenten aus. Das erste Element **„Größe, Wachstum und Profitabilität"** soll Indizien für zukünftige Aktivitäten der Konkurrenten liefern, indem es die

---

[238] Zu den folgenden Ausführungen vgl. AAKER, D. A. (1989): Strategisches Markt-Management: Wettbewerbsvorteile erkennen; Märkte erschließen; Strategien entwickeln, S. 69 – 90.

[239] Vgl. AAKER, D. A. (1989): a.a.O., S. 76.

[240] Quelle: AAKER, D. A. (1989): a.a.O., S. 77.

Marktpositionen und die dahinterliegenden Strategien untersucht. Ferner soll durch eine Analyse der Profitabilität festgestellt werden, inwieweit ein Wettbewerber Zugang zu Kapital hat. Daraus lässt sich ableiten, in welcher Höhe zukünftige Investitionen zu erwarten sind.

Das zweite Element befasst sich, wie auch von PORTER vorgeschlagen, mit den **„Zielen und Annahmen"** der Wettbewerber. In Anlehnung an PORTER wird die Relevanz von Zielinformationen damit begründet, dass sie Aufschluss darüber geben, wie zufrieden ein Unternehmen mit seiner aktuellen Lage ist und respektive welche möglichen Veränderungen in Zukunft zu erwarten sind. In diesem Zusammenhang wird auch (bei mehrstufiger Unternehmensstruktur) auf die Ziele eines Mutterunternehmens verwiesen, die Ausschlag für die künftige Orientierung eines Tochterunternehmens geben können. Des Weiteren können Informationen über die Annahmen eines Konkurrenten Aufschluss über die Erwartungen des Wettbewerbers von seiner Umwelt geben.

Die **„gegenwärtigen und vergangenen Strategien"** eines Wettbewerbers bilden das dritte Element der Konkurrenzanalyse nach AAKER. Auch hier wird in Anlehnung an PORTER argumentiert: Fehlgeschlagene Strategien der Vergangenheit dürften Zukunftspläne beeinflussen. Ebenso gibt die Kenntnis der aktuellen Wettbewerbsstrategie Aufschluss über zukünftige Wachstumsrichtungen eines Wettbewerbers.

Zwei über das portersche System hinausgehende Elemente der Konkurrenzanalyse nach AAKER sind die Analyse der **„Organisation und Kultur"** sowie der „Kostenstruktur und Austrittsbarrieren". Das erstere von beiden zielt unter anderem auf die Herkunft von Führungskräften und die damit verbundenen Freiräume der Mitarbeiter ab. Eine lockere Unternehmenskultur fördert die Innovationsfähigkeit von Mitarbeitern stärker als eine Kultur, in der autoritäre Management-Prinzipien dominieren. Dagegen lassen sich kostenorientierte Strategien mit einer straffen Mitarbeiterführung deutlich besser durchsetzen.

Das Thema Kosten ist auch Gegenstand des fünften Elements **„Kostenstruktur und Austrittsbarrieren"**. Die Kenntnis der Kostenstruktur eines Wettbewerbers lässt abschätzen, welche Preisstrategien künftig zu erwarten sind und wie hoch das Durchhaltevermögen eines Konkurrenten zu taxieren ist. Austrittsbarrieren (e. g. Fixkosten, Beziehungen zu anderen Geschäftseinheiten des Unternehmens, emotionale Faktoren) können hingegen das Ausscheiden eines erfolglosen Wettbewerbers verhindern, so dass eine Desinvestitionsstrategie seitens des Konkurrenten von vorn herein auszuschließen ist.

Das letzte Element im System zur Konkurrenzanalyse nach AAKER wird durch die **„Stärken und Schwächen"** der Wettbewerber konstituiert. Diese beschränken insbesondere den Handlungsspielraum eines Wettbewerbers und eröffnen Chancen für das eigene Unternehmen. Im Idealfall wird eine Strategie entwickelt, „die ‚unsere' Stärke gegen die Schwäche des Konkurrenten ausspielt"[241]. Den Ausgangspunkt der Beurteilung von Stärken und Schwächen eines Wettbewerbers bildet die Identifikation der relevanten Vorteile und Fähigkeiten in der Branche. Darauf hin wird der Konkurrent auf diese Vorteile und Fähigkeiten geprüft. Mit dieser Vorgehensweise schlägt AAKER folglich eine Schrittfolge vor, die der Erfolgsfaktorenforschung gleichkommt.

Zur Identifikation relevanter Vorteile und Fähigkeiten einer Branche sind nach AAKER vier Leitfragen zu beantworten:

- Warum sind erfolgreiche Unternehmen erfolgreich und erfolglose Unternehmen erfolglos?

- Welches sind die Hauptmotive der Kunden?

- Welches sind die größten Kostenblöcke?

- Welches sind die Mobilitätsbarrieren?

Nach Beantwortung dieser Fragen dürften die branchenindividuell relevanten Beurteilungsmaßstäbe für die Stärken und Schwächen von Wettbewerbern bekannt sein. Zur Vereinfachung gibt AAKER eine Checkliste mit sechs Hauptkategorien vor, die im Rahmen der Konkurrenzanalyse untersucht werden sollen:

- Innovation,

- Herstellung,

- Finanzen – Zugang zu Kapital,

- Management,

- Marketing,

- Kundenbasis.

Die Checkliste ist ein vom Autor festgelegter Variabelenkatalog, der noch nicht auf den Ergebnissen der Erfolgsfaktorenforschung beruht und nur eine exemplarische Vorgehensweise veranschaulichen soll.

Zusammenfassend lässt sich festhalten, dass der von AAKER vorgelegte Beitrag über den Ansatz von PORTER hinausgeht. Die Kategorien „Größe, Wachstum und Profitabilität", „Organisation und Kultur" sowie „Kostenstruktur und Austrittsbarrieren" werden zusätzlich in das System zur Konkurrenzanalyse integriert. Grundsätzlich ist die Relevanz dieser zusätzlichen

---

[241] AAKER, D. A. (1989): a.a.O., S. 80.

Kriterien nachvollziehbar, dennoch erscheint deren Erhebbarkeit, insbesondere was die Kostenstruktur und Organisation des Wettbewerbers betrifft, nicht zwingend gewährleistet. Inhaltlich eignet sich das Konzept jedoch durchaus zur Erfüllung der drei Zielsetzungen der Wettbewerbsanalyse. Durch Erfassung der Ziele und Strategien der Konkurrenten können ungewollte Überraschungen seitens der Wettbewerber weitgehend vermieden werden. Stärken und Schwächen lassen sich durch die angegebene, wenn auch nicht empirisch belegte Checkliste ermitteln. Chancen und Risiken ergeben sich durch Gegenüberstellung der (im Rahmen der Annahmenanalyse erhobenen) Brancheninformationen und Stärken/ Schwächen der Wettbewerber, wenngleich auch hier der Umweltbezug nur ansatzweise besprochen wird. Ebenfalls kann der von AAKER geforderten branchenspezifischen Ermittlung der Stärken und Schwächen zugestimmt werden. Auf die Bedeutung strategisch relevanter Vorteile und Fähigkeiten wird hingewiesen, konkrete Ergebnisse der Erfolgsfaktorenforschung liegen dem Konzept von AAKER jedoch nicht zugrunde.

2.4.3 Die Wettbewerbs- und Konkurrentenanalyse nach RIESER

Einen weiteren Beitrag zur Identifikation relevanter Inhalte von Konkurrenzanalysen liefert RIESER.[242] Nach Auffassung RIESERs besteht die zentrale Aufgabe der Konkurrenzanalyse darin, Absichten und Verhaltensweisen relevanter Konkurrenten insbesondere für marketingstrategische Weichenstellungen im Unternehmen zu ermitteln.[243] Da die Absichten und Verhaltensweisen von Unternehmen jedoch maßgeblich durch die Gegebenheiten und Mechanismen der jeweiligen Märkte geprägt sind, unterteilt er sein Konzept in zwei Komponenten:

- Wettbewerbsanalyse,

- Konkurrentenanalyse.

Im Rahmen der „**Wettbewerbsanalyse**" ist die vergangene, aktuelle und zukünftige Wettbewerbssituation zu erfassen. Zu diesem Zwecke sind die Wettbewerbskräfte der Branche, die Marktstruktur sowie die Verhaltensweisen der aktuellen Akteure zu untersuchen. Bei den *Wettbewerbskräften* greift RIESER auf die porterschen „Determinanten der Wettbewerbsintensität" zurück, die bereits in Kapitel 1.2 vorgestellt wurden. Als Hauptmerkmale der *Marktstruktur* spezifiziert RIESER den Grad der Anbieter- und Nachfragerkonzentration. Die Analyse der Marktstruktur hält RIESER deshalb für relevant, weil sie den Autonomiegrad der einzelnen Marktteilnehmer und somit das Ausmaß der gegenseitigen Abhängigkeit beeinflusst. Dies wiederum lässt Schlüsse darüber zu, wie wahrscheinlich ein bestimmtes *Wettbewerbsverhalten* der Marktteilnehmer ist. Beispielsweise ist die Wahrscheinlichkeit eines Preiskriegs in einer oligopolistischen Marktform (hier: Angebotsoligopol) geringer als in einem Polypol, da

---

[242] Zu den folgenden Ausführungen vgl. RIESER, I. (1989): a.a.O., S. 293 – 309.

[243] Vgl. RIESER, I. (1989): a.a.O., S. 293.

die Transparenz und somit Reaktionsverbundenheit dieser Marktform deutlich höher ist und folglich alle Anbieter angesprochen wären. Die drei Teilanalysen sollten nach Auffassung RIESERs eine Unternehmung dazu befähigen, eine zu einem bestimmten Zeitpunkt herrschende Wettbewerbssituation zu erklären und daraus relevante Implikationen für das eigene Verhalten zu ziehen. Erst im zweiten Schritt wendet sich RIESER der Analyse der Konkurrenten selbst zu.

Bei der **„Konkurrentenanalyse"** steht nach Auffassung des Autors die Charakterisierung und Beurteilung der wichtigsten Wettbewerber im Hinblick auf Gemeinsamkeiten und Unterschiede in Marktpositionen und Verhalten sowie Zielen, Voraussetzungen und Fähigkeiten im Mittelpunkt.[244] Entsprechend dieser Zielsetzung grenzt RIESER zwei wesentliche Analysebereiche ab:

- *Vergleich der Markt-Leistungs-Strategien*: Zur Ermittlung und gegenüberstellenden Beurteilung des Marktauftritts eines Konkurrenten sowie zur Identifikation der Ziele, Motive, Annahmen und Grundstrategien des Konkurrenten,

- *Vergleich der Stärken und Schwächen*: Zur Ermittlung der Merkmale, Eigenschaften und Fähigkeiten des eigenen Unternehmens in Relation zur Konkurrenz.

Die Ermittlung der *Markt-Leistungs-Strategien* konkretisiert RIESER inhaltlich mit Hilfe von Leitfragen.[245] Diese zielen vorrangig auf die Ermittlung der Segment- und Sortimentsschwerpunkte, der Leistungspositionierung (Qualität/ Preis) sowie den Schwerpunkten und der Intensität der Marktbearbeitung der Konkurrenten ab. Mit Hilfe dieser Informationen können Konkurrenten zu strategischen Gruppen zusammengefasst und Reaktionsmuster abgeleitet werden.

Als Instrumente für den *Stärken-Schwächen-Vergleich* schlägt RIESER die PIMS-Modelle, die Wertkettenanalyse sowie die subjektive Einschätzung von Fähigkeiten und Ressourcen vor. Hinsichtlich des PIMS-basierten Ansatzes könnten das „Par-Modell" sowie das „Lim-Modell" Anwendung finden.[246] Im „Par-Report" wird – unter Verwendung der Ergebnisse aus der PIMS-Studie – ein Standard-ROI ermittelt, d. h. ein ROI, der für eine untersuchte Geschäftseinheit unter gegebenen Bedingungen normal wäre. Ein Abgleich des tatsächlichen ROI mit dem Standard-ROI zeigt Stärken bzw. Schwächen einer Geschäftseinheit auf und eruiert deren Ursachen. Das „Lim-Modell" ist eine gekürzte Version des „Par-Modells" (weniger Input-Daten notwendig). Es eignet sich aufgrund der geringeren Input-Datenmenge be-

---

[244] Vgl. RIESER, I. (1989): a.a.O., S. 303.

[245] Vgl. RIESER, I. (1989): a.a.O., S. 304 – 305.

[246] Zu den Reports aus dem PIMS-Programm vgl. VENOHR, B. (1988): „Marktgesetze" und strategische Unternehmensführung: Eine kritische Analyse des PIMS-Programms, S. 75 – 116 [Anführungszeichen im Originaltext].

sonders für Konkurrenzvergleiche. Als ein weiteres Analyseinstrument schlägt RIESER die Wertkettenanalyse vor. Mittels der Analyse einzelner Wertkettenaktivitäten der Wettbewerber können so Kosten- bzw. Differenzierungsvorteile von Wettbewerbern ermittelt werden.[247] Die dritte und letzte Option zur Beurteilung von Fähigkeiten und Ressourcen der Wettbewerber ist die subjektive Einschätzung durch Manager auf Basis von Checklisten.

Der Ansatz von RIESER enthält insgesamt ähnliche Analyseinhalte wie PORTER und AAKER, bezieht jedoch wesentlich stärker die Analyse der Branchensituation mit ein. Darüber hinaus weist RIESER zumindest ansatzweise auf die Verwendung der Ergebnisse der Erfolgsfaktorenforschung (PIMS-Modelle) im Rahmen von Stärken-/ Schwächenanalysen hin. Insgesamt kann der Ansatz allen drei Aufgaben der Wettbewerbsanalyse genügen. Ziele, Strategien und Annahmen werden analysiert, um künftige Aktivitäten der Wettbewerber zu antizipieren. Die Gefahr ungewollter Überraschungen dürfte somit eingedämmt werden. Stärken und Schwächen werden nach RIESER durch die Wertkettenanalyse, die PIMS-Modelle oder durch subjektive Überlegungen zu Tage gefördert. Dabei ist auch hier einschränkend zu sagen, dass die Ermittlung von Kostenvorteilen im Rahmen der Wertkettenanalyse möglicherweise an unzureichender Datenverfügbarkeit scheitern könnte. Zukunftschancen und -risiken kann der Ansatz – aufgrund der ausführlichen Auseinandersetzung mit den Branchentrends – ebenfalls ermitteln. Kritisch ist lediglich anzumerken, dass der Beitrag RIESERs zwar relevante Analysefelder abgrenzt, diese jedoch inhaltlich nur wenig präzisiert.

2.4.4 Die Wettbewerbsfähigkeitsanalyse nach LINK

Ein weiterer Beitrag zur Ermittlung relevanter Inhalte der Konkurrenzanalyse stammt von LINK.[248] Nach LINK ist die Konkurrenzanalyse das permanente, zweckorientierte Zusammenfügen von Informationen zu einem „Gesamtbild der Wettbewerbsfähigkeit relevanter Mitbewerber"[249]. Der Autor legt folglich besonderes Augenmerk auf die Analyse der Wettbewerbsfähigkeit von Konkurrenten. Das Phänomen Wettbewerbsfähigkeit kennzeichnet LINK zunächst sehr global als ökonomische Bedingungen dieses Nicht-Scheiterns im Marktprozess. Als grundlegende Voraussetzungen für das „Nicht-Scheitern im Marktprozess" werden sieben **„Wettbewerbsfähigkeitsdimensionen"** identifiziert, die aus den Ergebnissen der erfahrungsbasierten Erfolgsfaktorenforschung der achtziger Jahre (u. a. Studien von PETERS/ WATERMAN, HOFFMANN, NAGEL) stammen.[250] Zu branchenübergreifenden Determinanten der

---

[247] Zur Wertkettenanalyse vgl. Kapitel 2.2.4.

[248] Zu den folgenden Ausführungen Vgl. LINK, U. (1988): a.a.O.. S. 81 – 134 sowie 164 – 196.

[249] LINK, U. (1988): a.a.O., S. 11.

[250] Vgl. PETERS, T. J.; WATERMAN, R. H. (1984): Auf der Suche nach Spitzenleistungen (hier: frühere Auflage von 1984 zitiert); HOFFMANN, F. (1986): Kritische Erfolgsfaktoren – Erfahrungen in großen und mittelständischen Unternehmen. In: Zeitschrift für betriebswirtschaftliche Forschung, Jg. 38, Nr. 10, S. 831 – 843; NAGEL, K. (1986): Die sechs Erfolgsfaktoren des Unternehmens.

Wettbewerbsfähigkeit, die von Unternehmen selbst beeinflusst werden können, gehören demnach:

- die „**Kundennähe**",

- die „**Innovationsbereitschaft**",

- die „**Kompetenz**",

- die „**Mitarbeitermotivation**",

- die „**flexible Unternehmensorganisation**",

- die „**Unternehmensphilosophie**",

- die „**Vorteile bei den Kosten**".

Inhaltlich präzisiert werden diese eher großflächigen Wettbewerbsfähigkeitsdimensionen mit Hilfe zahlreicher Schlüsselfragen. Im Rahmen der Konkurrenzanalyse dienen die Dimensionen als Bewertungsgrundlage zur Ermittlung von Stärken und Schwächen. LINK entwickelt dabei ein umfangreiches Scoring-Modell (vgl. Abbildung 26), von dem die Stärken und Schwächen von Wettbewerbern anhand einer gewichteten Endpunktzahl abgelesen werden können. Als Vorgehensweise im Rahmen dieses Scoring-Modells schlägt LINK folgende Schrittfolge vor:

1. Festlegung der Zielsetzung der Untersuchung,

2. Abgrenzung der relevanten Wettbewerber,

3. Auswahl und Gewichtung der Wettbewerbsfähigkeitsdimensionen,

4. Operationalisierung der strategischen Dimensionen mittels Schlüsselindikatoren,

5. Ermittlung und Interpretation relativer Stärken und Schwächen,

6. Bestimmung der Wettbewerbsfähigkeitswerte,

7. Einstufung der Wettbewerber.

Bezüglich der Gewichtung der strategischen Dimensionen weist LINK darauf hin, dass diese grundsätzlich branchenindividuell vorzunehmen ist. Die Schlüsselindikatoren müssen empirisch greifbare Messgrößen sein, die eine strategische Wettbewerbsfähigkeitsdimension möglichst umfassend beschreiben können und denen numerische Punktwerte (geringer Wert = geringe Ausprägung; hoher Wert = hohe Ausprägung) zugeordnet werden können. Abbildung 26 stellt das Punktwertmodell zur Konkurrenzanalyse nach LINK dar. In dem Beispiel werden

Punktwerte zwischen 0 und 4 gewählt. Der Punktwert 4 repräsentiert dabei die höchste Ausprägung.

Strategische Wettbewerbsfähigkeitsdimensionen SD_K für $K = 1, 2, \dots r$		SD_1	SD_2	SD_3	.....	SD_r
Dazugehörige Indikatoren I		$I_1SD_1 \quad I_2SD_1 \cdots I_nSD_1$	$I_1SD_2 \quad I_2SD_2 \cdots I_mSD_2$	$I_1SD_3 \quad I_2SD_3 \cdots I_pSD_3$	.....	$I_1SD_r \quad I_2SD_r \cdots I_zSD_r$
Relevante Wettbewerber im engeren Sinne RK_i für $i = 1, 2, \dots q$	RK_1	4 3 ... 4	3 2 ... 3	4 1 ... 2	.....	3 3 ... 2
	RK_2	2 3 ... 2	3 3 ... 1	3 3 ... 4	.....	2 2 ... 1
	RK_q	3 3 ... 1	3 2 ... 3	1 2 ... 2	.....	4 3 ... 3

Abbildung 26: Punktwertmodell zur Konkurrentenanalyse nach LINK[251]

Abschließend können auf diese Weise Vergleichsmöglichkeiten von Wettbewerbern auf drei Ebenen eruiert werden:

- auf der Ebene der ausgewählten Schlüsselindikatoren,

- auf der Ebene strategischer Wettbewerbsfähigkeitsdimensionen,

- für die Wettbewerbsfähigkeit des Unternehmens als Ganzes.

Der Informationsbedarf zur Konkurrenzanalyse nach LINK umfasst folglich sieben Wettbewerbsfähigkeitsdimensionen und deren zugehörige Schlüsselindikatoren. Darüber hinaus muss eine branchenspezifische Gewichtung beider Größen vorgenommen werden. Im Endergebnis können die Ausprägungen einzelner Konkurrenten ermittelt und eine Gesamtpunktzahl für die Schlüsselindikatoren, für die strategischen Dimensionen und für die Wettbewerbsunternehmen als Ganzes ermittelt werden. Auf diesem Wege können Stärken und Schwächen von Wettbewerbern transparent gemacht und deren Ursachen lokalisiert werden. Mit dieser Vorgehensweise wird ein sehr ausführlicher Ansatz zur Ermittlung von Stärken und Schwächen von Wettbewerbern vorgestellt. Kritisch ist hingegen anzumerken, dass die ermittelten strategischen Dimensionen analog zu AAKER auf erfahrungsbasierten Erfolgsfaktorenstudien basieren, also nicht empirisch belegt sind. Darüber hinaus unterliegt die Gewichtung der Bewertungskriterien stark subjektiven Einflüssen. Ein dritter Kritikpunkt findet sich hinsichtlich der Nicht-Erfüllung wichtiger Aufgaben der Wettbewerbsanalyse: Der Ermittlung von Chancen und Risiken sowie Absichten der Wettbewerber schenkt der Ansatz von LINK kaum Auf-

---

merksamkeit. Das Punktmodell ermöglicht den direkten Vergleich der Wettbewerber, setzt ihn jedoch nicht in Beziehung zu seiner Branchenumwelt. Darüber hinaus werden Ziele oder Pläne des Wettbewerbers, die zukünftige Aktivitäten offenbaren könnten, durch das Konzept nicht ermittelt.

2.4.5 Zusammenfassende Gegenüberstellung der Konzepte

Die vorangegangenen Ausführungen hatten zum Ziel, bestehende theoretische Konzepte zur Wettbewerbsanalyse vorzustellen und sie im Hinblick auf den theoretisch erforderlichen Informationsbedarf zu beurteilen. Abbildung 27 fasst die Ergebnisse des Abgleichs im Überblick zusammen:

Konzepte	Theoretisch erforderliche Inhalte der Wettbewerbsanalyse			
	Chancen/ Risiken	Absichten/ Ziele	Stärken/ Schwächen	Erfolgsfaktoren
Porter (erstmalig 1980)	o	+	+	-
Aaker (1989)	o	+	+	o
Rieser (1989)	+	+	+	o
Link (1989)	-	-	+	+

+ Inhalte abgedeckt   o Inhalte ansatzweise abgedeckt   - Inhalte nicht abgedeckt

Abbildung 27: Synopse bestehender Konzepte zur Wettbewerbsanalyse[252]

Die vorgestellten Ansätze weisen zahlreiche **Gemeinsamkeiten** auf. In allen Ansätzen wurde die besondere Bedeutung der Wettbewerbsanalyse als Beurteilungsmaßstab in der Stärken-/ Schwächen-Analyse erkannt und inhaltlich erfasst. Darüber hinaus ähneln sich die Ansätze von PORTER, AAKER und RIESER hinsichtlich ihrer Ermittlung der Ziele, Strategien und Annahmen der Wettbewerber. Es ist zu vermuten, dass das Pionierkonzept von PORTER einige Ausstrahleffekte auf nachfolgende Auseinandersetzungen mit dem Thema hatte. Nicht nur AAKER und RIESER griffen auf die Erkenntnisse PORTERS zurück, zahlreiche andere Autoren (e. g. KAAS/ BREZSKI, HINTERHUBER, EFFING) folgten ebenfalls dem Ansatz im Rahmen ihrer Ausführungen.[253] Vor dem Hintergrund der Entstehungszeit der Ansätze kommt eine Auseinandersetzung mit den Ergebnissen der empirischen Erfolgsfaktorenforschung im Rahmen der Wettbewerbsanalyse bei allen Konzepten zu kurz.

---

[252] Quelle: Eigene Darstellung.

[253] Vgl. HINTERHUBER, H. H. (1983): Konkurrenzanalyse. In: BUCHINGER, G. (Hrsg., 1983): Umfeldanalysen für das strategische Marketing – Konzeptionen – Praxis – Entwicklungstendenzen, S. 244; KAAS, K. P.; BREZSKI, E. (1989): Systematische Konkurrenzforschung durch Competitor Intelligence-Systeme. In: Marktforschung & Management, Jg. 33, Nr. 2, S. 44; EFFING, W. (2002): Jahresabschlussbasierte Konkurrenzanalyse – Eignung von Jahresabschlüssen zur Befriedigung des Informationsbedarfs der Konkurrentenanalyse, S. 83 ff.

Zentrale **Unterschiede** weisen die Konzepte hinsichtlich ihrer Inhaltsschwerpunkte auf. Während PORTER und AAKER insbesondere die zukünftigen Aktivitäten und Pläne sowie Stärken/ Schwächen der Wettbewerber in den Mittelpunkt der Analyse stellen, legt RIESER besonderes Gewicht auf die Branchenbeobachtung. LINK hingegen vernachlässigt die Branchen- und Zielanalyse der Konkurrenten vollständig und fokussiert auf die Ermittlung von Stärken und Schwächen anhand ausgewählter Wettbewerbsfähigkeitsdimensionen. Ergebnisse der Erfolgsfaktorenforschung werden explizit nur bei RIESER (PIMS-Modelle) und LINK angesprochen. RIESER grenzt die Inhalt jedoch nicht weiter ein, sondern verweist lediglich auf die beiden PIMS-Modelle. LINK hingegen greift bereits auf vorhandene Erkenntnisse zurück und integriert diese als Bewertungsmaßstäbe in der Stärken-/ Schwächen-Analyse. Die zugrundegelegten Kriterien basieren jedoch nicht auf empirisch belegten Ergebnissen. Erfahrungsbasierte Analysevariablen kommen auch bei AAKER bei der Stärken- und Schwächen-Analyse zum Einsatz, bei PORTER hingegen bleibt die Erfolgsfaktorenforschung vollständig unerwähnt.

Zusammenfassend lässt sich festhalten, dass sämtliche vorgestellte Konzepte relevante Analyseinhalte für die Wettbewerbsanalyse liefern. Das Konzept von RIESER deckt dabei die meisten der theoretisch erforderlichen Inhalte ab. Besondere Bedeutung kommt auch dem Pionierkonzept von PORTER zu, da er bereits zu einem frühen Zeitpunkt (1980) die Bedeutung einer hinreichenden Wettbewerbsorientierung im Unternehmen erkannte. Darüber hinaus hat PORTER mit seinem Werk eine Reihe weiterer Auseinandersetzungen mit der Thematik angestoßen. Die zum Entstehungszeitpunkt vorhandenen Erkenntnisse aus der Erfolgsfaktorenforschung sind in drei der vier besprochenen Konzepte ansatzweise eingeflossen, wenngleich empirisch nachgewiesene Erfolgskriterien noch nicht benannt wurden bzw. zu der Zeit nicht benannt werden konnten.

2.5 Synthese der Ergebnisse zu einem Grundmodell der Wettbewerbsanalyse

Die Kapitel 2.2 und 2.3 widmeten sich der Identifikation des objektiven Informationsbedarfs für Wettbewerbsanalysen. Dabei wurde auf die Methoden der Aufgabenanalyse (Analyse des Entscheidungstatbestandes) sowie der kritischen Erfolgsfaktoren (Einflussfaktoren des Unternehmensgewinns) zurückgegriffen. Im Rahmen der Aufgabenanalyse wurde der jeweils mit einer Zielsetzung von Wettbewerbsanalysen korrespondierende Informationsbedarf ermittelt. Dabei konnten drei wichtige Informationsfelder der Wettbewerbsanalyse identifiziert und mit Analyseinhalten belegt werden:

- die Analyse der Umwelt- und Erfolgssituation (d. h. relevante Trends aus dem Wettbewerbsumfeld; Erfolgskennzahlen),

- die Ziel- und Strategieanalyse (d. h. Ziele, Strategien und Annahmen der Wettbewerber),

- die Analyse der Unternehmenssituation (d. h. Erfolgssituation sowie Stärken/ Schwächen des Wettbewerbers).

Da in der Unternehmensanalyse nur relevante Stärken und Schwächen der Wettbewerber verglichen werden sollen, wurden Erfolgsfaktoren als Beurteilungskriterien vorgeschlagen. Das Kapitel 2.3 selektierte zu diesem Zwecke anhand der Critical-Success-Factor-Methode insgesamt acht Faktoren und Potenziale aus der Literatur, die vermutlich erfolgsbestimmend für Unternehmen in wettbewerbsintensiven Märkten sind.

Der darauffolgende Abschnitt (Kapitel 2.4) widmete sich dem Abgleich der Ergebnisse aus der Aufgaben- und Erfolgsfaktorenanalyse mit denen früherer theoretischer Konzepte. Die Relevanz der Zielperspektive, d. h. die Kenntnis der Pläne und Absichten von Wettbewerbern, wurde in nahezu allen früheren Konzepten bestätigt. Ebenso wurde die Ermittlung von Stärken und Schwächen der Wettbewerber nahezu übereinstimmend als wichtig empfunden. Dem Ansatz der strategischen Erfolgsfaktoren als Beurteilungskriterien für Stärken und Schwächen kam in früheren Ansätzen jedoch noch relativ geringe Bedeutung zu. Da eine Analyse der Wettbewerber im Hinblick auf erfolgskritische Merkmale deutlich aussagefähiger ist als die Auflistung funktionsbereichsbezogener Kennzahlen, sollen die erfolgsfaktorenbasierenden Inhalte in das Wettbewerbsanalysemodell integriert werden.

Die Subkomponente Umweltanalyse wurde in früheren theoretischen Ansätzen ebenfalls nur ansatzweise behandelt. Da diese jedoch Aufschluss über die jeweilige Position des Wettbewerbers in der Branche gibt und Umwelttrends transparent macht, stellt sie eine zentrale Voraussetzung für das Erkennen von Chancen und Risiken dar. Erst wenn eine Unternehmensstärke auf einen Trend trifft (e. g. Dieselmotorenpalette trifft auf steigende Dieselnachfrage am Markt) konstituiert sie eine wirkliche Chance für ein Unternehmen. Aus diesem Grunde sollte die Umweltperspektive einen Bestandteil der Wettbewerbsanalyse bilden.

Abbildung 28 stellt zusammenfassend dar, wie ein Grundmodell zur Wettbewerbsanalyse auf Basis strategischer Erfolgfaktoren und –potenziale aussehen könnte. Die identifizierten Informationsfelder dürften dem Wettbewerbsanalysten Aufschluss darüber geben, welche Position ein Wettbewerber innehat, welchen Umwelteinflüssen er unterliegt und welche Ziele er wahrscheinlich umsetzen kann.

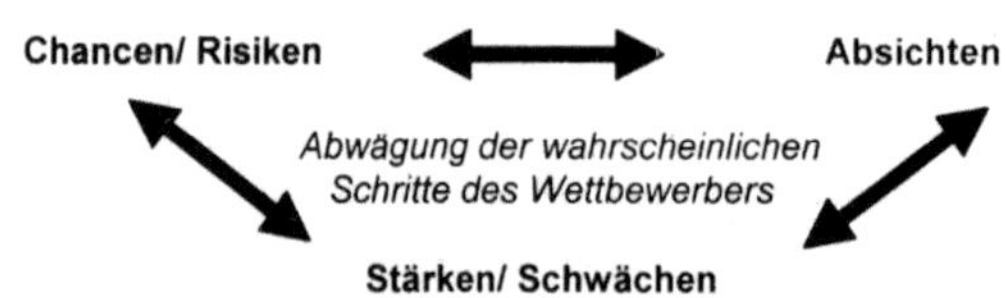

Abbildung 28: Grundmodell der Wettbewerbsanalyse[254]

---

[254] Quelle: Eigene Darstellung.

3 Branchenspezifische Anforderungen an die Inhalte der Wettbewerbsanalyse

3.1 Treibende Kräfte im Wettbewerb der Automobilindustrie

Die Automobilindustrie hat in den neunziger Jahren einen umfassenden Konzentrationsprozess vollzogen. Insbesondere die Anzahl wirtschaftlich selbständiger Fahrzeughersteller ging in den vergangenen zwei Dekaden deutlich zurück, mit der Folge, dass allein in Deutschland im Jahre 2000 bereits 80 Prozent des Branchenumsatzes und 66 Prozent der Branchenbeschäftigten auf die zehn umsatzstärksten Automobilunternehmen entfielen.[255] Weltweit bietet sich ein ähnliches konzentriertes Bild: Rund 74 Prozent der Weltautomobilproduktion werden von den zehn größten Automobilproduzenten generiert (vgl. Abbildung 29).

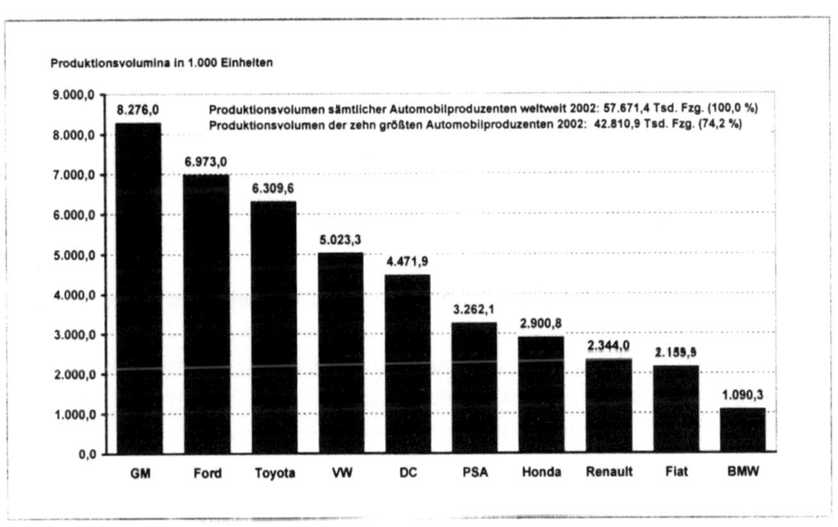

Abbildung 29: Produktionsvolumina der zehn größten Automobilhersteller im Jahr 2002[256]

Der Konzentrationsprozess hat tiefgreifende Veränderungen in der Struktur der Branche bewirkt: Die Angebotsseite entwickelt sich mehr und mehr zu einem Oligopol und die Nachfragerseite gewinnt aufgrund der erhöhten Angebotstransparenz zunehmend an Marktmacht. Der Automobilmarkt ist deshalb inzwischen als klassischer Käufermarkt zu charakterisieren. Um sich in diesem Umfeld erfolgreich zu behaupten, ist die Kenntnis der wettbewerbsverstärkenden Kräfte für die Automobilhersteller unerlässlich. Die nachfolgenden Kapitel werden sich

---

[255] Vgl. STATISTISCHES BUNDESAMT (Hrsg., 2002): Statistisches Jahrbuch 2002, S. 190.

[256] Produktionsvolumina minderheitsbeteiligter Tochterunternehmen (e. g. Mitsubishi bei DaimlerChrysler) sind nicht berücksichtigt. Datenquelle: AUTOMOTIVE NEWS (Hrsg., 2003): Market Data Book, S. 43.

deshalb nun umfassend mit den Wettbewerbsbedingungen in der Automobilindustrie auseinander setzen. Aus diesen Überlegungen heraus lassen sich Erkenntnisse über gegenwärtige und künftige Erfolgsbedingungen in der Branche und damit erforderliche Inhalte von Wettbewerbsanalysen ableiten. Zur Orientierung gibt Abbildung 30 bereits vorab einen Überblick zu den im Folgenden untersuchten Triebkräften des Wettbewerbs in der Automobilindustrie.

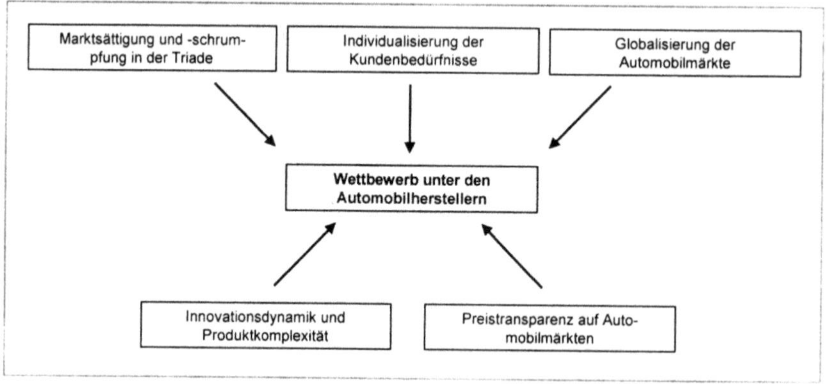

Abbildung 30: Treibende Kräfte im Wettbewerb der Automobilindustrie[257]

3.1.1 Marktsättigung und –schrumpfung in der Triade

Im Jahr 2002 wurden insgesamt 41,1 Mio. Fahrzeuge auf den Märkten der Triade abgesetzt (Abbildung 31).[258] Im Einzelnen entfielen 19,4 Mio. Fzg. auf die NAFTA-Region, 16,0 Mio. Fzg. auf Westeuropa und 5,7 Mio. Fzg. auf Japan. Der wichtigste Ländermarkt war erneut die USA mit 30,0 Prozent Weltmarktanteil, gefolgt von Japan (10,2 Prozent) und Deutschland (6,2 Prozent).[259] Der gemeinsame Anteil der Triade-Märkte belief sich auf ca. 74 Prozent des weltweiten Automobilabsatzes. Damit sind und bleiben die Triademärkte die wichtigsten Absatzregionen der Weltautomobilindustrie.

---

[257] Quelle: Eigene Darstellung.

[258] Vgl. DRI-WEFA (Hrsg., 2002): a.a.O., Dezember 2002, S. 27. Datenbasis: Light Vehicles. Unter dem Begriff "Light Vehicles" werden Personenkraftwagen und Leichte Nutzfahrzeuge (bis sechs Tonnen) zusammengefasst.

[259] Vgl. DRI-WEFA (Hrsg., 2002): a.a.O., Dezember 2002, S. 27.

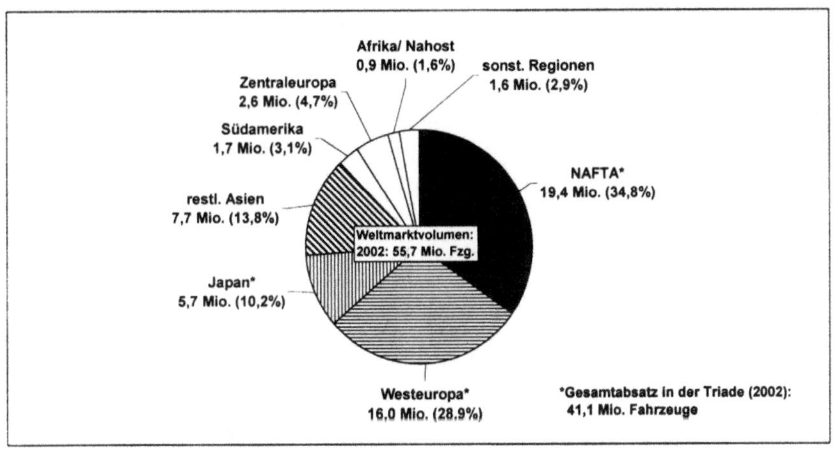

Abbildung 31: Regionale Verteilung des Fahrzeugabsatzes 2002 [260]

Seit den achtziger Jahren zeichnen sich auf diesen Märkten verstärkt Sättigungs- und Schrumpfungstendenzen ab. Diese finden Ausdruck in den nachgebenden Wachstumsraten: Insbesondere seit der Jahrtausendwende gingen die Wachstumsraten der Automobilmärkte in der Triade deutlich zurück (Abbildung 32): Während sich das Marktvolumen 1999 gegenüber dem Vorjahr noch um 6,0 Prozent verbesserte, stagnierten die Triademärkte 2000 und 2001 bei ca. 42,0 Mio. Fahrzeugen. Aufgrund des nachgebenden westeuropäischen Marktes (2002: -3,5 Prozent g. Vj.) und leichten Rückgängen in Japan sowie der NAFTA fiel das Gesamtvolumen der Triade im Jahr 2002 unter das von Niveau von 1999 zurück.[261]

---

[260] Vgl. DRI-WEFA (Hrsg., 2002): a.a.O., Dezember 2002, S. 27, Datenbasis: Light Vehicles.

[261] Vgl. DRI-WEFA (Hrsg., 2002): a.a.O., Dezember 2002, S. 27.

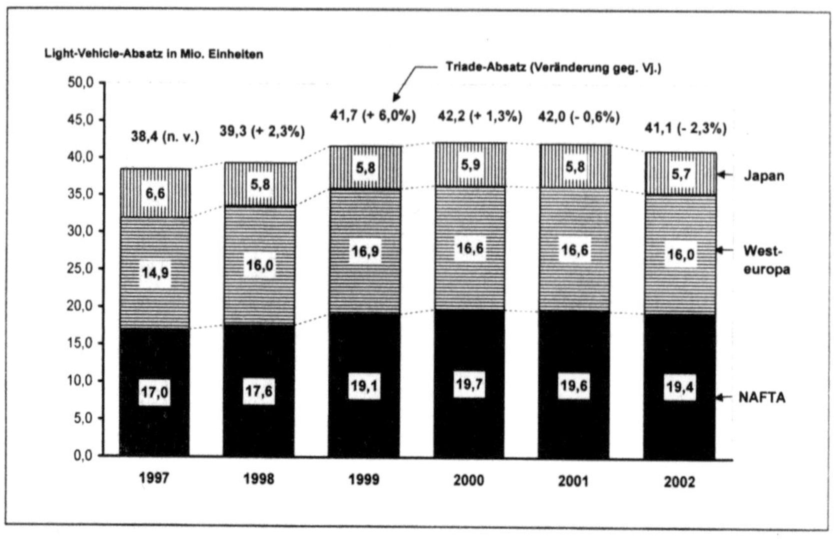

Abbildung 32: Entwicklung des Fahrzeugabsatzes in der Triade (Light Vehicles) [262]

Für das geringe Wachstum sind in erster Linie die hohen Fahrzeugbestände und die anschwellende Kraftfahrzeugdichte in den Triadeländern verantwortlich, zudem sorgt die nachgebende Weltkonjunktur für ein zurückhaltendes Konsumklima.[263] Die Kraftfahrzeugdichte (Anzahl Personenkraftwagen je 1.000 Einwohner) liegt in der Europäischen Union bei 475,2; in den USA bei 463,5 und in Japan bei 414,4.[264] Im Vergleich dazu bewegen sich die Kraftfahrzeugdichten der Wachstumsmärkte China bei 5,9; Indien bei 5,1 und Afrika (gesamter Kontinent) bei 15,9 Pkw je 1.000 Einwohner.[265] Mit anderen Worten: In der Triade besitzt im Durchschnitt jeder Zweite einen Pkw, in China hingegen nur jeder Siebzehnte. Die jährlichen Neuzulassungen in der Triade repräsentieren somit lediglich den Ersatzbedarf, eine nennenswerte Erhöhung der Erstkäufe erscheint unwahrscheinlich.

Eine wesentliche Folgeerscheinung der Marktsättigung sind die branchenweiten Überkapazitäten: Allein in Europa werden derzeit nur 84 Prozent der automobilen Produktionskapazitäten genutzt.[266] Einschränkend ist hierbei darauf hinzuweisen, dass sich in der Automobilindustrie der Kapazitätsaufbau und –abbau parallel vollziehen. Weniger erfolgreiche Automo-

---

[262] Vgl. DRI-WEFA (Hrsg., 2002): a.a.O., Dezember 2002, S. 27.

[263] Vgl. DIEZ, W. (2001c): a.a.O., S. 29 ff.

[264] Zu Angaben zur Kraftfahrzeugdichte vgl. Verband der Automobilindustrie (Hrsg., 2001): Tatsachen und Zahlen, 65. Folge, S. 335 ff.

[265] Vgl. Verband der Automobilindustrie (Hrsg., 2001): a.a.O., S. 335 ff.

[266] Vgl. AWKNOWLEDGE (Hrsg., 2002): Capacity Utilization Data, 2002, o. S.

bilproduzenten bauen in umfassenden Sanierungsprogrammen Kapazitäten ab.[267] Ein Beispiel dafür ist der im Juni 2003 vorgelegte Sanierungsplan der Fiat S. p. A., der die Schließung von insgesamt 12 Produktionsstätten vorsieht.[268] Gleichzeitig bauen andere Anbieter neue Kapazitäten auf: Hersteller mit hohen Auslastungsgraden errichten Produktionsstätten in Schwellenmärkten, um Standortvorteile zu nutzen und direkt am Ort der Nachfrage zu produzieren. Ein Beispiel hierfür ist das Gemeinschaftsprojekt der Toyota Motor Corporation mit der Peugeot S.A., die eine Kleinwagenfabrik im tschechischen Kolin errichten wollen.[269] Weitere Beispiele liefern Automobilhersteller, die derzeit umfassende Produktionskapazitäten in China aufbauen.[270]

Insgesamt lässt sich festhalten, dass sich der Wettbewerb in der Triade zu einem Nullsummenspiel entwickelt hat, bei dem Marktanteilsgewinne eines Herstellers zwangsläufig nur durch Marktanteilsverluste eines anderen Herstellers generierbar sind. Diese Situation zieht eine Verschärfung der Wettbewerbsbedingungen nach sich: Sie impliziert Preiswettbewerbe aufgrund entstehender Überkapazitäten,[271] verlagert den Wettbewerb auf internationale Märkte und führt letztlich zur Verdrängung kleinerer Anbieter, die dem internationalen Konkurrenzdruck nicht gewachsen sind.

3.1.2 Individualisierung der Kundenbedürfnisse

In den Industrieländern zeichnet sich parallel zur einsetzenden Marktstagnation eine Tendenz zur Individualisierung der Kundenwünsche ab. Diese liegt in erster Linie am gesellschaftlichen Wandel und der damit veränderten Rolle des Automobils für den Menschen. Bis in die siebziger Jahre hinein signalisierte allein der Besitz eines Fahrzeugs einen ganz besonderen Status und im Mittelpunkt des automobilen Interesses stand die Transportleistung.[272] Inzwischen hat die Verbesserung der Einkommens- und Wohlstandsverhältnisse in den Industrieländern zu einem Anschwellen der Fahrzeugdichte geführt, so verfügten beispielsweise im Jahre 2000 in Deutschland bereits 74,4 Prozent aller Haushalte über mindestens einen Personenkraftwagen.[273] Vor diesem Hintergrund wird Mobilität heutzutage als eine Selbstverständlichkeit angesehen. Kunden suchen zunehmend nach einem individuellen Zusatznutzen, der

---

[267] Beispiele dafür sind die Sanierungspläne bei Ford, General Motors und Fiat.

[268] Vgl. o. V. (2003): Fiat streicht mehr als 12000 Stellen. In: Süddeutsche Zeitung vom 30.06.2003.

[269] Ab 2005 sollen dort jährlich 300.000 Kleinwagen die gemeinsame Fabrik verlassen. Vgl. o. V. (2002): Toyota baut Kleinwagen mit Peugeot. In: FTD vom 11.04.2002.

[270] Vgl. o. V. (2003): Mercedes bereitet Produktion in China vor. In: FTD vom 10.01.2003; o. V. (2003): BMW startet Produktion in China. In: FTD vom 14.03.2003; o. V. (2003): VW kämpft mit Milliardeninvestitionen um Marktanteile in China. In: FTD vom 15.07.2003.

[271] Häufig versuchen Automobilhersteller, ihre Auslastungsgrade durch Preiszugeständnisse zu verbessern.

[272] Vgl. WINZEN, U. (2002): Neue Trends in der Automobilindustrie. In: Die Wirtschaft – Wirtschaftsmagazin der Industrie- und Handelskammer Bonn Rhein-Sieg, o. Jg., Nr. 7/ 8, S. 8 – 11.

[273] Vgl. VDA (Hrsg., 2001): a.a.O., S. 309.

über die reine Transportleistung hinweggeht und Potenzial zur Differenzierung von anderen Autofahrern bietet.[274]

Einen speziellen Wunsch stellt in diesem Kontext das zunehmende Bedürfnis der Kunden nach Spontaneität und Abwechslung dar.[275] Dieses so genannte „variety seeking" beinhaltet, dass ein Konsument das Produkt oder die Marke nicht aufgrund veränderter Präferenzen wechselt, sondern weil er in dem Markenwechsel als solchen einen Nutzen sieht.[276] Dieser Trend resultiert aus der Abkehr von traditionellen Wertvorstellungen verbunden mit einer zunehmenden Freizeitorientierung.[277] Neben dem Wunsch nach Abwechslung steigen jedoch auch die Ansprüche an Fahrzeugsicherheit, Komfort sowie die Verfügbarkeit moderner Informations- und Kommunikationstechniken (IuK) im Automobil.[278]

Ferner gehört auch die zunehmende Ökologieorientierung zu wichtigen Konsumententrends in der Branche: Rohstoffverknappung, steigende Treibstoffpreise, verschärfte gesetzliche Regelungen und neue fiskalpolitische Instrumente haben seit den neunziger Jahren den Umweltschutz mehr und mehr in das Bewusstsein der europäischen Kunden gerückt.[279] In Deutschland ist seit Einführung der emissionsorientierten Kfz-Steuer im Jahre 1997 der Anteil schadstoffreduzierter Pkw auf 96,1 Prozent im Jahre 2002 angestiegen, der Anteil der Dieselfahrzeuge hat sich durch Einführung der Ökosteuer auf 37,5 Prozent im Jahre 2002 erhöht.[280] Kraftstoffarme Fahrzeuge stoßen deshalb in Europa auf eine hohe Nachfrage.

Mit dem Wandel der Kundenbedürfnisse verändern sich auch die Anforderungen an die Fahrzeughersteller: Für die reine Transportleistung relevante Fahrzeugeigenschaften wie Qualität und Zuverlässigkeit werden von der heutigen Käufergeneration weniger wahrgenommen. Anstelle dessen gewinnen differenzierte Fahrzeugdesigns, ansprechende Markenimages und umfassende Ausstattungen mit Kommunikations- und Informationstechnologien an Popularität.[281]

---

[274] Vgl. WINZEN, U. (2002): a.a.O., S. 8.

[275] Vgl. OEHM, E. (2000): a.a.O., S. 78 ff.

[276] Vgl. HELMIG, B. (1997): a.a.O., S. 3 ff. In Anlehnung an GIVON, M. (1984): Variety Seeking Through Brand Switching. In: Marketing Science, Jg. 3, Nr. 3, S. 1 – 22.

[277] Vgl. HANSEN, J. (2002): Ernüchtertes Verhältnis zum Fahrzeug? Kernmerkmale zum Automobilmarkt bei Pkw-Fahrern. In: ZfAW, Jg. 5, Nr. 2, S. 33.

[278] Vgl. WEIß, E. (2001): „Digitale Revolution" im Automobil. In: ZfAW, Jg. 4, Nr. 3, S. 58 – 66 [Anführungszeichen im Originaltext].

[279] Vgl. DIEZ, W. (2001c): a.a.O., S. 109 ff.; MERCER MANAGEMENT CONSULTING; HYPOVEREINSBANK (Hrsg., 2002): Automobiltechnologie 2010. Zu gesetzlichen Regelungen zum Umweltschutz in der Automobilindustrie vgl. KRCAL, H.-C. (2001): Chronologie der Umweltschutzthemen in der deutschen Automobilindustrie. In: ZfAW, Jg. 4, Nr. 4, S. 56 – 67.

[280] Vgl. KBA (Hrsg., 2003): Pressebericht 2003, S. 11 - 12.

[281] Vgl. OEHM, E. (2000): a.a.O., S. 78.

In Anlehnung an die Bedürfnispyramide nach MASLOW kann die aktuelle Motivstruktur beim Automobilkauf wie folgt dargestellt werden (vgl. Abbildung 33):[282]

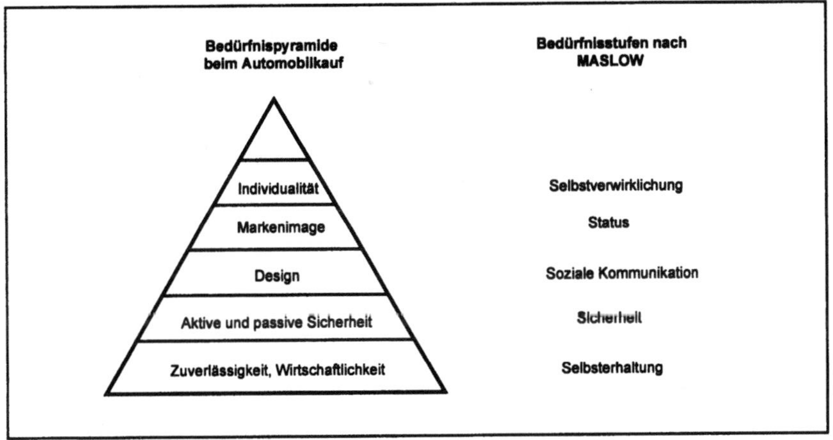

Abbildung 33: Motivstruktur beim Autokauf[283]

MASLOW postuliert in seiner Theorie zur Motivation des Menschen eine Hierarchie der relativen Vormacht von Bedürfnissen. Den Ausgangspunkt bilden die so genannten physiologischen Triebe, d. h. der Selbsterhaltungstrieb, beispielsweise die Nahrungsaufnahme. Sobald dieser Trieb befriedigt ist, tauchen sofort andere (und höhere) Bedürfnisse auf und beherrschen den Organismus.[284] Übertragen auf den Autokauf bedeutet dies, dass insgesamt alle fünf Pyramideebenen zwar eine Rolle spielen, sich jedoch durch die ausreichende Befriedigung der „unteren Ebenen" das Interesse der Autokäufer zugunsten der „höheren Bedürfnisse" verschiebt. Die Anforderungen an Zuverlässigkeit, Wirtschaftlichkeit und Sicherheit der Fahrzeuge werden inzwischen von allen Fahrzeugherstellern hinreichend befriedigt. Wirkliches Differenzierungspotenzial bietet sich deshalb lediglich bei den höheren Bedürfnissen, e. g. Produktdesign, Markenimage sowie der individuellen Kundenansprache.

Diese Individualisierung der Kundenwünsche spiegelt sich in der explodierenden Angebotsvielfalt bei den Personenkraftwagen wider. Während in den sechziger Jahren die Pkw-Varianten Limousine, Kombi und Sportwagen den Fahrzeugmarkt beherrschten, können nunmehr mindestens zehn verschiedene Aufbauarten identifiziert werden (Abbildung 34). Darüber hinaus werden durch Kombination bestehender Karosserieformen ständig neue Fahrzeugkonzepte („Cross-Over-Fahrzeuge") kreiert.

---

[282] Vgl. DIEZ, W. (2001c): a.a.O., S. 59 in Anlehnung an MASLOW, A. H. (1999): Motivation und Persönlichkeit, S. 62 ff.

[283] In Anlehnung an DIEZ, W. (2001c): a.a.O., S. 59.

[284] Vgl. MASLOW, A. H. (1999): a.a.O., S. 65.

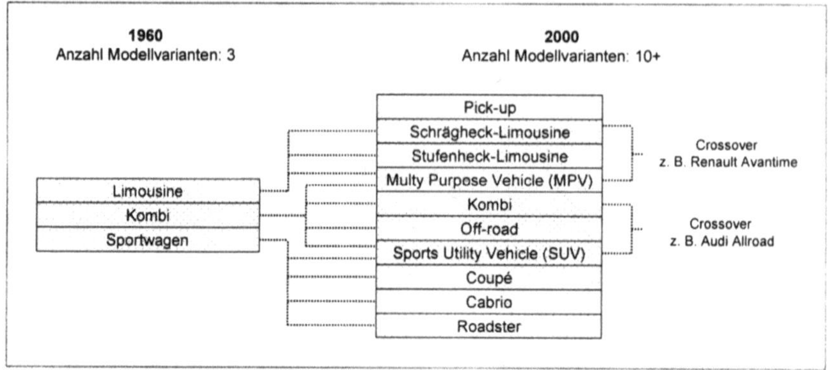

Abbildung 34: Explosion der Variantenvielfalt in der Automobilindustrie[285]

Die bedeutendsten Erfolge verzeichnen in Europa derzeit die Nischenfahrzeuge MPV und SUV.[286] In Westeuropa konnten diese überproportionale Zuwächse verzeichnen: Im Zeitraum von 1994 bis 2002 wuchs die Anzahl der MPV-Fahrzeuge um 111,5 Prozent, die SUV-Fahrzeuge um 152,4 Prozent.[287] Die Betrachtung ist jedoch im Hinblick auf die Marktgröße einzelner Segmente zu relativieren, die SUV- und MPV-Fahrzeuge weisen zwar die höchsten Zuwachsraten auf, waren jedoch mit einem Segmentvolumen von 577,0 Tsd. bzw. 557,8 Tsd. Fzg. im Jahre 2002 noch immer vergleichsweise volumenschwach.[288] Neben neuen Karosserieformen sind auch zahlreiche Fahrzeugklassen neu besetzt worden. Insbesondere die sehr kleinen und sehr großen Fahrzeugklassen haben deutlich zugelegt (vgl. Abbildung 35).

Bevor auf die Entwicklung einzelner Fahrzeugklassen eingegangen wird, soll kurz die Einteilung von Fahrzeugklassen erklärt werden. Die offizielle Klassifizierung des Kraftfahrtbundesamtes unterscheidet in sechs Fahrzeugklassen, zur Verdeutlichung werden entsprechende Modelle aus der Fahrzeugpalette des Volkswagen-Konzerns zugeordnet:[289]

- *Mini-Klasse*: Volkswagen Lupo,

- *Kleinwagen-Klasse*: Volkswagen Polo,

---

[285] In Anlehnung an STOCKMAR, J. (2002): a.a.O., S. 12.

[286] MPV-Fahrzeuge (Multi-Purpose-Vehicles) sprechen vorrangig junge Familien an, die hohe Ansprüche an Geräumigkeit und Praktikabilität von Fahrzeugen haben. Das SUV-Segment (Sport-Utility-Vehicle) hingegen richtet sich an ein Kundensegment mit ausgeprägtem Sinn für Freiheit, Sportlichkeit und Unabhängigkeit, Beispiele dieses Fahrzeugtyps sind die geländegängigen Toyota RAV4, BMW X5 sowie die Mercedes M-Klasse.

[287] Vgl. DRI-WEFA (2002): a.a.O., Dezember 2002, S. 46. SUV incl. Pick-up-Fahrzeuge.

[288] Vgl. DRI-WEFA (2002): a.a.O., Dezember 2002, S. 46.

[289] Vgl. Amtliche Statistiken des KBA unter http://www.kba.de/Stabstelle/Presseservice/Pressemitteilungen/ pressemitteilungen2003/Segmente_Typgruppen/segmente_juni2003.pdf (Stand: 02.08.2003), vgl. dazu auch DIEZ, W. (2001c): a.a.O., S. 56.

- *Untere Mittelklasse* (oder: Kompaktklasse): Volkswagen Golf,

- *Mittelklasse*: Volkswagen Passat,

- Obere Mittelklasse: Audi A6,

- *Oberklasse*: Volkswagen Phaeton.

Als Trennkriterien werden dabei physische Fahrzeugeigenschaften (e. g. Ausmaße, Motorisierung, Anzahl der Türen) sowie das Preisniveau herangezogen. Wie sich die einzelnen Fahrzeugklassen in den letzten Jahren (2002 gegenüber 1994) in Westeuropa entwickelt haben, zeigt Abbildung 35.

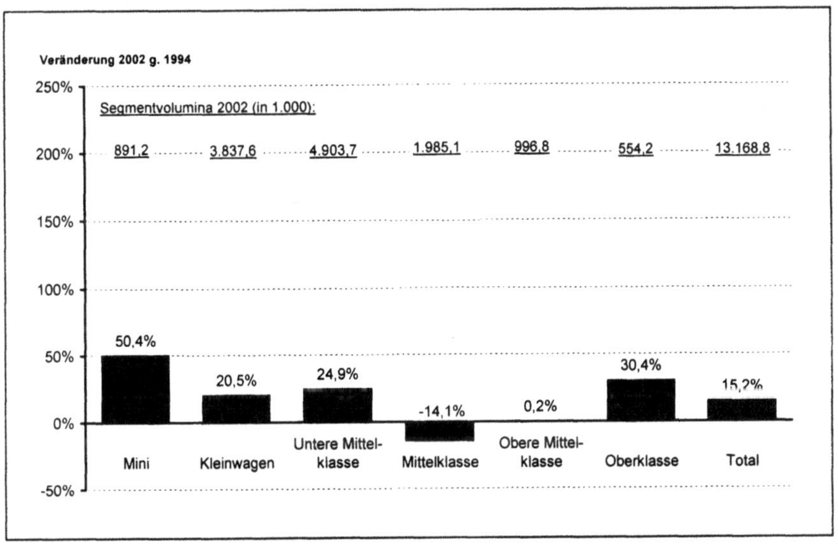

Abbildung 35: Entwicklung der Pkw-Klassen in Westeuropa (2002 geg. 1994)[290]

Aus Abbildung 35 wird ersichtlich, dass das Pkw-Gesamtmarktvolumen in Westeuropa 2002 („Total") gegenüber dem Jahre 1994 um 15,2 Prozent auf 13.168,8 Tsd. Einheiten gestiegen ist. Die bedeutendste Fahrzeugklasse in 2002 war die untere Mittelklasse, die mit einem Marktvolumen von 4.903,7 Tsd. Fahrzeugen ca. 37 Prozent des Pkw-Gesamtabsatzes aufnahm.

Darüber hinaus lässt die Darstellung eine Entwicklung in der Automobilindustrie erkennen, die sich derzeit auch in vielen anderen Märkten abzeichnet bzw. bereits vollzogen hat. Die Rede ist von der so genannten *„Polarisierung der Märkte"* (vgl. Abbildung 36), d. h. die Aus-

---

[290] Vgl. DRI-WEFA (Hrsg., 2002): a.a.O., Dezember 2002, S. 46.

dünnung mittlerer Marktsegmente zugunsten der unteren und oberen Marktsegmente (Mini-/ Luxusklasse).[291] Im Beobachtungszeitraum wuchs das Marktvolumen der oberen Mittelklasse kaum noch, die Mittelklasse gab sogar um 14,1 Prozent nach. Die Mini-Klasse hingegen konnte um 50,4 Prozent zulegen, ebenso gelang den Luxusfahrzeugen ein deutlicher Sprung um 30,4 Prozent.

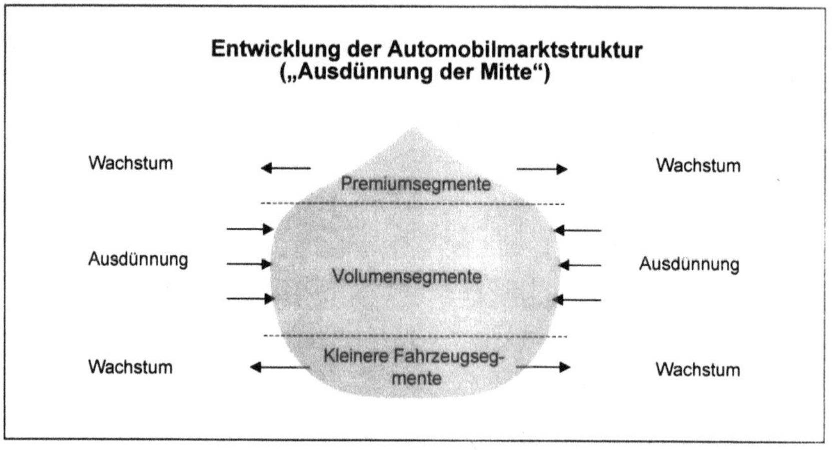

Abbildung 36: Entwicklung der Marktstruktur in der Automobilindustrie[292]

Abschließend lässt sich festhalten, dass die zunehmende Individualisierung der Kundenbedürfnisse eine verstärkte Fragmentierung und Polarisierung des Automobilmarktes bewirkt.[293] Dieser Trend bleibt für den Wettbewerb in der Automobilindustrie nicht ohne Wirkung. Die hohe Produktvielfalt lässt die Entwicklungskosten ansteigen, zudem versprechen die geringen Marktvolumina in den Nischen kaum nennenswerte economies of scale. Der entstehende Kostendruck ist ein wesentlicher Grund, weshalb Automobilhersteller zunehmend auf internationale Märkte fliehen, Kooperationen mit anderen Herstellern eingehen und hinreichende Auslastungsgrade durch preisliche Zugeständnisse „erkaufen". Die Individualisierung der Kundenbedürfnisse ist folglich ebenfalls als eine wichtige Triebkraft des Wettbewerbs in der Automobilindustrie einzustufen.

---

[291] Vgl. DIEZ, W. (2001c): a.a.O., S. 109 ff.

[292] In Anlehnung an BECKER, J. (2001): a.a.O., S. 360.

[293] Vgl. BEGER, R. (1994): Megatrends in der europäischen Automobilwirtschaft. In: MEINIG, W. (Hrsg., 1994): Wertschöpfungskette Automobilwirtschaft: Zulieferer – Hersteller – Handel; internationaler Wettbewerb und globale Herausforderungen, S. 21.

3.1.3 Globalisierung der Automobilmärkte

Eine aus Absatz- und Kostenmotiven heraus entstandene Entwicklung ist die Globalisierung in der Automobilindustrie. PAUSENBERGER beschreibt den Prozess als zunehmende „Integration regionaler Märkte und die wachsende Mobilität der Produktionsfaktoren Arbeit und Kapital über Ländergrenzen hinweg"[294]. Indikatoren des Globalisierungsprozesses in der Automobilindustrie sind:[295]

- die zunehmende Bedeutung des Fahrzeugabsatzes im Ausland,

- die zunehmende Bedeutung der Fahrzeugproduktion im Ausland,

- das enge Netzwerk grenzüberschreitender Beteiligungen, Allianzen und Kooperationen.

Der primäre Grund für die Globalisierung ist das **Absatzmotiv**, d. h. die Marktsättigung in der Triade und die dadurch entstandenen Überkapazitäten.[296] Internationale Märkte sollen die Überproduktion aufnehmen und die Amortisationszeiten der Produkte verkürzen. Ein großer Teil der Automobilhersteller setzte im Jahre 2002 bereits mehr als die Hälfte der Güter außerhalb ihres Heimatmarktes ab (vgl. Abbildung 37). Derzeit ziehen insbesondere zentraleuropäische und asiatische Schwellenmärkte aufgrund hoher Wachstumsraten das Interesse der Automobilhersteller auf sich.[297] Als besonderes Merkmal des Globalisierungsprozesses in der Automobilindustrie hebt NUNNENKAMP deshalb die „verstärkte Einbindung von Entwicklungs-, Schwellen- und Transformationsländern in die internationale Arbeitsteilung"[298] hervor.

---

[294] PAUSENBERGER, E. (1997): Globalisierung aus volkswirtschaftlicher und betriebswirtschaftlicher Sicht. In: ZfW, Jg. 16, Nr. 12, S. 134.

[295] Vgl. NUNNENKAMP, P.; SPATZ, J. (2002): Globalisierung der Automobilindustrie. Wettbewerbsdruck, Arbeitsmarkteffekte und Anpassungsreaktionen, S. 1.

[296] Vgl. hierzu WOLTERS, H.; HOCKE, R. (1999): Auf dem Weg zur Globalisierung – Chancen und Risiken. In: WOLTERS, H.; LANDMANN, R.; BERNHART, W. KURST, H. (Hrsg.; 1999): Die Zukunft der Automobilindustrie – Herausforderungen und Lösungsansätze für das 21. Jahrhundert, S. 13 – 29; DIEZ, W. (2001b): Die Automobilindustrie im Zeichen der Globalisierung. In: DIEZ, W.; BRACHAT, H. (Hrsg.; 2001): Grundlagen der Automobilwirtschaft, S. 97 – 117.

[297] Vgl. o. V. (2002): Alle wollen wachsen – aber die Märkte stagnieren. In: Stuttgarter Nachrichten vom 27.09.2002. Zu Zentraleuropa gehören: Bosnien Herzegowina, Bulgarien, Jugoslawien, Kroatien, Mazedonien, Polen, Rumänien, Slowakei, Slowenien, Tschechien, Ungarn und ggf. die Türkei.

[298] NUNNENKAMP, P.; SPATZ, J. (2002): a.a.O., S. 1. Vgl. dazu auch NUNNENKAMP, P. (1998): Die deutsche Automobilindustrie im Prozeß der Globalisierung. In: Die Weltwirtschaft, o. Jg., Nr. 3, S. 295.

Hersteller (Konzern)	Gesamtabsatz 2002 (in 1.000 Einheiten)	Absatz außerhalb des Heimat- marktes (in %)
DaimlerChrysler	4.540,1	88,5
Volkswagen	4.984,0	81,1
Porsche	54,2	76,4
Renault	2.404,0	75,9
BMW	1.057,3	75,6
PSA	3.267,5	73,3
Honda	2.888,0	70,6
Toyota	6.167,7	64,0
Fiat	1.909,9	60,3
Ford	6.973,0	43,4
General Motors	8.525,0	43,0
MG Rover	144,7	31,5

Abbildung 37: Globalisierungsgrade der Automobilproduzenten[299]

Ein zweites Indiz für die voranschreitende Globalisierung in der Automobilindustrie ist die zunehmende Bedeutung der **Auslandsproduktion**. Anfänglich mussten in protektionierten Volkswirtschaften Direktinvestitionen getätigt werden, um die Märkte überhaupt bedienen zu dürfen. Niederlassungen deutscher Fahrzeughersteller in Argentinien und China erzielten beispielsweise in den neunziger Jahren auf der einen Seite steigende Anteile an der gesamten Auslandsproduktion der Hersteller, auf der anderen Seite wurden jedoch nur geringe bis keine Anteile der Produktion dieser Märkte nach Deutschland geliefert.[300] Sie waren folglich kaum in die Globalisierungsstrategien der Muttergesellschaften eingebunden. Die eigentliche Globalisierung, d. h. die wirkliche Vernetzung von Entwicklungs-, Produktions- und Absatzbeziehungen,[301] begann erst mit der wirtschaftlichen Öffnung (e. g. die Öffnung des Ostblocks, der Beitritt Chinas in die WTO) jener Gastländer.[302]

Eine weitere wichtige Motivation für die Produktion in ausländischen Märkten ist auch die Philosophie der „Produktion am Ort der Nachfrage", da signifikante Marktanteile vor allem jene Anbieter erzielen, die sich als „Insider" in einem Markt präsentieren.[303] Ferner haben auch die wirtschaftliche Integration einzelner Volkswirtschaften zu Handelszonen und der damit verbundene Abbau von Transferhemmnissen und Distanzkosten zur Globalisierung der Automobilindustrie beigetragen.

---

[299] Globalisierungsgrad gemessen am Absatz außerhalb des Heimatmarkts, vgl. Geschäftsberichte der Konzerne (2002). Ausnahme: Die Datenquelle für MG Rover war AWKNOWLEDGE (Hrsg., 2002): Automotive Quarterly Review, 1. Quartal 2003, S. 2; Angaben incl. Nutzfahrzeuge. Minderheitsbeteiligungen nicht berücksichtigt. Die Amerikaner nehmen insofern eine Sonderstellung ein, als dass der Heimatmarkt USA ein wesentlich größeres Marktvolumen hat und demzufolge einen größeren Absatz aufnehmen kann.

[300] Vgl. NUNNENKAMP, P. (1998): a.a.O., S. 310.

[301] Vgl. GIESEL, F. (1999): a.a.O., S. 328.

[302] Vgl. BERG, H. (2001): Megafusionen: Ursachen – Wirkungen – Probleme. In: ZfAW, Jg. 12, Nr. 4, S. 33 sowie UNCTAD (Hrsg., 2002): Chinas Beitritt zur Welthandelsorganisation: veränderte Landschaft für den Welthandel, aber auch grosse Herausforderungen für das Reich der Mitte (Pressemitteilung vom 29. April 2002).

[303] Beispielsweise ist Volkswagen durch die umfassende Präsenz in China seit Jahren Marktführer.

Für die Produktion im Ausland sprechen heutzutage jedoch in erster Linie Kostenmotive: Komparative Kostenvorteile ausländischer Standorte entstehen beispielsweise bei den Lohnkosten (vgl. Abbildung 38).

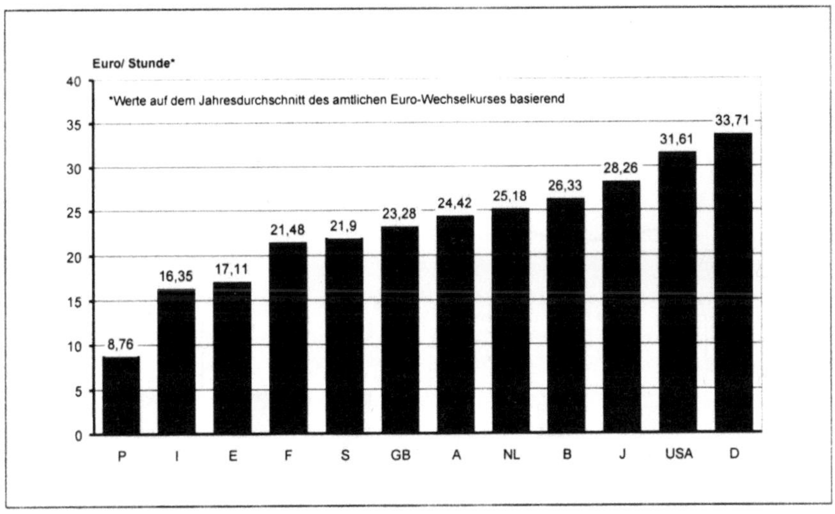

Abbildung 38: Lohnkosten der Automobilindustrie im internationalen Vergleich (2002)[304]

Der Standort Deutschland nimmt hinsichtlich der Lohnkosten noch immer den Spitzenplatz ein: Im Schnitt rechnet man, dass ca. zwei Drittel der gesamten Produktionskosten eines Automobils (über die gesamte Wertschöpfungskette) auf die Lohnkosten entfallen, die im Jahre 2002 in Deutschland auf 33,71 Euro/ Stunde beziffert wurden.[305] Den zweiten und dritten Rang nahmen die USA mit 31,61 Euro/ Stunde und Japan mit 28,26 Euro/ Stunde ein. Hält man dagegen, dass eine gearbeitete Stunde in Portugal im gleichen Jahr nur 8,76 Euro/ Stunde kostete, so dürften die Einsparungen, die durch die Verlagerung humankapitalintensiver Produktionsteile ins Ausland erzielt werden können, am Beispiel der Lohnkosten transparent werden.[306]

Die zunehmende Verlagerung von Produktionsteilen ins Ausland ist auch vor dem Hintergrund schwankender Wechselkurse attraktiv. So haben beispielsweise japanische Hersteller gegen Ende der neunziger Jahre unter dem starken Außenwert des Yen gelitten. Aufgrund

---

[304] Vgl. VDA (Hrsg., 2003): VDA-Mitteilungen 2003, Nr. 2, S. 25. Abkürzungen der Länder: P: Portugal; I: Italien; E: Spanien; F: Frankreich; S: Schweden; GB: Großbritannien; A: Österreich; NL: Niederlande; B: Belgien; J: Japan; USA: Vereinigte Staaten; D: Deutschland.

[305] Vgl. VDA (Hrsg., 2002): Auto Jahresbericht 2002, S. 19.

[306] Diese Vorteilhaftigkeit der Auslandsproduktion setzt jedoch ein wettbewerbsfähiges Produktivitätsniveau im Gastland voraus.

dessen verlagert beispielsweise der japanischen Hersteller Toyota Motor Corporation seine Produktionsanlagen vermehrt ins Ausland. Während 1997 nur 28 Prozent der TMC-Produktion außerhalb Japans gefertigt wurde, erreichte der Wert 2002 bereits 38 Prozent (Abbildung 39).

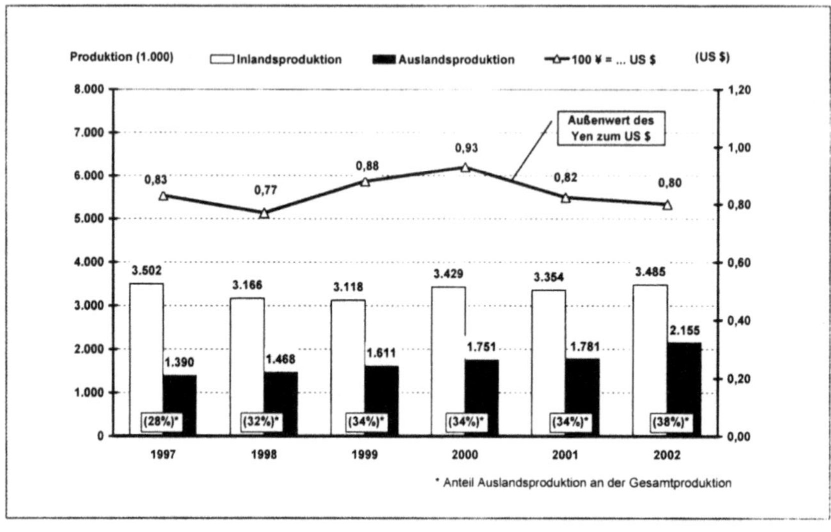

Abbildung 39: Standortstrategie der Toyota Motor Corporation[307]

Für die Erschließung internationaler Märkte bieten sich den Herstellern diverse Möglichkeiten: Die Zusammenarbeit mit nationalen Importeuren, die Gründung von Gemeinschaftsunternehmen oder horizontale bzw. vertikale Kooperationsverflechtungen gehören zu den am häufigsten angewandten Markteintrittsformen.[308] Aufgrund nicht immer erfolgreicher Fusions- und Akquisitionsprojekte in der Vergangenheit, jedoch gleichbleibend hohem Innovations- und Entwicklungsdruck, vollzieht sich in der Automobilindustrie derzeit eine Verschiebung zugunsten horizontaler, d. h. auf gleicher Wertschöpfungsstufe befindlicher, Beteiligungen sowie selektiver Kooperationen. Vorteile dieser Vorgehensweise sind Kapazitätseffekte, economies of scale, economies of scope, Machteffekte und die Risikoteilung.[309] Das Ergebnis dieser Entwicklung ist das heutige komplexe **internationale Beziehungsgeflecht** unter den

---

[307] Vgl. DEUTSCHE BUNDESBANK (Hrsg., 2003): Monatsbericht Juni 2003, S. 74; TOYOTA MOTOR CORPORATION (2003): 2003 Data Book, S. 3. Produktionsvolumina (Toyota und Lexus, ohne Daihatsu und Hino) für Kalenderjahre; Währungsumrechnung zu Jahresdurchschnittskursen.

[308] Vgl. MALITIUS, S. (1994): Internationale Verflechtungen in der Automobilwirtschaft – Bleibt der Wettbewerb auf der Strecke? In: MEINIG, W. (Hrsg., 1994): Wertschöpfungskette Automobilwirtschaft: Zulieferer - Hersteller – Handel. Internationaler Wettbewerb und Globale Herausforderung, S. 348 – 366. Zu den Stufen des Markteintritts vgl. Kapitel 3.2.1.3.

[309] Vgl. ELSNER, U. (1996): Kooperationsstrategien internationaler Automobilhersteller unter besonderer Berücksichtigung der horizontalen Kooperationen, S. 122 ff.; NUNNENKAMP, P. (2000): a.a.O., S. 6.

Automobilherstellern, das in Abbildung 40 illustriert wird. Die grau unterlegten Flächen stellen (im Gegensatz zu den weißen Flächen) rechtlich unselbständige Konzernmarken dar.

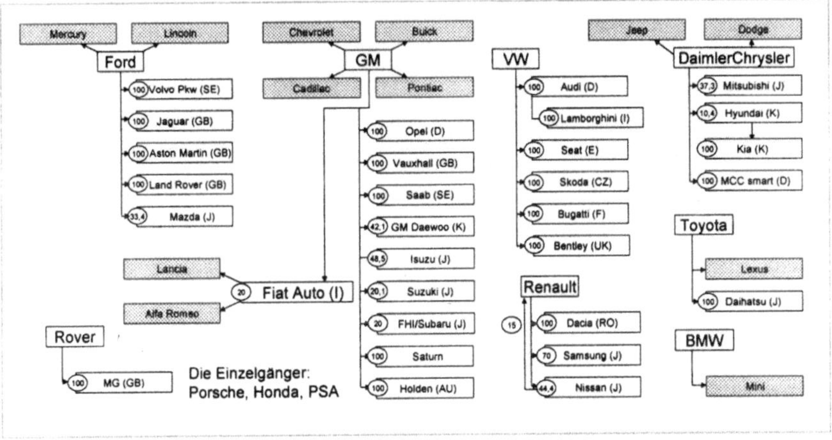

Abbildung 40: Internationales Beteiligungsnetzwerk unter den Pkw-Herstellern[310]

Mit der zunehmenden Globalisierung nimmt die Wettbewerbsintensität in den einzelnen Ländermärkten keineswegs ab, denn neue internationale Konkurrenten treten häufig mit Niedrigpreisstrategien in die Heimatmärkte ein. Diese Strategien werden v. a. durch Quersubventionierungen (Gewinne auf dem Heimatmarkt kompensieren temporäre Verluste im Ausland) innerhalb der Konzerne durchgesetzt.[311] Darüber hinaus entstehen Ungleichgewichte, da sich einige Hersteller neben komparativen Standortvorteilen auch aufgrund teilweise noch vorhandener protektionistischer Verhaltensweisen von Landesregierungen Vorteile verschaffen können.

Eine unausgewogene Handelsbilanz besteht beispielsweise zwischen der Europäischen Union und Südkorea (vgl. Abbildung 41). Koreanische Automobilproduzenten exportierten im Gesamtjahr 2002 das Viereinhalbfache des Volumens, das jedes Jahr aus der Europäischen Union in das Land exportiert wird. Folglich entsteht für die europäischen Hersteller ein zusätzlicher Wettbewerbsdruck durch eindringende koreanische Produzenten, der jedoch nicht durch Gegenlieferungen (Exporte) nach Südkorea kompensiert werden kann.

---

[310] Quelle: Eigene Darstellung auf Basis der Geschäftsberichtsangaben der Konzerne (2002). Die Grafik umfasst nur die wesentlichen Beteiligungen. Zahlen (in Kreisen) geben die Höhe der Beteiligung in Prozent an. Angaben in Klammern indizieren den Heimatmarkt.

[311] Vgl. ZINSER, R.; NÖCKER, R. (1999): Globale Wirtschaftsordnung und Emerging Markets. In: PAUSENBERGER, E.; GIESEL, F.; GLAUM, M. (Hrsg.; 1999): a.a.O., S. 540 ff. Die hohe Exportabhängigkeit bei japanischen und westeuropäischen Automobilherstellern impliziert zudem eine Sensibilität für konjunkturelle Schwankungen in Auslandsmärkten.

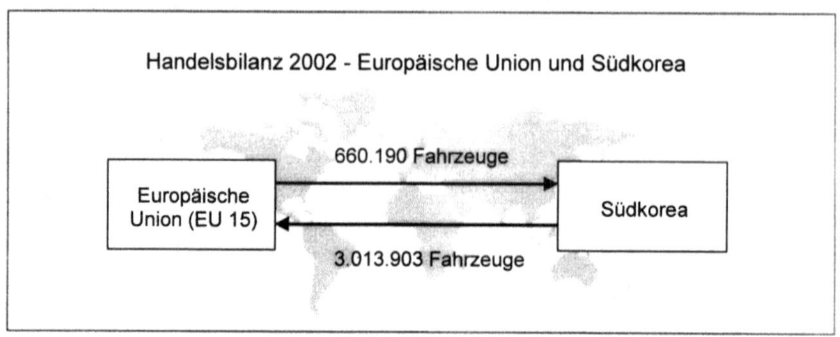

Abbildung 41: Handelsbilanz zwischen der Europäischen Union und Südkorea[312]

Schließlich lässt sich festhalten, dass der Wettbewerbsdruck für Automobilproduzenten durch eindringende neue Wettbewerber verschärft wird. Weitere Probleme ergeben sich durch den Aufbau zusätzlicher Kapazitäten in Schwellenländern. Die bestehenden Überkapazitäten werden sich somit kaum verringern, ein sinkender Auslastungsdruck ist deshalb kaum zu erwarten. Die Globalisierung ist folglich eine weitere treibende Kraft im Wettbewerb der Automobilindustrie.

3.1.4 Preistransparenz auf Automobilmärkten

Seit den neunziger Jahren zeichnet sich die Automobilindustrie durch eine zunehmende Preistransparenz aus. Auf der Herstellerseite führt die sinkende Anzahl der Anbieter zu der höheren Überschaubarkeit des Automobilangebots. Auf der Nachfragerseite nutzt eine steigende Anzahl von Konsumenten das Internet als Medium, um sich aktuelle und kostengünstige Informationen über das Automobilangebot zu verschaffen. Das Internet besticht dabei insbesondere durch seine Offenheit, d. h. es existieren keine Einschränkungen hinsichtlich der Erreichbarkeit (global verfügbar), der Aktualität oder des Nutzerkreises.[313] In Deutschland ergab die Studie „Automarkt Internet" im Jahre 2000 (vgl. Abbildung 42), dass bereits jeder Fünfte (21,8 Prozent der Autokäufer) das Internet bei der Anschaffung des aktuellen Pkw nutzte. Auf besonderes Interesse stießen dabei die Informationen zu Preisen bzw. Preisvergleichen (14,4 Prozent).

---

[312] Vgl. ACEA (Hrsg., 2003): European Union Economic Report, o. S. EU 15 steht für die 2002 bestehenden 15 Mitgliedsländer der europäischen Union.

[313] Vgl. STEIN, F. (2000): Herausforderungen des Internet für die Absatzmärkte der Automobilindustrie. In: ZfAW, Jg. 3, Nr. 3, S. 6 – 9.

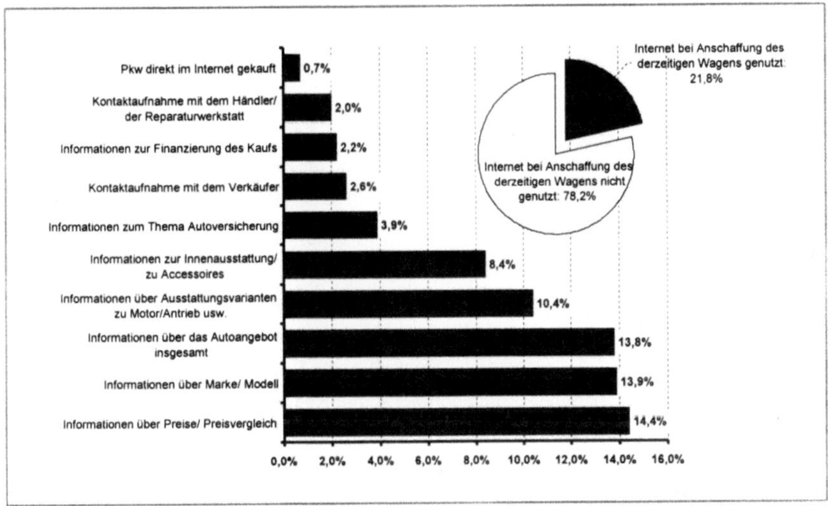

Abbildung 42: Nutzung des Internet als Informationsmedium beim Autokauf[314]

Mittelfristig wird mit einem Anstieg des Anteils internetgestützter Automobilkäufe auf 50 bis 60 Prozent gerechnet.[315] Der Anteil der im Internet realisierten Autokäufe ist hingegen vergleichsweise gering, Schätzungen zufolge wird dieser bis 2004 die Fünfprozentmarke nicht überschreiten.[316]

In Europa führt die zunehmende Preistransparenz zu einer Angleichung der Fahrzeugpreise zwischen den einzelnen Nationen. Konsumenten beziehen ihre Fahrzeuge zunehmend auch aus dem europäischen Nachbarland oder wickeln den Kauf ihres Wunschfahrzeugs über Reimporte eines Absatzmittlers ab. Bislang differierten die Fahrzeugpreise in der EU noch immer bis zu 30 Prozent.[317] Reimporte versprechen folglich Einsparungen der gleichen Größenordnung. Darüber hinaus werden die angestrebte Steuerharmonisierung in Europa sowie die Einführung der Einheitswährung Euro vermutlich die Preisangleichung fördern.

---

[314] Vgl. o. V. (2000): Über die Internetnutzung beim Pkw-Kauf. In: Symposion Publishing & Autohaus Verlag (2000): Autohandel im Internet: Geschäftsmodelle und Strategien für den deutschen Markt, S. 24 ff.

[315] Vgl. DIEZ, W. (2000): Die Neustrukturierung der Automobilwirtschaft. Vortrag bei der IHK Region Stuttgart, Bezirkskammer Ludwigsburg, 24.10.2000; o. V. (2001): Internet und Autokauf – Top oder Flop? In: FAZ vom 01.09.2001.

[316] Vgl. HEIDELOFF, F.; MATTHIES, G. (2002): Auf dem Weg zum Konsumgut – Wohin steuert die Automobilindustrie? In: ZfAW, Jg. 5, Nr. 2, S. 57.

[317] Im Durchschnitt werden in Spanien, Griechenland, Finnland und Dänemark noch die günstigsten Fahrzeugpreise erzielt. In Deutschland und Österreich hingegen liegen die Fahrzeugpreise EU-weit auf höherem Niveau. Vgl. EUROPÄISCHE KOMMISSION (2002): Car prices in the European Union: still substantial price differences, especially in the mass market segments, Pressemitteilung vom 22.07.2002.

Wirklichen Preisdruck dürfte dagegen die Novellierung der Gruppenfreistellungsverordnung (GVO 1400/ 2002) durch die Europäische Kommission (September 2002) auf die Hersteller ausüben.[318] Kerne der Neuregelung sind v. a. die Angebots- und Niederlassungsfreiheit: Nach Ablauf einer Übergangsfrist soll ab 2005 jeder Händler die Marken seiner Wahl und in der Absatzregion seiner Wahl anbieten können.[319] Zudem kann zwischen selektiven und exklusiven Vertriebsformen gewählt werden. Letztere erlaubt erstmals den Weiterverkauf von Fahrzeugen auch an nichtautorisierte Wiederverkäufer. Somit kann auch auf kostengünstigere Absatzkanäle (e. g. Internet, Handelsketten) zurückgegriffen werden. Darüber hinaus wird auch das Ersatzteilegeschäft künftig weniger von den Herstellern dominiert: Originalersatzteile können fortan durch kostengünstigere „Identteile" (in Verbindung mit einer Sachmängelgarantien) ersetzt werden.[320] Als wesentliche Konsequenzen dieser Neuregelungen werden die Harmonisierung der europäischen Automobilpreise, die Reduzierung der Ersatzteilpreise, die Konsolidierung der Händlernetze sowie ein verstärkter Markenwettbewerb erwartet.[321]

Während sich der Preiswettbewerb in Europa nur langsam entwickelt, zeichnet sich auf dem US-amerikanischen Automobilmarkt ein erbitterter Preiskampf ab, der von den drei größten Automobilproduzenten GM, Ford und Chrysler angeführt wird.[322] Die amerikanischen Fahrzeughersteller kämpfen mit Überkapazitäten, Qualitätsproblemen, einer nachlassenden Konjunktur, liberalisierten Vertriebssystemen, internationalen Konkurrenten sowie einer gut informierten und wenig loyalen Kundschaft. Die im September 2001 begonnenen Preissenkungen in Form von „Incentives" (d. h. finanzielle Anreize wie zinslose Autokredite, Preisnachlässe, Sondergarantien) werden inzwischen vom Kunden vorausgesetzt und schaffen keine

---

[318] Vgl. DIEZ, W. (2002a): Automobilvertrieb: Wie die Hersteller auf die neue GVO reagieren müssen. In: absatzwirtschaft, Jg. 45, Nr. 9, S. 52 – 55.

[319] Vgl. CREUTZIG, J. (2002): Was ist neu, was bleibt? Ein Vergleich zwischen der Kfz-GVO 1475/ 95 und der Kfz-GVO 1400/ 2002. In: DIEZ, W. (2002b): GVO 2002: Die neue Herausforderung im Automobilhandel. S. 29 – 62; o. V. (2002): Brüsseler Defizite. In: FTD vom 18.07.2002. Die Rechtsgrundlage der neuen GVO ist der Artikel 81 (1) des EG-Vertrages.

[320] Vgl. o. V. (2002): Brüssel öffnet Autohandel dem Wettbewerb. In: Börsen-Zeitung vom 18.07.2002; o. V. (2002): Hoffen auf billigere Autos. In: FAZ vom 21.07.2002.

[321] Vgl. DIEZ, W. (2002b): a.a.O., S. 54; Die preissenkende Wirkung der neuen GVO ist jedoch nicht unumstritten, vgl. o. V. (2002): Autohandel wird stärker konzentriert. In: Financial Times Deutschland vom 18.07.2002. Als Gegenargumente werden der noch immer hohe Einfluss der Hersteller durch die Definition der Qualitätsanforderungen, die Neuverhandlung der Händlerverträge sowie die bevorstehende Konzentration im Automobilhandel angeführt. Vgl. o. V. (2002): Autohändler ärgern sich über Hersteller. In: Börsen-Zeitung vom 18.07.2002; o. V. (2002): GVO trifft auf Missfallen der Verbände. In: Handelsblatt vom 01.10.2002; Branchenverbände prognostizieren sogar einen gegenteiligen Effekt, da die Automobilpreise in Dänemark seit Verabschiedung der GVO um drei bis fünf Prozent gestiegen sind, vgl. o. V. (2002): Autos werden in Europa nicht viel billiger. In: Stuttgarter Nachrichten vom 20.09.2002.

[322] Vgl. o. V. (2002): Amerikas Autokonzerne heizen Preiskrieg an. In: FTD vom 16.09.2002; o. V. (2002): Chrysler-Chef rechnet mit anhaltend hartem Preiskampf. In: FTD vom 15.12.2002.

dauerhaften Vorteile mehr gegenüber den Wettbewerbern.[323] Dagegen haben die explodierenden Vertriebskosten zu Gewinneinbrüchen und infolgedessen zu immensen Sanierungsprojekten bei den amerikanischen Herstellern geführt.[324] Somit ist der Erfolg des Preiskrieges für die amerikanischen Automobilhersteller erwartungsgemäß als schwach einzuschätzen.

Insgesamt verursacht die zunehmende Transparenz des Automobilangebots eine erhöhte Preissensibilität bei den Konsumenten. Zugleich erhöht sich auch die Transparenz für Wettbewerber, die auf Produktneuerungen oder veränderte Marketingmaßnahmen reagieren und somit Wettbewerbsvorteile zeitnah neutralisieren können. Zusammenfassend kann folglich festgehalten werden, dass die zunehmende Transparenz im Automobilmarkt ebenfalls zu einer Erhöhung der Wettbewerbsintensität in der Branche beiträgt.

3.1.5 Innovationsdynamik und Produktkomplexität

Um sich auf gesättigten Märkten Vorteile gegenüber den Wettbewerbern zu verschaffen, setzen Automobilproduzenten zunehmend auf innovative Technologien im Fahrzeug. Da diese vorrangig an den Kundenbedürfnissen ausgerichtet sein müssen, sind bedeutende Innovationsaktivitäten derzeit in den Bereichen umweltfreundlicher Antriebskonzepte (e. g. Drei-Liter-Motoren, Brennstoffzelle), Sicherheit (e. g. Fahrerassistenzsysteme), Elektronik (e. g. Navigationssysteme und mobile Dienste) sowie Fahrzeugkonzepten (e. g. Cross-over-Fahrzeuge) zu lokalisieren. Um nicht hinter den Wettbewerbern zurückzufallen, wurden Innovationen jedoch zeitnah von anderen Fahrzeugherstellern imitiert und seitens der Kunden binnen kürzester Zeit als Fahrzeugstandard vorausgesetzt. Ergebnisse dieser raschen Diffusion sind die hochwertigen Sicherheitseigenschaften der Neuwagen, der zunehmende Anteil von Elektronikbauteilen sowie die Tendenz zu kraftstoffsparenden und schadstoffreduzierten Antriebskonzepten. Parallel dazu nimmt die Varianten- und Ausstattungsvielfalt als Antwort auf das gestiegene Abwechslungsbedürfnis der Konsumenten stetig zu. Mit anderen Worten: Es ist ein enormer Anstieg der Komplexität in der Fahrzeugherstellung zu verzeichnen.[325]

Zeitgleich ist in der Automobilindustrie eine Verkürzung der Modelllaufzeiten zu beobachten.[326] Modelle werden früher als bisher durch neue Modelle ersetzt, überdies muss eine höhere Anzahl an Modellvarianten entwickelt und auf dem Markt etabliert werden. Demzufolge

---

[323] Im Schnitt hatte General Motors im Herbst 2002 Rabattaufwendungen i. H. v. 3.900 Dollar/ Fahrzeug; Ford gewährte 3.300 Dollar und Chrysler 2.900 Dollar pro Fahrzeug. Vgl. dazu o. V. (2002): Zeit für Schnäppchen. In: Stern vom 28.11.2002.

[324] Als Beispiele können die Sanierungspläne bei General Motors, Ford und Chrysler angeführt werden.

[325] Vgl. MEIßNER, D. (2001): a.a.O., S. 14.

[326] Als Ursachen dafür kommen neben dem Variety-seeking der Kunden auch das Streben nach sozialer Anerkennung in Betracht. Vgl. GIERL, H.; HELM, R., STUMPP, S. (2002): Markentreue und Kaufintervalle bei langlebigen Konsumgütern. In: ZfbF, Jg. 54, Nr. 5, S. 215 – 232.

steigt nicht nur die Komplexität, sondern auch der Zeitdruck auf die Hersteller.[327] Dieses Marktszenario wird von BLEICHER als „strategisches Trilemma" bezeichnet, d. h. die hohen Innovationsraten entstehen trotz steigender benötigter Produktentstehungszeiten, gleichzeitiger Kostensteigerung und zunehmender Produktvielfalt- und -komplexität.[328]

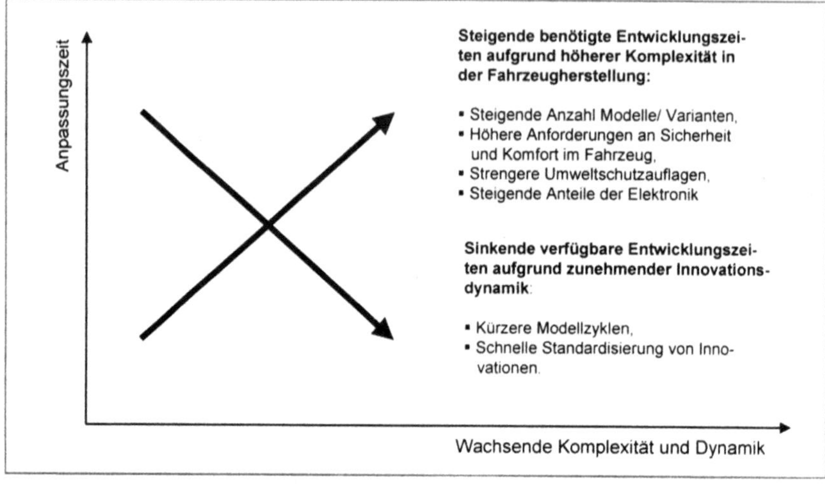

Abbildung 43: Zeitschere in der Automobilindustrie[329]

Ein wichtiges Indiz für den Innovationsdruck ist die enorme Erhöhung der Rückrufaktionen in den vergangenen Jahren. In Deutschland stieg die Zahl der Rückrufaktionen von 58 (1997) auf 127 jährliche Aktionen (2002) an. Branchenexperten führen diesen negativen Effekt auf den schnellen Modellwechsel, den steigenden Elektronikanteil und den erhöhten Koordinationsbedarf durch die Aufgabenteilung mit den Zulieferern zurück.[330] Dennoch ist nicht jeder Aussage zuzustimmen: Beispielsweise ergibt eine Analyse der Rückrufaktionen ein weniger negatives Bild von elektronischen Bauteilen: Im Jahre 2002 entfielen in Deutschland 86,6 Prozent der Fehler auf mechanische Bauelemente, lediglich 13,4 Prozent der Mängel wurden von elektronischen Bauteilen verursacht.[331] Somit spielt die Elektronik im Fahrzeug ange-

---

[327] Vgl. MÜLLER, M. (2001): Risikomanagement durch Modularisierung und Produktplattformen. In: GASSMANN, O.; KOBE, C.; VOIT, E. (Hrsg., 2001): High-Risk-Projekte: Quantensprünge in der Entwicklung erfolgreich managen, S. 46 ff.

[328] Vgl. BLEICHER, F. (1990): Effiziente Forschung und Entwicklung: Personelle, organisatorische und führungstechnische Instrumente, S. 40.

[329] In Anlehnung an BECKER, J. (2001): a.a.O., S. 821.

[330] Vgl. o. V. (2002): Hersteller rufen Autos im Wochentakt zurück. In: FAZ vom 21.08.2002; o. V. (2002): Hersteller rufen immer mehr Autos zurück. In: Die Welt vom 26.08.2002; o. V. (2002): Viel zu tun. In: Wirtschaftswoche vom 19.09.2002.

[331] Vgl. KBA (Hrsg., 2003): a.a.O., S. 6.

sichts ihrer zunehmenden Verbreitung grundsätzlich eine Rolle in der Pannenverursachung, einen dominierenden Grund für Rückrufaktionen stellt sie hingegen nicht dar. Neben den genannten Gründen sind zudem auch gesetzliche Regelungen (Produktsicherheitsgesetz seit 1997 in Deutschland) sowie mögliche Produkthaftungskosten für die zunehmende Sensibilisierung der Hersteller verantwortlich. [332]

Eine wesentliche Konsequenz dieses Innovationsdrucks ist auch die Verringerung der Entwicklungs- und Fertigungstiefe seitens der Automobilhersteller. [333] Die Entwicklung und Fertigung vollständiger Systeme oder Module wird dabei auf die Zulieferer übertragen, um Lohnkosten zu verringern, Entwicklungszeiten zu verkürzen und Fixkosten zu variabilisieren. [334] Derzeit wird die Fertigungstiefe der deutschen Automobilhersteller auf etwa 35 Prozent geschätzt, bis zum Jahr 2010 wird mit einem Rückgang auf etwa 20 bis 25 Prozent gerechnet. [335]

Zusammenfassend kann konstatiert werden, dass kürzere Modellzyklen, eine hohe Variantenvielfalt und v. a. die gestiegene Komplexität im Gesamtfahrzeug die Fahrzeughersteller und Zulieferer zunehmend unter Zeit- und Kostendruck setzen. Deshalb stellt auch die hohe Innovationsdynamik und Produktkomplexität eine zentrale Triebkraft im Wettbewerb der Automobilindustrie dar.

3.2 Kritische Erfolgsdeterminanten im Wettbewerb der Automobilindustrie

Aufbauend auf die genannten Entwicklungen im Wettbewerb der Automobilindustrie sollen nun die wesentlichen Erfolgsdeterminanten für die Automobilindustrie identifiziert werden. Die Ergebnisse werden dabei durch die Beobachtung von Unternehmen der Branche generiert. Im Mittelpunkt steht die Frage, wie sich erfolgreiche und weniger erfolgreiche Automobilproduzenten im Hinblick auf die genannten fünf Wettbewerbskräfte in der Branche positioniert haben. In Anlehnung an die in Kapitel 2.3.3 abgeleitete Begriffswelt sollen zunächst die Erfolgsfaktoren, d. h. die am Markt spürbaren Stärken eines Wettbewerbers, in der Automobilindustrie identifiziert werden (Kapitel 3.2.1). Im zweiten Schritt (Kapitel 3.2.2) werden die strategischen Erfolgspotenziale der Automobilhersteller, d. h. kritische Merkmale inner-

---

[332] So hat zum Beispiel im Jahre 2000 der Streit der Ford Motor Company mit dem Reifenhersteller Firestone nicht nur Rückrufkosten für den Austausch von 13 Mio. Reifen des Ford Explorer verursacht, sondern v. a. zu einem immensen Vertrauensverlust bei den US-amerikanischen Konsumenten geführt. Vgl. o. V. (2001): Ford warnt wegen Reifenkrise vor Verlust. In: FTD vom 25.05.2001.

[333] Vgl. hierzu DIEZ, W. (2001a): Das Management der automobilwirtschaftlichen Wertschöpfungskette. In: DIEZ, W.; BRACHAT, H. (2001): a.a.O., S. 60 ff.

[334] Die Lieferanten ihrerseits haben deshalb in der Vergangenheit zahlreiche Versuche unternommen, dem Kostendruck durch Kooperationen und Unternehmenszusammenschlüsse zu begegnen. Vor dem Hintergrund erklärt sich der zu beobachtende Konzentrationsprozess bei den Zulieferern.

[335] Vgl. DIEZ, W. (2001a): a.a.O., S. 60.

halb der Unternehmen, ermittelt. Diese Unternehmensmerkmale werden i. d. R. am Markt nicht wahrgenommen, sind jedoch als Erfolgsvoraussetzungen nicht zu vernachlässigen.

Als Trennungskriterien bei der Gruppierung erfolgreicher und weniger erfolgreicher Unternehmen werden die operativen Ergebnisse (Konzern und Konzernbereich Automobile) bzw. Marktanteile der Hersteller herangezogen. Da in erster Linie automobilbezogene Erfolgsfaktoren identifiziert werden sollen, wird dem operativen Ergebnis des Konzernbereichs Automobile größere Bedeutung beigemessen als dem Ergebnis des Gesamtkonzerns. Beispiele hierfür liefern die amerikanischen Hersteller, deren Konzernergebnisse entscheidend durch die starken Finanztöchter (Hauptgeschäftsfelder: Bankwesen, Versicherung, Leasing) beeinflusst werden. Letztere sind jedoch für den hier verfolgten Untersuchungszweck (Erfolgsbedingungen von Automobilproduzenten) eher sekundär. Abbildung 44 stellt die Erfolgsindikatoren und daraus abgeleitete Klassifikation der Automobilproduzenten dar.

	BMW (in Mio. €)	DC (in Mio. €)	Honda (in Mio. Yen)	Porsche (in Mio. €)	PSA (in Mio. €)	Renault (in Mio. €)
Konzernergebnis						
Operatives Ergebnis 2002 (in Landeswährung)	3.297,0	5.829,0	689.449,0	828,0	2.913,0	1.217,0
Wechselkurs* (1 LW entspricht ... €)	1	1	0,0085	1	1	1
Operatives Ergebnis 2002 (in Mio. €)	3.297,0	5.829,0	5.860,3	828,0	2.913,0	1.217,0
Operatives Ergebnis 2001 (in Landeswährung)	3.242,0	1.345,0	639.296,0	592,0	2.652,0	704,0
Ergebnis Konzernbereich Automobile						
Operatives Ergebnis 2002 (in Landeswährung)	2.883,0	4.337,0	560.103,0	**	2.594,0	930,0
Wechselkurs* (1 LW entspricht ... €)	1	1	0,0085	1	1	1
Operatives Ergebnis 2002 (in Mio. €)	2.883,0	4.337,0	4.760,9	828,0	2.594,0	930,0
Operatives Ergebnis 2001 (in Landeswährung)	2.792,0	778,0	520.510,0	**	2.404,0	458,0
Beitrag Automobilgeschäft zum Konzernergebnis 2002	87,4%	74,4%	81,2%	**	89,0%	76,4%
Marktanteile Automobile						
Weltmarktanteil 2002 (in %, Light Vehicles)	1,9	7,9	5,2	0,1	5,4	4,0
Weltmarktanteil 2001 (in %, Light Vehicles)	1,7	8,0	4,9	0,1	5,3	4,1
Veränd. geg. Vorjahr (+) positiv (-) negativ	+	-	++	+/-	+	-
Klassifizierung	erfolgreich	erfolgreich	erfolgreich	erfolgreich	erfolgreich	erfolgreich

	Toyota (in Mio. Yen)	Volkswagen (Mio. €)	Fiat (in Mio. €)	Ford (in Mio. $)	GM (in Mio. US$)	MG Rover
Konzernergebnis						
Operatives Ergebnis 2002 (in Landeswährung)	1.363.679,0	4.761,0	(-762,0)	284,0	10.155,0	**
Wechselkurs* (1 LW entspricht ... €)	0,0085	1	1	1,0575	1,0575	**
Operatives Ergebnis 2002 (in Mio. €)	11.591,3	4.761,0	(-762,0)	300,3	10.738,9	**
Operatives Ergebnis 2001 (in Landeswährung)	1.123.470,0	5.424,0	318,0	(-5.349)	9.865,0	**
Ergebnis Konzernbereich Automobile						
Operatives Ergebnis 2002 (in Landeswährung)	1.332.360,0	3.875,0	(-1.343,0)	(-987,0)	194,0	**
Wechselkurs* (1 LW entspricht ... €)	0,0085	1	1	1,0575	1,0575	**
Operatives Ergebnis 2002 (in Mio. €)	11.325,1	3.875,0	(-1.343,0)	(-1.043,8)	205,2	**
Operatives Ergebnis 2001 (in Landeswährung)	1.078.097,0	4.625,0	(-549)	(-6.155,0)	(-172)	**
Beitrag Automobilgeschäft zum Konzernergebnis 2002	97,7%	81,4%	negativ	negativ	1,9%	**
Marktanteile Automobile						
Weltmarktanteil 2002 (in %, Light Vehicles)	9,6	9,2	3,9	12,3	14,9	0,3
Weltmarktanteil 2001 (in %, Light Vehicles)	9,4	9,4	4,4	13,0	15,3	0,3
Veränd. geg. Vorjahr (+) positiv (-) negativ	+	-	- -	- -	- -	+/-
Klassifizierung	erfolgreich	erfolgreich	weniger erfolgreich	weniger erfolgreich	weniger erfolgreich	(weniger erfolgreich)

*) Währungsumrechnung zum Jahresmittelkurs 2002
**) keine Finanzdaten verfügbar

Abbildung 44: Erfolgssituationen der Automobilkonzerne[336]

---

[336] „LW" steht für Landeswährung (jeweils im Tabellenkopf). Marktkennzahlen: Geschäftsberichte der Konzerne (div. Jgg.), ohne Nutzfahrzeuge. Währungsumrechung: DEUTSCHE BUNDESBANK (Hrsg., 2003): Monatsbericht Juni 2003, S. 74. Porsche-Geschäftsjahr endet am 31.07.; Honda-/ Toyota-Geschäftsjahr: April 2001 bis März 2002 sowie April 2002 bis März 2003. Alle anderen Hersteller bilanzieren nach Kalenderjahren.

Aus Abbildung 44 gehen nachstehende Unternehmen als erfolgreichen Automobilproduzenten hervor:

- BMW,

- DaimlerChrysler,

- Honda,

- Porsche,

- PSA,

- Renault,

- Toyota,

- Volkswagen.

Die den weniger erfolgreichen Unternehmen zugeordneten Produzenten weisen unbefriedigende operative Ergebnisse und nachgebende Marktanteile auf. Zu der Gruppe gehören:

- Fiat,

- Ford,

- General Motors.[337]

Im Folgenden soll nun die Zuordnung kurz begründet werden. BMW, Honda, PSA und Toyota gehören derzeit zu den erfolgreichsten Anbietern der Branche. Sie konnten sowohl beim Weltmarktanteil zulegen als auch ihre ohnehin positive Ergebnissituation gegenüber dem Vorjahr verbessern. Porsche, DaimlerChrysler und Renault weisen positive operative Ergebnisse aus, konnten sich jedoch nur in einer der beiden Erfolgskategorien verbessern. Porsche steigerte das Unternehmensergebnis deutlich und konnte den Marktanteil des Vorjahres erneut erreichen. DaimlerChrysler verbesserte das operative Ergebnis deutlich gegenüber dem Vorjahr, erlitt jedoch Marktanteilsverluste. Renault musste einen leichten Marktanteilsverlust hinnehmen, konnte jedoch das Jahresergebnis steigern. Alle drei Produzenten wirtschaften insgesamt jedoch profitabel und werden deshalb den erfolgreichen Unternehmen der Branche zugeordnet.

Der Volkswagen-Konzern musste im Geschäftjahr 2002 Rückgänge bei den Marktanteilen sowie den operativen Ergebnissen hinnehmen. Wenngleich sich das Unternehmen gegenüber

---

[337] MG Rover kann aufgrund der lückenhaften Datenlage nicht eindeutig zugeordnet werden.

dem Vorjahr verschlechtert hat, so erwirtschaftet es doch positive Ergebnisse. Darüber hinaus erarbeitet die Automobilsparte des Unternehmens den überwiegenden Teil des Konzernergebnisses (Anteil 2002: 81,4 Prozent), deshalb wird der Volkswagen-Konzern zur Gruppe der erfolgreichen Automobilproduzenten gezählt.

Zu den weniger erfolgreichen Automobilproduzenten gehören die Konzerne Ford, General Motors, Fiat und vermutlich MG Rover. Der Ford-Konzern weist im Automobilgeschäft bereits das zweite Jahr in Folge negative Ergebnisse aus, zudem sinken die Marktanteile deutlich. Ebenso musste Fiat im Geschäftsjahr 2002 hohe finanzielle als auch marktanteilsbezogene Verluste hinnehmen. Der Fiat-Konzernbereich Automobile erlitt im Geschäftsjahr 2002 einen Rekordverlust. General Motors erzielt auf Konzernebene ein positives operatives Ergebnis. Dennoch erwirtschaftet die Automobilsparte unbefriedigende Ergebnisse. Im Geschäftsjahr 2001 wies die Sparte einen operativen Verlust aus, in der abgelaufenen Periode verbuchte die Automobilsparte einen minimalen Gewinn. Insgesamt betrachtet erwirtschaftet die Automobilsparte nur 1,9 Prozent des Konzernergebnisses, darüber hinaus sinken die Marktanteile. Wenngleich die starke Finanzsparte das Konzernergebnis „rettet", wird der GM-Konzern aus den genannten Gründen zu den weniger erfolgreichen Automobilproduzenten gezählt.

Zu MG Rover sind derzeit keine Finanzdaten verfügbar, die Wirtschaftspresse der vergangenen Monate berichtete jedoch über Verluste. Danach hat MG Rover im Geschäftsjahr 2002 einen Verlust i. H.V. 55 bis 60 Mio. Pfund erwirtschaftet.[338] Aufgrund der sehr schwachen Marktstellung (0,3 Prozent Marktanteil)[339] sowie den berichteten negativen Geschäftserfolgen gehört MG Rover vermutlich zu den weniger erfolgreichen Fahrzeugherstellern. Aufgrund der lückenhaften Datenlage kann jedoch nach den zugrunde gelegten Kriterien kein abschließendes Urteil gefällt werden.

Auf Basis dieser Klassifizierung werden in den folgenden Abschnitten nun die Merkmale erfolgreicher Automobilunternehmen eruiert. Es wird besonderes Augenmerk darauf gelegt, wie sich erfolgreiche Automobilproduzenten an die zentralen Wettbewerbskräfte der Branche angepasst haben. Zum besseren Verständnis sollen die ermittelten Erfolgsfaktoren und -potenziale den folgenden Abhandlungen bereits als Übersicht vorangestellt werden (vgl. Abbildung 45).

---

[338] Eine nähere Spezifizierung der Verlustgröße (e. g. operativer Verlust, Vor-Steuer-Ergebnis) waren den Presseberichten nicht entnehmbar. Vgl. o. V. (2002): MG Rover kürzt Verkaufsziele drastisch. In: FTD vom 28.10.2002; o. V. (2003): Rover erwartet hohen Verlust. In: Süddeutsche Zeitung vom 02.01.2003.

[339] Der Porsche-Konzern erwirtschaftet ähnlich niedrige Marktanteile. Diese liegen jedoch bei Porsche in der Beschränkung auf eine Marktnische (luxuriöse Sportwagen) begründet.

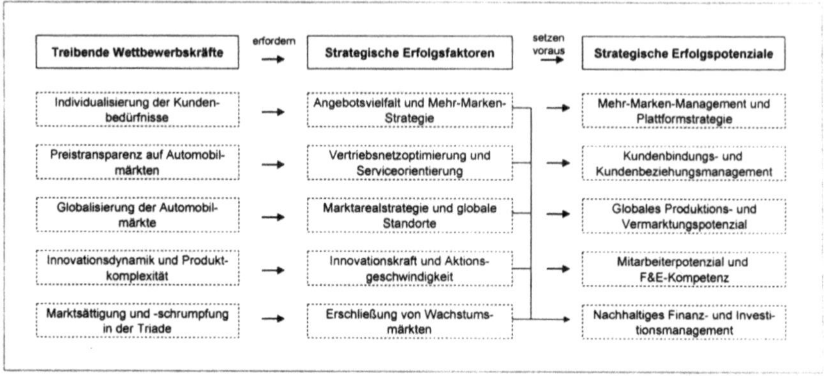

Abbildung 45: Übersicht der Erfolgsdeterminanten in der Automobilindustrie[340]

Die Herleitung der Erfolgsdeterminanten aus den Triebkräften des Wettbewerbs ist jedoch nicht streng monokausal zu verstehen, es existieren durchaus Querverbindungen. So ist ein qualifiziertes Mitarbeiterpotenzial ebenso wichtig für die Serviceorientierung im Vertriebsnetz wie auch für die Entwicklung neuer Produkte (Innovationskraft). Als Erfolgspotenzial universeller Natur ist das „nachhaltige Finanz- und Investitionsmanagement" einzustufen, welches die Grundlage sämtlicher unternehmerischer Handlungen bildet.

Die ermittelten Erfolgsdeterminanten werden am Ende dieses Abschnitts zu einem Kriterienkatalog zusammengestellt. Dieser bildet die Grundlage für die Ermittlung von Stärken und Schwächen im Rahmen einer Wettbewerbsanalyse. Darüber hinaus werden jedem Faktor bzw. Potenzial geeignete Messgrößen (Indikatoren) zugeordnet, anhand derer die Ausprägungen auf Einzelunternehmensebene (Stärke oder Schwäche) ermittelbar sind.

3.2.1 Strategische Erfolgsfaktoren in der Automobilindustrie

3.2.1.1 Angebotsvielfalt und Mehr-Marken-Strategie

Erfolgreiche Anbieter haben auf die Individualisierung der Kundenwünsche mit einer horizontalen und vertikalen **Ausdehnung der Produktangebote** reagiert, um die wechselfreudigen Automobilkäufer durch differenzierte Produktdesigns und Größenklassen an den Konzern zu binden. Abbildung 46 zeigt beispielsweise das Produktangebot der Toyota Motor Corporation (TMC) in Europa. Dabei wird deutlich, dass der Konzern mit seinen inzwischen drei Pkw-Marken Toyota, Daihatsu und Lexus bereits 25 der abgebildeten Fahrzeugsegmente abdeckt.

---

[340] Quelle: Eigene Darstellung.

Karosserieform

	Mini-Klasse	Kleinwagen-Klasse	Kompakt-Klasse	Mittelklasse	Obere Mittelklasse	Oberklasse	Luxusklasse
Voll-/ Schrägheck	*Cuore*	*Sirion*, Yaris (Vitz)	Corolla	Avensis			
Stufenheck			Corolla, Prius	IS 200/300, Avensis	GS 300/430, Camry, *Altis*	LS 430	
Kombi			Corolla	Avensis, IS 200/ 300			
Coupé				Celica		SC 430, Supra	
Cabrio/ Roadster				MR2		SC 430	
MPV/ Van	*Hijet, Move*	Yaris Verso (Fun Cargo), ist, YRV, *Gran Move*	Corolla Verso	Previa, Picnic Avensis Verso	Lite-Ace		
SUV	*Terios Kid*	*Terios*	RAV 4, RAV 4 EV Funcruiser, *Fourtrak, Rocky*		Land Cruiser, RX 300	GX 470	
Pickup					Hilux		

Toyota   Daihatsu   Lexus   Größenklassen →

Abbildung 46: Produktprogramm der Toyota Motor Corporation in Europa[341]

Insbesondere die Wachstumssegmente MPV („*Verso*"-Modelle) und SUV („*RAV4*"- und „*Cruiser*"-Modelle) hat der Konzern gut besetzt. Auch der zunehmenden Ökologieorientierung von Konsumenten begegnet der Konzern mit einem passenden Angebot: Die Hybridfahrzeuge Toyota *Prius* und *RAV4 EV* stellen Pionierversuche dar, mit einer Kombination bestehender Antriebstechnologien (Elektroantrieb/ Kraftstoffantrieb) schadstoffarm zu fahren. Lücken weist die Produktpalette lediglich bei den sportlicheren Karosserieformen Cabrio/ Roadster und Coupé auf.

Wie das Beispiel zeigt, lässt sich eine hohe Segmentabdeckung kaum mit einer einzigen Marke realisieren (Gefahr der Überdehnung der Marke). Daher verfolgen viele Hersteller so genannte **Mehr-Marken-Strategien**, d. h. man versucht, verschiedene Teilmärkte mit unterschiedlichen Konzernmarken zu bedienen. Diese gesamtmarktorientierte Strategie bietet v. a. deshalb Vorteile, weil sie eine hohe Segmentabdeckung ermöglicht, jedoch die Individualität einzelner Marken wahrt.[342] Hersteller, die mittels mehrerer Marken eine nahezu vollständige Segmentabdeckung erzielen, werden als „Full-Line-Anbieter" bezeichnet.[343]

---

[341] Vgl. TOYOTA MOTOR CORPORATION (2003): a.a.O., S. 15 - 16, 27 - 28, 104 - 108. Die TMC führte 1989 die Luxusmarke Lexus ein und erwarb 1998 eine Mehrheitsbeteiligung an der Daihatsu Motor Co. Ltd. Seit 2001 ist die TMC zudem an dem Nutzfahrzeughersteller Hino Motors, Ltd. mehrheitlich beteiligt.

[342] MEFFERT definiert die Mehr-Marken-Strategie als Situation, in der „von einem Unternehmen mindestens zwei Marken in demselben Produktbereich parallel geführt werden." MEFFERT, H. (2002): Strategien des Markenmanagement. In: MEFFERT, H.; BURMANN, C.; KOERS, M. (Hrsg., 2002): a.a.O., S. 139.

[343] Vgl. DIEZ, W. (2001c): a.a.O., S. 158 ff.

An den Erfolg dieses Strategietyps sind jedoch einige Voraussetzungen geknüpft: Die Marken müssen kundengruppenadäquat und möglichst überschneidungsfrei positioniert werden, um „Konkurrenz im eigenen Hause" zu vermeiden.[344] Ebenso müssen die Markenwerte mit produktbezogenen Merkmalen wie Qualität und Design übereinstimmen.[345] Bleibt die tatsächliche Qualität eines Produkts hinter den Erwartungen der Kunden an die Marke zurück, führt dies zu Glaubwürdigkeitsverlusten und schmälert das Image der Marke. Dem Fahrzeugdesign kommt ebenfalls eine große Bedeutung zu. Die Optik repräsentiert die Persönlichkeit einer Marke und korrespondiert mit dem Selbstdarstellungsbedürfnis der Kunden.[346] Wichtig für die parallele Führung selbständiger Marken sind folglich zwei Aspekte:

- die *Unterscheidbarkeit* der Produkte und Dienstleistungen (einer Marke) hinsichtlich zentraler Leistungsmerkmale bzw. der Ausgestaltung der Marketinginstrumente,

- die *getrennten Marktauftritte* der Marken, die von den Nachfragern wahrnehmbar sind.[347]

Zum Zwecke der Unterscheidbarkeit vereinen erfolgreiche Mehr-Marken-Anbieter häufig verschiedene Markentypen unter einem Dach. In der Automobilindustrie lassen sich aktuell vier Markentypen lokalisieren, die sich hinsichtlich ihres Markenwertes und ihres Marktanteils unterscheiden und getrennte Zielgruppen ansprechen:[348]

- *Premium-/ Exklusivmarken*: Hoher Markenwert, geringer Marktanteil (e. g. Porsche, BMW, Mercedes),

- *Qualitätsmarken*: Hoher Markenwert und hoher Marktanteil (e. g. Toyota, Volkswagen),

- *Randmarken*: Geringer Markenwert und geringer Marktanteil (e. g. Daihatsu, Lancia),

- *Volumenmarken*: Geringer Markenwert, hoher Marktanteil (e. g. Opel, Fiat).

Bei der TMC konzentriert sich die Randmarke Daihatsu auf die Mini- und Kleinwagenklasse, die Spannweite der Qualitätsmarke Toyota reicht von der Kleinwagen- bis zur oberen Mittelklasse und die Premiummarke Lexus rundet das Portfolio als Premiummarke nach „oben" hin ab. Mehrfachabdeckungen und die Überdehnung einzelner Marken werden weitgehend ver-

---

[344] Vgl. MEFFERT, H. (2002): a.a.O., S. 140.

[345] Aus dem Grund erklären sich die schwachen Absatzerfolge des Renault-Modells *Avantime*, deren Positionierung in der Oberklasse nicht mit dem Image der Marke zusammen passten.

[346] Vgl. o. V. (2002): Design wird wichtigster Wettbewerbsfaktor. In: Handelsblatt vom 16.05.2002; o. V. (2002): Neues Design für den Zeitgeist. In: Die Welt vom 24.08.2002; o. V. (2002): „Das Wildeste von allen". In: Die Zeit vom 26.09.2002 [Anführungszeichen im Originaltext].

[347] Vgl. MEFFERT, H.; PERREY, J. (2002): Mehrmarkenstrategien: Identitätsorientierte Führung von Markenportfolios. In: MEFFERT, H.; BURMANN, C.; KOERS, M. (Hrsg., 2002): a.a.O., S. 206.

[348] Vgl. DIEZ, W. (2001c): a.a.O., S. 604 - 605.

mieden. Im Rahmen der Mehr-Marken-Strategie des Volkswagen-Konzerns wird der Automobilmarkt mit insgesamt sieben Pkw-Marken (davon vier Premiummarken sowie jeweils eine Rand-/ Volumen-/ Qualitätsmarke) und einer Nutzfahrzeugmarke bearbeitet. Zur besseren Unterscheidbarkeit wurden den Zielgruppen entsprechend Markenkerne definiert, die als Leitlinien für Produktentwicklung und den Marktauftritt dienen (vgl. Abbildung 47).

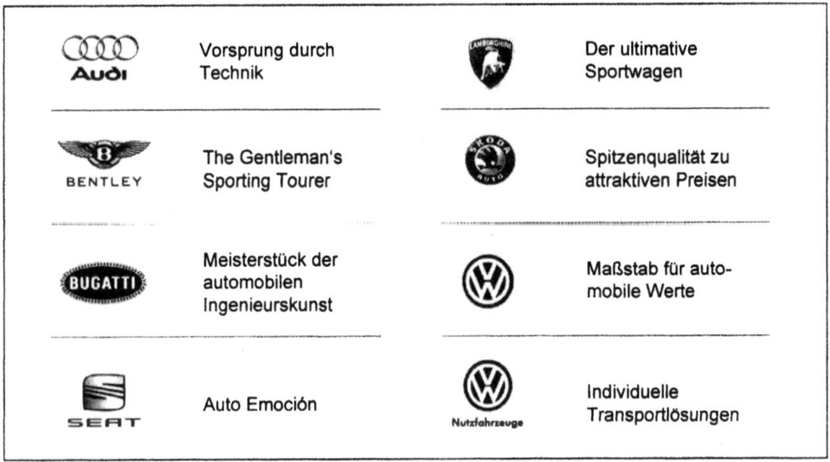

Abbildung 47: Markenkerne des Volkswagen-Konzerns[349]

Die Bedeutung der Marken lässt sich auch an einigen Negativbeispielen verdeutlichen: Beispielsweise verfügt der GM-Konzern insgesamt über zehn Konzernmarken, von denen acht auf einzelne Regionen beschränkt sind.[350] Die Marke Oldsmobile weist in Nordamerika deutliche Überschneidungen zu anderen Konzernmarken (e. g. Chevrolet, Pontiac) auf. Zudem ist die Markenpflege im Konzern aus Kostenmotiven zurückgedrängt worden. In Europa wurden beispielsweise Fahrzeuge unter europäischen Marken vertrieben, die von amerikanischen Produktplattformen stammten. Diese entsprachen jedoch nicht dem Geschmack der europäischen Zielgruppe (zum Beispiel das cross-badging der Modelle Opel Omega und Cadillac Catera).[351] Das Ergebnis dieser unzureichenden Markenpflege ist, dass die europäischen Tochterunternehmen Opel und Saab defizitär sind und Oldsmobile im Jahre 2004 vollständig vom Markt verschwinden wird.

---

[349] In Anlehnung an BÜCHELHOFER, R. (2002): a.a.O., S. 532.

[350] Die zehn Konzernmarken bei General Motors sind: Chevrolet, Cadillac, Buick, Pontiac, Oldsmobile, GMC, Saturn, Saab, Opel und Holden. Ausführlich dazu vgl. Kapitel 4.4.

[351] Vom „Cross-badging" oder „Badge-Engineering" spricht man, wenn baugleiche Fahrzeuge unter verschiedenen Konzernmarken angeboten werden (Beispiel: VW Sharan/ Seat Alhambra/ Ford Galaxy).

Ähnliche Probleme treten auch bei der Ford Motor Corporation auf. Zwar zählt die Marke Ford zu den global bekanntesten Marken, dennoch haben die in der europäischen PAG-Division (Premier Automotive Group) zusammengefassten Premiummarken (Jaguar, Volvo, Aston Martin, Volvo, Lincoln) durch den zunehmenden Einbau von Ford-Komponenten (Gleichteilestrategie) seit Konzernzugehörigkeit deutlich an Profil verloren.[352] Vor diesem Hintergrund lassen sich die sinkenden Markenimages von Jaguar und Volvo sowie den GM-Marken Opel und Saab in Deutschland (vgl. Abbildung 48) erklären. Es genügt folglich nicht, lediglich ein Mehr-Marken-Anbieter zu sein. Erfolgreiche und weniger erfolgreiche Akteure unterscheiden sich vielmehr im Hinblick auf die Pflege und das Image ihrer Marken.

Vereinzelt gibt es in der Automobilindustrie auch Anbieter, die (traditionell) mit nur einer Marke agieren (e. g. Porsche). Der zentrale Erfolgsfaktor dabei ist eine hohe Zielgruppenspezialisierung (Exklusivität), repräsentiert durch individuelles Produktdesign und eine einzigartige Positionierung der Marke. Bei diesem Strategietyp wird ein spezielles Kundensegment mit einer speziellen Marke bearbeitet, Vertreter dieser Strategie bezeichnet man deshalb auch als „Spezialisten".[353] Kritisch wird die Lage dieser Hersteller dann, wenn die Marke überdehnt wird, d. h. ihr Kern für eine Vielzahl an Werten stehen muss und somit kein individuelles Kundensegment mehr repräsentieren kann (Markenverwässerung). Ebenso weisen Spezialisten gegenüber Volumenanbietern einen Kostennachteil (durch geringere Stückzahlen) auf, der nicht in jedem Falle durch höhere Fahrzeugpreise kompensiert werden kann.

Ein hohes **Markenimage** ist folglich ein wichtiges Verkaufsargument in der Automobilindustrie. Die These lässt sich am Beispiel der Marktanteilsentwicklung in Abhängigkeit von der Markenimagebewertung auf dem deutschen Markt belegen: Quartalsweise wird vom ADAC in Deutschland, in Kooperation mit dem Centre of Automotive Research[354], der Markenimageindex ermittelt und publiziert. Dabei werden deutsche Autokäufer gebeten, verschiedene Fahrzeughersteller im Hinblick auf die Kriterien Marke, Marktstärke, Fahrzeugqualität, Techniktrends, Markentrends und Unternehmensleistung zu bewerten. Diese Kenngrößen werden gewichtet und in einer Gesamtnote zusammengefasst.[355] Abbildung 48 zeigt das Ergebnis für das vierte Quartal 2002 im Überblick.

---

[352] Vgl. o. V. (2002): Die Macht der Marke. In: Automobilwirtschaft, Jg. 4, Nr. 4, S. 8 – 11; o. V. (2002): Ford set to shake up Lincoln-Mercury. In: Financial Times vom 11.04.2002; o. V. (2002): Ford-Luxussparte PAG fährt im Schlingerkurs. In: Handelsblatt vom 27.06.2002.

[353] Vgl. HEITMANN, H. (2000): Erfolg durch geeignete Markenstrategien. In: ZfAW, Jg. 3, Nr. 1, S. 51.

[354] Das Centre of Automotive Research (CAR) gehört zum Lehrstuhl von Prof. Dr. F. Dudenhöffer an der Fachhochschule Gelsenkirchen.

[355] Die jeweils aktuellen Ergebnisse finden sich unter http://www.adac.de/images/8_4039.pdf (Stand: 06.03.2003).

Rang	Marke	Note	Tendenz		Rang	Marke	Note	Tendenz
1	Mercedes	1,96	+/-		17	Honda	3,00	-
2	BMW	2,08	+/-		18	Volvo	3,08	-
3	Audi	2,14	+/-		19	Hyundai	3,11	-
4	VW	2,23	+/-		20	Suzuki	3,18	+/-
5	Porsche	2,31	+/-		20	Seat	3,18	+
6	Toyota	2,44	+/-		22	Daihatsu	3,23	+
7	Peugeot	2,72	+/-		23	Mitsubishi	3,25	+
8	Subaru	2,81	+		24	Jaguar	3,33	-
9	Nissan	2,83	+		25	Kia	3,35	+
9	Ford	2,83	+		26	Saab	3,38	-
11	Mazda	2,85	+		27	Alfa Romeo	3,44	-
12	Opel	2,86	-		28	Fiat	3,46	-
13	Skoda	2,88	-		29	Lancia	3,50	+/-
14	smart	2,90	-		30	Chrysler	3,72	+/-
15	Renault	2,93	-		31	Daewoo	3,85	+/-
16	Citroen	2,94	-		32	Rover	4,07	+/-

+ positive Tendenz   - negative Tendenz   +/- unverändert

Abbildung 48: Imageranking der Automobilmarken in Deutschland (Dezember 2002)[356]

Nahezu alle Automobilproduzenten, die ihre Marktanteile auf dem deutschen Markt 2002 gegenüber dem Vorjahr verbessern konnten, wiesen hohe Markenimages auf und befinden sich deshalb im ersten Drittel dieses Rankings (Ausnahme: Honda). Die Hersteller mit nachgebenden Marktanteilen rangieren im Markenimageranking auf den hinteren Positionen. Während der Pkw-Gesamtmarkt Deutschland von 2002 gegenüber dem Vorjahr um 2,7 Prozent nachgab, konnten BMW, Porsche, Honda, Peugeot, DaimlerChrysler und Toyota Marktanteile gewinnen, Opel und Fiat gaben dagegen deutlich nach.[357] Volkswagen gab auf hohem Niveau leicht nach, Audi konnte den Marktanteil halten. Die beste ausländische Marke in Deutschland ist Toyota (unverändert auf Rang sechs), die schlechteste deutsche Marke ist Opel (Rang 12, sinkende Tendenz). Hält man die Entwicklung der Marktanteile in Deutschland den Markenimagebewertungen entgegen, so lässt sich eine weitgehende Kongruenz der Entwicklungstendenzen feststellen, somit kann die Erfolgsrelevanz der Markenstärke belegt werden.

---

[356] Quelle: ADAC (2002): Automarxx-Studie vom Dezember 2002, o. S.

[357] Die Marktanteile (in Prozent) der Hersteller 2001/ 2002 im Einzelnen: Audi: 7,2/ 7,2; BMW: 7,1/ 7,7; DaimlerChrysler: 11,8/ 11,9; Opel: 11,8/ 10,3; Porsche: 0,3/ 0,4; Volkswagen: 18,9/ 18,6; Fiat: 3,7/ 3,2; Honda: 0,9/ 1,0; Peugeot: 3,0/ 3,3; Toyota: 2,7/ 3,2. Der Pkw-Gesamtmarkt Deutschland umfasste 2001 3.341,7 Tsd. Fzg. und 2002 3.252,8 Tsd. Fzg., vgl. KBA (Hrsg., 2001a): Neuzulassungen von Personenkraftwagen mit Dieselantrieb in Deutschland nach Herstellern und Typgruppen, S. 1 - 3; vgl. KBA (Hrsg., 2001b): Neuzulassungen von Personenkraftwagen mit Allrad-Antrieb in Deutschland nach Herstellern und Typgruppen, S. 1 - 3; KBA (Hrsg., 2002): Statistische Mitteilungen, Kraftfahrzeugstatistiken, Reihe 1: Kraftfahrzeuge, Heft 12, S. 1 - 8.

Zusammenfassend lässt sich festhalten, dass der Angebotsvielfalt und der Schlüssigkeit des Markenkonzepts in der Automobilindustrie außerordentlich hohe Bedeutungen zukommen. Durch Plattform- und Gleichteilestrategien werden Produkte in ihren technischen Eigenschaften immer ähnlicher und somit austauschbarer. Marken fungieren in dieser Situation als Navigationshilfe für den Kunden, sie verleihen dem Produkt einen emotionalen Zusatznutzen und fördern somit die Differenzierung gegenüber dem Wettbewerb.[358] Starke Marken in Verbindung mit einer variantenreichen Modellpolitik sind somit Erfolgsfaktoren der Automobilindustrie.

3.2.1.2 Vertriebsnetzoptimierung und Kundenservice

Die Nähe zum Händler ist wesentliches Kriterium, weshalb sich Kunden zugunsten eines bestimmten Fahrzeugs entscheiden.[359] Bis zu 45 Minuten Anfahrtszeit werden im Durchschnitt beim Fahrzeugkauf als „noch akzeptabel" bezeichnet, bezogen auf den Service (e. g. Reparatur, Inspektion) liegt die kritische Anfahrtszeit weit darunter.[360] Physische Kundennähe ist somit ein wichtiger Faktor für den Erfolg im Kraftfahrzeuggewerbe. Deshalb ist es für Fahrzeughersteller elementar, physische Kundennähe über ein flächendeckendes Vertriebsnetz sicherzustellen.[361]

Seit den neunziger Jahren sind jedoch auch die Vertriebsnetze verschärften Marktbedingungen ausgesetzt. Der traditionelle Aufbau von Händlerbetrieben hat zu einer Überbesetzung der Netze geführt, mit der Folge der Intensivierung des **Intrabrandwettbewerbs**, d. h. ein Händler konkurriert nicht nur mit den Vertretungen anderer Marken, sondern auch mit gebietsnahen Händlern der gleichen Marke.[362] Darüber hinaus hat sich auch das Kundenverhalten geändert: Die steigende Preissensitivität und das höhere Informationsniveau (v. a. bedingt durch das Internet) ließen die Margen kleinerer Vertriebspartner deutlich schrumpfen.[363] Die durchschnittliche Umsatzrendite (vor Steuer) im Kfz-Gewerbe wird auf ca. ein Prozent taxiert.[364]

---

[358] Vgl. STREHLAU, R.; HEIDER, U. H. (2000): Markenwerte werden zur Überlebensfrage der Automobilindustrie. In: absatzwirtschaft, Jg. 43, Nr. 10, S. 151.

[359] Vgl. HUNDT, K. S. (1995): Händlernetzentwicklung internationaler Hersteller. In: HÜNERBERG, R.; HEISE, G.; HOFFMEISTER, M. (Hrsg., 1995): Internationales Automobilmarketing. Wettbewerbsvorteile durch marktorientierte Unternehmensführung, S. 386.

[360] Vgl. MUENZEL, R. M.; GANZER, N.; KOVACEVIC, M. (2002): Das Netz 2002. In: Autohaus, Jg. 46, Nr. 1/2, S. 36 – 39.

[361] HUNDT postuliert eine positive Korrelation zwischen der Anzahl der Vertretungen und den Marktanteilen von Fahrzeugherstellern in Deutschland und Frankreich. Vgl. HUNDT, K. S. (1995): a.a.O., S. 377.

[362] Vgl. LANDMANN, R. H. (1999): Mitten in einer Revolution – Herausforderungen und Lösungsansätze für den Automobilvertrieb der Zukunft. In: WOLTERS, H.; LANDMANN, R.; BERNHART, W.; KURST, H. (Hrsg.; 1999): a.a.O., S. 82.

[363] Vgl. AHLERT, D. (1994): Strategische Erfolgsforschung und Erfolgsgestaltung im Automobilhandel. In: MEINIG, W. (Hrsg., 1994): Wertschöpfungskette Automobilwirtschaft: Zulieferer – Hersteller – Handel; internationaler Wettbewerb und globale Herausforderungen, S. 282.

[364] Vgl. LANDMANN, R. H. (1999): a.a.O., S. 77.

Negative Auswirkungen zeigen auch die sinkenden Markenloyalitäten der Automobilkäufer. Kunden treten dem Markenwechsel heutzutage aufgeschlossener entgegen, da das Risiko eines Fehlkaufs durch nahezu gleich gute Qualität aller Fabrikate stetig sinkt.[365] Somit bildet sich auch ein stärkerer **Interbrandwettbewerb**, d. h. der Wettbewerb zwischen Händlern verschiedener Marken, heraus.

Die Folge der Wettbewerbsverschärfung auf der Handelsstufe ist der branchenweite Trend zur Ausdünnung der Vertriebsnetze (nach amerikanischem Vorbild) zur Schaffung größerer, rentablerer Einheiten. In dem weltweit am dichtesten besetzten Vertriebsnetz in Deutschland (vgl. Abbildung 49) ist die Zahl der Betriebsstätten (Haupthändler, Unterhändler und Filialen) im Jahre 2002 gegenüber dem Vorjahr um 1.258 (ca. fünf Prozent) auf 23.777 gesunken.[366] Eine weitere Ausdünnung des Vertriebsnetzes wird vermutlich mit der Umsetzung der neuen GVO in Europa einhergehen. Bis 2010, so rechnet eine Studie der MERCER Management Beratung, wird sich die Zahl der Händlerbetriebe um 40 Prozent auf ca. 15.000 Stützpunkte reduzieren.[367]

---

[365] Vgl. MÜLLER, W. (1991): Strategisches Marketing: Ein übersehenes Wettbewerbsinstrument in der Automobilindustrie? In: Der Betriebswirt, Jg. 51, Nr. 6, S. 781 ff.

[366] Vgl. MUENZEL, R. M.; GANZER, N. KOVACEVIC, M. (2002): a.a.O., S. 36 – 39.

[367] Vgl. MERCER MANAGEMENT CONSULTING (Hrsg., 2003): Automobilvertrieb 2010: Trends, Handlungsbedarf und Lösungswege für OEM und Handel, S. 19. Abkkürzung GVO steht für Gruppenfreistellungsverordnung.

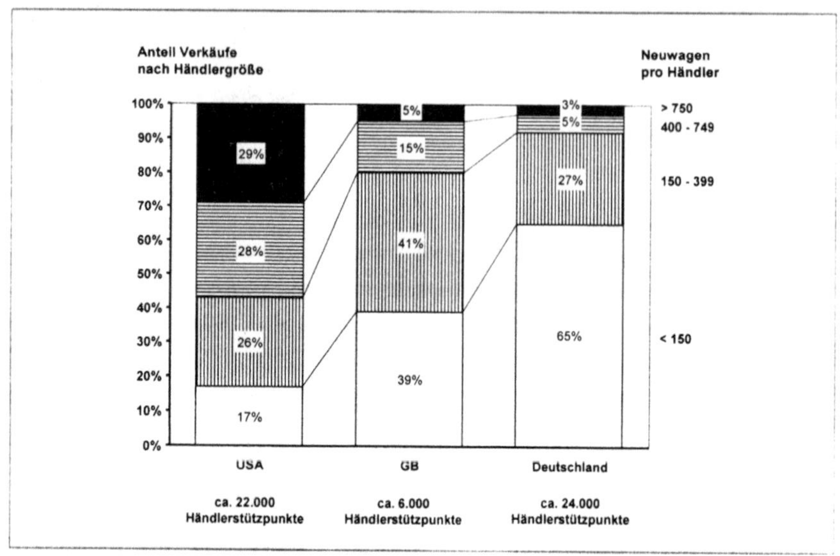

Abbildung 49: Händlergrößen im internationalen Vergleich[368]

Augenblicklich strukturieren nahezu alle Fahrzeugproduzenten ihre Vertriebsnetze um. Über die Erfolgsfaktoren der Zukunft kann daher bislang nur gemutmaßt werden.[369] Eine sinnvolle Lösung für das Spannungsfeld zwischen erforderlicher Marktnähe und hohen Vertriebskosten erscheint die Trennung von Werk- und Verkaufsstätten. Damit kann einerseits das geforderte dichte Servicenetz aufrecht erhalten werden, auf der anderen Seite entstehen jedoch nicht die Kosten für „Full-Range-Händlerbetriebe".

Darüber hinaus müssen Antworten für die Parallelisierung der Absatzkanäle gefunden werden. Bis 2010, so schätzt die Studie der MERCER Management Beratung, geht der Absatzkanalanteil traditioneller Einmarken-Händler in Deutschland von derzeit 85 Prozent auf 50 Prozent zurück, die übrigen Anteile entfallen auf das Internet (ca. fünf Prozent), den Supermarkt (ca. fünf Prozent), Mehr-Marken-Megadealer (ca. 20 Prozent) und Niederlassungen der Fahrzeughersteller (ca. 20 Prozent).[370] Ein möglicher Erfolgsfaktor der Zukunft könnte deshalb die umfassende Professionalisierung und Individualisierung im Autohaus sein, d. h. Kunden werden durch den Vorzug eines individuellen Service an die Autohäuser gebunden.[371] Serviceleis-

---

[368] Quelle: MERCER MANAGEMENT CONSULTING (Hrsg., 2003): a.a.O., S. 19.

[369] Vgl. o. V. (2003): Autovertrieb steht Kostenschlacht bevor. In: FTD vom 11.07.2003.

[370] MERCER MANAGEMENT CONSULTING (Hrsg., 2003): a.a.O., S. 34.

[371] Vgl. MÜLLER, W. (1997): Erfolgsfaktoren im Dienstleistungsmanagement des Automobilhandels – Eine empirische Bestandsaufnahme. In: GESELLSCHAFT FÜR KONSUM-, MARKT- UND ABSATZFORSCHUNG (Hrsg., 1997): Jahrbuch der Absatz- und Verbrauchsforschung, Jg. 43, Nr. 1, S. 41 – 65; MEUNZEL, R.; DRINGEN-

tungen bieten gerade deshalb Potenzial zur dauerhaften Differenzierung im Wettbewerb, da sie aufgrund ihrer Immaterialität von den Mitbewerbern nur schwer imitiert werden können. Das Spektrum der Dienstleistungen im Autohandel reicht von der Kaufberatung über Finanzierungsangebote, Versicherungen, Reparatur, Rücknahme von Gebrauchtwagen, Mobilitätsdienstleistungen bis hin zu Recycling-Angeboten.[372] Ein auf die Zielgruppe zugeschnittener Service korrespondiert mit den individualisierten Ansprüchen der Kunden und könnte den geforderten Zusatznutzen, den sich Kunden zunehmend wünschen, liefern.[373]

Der Faktor „Kundennähe" ist bereits in der Studie von PETERS/ WATERMAN als branchenübergreifende Erfolgsdeterminante identifiziert worden. Auch für die Automobilindustrie trifft dies zu. Neben Kundennähe gewinnt jedoch auch zunehmend die Vertriebskostenproblematik sowie die mögliche Verdrängung durch andere Vertriebskanäle von Automobilherstellern an Bedeutung. Die Herausforderung für Automobilhersteller im 21. Jahrhundert liegt folglich darin, ihre Vertriebsstrukturen so zu optimieren, dass Wirtschaftlichkeitsgesichtspunkten und Kundennähe zugleich Rechnung getragen wird.

3.2.1.3 Marktarealstrategie und globale Standortpolitik

Vor dem Hintergrund struktureller Überkapazitäten und Marktsättigungserscheinungen in der Triade ist eine ausreichende internationale Präsenz von besonderer Bedeutung. Wie Abbildung 37 (S. 90) verdeutlichte, weisen weniger erfolgreiche Automobilhersteller (GM, Fiat, Ford) deutlich höhere Abhängigkeiten vom Heimatmarkt auf als erfolgreiche Produzenten.[374] Um internationale Märkte erfolgreich zu erschließen, sind im Unternehmen richtige Entscheidungen über die Marktarealstrategie, die Internationalisierungsstrategie und die Standortstrategie zu fällen.

Die Bestimmung des Markt- bzw. Absatzraums des Unternehmens ist Gegenstand der **Marktarealstrategie**.[375] Auswahlkriterien für internationale Märkte sind beispielsweise die Marktgröße und das Marktwachstum.[376] Abbildung 50 gibt einen Überblick über die Größe und Wachstumsraten wichtiger Fahrzeug-Absatzregionen der Welt.

BERG, M. (2000): Kennzahlen und Trends im Autohandel. In: Symposion Publishing & Autohaus Verlag (Hrsg., 2000): a.a.O., S. 147 – 160.

[372] Vgl. o. V. (2002): Dienstleistungen rund um das Auto. In: Automobilwoche vom 16.09.2002; o. V. (2002): Unterschätzte Konkurrenz. In: Autohaus, Jg. 46, Nr. 19, S. 74 – 75.

[373] Vgl. MANN, A. (1995): Grundlagen der Service-Politik im internationalen Automobil-Wettbewerb. In: HÜNERBERG, R.; HEISE, G.; HOFFMEISTER, M. (Hrsg., 1995): a.a.O., S. 447 ff.

[374] Die weniger erfolgreichen Hersteller MG Rover, GM, Ford und Fiat wiesen im Vergleich zu den Wettbewerbern die geringsten Globalisierungsgrade (31,7 Prozent; 37,8 Prozent; 43,4 Prozent; 59,7 Prozent) auf.

[375] Vgl. BECKER, J. (2001): a.a.O., S. 299 ff.

[376] Vgl. QUACK, H. (1995): Internationales Marketing, S. 104 ff.

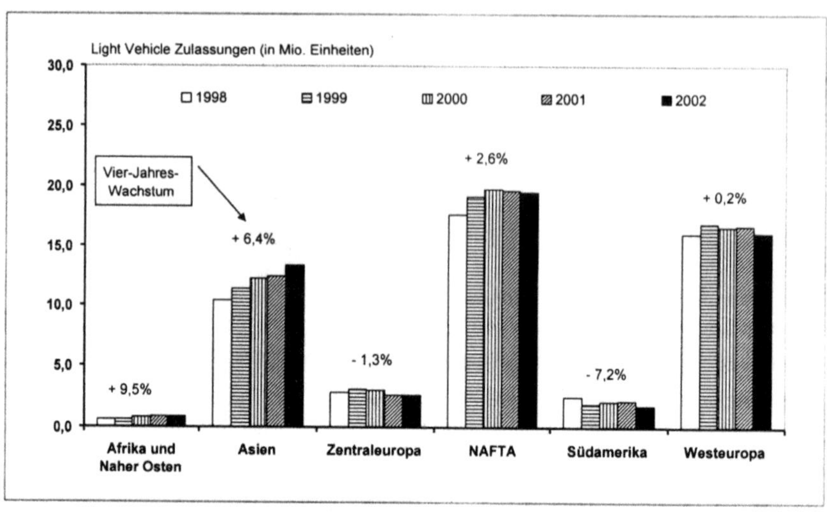

Abbildung 50: Marktvolumina und -wachstumsraten der Automobilmärkte der Welt[377]

Die Abbildung verdeutlicht, dass die NAFTA-Region den größten Automobilmarkt darstellt, gefolgt von Westeuropa, Asien, Zentraleuropa, Südamerika und Afrika/ Naher Osten. Die besten Wachstumschancen liegen derzeit in Asien, langfristig müssen auch die Region Afrika und der Nahe Osten in arealstrategische Überlegungen einbezogen werden. Die regionale Betrachtung nivelliert jedoch die positiven und negativen Entwicklungen einzelner Märkte, ein etwas detaillierteres Bild ergibt deshalb die Länderanalyse (vgl. Abbildung 51).

---

[377] Datenbasis: Light Vehicles; Quelle: DRI-WEFA (Hrsg., 2002): a.a.O., Dezember 2002, S.27; Vier-Jahres-Wachstum als durchschnittliches jährliches Wachstum von 1999 – 2002.

Durchschnittliches Marktwachstum 1999 - 2002 (% p. a.)

	Niedrig < 0,2 Mio.	Mittel 0,2 - 1,0 Mio.	Hoch > 1 Mio.
Hoch > 9%	Ungarn	Indonesien Malaysia Thailand Iran Griechenland Indien	China Mexiko Süd Korea
Mittel 3 - 9%	Venzuela Irland	Südafrika	Russland Kanada Großbritannien
Niedrig < 3%	Israel Finnland Tschechien Slowakei Rumänien Slowenien Norwegen Dänemark Türkei Argentinien	Schweiz Niederlande Belgien Australien Österreich Portugal Schweden Polen Taiwan	Frankreich USA Spanien Italien Brasilien Deutschland Japan

Marktgröße (Mio.)

Abbildung 51: Bedeutung einzelner Ländermärkte für die Automobilindustrie[378]

Besonders interessant erscheinen diejenigen Märkte, die ein Fahrzeugvolumen von mindestens 200.000 Fahrzeugen p. a. aufnehmen und langfristiges Wachstum von mindestens drei Prozent p. a. aufweisen. Nach diesen Auswahlkriterien lassen sich China, Mexiko, Südkorea, Indien, Malaysia, Indonesien, Thailand, Griechenland und der Iran als Automobilmärkte der Zukunft identifizieren.

China gilt insbesondere seit Beitritt zur WTO in 2001 als Zukunftsmarkt der Autoindustrie schlechthin: Bis 2006 soll sich das Pkw-Marktvolumen von 721.500 Fzg. in 2001 auf 1.629.500 Fzg. mehr als verdoppeln.[379] Das Wachstumspotenzial des chinesischen Markts ist vom erfolgreichen Hersteller Volkswagen rechtzeitig erkannt worden. Aus dem frühen Markteintritt des Unternehmens (Gründung des paritätischen Joint Venture „Shanghai-Volkswagen Automotive Company, Ltd." im Jahre 1985) resultiert die starke Marktstellung des Unternehmens in China heute (Marktanteil 2001: 49,7 Prozent). Abbildung 52 illustriert die Joint-Venture-Verflechtungen und Marktanteile internationaler Hersteller in China.

---

[378] Datenbasis: Light Vehicles; Quelle: DRI-WEFA (Hrsg., 2002): a.a.O., Dezember 2002, S. 27. Achseneinteilung nach BURMANN, vgl. BURMANN, G. (1995): Marktarealstrategien der internationalen Automobilhersteller. In: HUENERBERG, R.; HEISE, G.; HOFFMEISTER, M. (Hrsg., 1995): a.a.O., S. 121 – 132.

[379] Vgl. o. V. (2002a): Tor auf für den Welthandel. In: Automobil Industrie, Jg. 47, Nr. 11, S. 86.

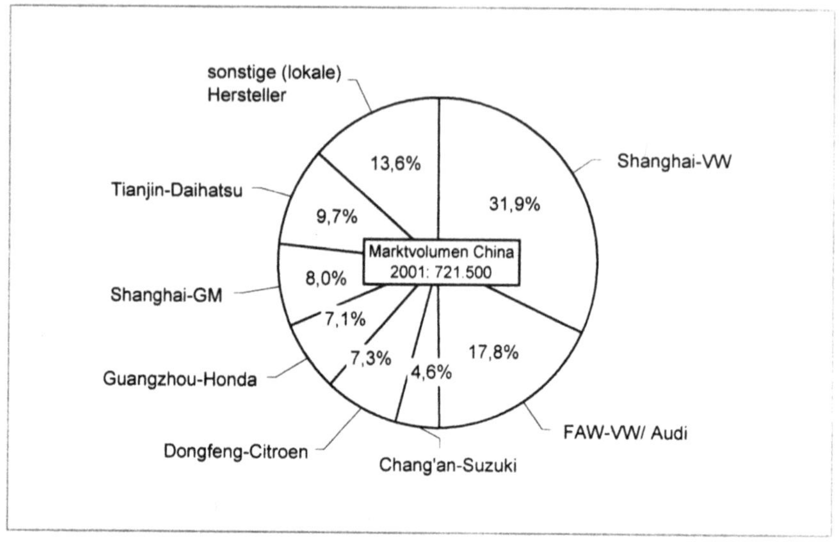

Abbildung 52: Präsenzen internationaler Hersteller in China (2001)[380]

Ford, DaimlerChrysler, Toyota, Nissan und BMW arbeiten hingegen erst seit Kurzem daran, umfangreiche Repräsentanzen in Kooperation mit lokalen Herstellern aufzubauen.[381] Sie konnten folglich in 2001 noch keine nennenswerte Marktpräsenz in China aufweisen. Trotz der hohen Marktattraktivität Chinas ist jedoch auch zu erwähnen, dass die ausländischen Unternehmen noch immer durch Steuern, Normen und Vorschriften lokaler Provinz-Gouverneure sowie insbesondere durch Produktpiraterie beeinträchtigt werden.[382] Folglich sind neben der Marktgröße und –wachstum auch diverse weitere Bestimmungsfaktoren zu berücksichtigen. Dazu gehören in erster Linie die Wettbewerbs- und Absatzkanalsituation in den Zielländern sowie Marktbarrieren ökonomischer, protektionistischer oder verhaltensbedingter Art.[383]

Im Zusammenhang mit weltweiter Geschäftstätigkeit ist auch die **Internationalisierungsstrategie** festzulegen, d. h. die Bestimmung der Grundorientierung des Managements bei der

---

[380] Vgl. o. V. (2002a): a.a.O., S. 81. Die Prozentangaben indizieren die Höhe des lokalen Markanteils.

[381] Vgl. o. V. (2002b): Schwellenländer sind im Kommen. In: Automobilwirtschaft, Jg. 4, Nr. 10, 2002, S. 94; o. V. (2002): Toyota Launches Venture in China. In: Wall Street Journal Europe vom 30.08.2002; o. V. (2002): Nissan kauft sich im großen Stil in China ein. In: FAZ vom 20.09.2002.

[382] Vgl. o. V. (2002a): a.a.O., S. 86 ff; o. V. (2002): Ausländische Autobauer verstärken ihr China-Engagement. In: FAZ vom 09.09.2002; o. V. (2003): „Sieht aus wie ein Benz, fährt wie ein Toyota". In: Handelsblatt vom 19.08.2003 [Anführungszeichen im Originaltext].

[383] Vgl. BACKHAUS, K.; BÜSCHKEN, J; VOETH, M. (2000): Internationales Marketing, S. 104 ff. Detaillierte Auflistungen der Bestimmungsfaktoren bei der Marktwahl finden sich bei PEREN, F. W.; LATZ, R. (2000): Globale Standortplanung – Optimierte Risikoanalyse für mittelständische Automobilzulieferer. In: ZfAW, Jg. 3, Nr. 4, S. 31.

Gestaltung der grenzüberschreitenden Unternehmenstätigkeit.[384] Dabei stehen den Unternehmen grundsätzlich drei Strategietypen zur Verfügung:

- Heimatmarkt-Orientierung („*ethnozentrischer Ansatz*"),

- Gastland-Orientierung („*poly-* oder *regiozentrischer Ansatz*"),

- Weltmarkt-Orientierung („*geozentrischer Ansatz*").[385]

Der erste Typus beschreibt die Vermarktung von Überschussmengen in ein nahegelegenes Gebiet auf dem Wege des direkten oder indirekten Exports.[386] Charakteristisch für diese Strategievariante ist die zentrale Steuerung vom Mutterunternehmen, d. h. die Marketing-Planung für die Auslandsmärkte erfolgt vom Heimatland aus und Direktinvestitionen werden aufgrund der Länderrisiken nicht oder kaum vorgenommen.[387] In der Automobilindustrie weisen die weniger erfolgreichen Hersteller General Motors, Ford, Fiat und MG Rover eine starke Heimatmarktorientierung auf. Bei General Motors wurden beispielsweise Kernelemente der Marketingstrategien der europäischen Konzerntöchter Opel und Saab lange Jahre vom Mutterunternehmen bestimmt, mit der Folge, dass die Hersteller zwar physisch in den Märkten präsent waren, jedoch die notwendigen Produktanpassungen an den lokalen Geschmack („think global, act local")[388] verpassten. Daraus resultiert die schwache Marktakzeptanz der Opel- und Saab-Produkte in Europa und somit auch die unbefriedigenden Geschäftsergebnisse des GM-Konzerns in Europa.[389]

Wesentlich erfolgreicher dagegen sind die Unternehmen mit einer *polyzentrischen Orientierung*.[390] Sie tätigen Direktinvestitionen (e. g. Gründung von Tochtergesellschaften und Produktionsstätten) im Ausland und überlassen die Marketing-Planung den quasi autonomen Ländergesellschaften.[391] Der Vorteil dieser Vorgehensweise ist, dass die Tochterunternehmen im Gastland als Insider betrachtet werden. Ein erfolgreiches Beispiel dafür liefern Toyota und

---

[384] Vgl. MEFFERT, H.; DOLZ, J. (1998): Internationales Marketing-Management, S. 25.

[385] Vgl. BACKHAUS, K.; BÜSCHKEN, J.; VOETH, M. (2000): a.a.O., S. 123 ff. Die Differenzierung geht zurück auf PERLMUTTER, H. V. (1972): The Tortuous Evolution of the Multinational Corporation. In: KAPOOR, A.; GRUB, P. D. (1972): The Multinational Enterprise in Transition, S. 53 – 67.

[386] Im Gegensatz zum direkten Export erfolgt der indirekte Export unter Mithilfe eines Absatzmittlers (Importeur) im Ausland. Vgl. BECKER, J. (2001): a.a.O., S. 315.

[387] Vgl. MEFFERT, H.; BOLZ, J. (1998): a.a.O., S. 26; BACKHAUS, K.; BÜSCHKEN, J.; VOETH, M. (2000): a.a.O., S. 123.

[388] Vgl. BURMANN, G. (1995): a.a.O., S. 124 ff.; o. V. (1999): Branchenreport Automobilindustrie: Globalisierung bietet viele neue Chancen. In: Arbeitgeber, Jg. 51, Nr. 7, S. 40.

[389] Die europäische GM-Sparte (GME) ist seit dem Geschäftsjahr 2000 defizitär, vgl. General Motors Konzern Geschäftsbericht (div. Jgg.), ausführlich dazu auch Kapitel 4.4.

[390] In Analogie zur Ländermarktbearbeitung können auch Regionen zu homogenen Gruppen zusammengefasst werden. In diesem Falle spricht man vom „*regiozentrischen Ansatz*".

[391] Vgl. BECKER, J. (2001): a.a.O., S. 317.

Honda in Nordamerika. Mit ihren lokalen Tochtergesellschaften (incl. der dazugehörigen Produktions- und Entwicklungsstandorte) realisierten die Hersteller im Geschäftsjahr 2003 35,7 bzw. 52,7 Prozent ihres Konzernabsatzes in Nordamerika.[392] Neben der physischen Marknähe leisten auch die für Nordamerika zugeschnittenen Premiummarken Lexus (Toyota) und Acura (Honda) einen Beitrag zum Erfolg in der Region. Den Unternehmen ist es folglich gelungen, sich in Nordamerika als lokaler Anbieter zu etablieren.

Den höchsten Internationalisierungsgrad weisen Unternehmen auf, die eine *geozentrische Strategie* verfolgen. Wesentliche Merkmale dieser Unternehmen sind die weltweite Operationsbasis, internationale Produktion und Personalrekrutierung, internationale Kapitalbeschaffung sowie eine große Zahl von Niederlassungen und Tochtergesellschaften im Ausland.[393] Der Weltmarkt wird insgesamt als einheitlicher Markt angesehen und mit einem standardisierten Marketingkonzept bearbeitet. Diese Variante bietet vor allem Kostenvorteile, weist jedoch Defizite hinsichtlich der erforderlichen Marktnähe auf. Als Beispiel lässt sich hierbei das Verhalten der Toyota und Honda in Europa heranziehen: Während die beiden Hersteller in Nordamerika durch lokale Produktionsstätten sehr erfolgreich agieren, bearbeiteten sie den europäischen Markt lange Zeit nur mit standardisierten Produktkonzepten.[394] Das Ergebnis zeigt sich beispielsweise an ihren schwachen Dieselverkäufen in Europa: Das zunehmende Interesse an Dieselfahrzeugen ist von europäischen Herstellern wie Volkswagen, BMW, DaimlerChrysler und PSA aufgenommen und in ein entsprechendes Angebot umgesetzt worden. Die japanischen Anbieter hingegen haben lange Zeit nicht auf diese Entwicklung reagiert und sind deshalb in Europa als Diesel-Nachzügler einzustufen.[395] Die geozentrische Orientierung verspricht folglich Wettbewerbsvorteile hinsichtlich der Risikostreuung und der Skaleneffekte, die Kehrseite ist jedoch, dass marktspezifische Anforderungen nicht hinreichend erkannt werden.[396]

In direktem Zusammenhang mit der Internationalisierungsstrategie steht auch die Entscheidung über die Realisierungsform, d. h. die Determinierung der **globalen Standortstrategie**. Gegenstand dieser Strategie ist die sinnvolle Allokation der Wertschöpfungsaktivitäten. Dabei kann mit ansteigenden Wertschöpfungsanteilen im Gastland unter nachstehenden Optionen gewählt werden:

---

[392] Das Geschäftsjahr 2003 erstreckte sich von April 2002 bis März 2003. Datenquellen: TOYOTA MOTOR CORPORATION (2003): a.a.O., S. 6; Geschäftsbericht des Honda-Konzerns (GJ 2003).

[393] Vgl. BECKER, J. (2001): a.a.O., S. 321.

[394] Vgl. O. V. (2003): Der zweite Versuch. In: Focus vom 03.03.2003.

[395] Dieselanteile am Beispielmarkt Deutschland (2001): Gesamtmarkt (34,6 Prozent), VW-Gruppe (47,7 Prozent), DaimlerChrysler (46,0 Prozent), BMW (37,3 Prozent), PSA-Gruppe (33,1 Prozent). Die Japaner hingegen schnitten unterproportional zur Gesamtentwicklung ab: Mitsubishi (26,8 Prozent), Nissan (19,4 Prozent), Toyota (17,9 Prozent), Mazda (11,5 Prozent). Vgl. VDA (2002): Auto-Jahresbericht 2002, S. 42.

[396] Vgl. BACKHAUS, K.; BÜSCHKEN, J.; VOETH, M. (2000): a.a.O., S. 124.

- Export,

- Lizenzvergabe/ Franchising,

- Joint Venture,

- Auslandsniederlassung/ Produktionsbetrieb,

- Tochtergesellschaft.[397]

Der reine Export von Fahrzeugen ist in der Automobilindustrie nicht mehr zwingend erfolgversprechend. Lizenzen und Joint Ventures in einem Gastland eignen sich vor allem dann, wenn Märkte hohes Wachstumspotenzial versprechen, jedoch auch risikobehaftet sind (e. g. Indien, Thailand). Produktions- und Montagestandorte im Ausland sind vor allem unter Kostengesichtspunkten vorteilhaft.[398] Der Aufbau von Tochtergesellschaften, die sämtliche Wertschöpfungsaktivitäten autonom ausführen, birgt in erster Linie Vorteile in Form von Marktnähe. Sie ist zwar mit einer höheren Kapital- und Managementbindung verbunden als die anderen Optionen, verspricht jedoch die größeren Absatzerfolge in der Region.[399]

Die große Herausforderung bei der Internationalisierung des Geschäfts besteht folglich darin, die teilweise gegenläufigen Interessen zwischen globalen Kostenvorteilen (Standardisierung) und nationaler Anpassungen (Differenzierung) auszubalancieren bzw. miteinander zu verbinden.[400] Wie die Beispiele gezeigt haben, erscheint in einem globalisierten Wirtschaftszweig wie der Automobilbranche die polyzentrische Internationalisierungsstrategie in Verbindung mit einer sinnvollen Standortpolitik besonders aussichtsreich.

3.2.1.4 Innovationskraft und Aktionsgeschwindigkeit

Das Kapitel 3.1.5 hat auf den zunehmenden Innovations- und Zeitwettbewerb in der Automobilindustrie aufmerksam gemacht. Daraus ergeben sich für Fahrzeughersteller zwei Anforderungen: Zum einen muss eine große Modellvielfalt bereitgestellt werden, zum anderen steigen auch die Ansprüche an die Fahrzeugleistungen selbst (Ausstattung mit Infotainment, Sicherheitseigenschaften etc.).[401] Eine dritte Anforderung wird durch die verkürzten Entwicklungs-

---

[397] Vgl. APFELTHALER, G. (1999): Internationale Markteintrittsstrategien: Unternehmen auf Weltmärkten, S. 14 ff.

[398] Bei der Wahl von Standorten sind jedoch auch Länderrisiken einzukalkulieren: Dazu gehören politisch-soziale Rahmenbedingungen (kriegerische Auseinandersetzungen), politisch-rechtliche Rahmenbedingungen (Schutzrechte, Vertragsrecht), wirtschaftspolitische Rahmenbedingungen (Konjunktur, Steuern, Inflation, Arbeitslosigkeit, Bonität, Investitionsanreize, Local-Content-Vorschriften) und ökologische Rahmenbedingungen (Umweltschutzauflagen, Rohstoffreserven) im Zielland, vgl. PEREN, F. W.; LATZ, R. (2000): a.a.O., S. 31.

[399] Das Kapitel 3.2.2.3 wird sich ausführlich mit der Standortproblematik beschäftigen.

[400] Vgl. MEFFERT, H.; BOLZ, J. (1998): a.a.O., S. 28.

[401] Vgl. MEIßNER, D. (2001): a.a.O., S. 14.

zeiten, bedingt durch schnellere Modellwechsel, konstituiert. Eine hohe Innovationskraft sowie Aktionsgeschwindigkeit sind für Automobilunternehmen folglich wesentliche Voraussetzungen für das Bestehen am Markt.

Einen wichtigen Hinweis auf die Innovationskraft von Unternehmen gibt der Neuigkeitsgrad der Produktpalette. Erfolgreiche Fahrzeughersteller haben ihre Modellpalette in den vergangenen Jahren nahezu vollständig erneuert: Beispielsweise führte die Peugeot S. A. von 1999 bis 2002 insgesamt sieben neue Modelle (Peugeot 307, Peugeot 807, Peugeot 406, Citroen C2, Citroen C3, Citroen C5, Citroen C8) und vier neue Modellvarianten (Peugeot 307 Kombi, Peugeot 206 Cabrio-Coupé, Citroen C3 Pluriel, Citroen Xsara Picasso) ein. Die innovativsten Produktneuvorstellungen stellen dabei das Peugeot 206 Cabrio-Coupé (aufgrund des multifunktionalen Fahrzeugdachs) sowie der Citroen C3 Pluriel (aufgrund der miteinander kombinierten Karosserieformen Schräghecklimousine, Cabriolet, Pickup) dar. Ein ähnlich hohes Innovationsniveau erreicht auch der Hersteller Renault, der in den vergangenen Jahren mit hoher Geschwindigkeit auf Markttrends reagiert hat. Beispielsweise führte das Unternehmen 1996 erfolgreich den Megane Scénic in den europäischen Markt ein. Das Modell traf auf den gestiegenen Kundenwunsch nach mehr Volumen im Fahrzeug und gilt als Mitbegründer des gesamten Minivan-Segments.[402] Im Jahre 2002 lancierte Renault dann das neue Modell Vel Satis. Mit dem Fahrzeug kreiert Renault erneut ein innovatives Fahrzeugkonzept (Kombination Van und Limousine) und versucht damit, dem steigenden Abwechslungswunsch der Kunden gerecht zu werden.

Die Altersstruktur einer Produktpalette lässt sich anhand der Modellpositionen im Produktlebenszyklus verdeutlichen.[403] Im Durchschnitt liegt der Lebenszyklus eines Fahrzeuges zwischen sechs und acht Jahren. In Abbildung 53 werden exemplarisch die Altersstrukturen der Modellpaletten der Marken Audi und der Opel analysiert.

---

[402] Vgl. o. V. (2003): Neuer Scénic soll Renault Rivalen vom Leib halten. In: FTD vom 20.06.2003.

[403] Vgl. Zu den Grundlagen der Produktlebenszyklusanalyse vgl. KOTLER, P.; BLIEMEL, F. (2001): a.a.O., S. 571 ff.

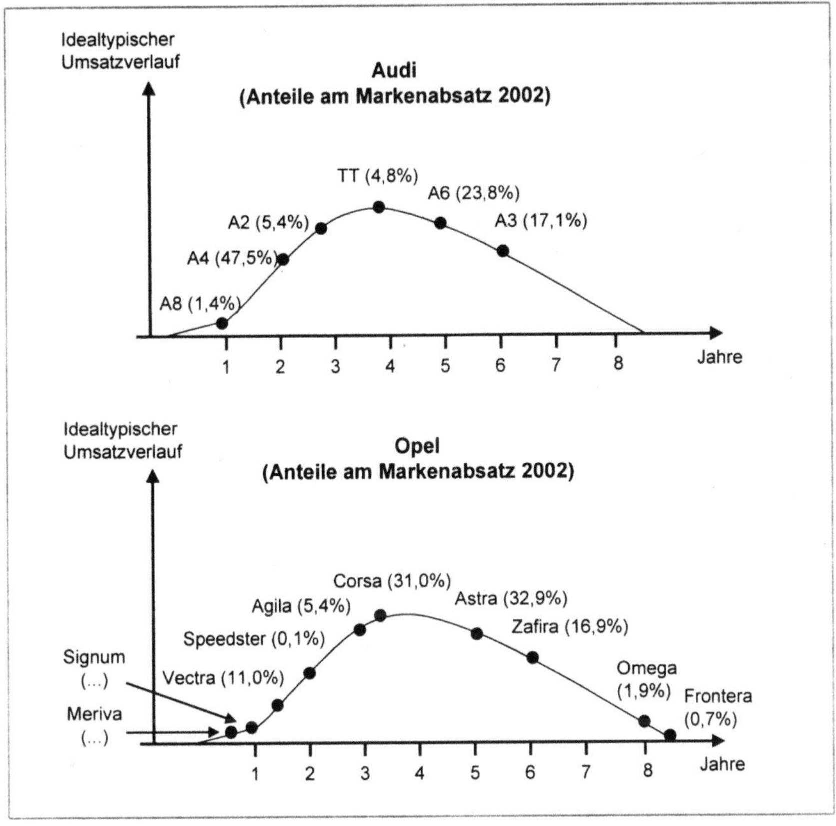

Abbildung 53: Produktlebenszyklusanalyse für die Marken Audi und Opel[404]

Abbildung 53 lässt erkennen, dass Audi über eine wesentlich jüngere Modellpalette verfügt als die Opel. 54,3 Prozent des Audi-Absatzes entfällt auf Fahrzeuge, die jünger als drei Jahre sind (Modelle: A8, A4, A2). Die Marke Opel realisiert mit ihren jüngeren Modellen (Modelle: Vectra, Speedster, Agila) hingegen nur 16,5 Prozent ihres Absatzes. Zugleich muss sie drohende Absatzverluste durch die vier älteren Modelle Astra, Zafira, Omega und Frontera verkraften, von denen zwei Modelle (Astra, Zafira) ihre Hauptabsatzträger sind. Auf Produktebene lässt sich deshalb festhalten, dass junge und innovative Modelle für den Erfolg von Automobilunternehmen unerlässlich sind.

Unterstützende Wirkung zeigen dabei kurze Time-To-Market-Zeiten, d. h. ein optimierter Prozess von der Produktplanung bis zur Markteinführung.[405] Eine Verkürzung der Entwick-

---

[404] Quelle: Eigene Darstellung. Datenquelle: DRI-WEFA (Hrsg., 2002): a.a.O., Dezember 2002, S. 437 ff.; Geschäftsbericht des Audi-Konzerns (2002), General Motors Europe: Year in Review (2002). (...) = Wert vorhanden, jedoch in sehr geringer Größe.

lungszeiten vermindert zum einen die Herstellkosten und ermöglicht zum anderen die zeitnahe Reaktion auf veränderte Kundenbedürfnisse.[406] Insbesondere die japanischen Hersteller konnten in der Vergangenheit mit Produktentwicklungszeiten von ca. 45 Monaten gegenüber ihren amerikanischen Kontrahenten (durchschnittlich 60 Monate Entwicklungszeit) Zeitvorteile erzielen.[407]

Innovationspotenziale bestehen jedoch auch auf der Ausstattungsebene: Allein auf die Fahrzeugelektronik entfallen inzwischen neunzig Prozent der Innovationen im Automobilbau.[408] Verantwortlich zeichnen dafür in erster Linie die steigenden Ansprüche der Kunden hinsichtlich Komfort und Sicherheit.[409] So gewinnen Ausstattungselemente wie Navigationssysteme, Telematikapplikationen, Abstandsmesser, elektrische Stabilitätsprogramme und Fahrerassistenzsysteme mehr und mehr an Bedeutung.[410] Auch das Internet hält inzwischen Einzug in das Automobil: So wurden 2001 erstmals Internetzugänge in den Fahrzeugen BMW 7-er sowie Golf e-Generation angeboten.[411]

Höhere Ausstattungsniveaus tangieren jedoch die Gewichts- und somit Verbrauchssituation von Fahrzeugen. Deshalb bieten sich große Innovationspotenziale auch im Bereich neuer Antriebskonzepte. Bei den Antriebskonzepten lassen sich im wesentlichen zwei Entwicklungslinien identifizieren: Kurzfristig versucht man, bestehende Technologien auf Einsparpotenziale hinsichtlich des Verbrauchs und des Schadstoffausstoßes zu optimieren. Die erfolgreichen Hersteller Volkswagen und PSA konnten Innovationspotenziale in diesem Bereich erschließen. Volkswagen führte erfolgreich den 3-Liter-Lupo sowie die FSI-Direkteinspritztechnik ein. PSA setzte erstmals Rußfilter in Dieselmotoren ein, die Technologie wird seit 2003 auch von anderen Herstellern angeboten.[412] Darüber hinaus existieren so genannte Hybridfahrzeu-

---

[405] Ausführlich dazu vgl. RISSE, J. (2002): Time-to-Market-Management in der Automobilindustrie: Ein Gestaltungsrahmen für ein logistikorientiertes Anlaufmanagement, S. 18 ff.

[406] Vgl. WILDEMANN, H. (2001): Das Just-in-Time-Konzept. Produktion und Zulieferung auf Abruf, S. 318.

[407] Vgl. CLARK, K.; FUJIMOTO, T. (1992): Automobilentwicklung mit System: Strategie, Organisation und Management in Europa, Japan und USA, S. 85.

[408] Vgl. o. V. (2001): Das Auto wird zur mobilen Kommunikationszentrale. In: FAZ vom 03.12.2001; o. V. (2002): Jagd auf die Zeit. In: Wirtschaftswoche vom 18.07.2002.

[409] Vgl. o. V. (2002): Dem Autotrend auf der Spur. In: Automobilwirtschaft, Jg. 4, Nr. 1, S. 78 – 81.

[410] Vgl. o. V. (2001): Das Auto als geballtes Softwarepaket. In: FTD vom 17.08.2001; o. V. (2001): „Das Jahrzehnt der Automobilindustrie ist angebrochen". In: Börsenzeitung vom 17.08.2001 [Anführungszeichen im Originaltext].

[411] Vgl. o. V. (2001): Surfend zum Surfen im 7er BMW. In: FAZ vom 18.11.2001; o. V. (2002): Das vernetzte Auto ist nicht mehr nur ein Testmodell. In: FTD vom 12.03.2002.

[412] Vgl. o. V. (2002): Diesel – aber bitte nur mit Rußfilter. In: Frankfurter Rundschau vom 27.03.2002; o. V. (2003): Deutsche Autohersteller bieten künftig Rußfilter für Dieselfahrzeuge an. In: Handelsblatt vom 06.08.2003.

ge, d. h. Automobile, bei denen ein Verbrennungsmotor und ein Elektroantrieb zusammenge-schaltet sind, um den Treibstoff bedarfsgerecht einzusetzen.[413]

Mittel- und langfristig versucht man jedoch, den Energiebedarf von Automobilen aus erneu-erbaren oder nachwachsenden Quellen zu decken. Zu den bereits erhältlichen innovativen Kraftstoffen gehören Biodiesel und Erdgas.[414] Diese erzeugen zwar immer noch Abgase, je-doch deutlich weniger als bei herkömmlichen Kraftstoffverbrennungen. Als zukunftsfähig werden insbesondere die umweltfreundlichen Wasserstoff-Aggregate (so genannte Brenn-stoffzellenantriebe) eingestuft.[415] Dabei wird Wasserstoff-Luft-Gemisch in Strom umgewan-delt und als Abfallprodukt lediglich reines Wasser erzeugt.[416] Bislang ist noch kein Fahrzeug-hersteller in der Lage, ein Produkt mit dieser Technologie anzubieten. In Branchenkreisen rechnet man erst ab 2010 mit dem ersten serienfähigen Brennstoff-Auto.[417]

Der Fahrzeugindustrie kann insgesamt ein großes Innovationspotenzial zugesprochen werden. Wie die Beispiele gezeigt haben, konnten erfolgreiche Hersteller aktuelle Markttrends auf-nehmen und innovative Lösungen anbieten. Um einen Wettbewerbsvorteil zu generieren, müssen Produktneuerungen jedoch vom Kunden als wichtig empfunden werden.[418] Ebenso muss der Prozess zwischen Produktidee und Markteinführung optimiert werden, um eine rela-tiv ausgereifte Lösung für veränderte Kundenbedürfnisse anbieten zu können. Eine am Kun-dennutzen orientierte, nachhaltige Innovationspolitik sowie hohe Aktionsgeschwindigkeiten sind folglich wichtige Voraussetzungen für den Erfolg in der Automobilindustrie.

3.2.1.5 Erschließung neuer Wachstums- und Ertragssegmente

Angesichts einer stagnierenden Nachfrage in den Hauptmärkten der Automobilhersteller wird neben der regionalen Ausdehnung auch die systematische Erschließung sachlicher Wachs-tumsmärkte zur grundlegenden Bedingung für den langfristigen Unternehmenserfolg. Die

---

[413] Vgl. o. V. (2002): Branchenwachstum bis 2010, aber weniger Hersteller. In: FAZ vom 13.07.2002. Beispiele für Hybridfahrzeuge sind der Toyota Prius und der Honda Insight.

[414] Vgl. o. V. (2001): Öko-Autos geben Gas. In: Focus vom 03.09.2001; o. V. (2001): Schub für Erdgas als Au-tokraftstoff. In: FAZ vom 12.09.2001; o. V. (2002): Der Stoff, aus dem die Träume sind. In: Süddeutsche Zei-tung vom 16.02.2002.

[415] Vgl. o. V. (2001): Brennstoffzelle – Irrweg oder Ausweg? Umweltfreundliche Wasserstoff-Aggregate sollen Energieprobleme der Zukunft lösen. In: Focus vom 17.12.2001.

[416] Vgl. GARCHE, J.; JÖRISSEN, L. (2000): Brennstoffzellenanwendungen im Fahrzeug – Automobiltechnologie der Zukunft? In: ZfAW, Jg. 3, Nr. 2, S. 34 – 41.

[417] Vgl. o. V. (2001): Auf dem mühsamen Weg in eine Zukunft ohne Schadstoffe. In: FAZ vom 18.09.2001; o. V. (2001): Brennstoffzelle im Auto kommt später als geplant. In: Handelsblatt vom 19.09.2001.

[418] Vor diesem Hintergrund erklärt sich auch die teilweise zögerliche Reaktion der Kunden auf neue Informati-ons- und Kommunikationstechnik im Fahrzeug, vgl. o. V. (2001): Leider fehlt die Führung – Golf E-Generation mit Handy, Organizer und Freisprechanlage. In: FAZ vom 25.09.2001.

erfolgreichen Wachstumsstrategien der vergangenen Jahre können der Unterteilung ANSOFFS folgend anhand der betreffenden Produkte und Märkte systematisiert werden:[419]

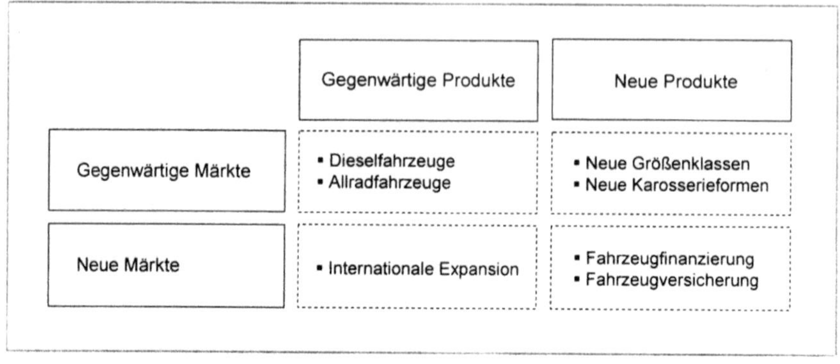

Abbildung 54: Möglichkeiten zur Generierung von Wachstum in der Automobilindustrie[420]

Die Bearbeitung gegenwärtiger Märkte mit gegenwärtigen Produkten bezeichnet man als **Marktdurchdringungsstrategie.**[421] Diese Strategie erscheint auf den stagnierenden Märkten der Automobilindustrie zunächst nicht zwingend tragfähig. Dennoch zeigt sich, dass erfolgreiche Fahrzeughersteller durchaus auf diesem Wege Marktanteilsgewinne realisieren können. Beispielsweise konnten sich Anbieter von Dieselfahrzeugen (e. g. Volkswagen, Peugeot) in Westeuropa erfolgreich behaupten. Die Ursache dafür ist das zunehmende Interesse seitens der Konsumenten an kraftstoffsparenden Dieselfahrzeugen: Allein in Deutschland hat sich der Marktanteil der Dieselfahrzeuge von 13,9 Prozent im Jahre 1993 auf 37,2 Prozent im Jahre 2002 fast verdreifacht (vgl. Abbildung 55).[422] Im westeuropäischen Durchschnitt lag der Dieselanteil an den Pkw-Neuzulassungen 2002 bei 40,0 Prozent.[423]

---

[419] Vgl. ANSOFF, H. J. (1988): a.a.O., S. 83. Die internationalen Expansion ist bereits im Kapitel 3.2.1.3 behandelt worden, auf eine Wiederholung wird an dieser Stelle verzichtet.

[420] Quelle: Eigene Darstellung.

[421] Vgl. ANSOFF, H. J. (1988): a.a.O., S. 83 ff.

[422] Vgl. KBA (Hrsg., 2003): a.a.O., S. 11.

[423] Vgl. VDA (Hrsg., 2002): Auto Jahresbericht 2002, S. 34; o. V. (2002): In Westeuropa hält der Dieselboom an. In: Börsen-Zeitung vom 15.08.2002; o. V. (2002): Ricardo Expects New Technology to Continue Fuelling Diesel Sales. In: AutoTechnology, Jg. 2, Nr. 4, S. 78 – 79.

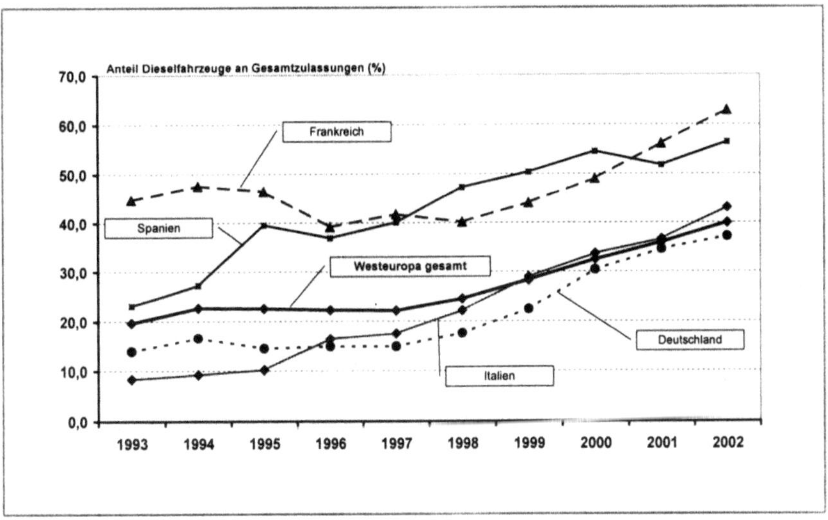

Abbildung 55: Entwicklung wichtiger Dieselmärkte in Westeuropa[424]

Die volumenstärksten Dieselmärkte in Europa sind Frankreich mit insgesamt 1.350,4 Tsd., Deutschland mit 1.216,8 Tsd. und Italien mit 954,9 Tsd. neu zugelassenen Dieselfahrzeugen in 2002.[425] Die starke Nachfrage nach Dieselfahrzeugen ist zum einen angebotsinduziert: Moderne Antriebe wie „Common Rail" und „Pumpe-Düse" haben die Leistungsfähigkeit der Motoren deutlich erhöht, zugleich haben sich die Geräuschbelastung und der Schadstoffausstoß (Rußfilter-Technik) wesentlich verringert.[426] Ferner sind die verschärften Umweltauflagen (europäische Abgasnormen) sowie die fiskalische Behandlung des Benzin-Kraftstoffs (Mineralölsteuer) als wesentliche Ursachen des Diesel-Booms zu identifizieren.[427] Fahrzeughersteller wie Volkswagen und PSA haben rechtzeitig auf diesen Trend reagiert und zählen deshalb in Europa zu den Marktanteilsgewinnern. Defizite mussten v. a. amerikanische und japanische Hersteller hinnehmen, die das Wachstumspotenzial des Dieselmarktes unterschätzt hatten.[428] Penetrationswachstum lässt sich auch auf Märkten für Allrad-Fahrzeuge. Beispielsweise legten die Allrad-Fahrzeuge 2002 auf dem deutschen Automobilmarkt gegenüber dem

---

[424] Quelle: DRI-WEFA (Hrsg., 2002): a.a.O., Dezember 2002, S. 157.

[425] Vgl. DRI-WEFA (Hrsg., 2002): a.a.O., Dezember 2002, S. 157.

[426] Vgl. o. V. (2002): Deutsche haben immer mehr Lust auf Diesel. In: Auto Straßenverkehr vom 14.08.2002.

[427] Die Besteuerung auf Benzin in Frankreich liegt derzeit bei 574 Euro/ 1.000 Liter und in Deutschland bei 624 Euro/ 1.000 Liter Kraftstoff. 1.000 Liter Diesel hingegen werden in Frankreich nur mit einer Steuer von 376 Euro, in Deutschland von 440 Euro belastet. Vgl. ACEA (Hrsg., 2003): Tax Guide 2003.

[428] Vgl. o. V. (2001): Vom unaufhaltsamen Vormarsch des Dieselmotors. In: FAZ vom 11.08.2001.

Vorjahr um 10,5 Prozent zu, besonders in der Oberklasse wird weiter mit hohen Zuwächsen gerechnet.[429]

Die Bedienung gegenwärtiger Märkte mit neuen Produkten wird als **Produktentwicklungsstrategie** bezeichnet.[430] In der Automobilindustrie werden dabei neue Segmente entlang der horizontalen (Größenklasse) und vertikalen Achse (Karosserieform) der Produktmatrix erschlossen. Zugleich bilden sich durch die Kombination bestehender Märkte auch neue Nischensegmente heraus („Cross-Over-Fahrzeuge").[431] Zu den wachstumsstarken Nischenmärkten gehören in Europa die MPV-Fahrzeuge, im amerikanischen Raum die SUV- und Pickup-Fahrzeuge. Letztere halten in den USA bereits einen Marktanteil von 50 Prozent.[432] Ferner können durch „Up-," bzw. „Down-Trading" neue Wachstumspotenziale erschlossen werden. Derzeit werden vor allem Kompakt- und Oberklassesegmente erschlossen.[433] Die Kompaktklasse lockt mit einer enormen Marktgröße. Der Premiummarkt hingegen bietet Vorteile hinsichtlich des Margenniveaus, der Konjunkturstabilität und der Preiselastizität der Nachfrage (Beispiel: VW Phaeton in der Oberklasse).[434] Vor dem Hintergrund dieser Trading-Aktivitäten erklärt sich die Entstehung so genannter „Full-Range-Anbieter", d. h. ehemals auf Premiumsegmente konzentrierte Hersteller rücken zunehmend auch in die unteren Segmente, ehemals auf Volumensegmente fixierte Hersteller dringen in die Oberklasse.

Ein Beispiel für eine sehr erfolgreiche Produktentwicklungsstrategie liefert die BMW Group (vgl. Abbildung 56). Das Unternehmen konzentriert sich mit seinen drei Marken auf die Premiumsegmente des Automobilmarkts. Mit den Modellen 3-er, 5-er und 7-er ist das Unternehmen seit Jahren an den jeweils oberen Preisgrenzen der Mittel- und Oberklassen positioniert. Überdies begründete BMW 1999 mit Einführung des X5 das so genannte SAV-Segment (Sports Activity Vehicle), welches eine Kombination aus Off-road und On-road-Ansprüchen der Kunden darstellt und insbesondere in Nordamerika große Absatzerfolge erzielt.[435] BMW wird dieses Segment in den kommenden Jahren sukzessive mit weiteren Modellen der X-

---

[429] Allradabsatz Deutschland 2001: 180.748 Fzg.; 2002: 199.721 Fzg. Vgl. KBA (Hrsg., 2001b): a.a.O., S. 3 sowie KBA (Hrsg., 2002): a.a.O., S. 1 – 8. Zum Allradantrieb in der Oberklasse vgl. o. V. (2002): „In der Oberklasse wird sich Allrad durchsetzen". In: Main-Echo vom 01.09.2002 [Anführungszeichen im Originaltext].

[430] Vgl. ANSOFF, H. J. (1988): a.a.O., S. 83 ff.

[431] Das Entstehen von Nischenmärkten gilt als klassisches Merkmal gesättigter Märkte und geht überwiegend auf das Individualisierungsbedürfnis der Konsumenten zurück. Vgl. GANAL, M. (2002): Die Marken BMW und Mini: In Nischen wachsen. In: ZfAW, Jg. 5, Nr. 1, 2002, S. 29.

[432] Vgl. o. V. (2002b): a.a.O., S. 94. MPV, SUV und Pickups werden zu den „Trucks" zusammengefasst.

[433] Vgl. DIEZ, W. (2002c): Premiummarkt zieht weiter an. In: Handelsblatt vom 04.09.2002.; o. V. (2002): Jedes zweite neue Auto ist untere Mittelklasse oder kleiner. In: FAZ vom 07.09.2002; o. V. (2002): Die deutsche Oberklasse fährt mit Technik und Design nach vorn. In: FAZ vom 10.09.2002.

[434] Vgl. o. V. (2002c): Kasse statt Masse. In: Automobilwirtschaft, Jg. 4, Nr. 1, S. 60 - 61; o. V. (2002): Reform des Autohandels stärkt Luxusmarken. In: FTD vom 23.07.2002.

[435] Vgl. GANAL, M. (2002): a.a.O., S. 32. Von 2000 auf 2001 konnte der Absatz des Modells auf 82.445 Fahrzeuge (+118 Prozent) mehr als verdoppelt werden.

Reihe (ab 2003 X3 und ab 2004 X7) besetzen. Das wachsende Kleinwagensegment ist mit dem neuen *Mini* besetzt.[436] In die volumenstarke Kompaktklasse stößt BMW ab 2004 mit dem 1-er Modell, die Segmente oberhalb der Volumenklasse werden durch Modelle der High-End-Marke Rolls-Royce abgedeckt.

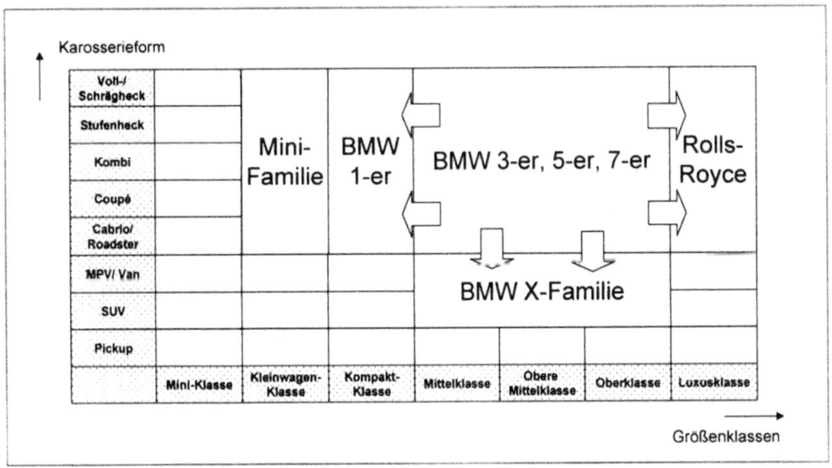

Abbildung 56: Elemente der Produktentwicklungsstrategie bei der BMW Group[437]

Einen dritten Wachstumskurs in der Automobilindustrie stellt die **Diversifizierung** dar, d. h. die Eröffnung neuer Geschäftsfelder entlang der automobilen Wertschöpfungskette.[438] Einer Studie der MERCER Management Beratung zufolge liegen schätzungsweise 77 Prozent des Gewinnpotenzials der automobilen Wertkette in Europa jenseits der Produktion, d. h. in den Phasen nach der Fahrzeugauslieferung.[439] Abbildung 57 zeigt dieses Spektrum der Wertschöpfungsaktivitäten auf und ordnet diese in eine Gewinn-/ Rendite-Matrix ein.

---

[436] Vgl. Geschäftsbericht des BMW Konzerns (2002), S. 61.

[437] Vgl. o. V. (2002c): a.a.O., S. 61. Pfeile weisen auf die Entwicklungsstrategie hin.

[438] Vgl. HEIDELOFF, F.; MATTHIES, G. (2002): a.a.O., S. 54 ff; o. V. (2002): Autobanken rüsten auf. In: Automobilwirtschaft, Jg. 4, Nr. 4, S. 42 - 43.

[439] Vgl. MERCER MANAGEMENT CONSULTING (Hrsg., 2003): a.a.O., S. 27.

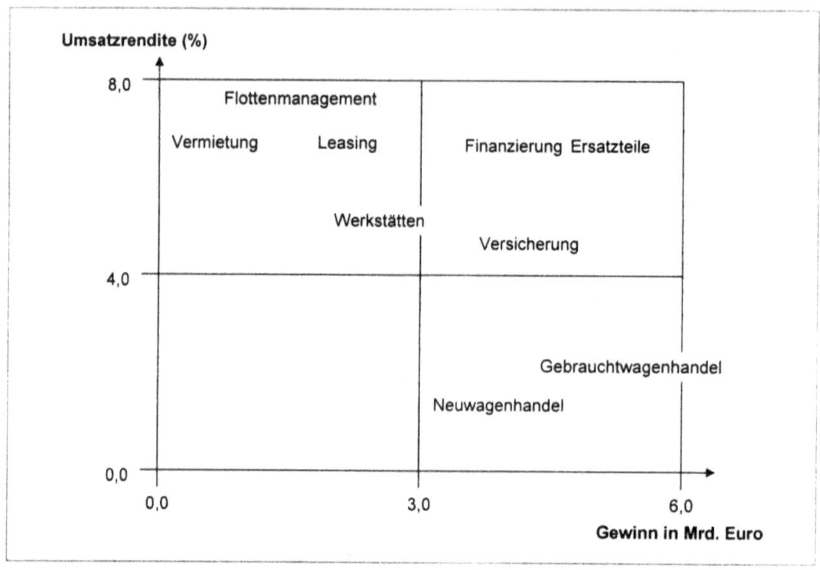

Abbildung 57: Ertragspotenziale in der Automobilindustrie[440]

Hierbei wird sichtbar, dass insbesondere die Fahrzeugfinanzierung, -versicherung, das Ersatzteilegeschäft sowie der Gebrauchtwagenhandel besonders ertragsstarke Geschäftsfelder in der Automobilindustrie darstellen. Auf diese Trends haben die Automobilproduzenten bereits reagiert. Ford, Opel, Volkswagen, BMW und DaimlerChrysler haben eigene Finanztöchter gegründet, um die Mittelzuflüsse im eigenen Konzern zu verbuchen.[441] Bei General Motors kompensiert die Finanztochter bereits das zweite Jahr in Folge das defizitäre Nach-Steuer-Ergebnis des Automobilgeschäfts.[442] Auch in den anderen Geschäftsfeldern werden die Automobilproduzenten zunehmend aktiv: Volkswagen ist beispielsweise Eigentümer der Autovermietung Europcar, BMW gründete eine Tochter für Flottenmanagement und DaimlerChrysler eröffnete kürzlich eine eigene Gebrauchtwagenhandelsgesellschaft.[443] Zusammenfassend kann konstatiert werden, dass sich die systematische Erschließung zukünftiger Wachstumspotenziale insbesondere auf stagnierenden Märkten der Automobilindustrie zu einem wichtigen Erfolgsfaktor entwickelt hat.

---

[440] Vgl. o. V. (2003): Wo Profit schlummert. In: DM EURO vom 01.01.2003.

[441] Vgl. o. V. (2002): Versicherern droht Konkurrenz durch Autobauer. In: Die Welt vom 23.05.2002; o. V. (2002): Autobanken geben kräftig Gas. In: Welt am Sonntag vom 21.07.2002; o. V. (2002): Vollbanken und Spezialisten. In: Der Handel vom 08.08.2002.

[442] Vgl. Geschäftsberichte der Konzerne (2002).

[443] Vgl. o. V. (2002): Autohersteller „entdecken" den GW-Markt. In: Automobilwirtschaft, Jg. 4, Nr. 1, S. 58 - 59 [Anführungszeichen im Originaltext].

3.2.2 Strategische Erfolgspotenziale in der Automobilindustrie

3.2.2.1 Marken-Management und Plattformstrategien

Dem steigenden Kosten- und Entwicklungsdruck in der Branche begegnen erfolgreiche Automobilproduzenten seit Anfang der neunziger Jahre mit der Installation von Plattformkonzepten. Eine **„Plattform"** umfasst ein Bündel gemeinsamer Elemente und Strukturen, das in einer Vielzahl von Einzelprodukten eingesetzt werden kann.[444] Diese Grundstruktur wird in großer Stückzahl gebaut und anschließend auf spezifische Anforderungen („Customizing") der Einzelprodukte angepasst.[445] Im Automobilbau besteht eine Plattform i. d. R. aus der Bodenplatte, dem Brems- und Lenksystem, den Achsen, dem Antriebssystem, der Sitz- und Tankanlage, dem Abgassystem sowie dem Klima- und Heizsystem. Individuelle Anpassungen werden bei den Karosserieformen und der Innenausstattung vorgenommen. Vorteile bietet das Konzept vor allem deshalb, weil es:

- *Entwicklungszeiten* für Einzelprodukte verkürzt (durch die Ableitung von Produktvarianten von einer gemeinsamen Plattform),

- *Economies of scale* erwirtschaftet (durch die Verteilung der Entwicklungs-, Produktions-, Beschaffungs- und Vertriebskosten über eine große Anzahl an Modellen und Varianten).[446]

Zwar lassen sich die Entwicklungszeiten und –kosten der Einzelprodukte deutlich durch die Anwendung von Plattformen verringern, dennoch erfordert die Entwicklung einer völlig neuen Fahrzeugplattform hohen Initialaufwand, der durch entsprechend hohe Stückzahlen pro Plattform amortisiert werden muss. In der Automobilindustrie wird von einem Mindest-Produktionsvolumen von 500.000 Fahrzeugen p. a. pro Plattform ausgegangen, die kritische Mindestanzahl an Plattformen beläuft sich auf fünf.[447] Bei den Spezialisten (e. g. Porsche) reduziert sich die kritische Anzahl jedoch auf zwei. Sie konzentrieren sich i. d. R. auf eine geringe Zahl an Baureihen und können ihre Kostennachteile über höhere Fahrzeugpreise kompensieren.

---

[444] Vgl. MÜLLER, M. (2000): Modularisierung von Produkten. Entwicklungszeiten und –kosten reduzieren, S. 59 ff.

[445] Vgl. PEREN, F. W. (1996): Die Bedeutung des Customizing für die Automobilindustrie. In: PEREN, F. W.; HERGETH H. H. A. (Hrsg., 1996): Customizing in der Weltautomobilindustrie: Kundenorientiertes Produkt- und Dienstleistungsmanagement, S. 22 ff.; DUDENHÖFFER, F. (2000): Plattformeffekte in der Fahrzeugindustrie. In: Controlling, Jg. 14, Nr. 3, S. 145.

[446] Vgl. MÜLLER, M. (2001): a.a.O., S. 59. Vgl. hierzu auch PILLER, F. T.; WARINGER, D. (1999): Modularisierung in der Automobilindustrie: Neue Formen und Prinzipien, S. 64 ff.

[447] Vgl. DUDENHÖFFER, F. (2000): a.a.O., S. 147 ff.

Abbildung 58 stellt die Plattformstruktur des erfolgreichen Automobilkonzerns Volkswagen sowie der weniger erfolgreichen Fiat-Auto-Gruppe dar. Der Volkswagen-Konzern fertigte seine Jahresproduktion 2002 auf insgesamt sechs, die Fiat Auto S. p. A. auf acht Plattformen. Die Produktionseffizienz der Hersteller lässt sich anhand ihrer durchschnittlichen Produktionsmenge pro Plattform spezifizieren, dabei schnitt Volkswagen 2002 mit durchschnittlich 837 Tsd. Fahrzeugen pro Plattform deutlich besser ab als die Fiat Auto S. p. A. mit 231 Tsd. Fahrzeugen. Die Unterschiede spiegeln sich in den Jahresendergebnissen 2002 wider, während der Volkswagen-Konzern einen operativen Gewinn in der Automobilsparte i. H. v. 3.875 Mio. € auswies, erlitt die Fiat Auto S. p. A. einen operativen Verlust i. H. v. 1.343 Mio. €.[448] Somit kann der die Anzahl der Plattformen sowie dem Volumen pro Plattform eine Erfolgsrelevanz in der Automobilindustrie zugesprochen werden.

---

[448] Vgl. Geschäftsberichte des Fiat- und Volkswagen-Konzerns (2002). Fiat-Angaben ohne Iveco, Ferrari, Maserati.

Plattformstruktur der Fiat Auto Gruppe
(Weltproduktion 2002: 1.850,4 Tsd. Fzg.)

Segment	Plattformen	Fiat	Alfa Romeo	Lancia
Kleinwagen	600	Seicento		
Kleinwagen	178	Palio, Doblo		
Kleinwagen	Type Punto	Punto		Y
Kompaktklasse	Type 2/3	Bravo, Brava, Marea	147, 156 Spider, GTV	Lybra
Kompaktklasse	192	Stilo		
Kompaktklasse	186	Multipla		
Mittelklasse	V	Ulyssee		Phedra
Oberklasse	Type LC		166	Thesis

Plattformstruktur der Volkswagen Gruppe
(Weltproduktion 2002: 5.023,3 Tsd. Fzg.)

Segment	Plattformen	VW	Audi	Seat	Skoda
Kleinwagen	A00, A0	Lupo, Polo		Arosa, Ibiza, Cordoba	Fabia
Kleinwagen	W10		A2		
Kompaktklasse	A	Golf, Bora, New Beetle, Touran	A3 TT	Leon Toledo	Octavia
Mittelklasse/ obere Mittelklasse	B, C	Passat Sharan	A4, A6, Allroad	Alhambra	Superb
Oberklasse	D	Phaeton	A8		
Oberklasse	T	Touareg			

Fiat Auto (Fiat, Alfa Romeo, Lancia):   Ø 231 Tsd. Fahrzeuge pro Plattform
Volkswagen (Seat, Skoda, VW, Audi):   Ø 837 Tsd. Fahrzeuge pro Plattform

Abbildung 58: Plattformstrukturen des Volkswagen-Konzerns und der Fiat Auto S. p. A.[449]

Neben gemeinsamen Produktplattformen verspricht auch der Zukauf von Bauteilen oder ganzen Fahrzeugen („Badge Engineering") hohe Einsparpotenziale. So bezieht beispielsweise BMW die Dieselmotoren für die neue Mini-Generation von Toyota, zugleich entwickeln PSA und BMW gemeinsam eine neue Familie von Benzin-Motoren.[450] Als Beispiele für den Austausch ganzer Produkte können der Mazda 121 (identisch mit Ford Fiesta), der Opel Frontera (identisch mit Isuzu Rodeo), der Opel Agila (identisch mit Suzuki Wagon R+) und der Ford Maverick (identisch mit Nissan Terrano) angeführt werden. Ebenso waren der Citroen Evasion und der Peugeot 806 oder aber der Volkswagen Sharan/ Seat Alhambra/ Ford Galaxy baugleiche Fahrzeuge, die unter verschiedenen Markennamen vertrieben wurden („crossbadging").[451]

---

[449] Vgl. DRI-WEFA (2002): a.a.O., Dezember 2002, S. 456 ff. Volkswagen-Produktion incl. Nutzfahrzeuge.

[450] Vgl. o. V. (2002): Toyota wird Diesel-Motoren für den Mini von BMW liefern. In: FTD vom 13.05.2002; o. V. (2002): Peugeot schlägt Verdrängungskurs ein. In: FTD vom 26.09.2002.

[451] Vgl. DUDENHÖFFER, F. (1997): Outsourcing, Plattform-Strategien und Badge Engineering: Markenentwicklung bei austauschbaren Produkten. In: WiSt, Jg. 26, Nr. 3, S. 147 ff.

Die kostengetriebene Vereinheitlichung von Produktmodulen und Plattformen steht jedoch im Kontrast zur notwendigen Individualität der Marken im Konzern. Sind sich Fahrzeuge verschiedener Marken zu ähnlich, ist die Überschneidungsfreiheit innerhalb der Mehr-Marken-Strategie nicht mehr gewährleistet und die Marke verliert an Bindung.[452] Eine Kannibalisierung innerhalb des Konzerns ist dann nicht mehr auszuschließen, ein **Mehr-Marken-Management** „im Hintergrund" ist dabei unerlässlich.[453] Folglich ist bei der Entwicklung einer neuen Fahrzeugplattform sowohl Kosten-, Technologie- als auch Marktbedürfnissen Rechnung zu tragen. Daher setzt sich das Lastenheft für eine neue Produktplattform aus drei Teilplänen zusammen:[454]

- *Produktplan*: Enthält allgemein die Beschreibung der abzuleitenden Einzelprodukte,

- *Differenzierungsplan*: Enthält eine Beschreibung der Unterscheidungsmerkmale der Einzelprodukte aus markenstrategischer Sicht,

- *Vereinheitlichungsplan*: Definiert den Umfang der physisch gleichen Elemente der Einzelprodukte aus technischer und kostenorientierter Sicht.

Eine effiziente Plattformstrategie von Automobilherstellern ist folglich den Erfolgspotenzialen und nicht den Erfolgsfaktoren in der Automobilindustrie zuzurechnen, da ihre notwendige Bedingung, die Vereinheitlichung von Produkten, eben nicht am Markt wahrnehmbar sein soll. Gemeinsam mit einer trennscharfen Markenpolitik begegnen erfolgreiche Hersteller auf diese Weise dem steigenden Kosten- und Entwicklungsdruck in der Automobilindustrie.

---

[452] Vgl. o. V. (1999): Riskante Tour. In: manager-magazin, Jg. 29, Nr. 10, S. 131.

[453] Vgl. DUDENHÖFFER, F. (1996): Auto-Marken morgen. In: Marketing Journal, Jg. 29, o. Nr., S. 82 – 88; DUDENHÖFFER, F. (1997): a.a.O., S. 149; DUDENHÖFFER, F. (2001): a.a.O., S. 406 ff.

[454] Vgl. MÜLLER, M. (2000): a.a.O., S. 87 ff. sowie MÜLLER, M. (2000): Management der Entwicklung von Produktplattformen, S. 24.

3.2.2.2 Mitarbeiterpotenzial und F&E-Kompetenz

Aus dem steigenden Innovations- und Kostendruck in der Automobilindustrie resultieren hohe Anforderungen an die Fahrzeughersteller bezüglich der Leistungseffizienz und F&E-Kompetenz.[455] Erfolgreiche Automobilproduzenten zeichnen sich deshalb durch ein äußerst effizientes Mitarbeiterpotenzial sowie Stärken auf dem Gebiet der Forschung und Entwicklung aus. Im Folgenden soll nun die Erfolgsrelevanz der beiden Kategorien anhand von Kennzahlenvergleichen verdeutlicht werden.

Die **Leistungseffizienz der Mitarbeiter** kann quantifiziert werden, indem eine Erfolgs- oder Output-Größe ins Verhältnis zur Belegschaftszahl gesetzt wird. Beispielsweise können die Kennzahlen Produktion pro Mitarbeiter (Arbeitsproduktivität), Umsatz pro Mitarbeiter oder das operative Ergebnis pro Mitarbeiter herangezogen werden. In Abbildung 59 sind die Kennzahlen für die Automobilkonzerne (ohne MG Rover) berechnet worden.

Rang	Hersteller	Arbeitsproduktivität (Fzg./ Mitarbeiter)	Hersteller	Umsatz / Mitarbeiter (in €)	Hersteller	Operatives Ergebnis / Mitarbeiter (in €)
1	Toyota[1]	24	GM	564.291	Porsche[1]	82.800
2	GM	24	Honda[1]	533.528	Honda[1]	46.142
3	Honda[1]	23	Toyota[1]	516.898	Toyota[1]	43.905
4	Ford	20	Ford	491.243	BMW	32.515
5	Renault	18	Porsche[1]	485.700	GM	30.683
6	PSA	16	DC	428.519	DC	15.926
7	Volkswagen	15	BMW	416.982	Volkswagen	14.649
8	DC	12	Fiat	299.188	PSA	14.638
9	Fiat	12	Renault	275.273	Renault	9.220
10	BMW	11	PSA	273.548	Ford	858
11	Porsche[1]	6	Volkswagen	267.532	Fiat	(-4.097)

1) Das Geschäftsjahr endet bei Toyota und Honda erst zum 31.03.2003, das Porsche-Geschäftsjahr endete bereits am 31.07.2002.

Abbildung 59: Mitarbeitereffizienz in der Automobilindustrie[456]

Hinsichtlich der *Arbeitsproduktivität* schneiden die Konzerne Toyota, General Motors, Honda und Ford besonders gut ab. BMW, Fiat und Porsche rangieren hingegen auf den letzten Plätzen. Die Rangfolge erklärt sich vor dem Hintergrund unterschiedlicher Unternehmensgrößen. Toyota, GM und Ford sind die weltweit größten Automobilproduzenten, sie produzieren jährlich mehr als sechs Millionen Fahrzeuge. Honda hingegen gehört eher zu den kleineren Anbietern (Produktionsvolumen 2002: 2,8 Mio. Fzg.). Das Unternehmen gleicht den Volumennachteil jedoch durch eine äußerst effiziente Belegschaft aus.

---

[455] Die Bedeutung eines effizienten (d. h. schlanken, produktiven, qualitätsorientierten) Produktionskonzeptes wird in der Langzeitstudie zur Automobilindustrie von WOMACK/ JONES/ ROOS nachgewiesen, vgl. WOMACK, J. P.; JONES. D. T.; ROOS, D. (1997): a.a.O., S. 53 ff.

[456] Datenbasis: Pkw und Nutzfahrzeuge. Finanzdaten entstammen Abbildung 44, S. 101 bzw. den dort angegebenen Quellen. Minderheitsbeteiligungen (e. g. DC an Mitsubishi) nicht berücksichtigt. Angaben zu MG Rover nicht verfügbar.

In der Kategorie *Umsatz je Mitarbeiter* schneiden erneut General Motors, Honda, Toyota und Ford sehr erfolgreich ab. Zu den Verlierern gehören Renault, PSA und VW. Auch hierbei kann die Unternehmensgröße als primärer Erklärungsgrund herangezogen werden. Ebenso fällt auch in diesem Vergleich Honda als kleiner Anbieter besonders auf. Eine Erklärung dafür liefern die Premiumpreise, die dem Unternehmen durch die Premiummarke Acura in Nordamerika zusätzlich zufließen. Der zweite Grund ist erneut die äußerst effiziente Belegschaft.

Die höchsten *operativen Ergebnisse je Mitarbeiter* erwirtschaften Porsche, Honda, Toyota und BMW. Die geringsten Werte entfallen dagegen auf Renault, Ford und Fiat. Als Ursachen dafür können die unterschiedlichen Preisniveaus der bearbeiteten Fahrzeugsegmente angeführt werden. Porsche und BMW spezialisieren sich auf die Premiumsegmente des Automobilmarkts. Toyota und Honda bearbeiten mit ihren Luxusmarken Lexus und Acura ebenfalls den Premiummarkt. Fiat hingegen legt seinen Produktschwerpunkt auf die preissensibleren Kleinwagensegmente des Automobilmarkts, zudem trägt der Absatzeinbruch in der Hauptabsatzregion Westeuropa zu dem negativen Ergebnis bei.[457] Bei Ford erkären sich die geringen Werte unter anderem vor dem Hintergrund des anhaltenden Preiskrieges in den USA.

In der Gesamteinschätzung fällt auf, dass Toyota und Honda in allen Kategorien besonders gut abschneiden, Fiat weist dagegen in allen Kategorien nur schwache Werte auf. General Motors und Ford können Preisnachteile durch economies of scale ausgleichen. BMW und Porsche können Größennachteile durch Premiumpreise ausgleichen. Den Unternehmen Toyota und Honda ist jedoch - mit Hilfe eines ausgesprochen effizienten Mitarbeiterpotenzials - der Spagat zwischen economies of scale und Premium-Anspruch gelungen.

Insgesamt sind die vorgeschlagenen Kennzahlen folglich im Hinblick auf die Unternehmensgrößen bzw. die Preisniveaus in den bearbeiteten Produktsegmenten zu relativieren. Darüber hinaus ist darauf hinzuweisen, dass die zur Berechnung erforderlichen Mitarbeiterzahlen nur für die Gesamtkonzerne verfügbar sind. Eine verursachungsgerechte Zuordnung (e. g. zur Automobilsparte) kann deshalb nicht in allen Fällen vorgenommen werden.[458] Ferner schränken verschiedene Bilanzierungsrichtlinien die Vergleichbarkeit der Kennzahlen ein. Trotz der Einschränkungen erscheint es jedoch plausibel, dass die Leistungseffizienz der Mitarbeiter eine Voraussetzungen für den Unternehmenserfolg in der Automobilindustrie ist.

Ein ebenso bedeutsames Erfolgspotenzial der Automobilindustrie ist die **Forschungs- und Entwicklungskompetenz**. Sie bildet die grundlegende Voraussetzung für die Einführung

---

[457] Im Geschäftsjahr 2002 verkaufte die Fiat Auto S.p.A. (Marken: Fiat, Alfa Romoe, Lancia) in Westeuropa 10,5 Prozent weniger Fahrzeuge als im Vorjahr. Der westeuropäische Gesamtmarkt gab hingegen nur um 2,9 Prozent nach. Vgl. Geschäftsbericht der Fiat S.p.A. (2002).

[458] Beispielsweise wird bei der „Arbeitsproduktivität" die Output-Größe (produzierte Fahrzeuge) auch auf diejenigen Mitarbeiter umgerechnet, die nicht im Automobilgeschäft tätig sind.

innovativer Produkte. Die F&E-Kompetenz eines Unternehmens lässt sich primär anhand des Aufwandes für Forschung und Entwicklung beziffern. Um Größenunterschiede zwischen Automobilkonzernen zu eliminieren, kann der F&E-Aufwand mit der Höhe des Umsatzes von Unternehmen ins Verhältnis gesetzt werden.

Die Erfolgsrelevanz der F&E-Aktivitäten lässt sich ebenfalls in einem Kennzahlenüberblick verdeutlichen (vgl. Abbildung 60). Die erfolgreichen Hersteller Honda, BMW, Toyota und DaimlerChrysler wiesen 2002 überdurchschnittlich hohe Relationen F&E / Umsatz auf. Auf eher durchschnittlichem Niveau bewegen sich PSA, Renault und VW. Fiat und GM wiesen 2002 im Wettbewerbsvergleich die geringsten Raten auf.

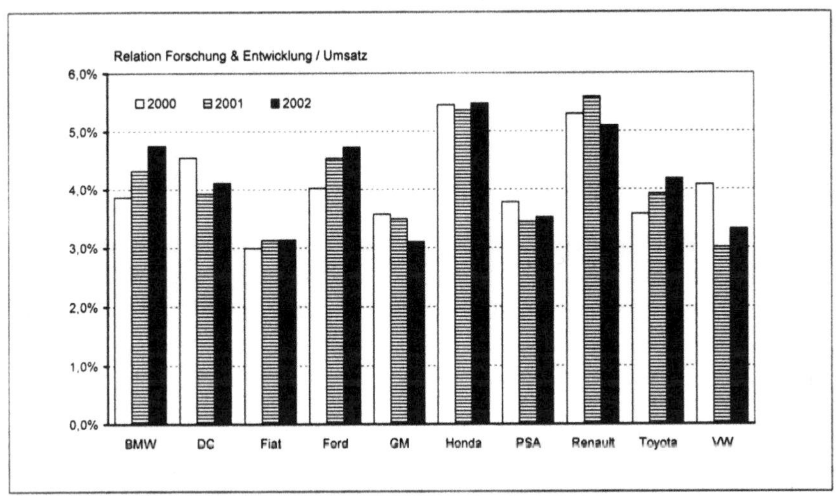

Abbildung 60: F&E-Aktivitäten in der Automobilindustrie[459]

Der überwiegende Teil der erfolgreichen Automobilproduzenten (Honda, BMW, VW und Toyota) hat im Jahre 2002 folglich einen größeren Teil des Konzernumsatzes in künftige Projekte investiert als weniger erfolgreiche Hersteller (GM, Fiat). Eine Sonderstellung nimmt hierbei der Ford-Konzern ein, der trotz der hohen F&E-Aufwendungen zu den weniger erfolgreichen Herstellern zählt. Ein Grund dafür kann in der Berechnungsmethode zu lokalisieren sein: Im Ford-Konzernbericht werden die „Engineering-Kosten" zu den Forschungs- und Entwicklungskosten gerechnet. Wenngleich auch hierbei die direkte Vergleichbarkeit der Kennzahlen durch verschiedene Berechnungsmöglichkeiten fragwürdig sein mag, so lassen sich zumindest tendenziell festhalten, dass Unterschiede zwischen erfolgreichen und weniger erfolgreichen Herstellern hinsichtlich der F&E-Aktivitäten auftreten. Es erscheint somit plausibel, dass die Forschungs- und Entwicklungskompetenz in einer innovationsdynamischen

---

[459] Quelle: Geschäftsberichte der Konzerne (2002; Toyota/ Honda: 2003).

Branche wie die Automobilindustrie eine wichtige Rolle für den zukünftigen Unternehmenserfolg spielt.

Ergänzend können auch **Kooperationen** mit Zulieferern und Wettbewerbern wichtige Hinweise auf F&E-Kompetenzen der Hersteller geben. Auf diesem Wege verschaffen sich Unternehmen Zugang zu neuen Technologien. Beispielsweise kooperieren Ford und PSA auf den Gebieten der Dieselmotoren, Opel und Renault entwickeln bzw. produzieren Nutzfahrzeuge gemeinsam. Hierbei kommt es nicht auf die absolute Anzahl an Kooperationsbeziehungen an, vielmehr steht die Komplementarität der Fähigkeiten des Kooperationspartners mit den eigenen Stärken und Schwächen im Vordergrund.

Abschließend kann folglich festgehalten werden, dass, ein Fahrzeughersteller, der dem Entwicklungs- und Innovationsdruck in der Automobilindustrie standhalten möchte, über ein leistungsfähiges Mitarbeiterpotenzial sowie Stärken auf dem Gebiet der Forschung und Entwicklung verfügen muss.

3.2.2.3 Globales Produktions- und Marketingpotenzial

Um in der Weltautomobilindustrie zeitnah und kosteneffizient Märkte mit Gütern und Dienstleistungen versorgen zu können, ist ein globales Produktions- und Vertriebsnetzwerk unabdingbar. Ein Beispiel für ein **erfolgreiches globales Produktions- und Vertriebsnetzwerk** liefert die BMW Group (vgl. Abbildung 61).

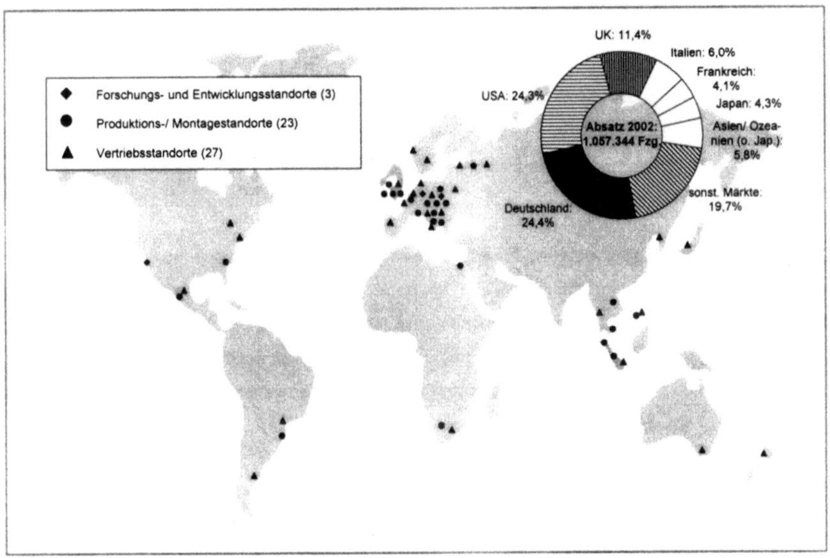

Abbildung 61: Globales Produktions- und Vertriebsnetzwerk der BMW Group[460]

Die BMW Group hat ihre dezentralen Standorte in allen bedeutenden Märkten platziert.[461]Auf den Heimatmarkt Deutschland (Absatzanteil 2002: 24,4 Prozent) entfällt der überwiegende Teil der BMW-Produktionsstätten (Werke Dingolfing, Eisenach, Landshut, München, Regensburg). In den USA betreibt das Unternehmen ein Forschungs- und Entwicklungszentrum (Newbury Park), eine Produktionsstätte (Spartanburg) sowie zwei Vertriebsgesellschaften. In Brasilien hält das Unternehmen ein Joint Venture (Tritec Motors) mit DaimlerChrysler. Darüber hinaus verfügt BMW im Wachstumsmarkt Asien, wo der Konzern bis 2008 seinen Absatz auf 150.000 Fahrzeuge p. a. verdoppeln will, mit fünf eigenen Vertriebsgesellschaften und fünf Montagestandorten über ein ausbaufähiges lokales Netzwerk.[462] In China hat das Unternehmen 2003 ein Joint Venture mit dem lokalen Anbieter Brilliance Automotive Holdings Limited gegründet, in Malaysia wurde eine weitere Vertriebsgesellschaft eröffnet. Darüber hinaus sind der Einstieg in Indien sowie der Ausbau des Werks Rayong (Thailand) zur Belieferung der regionalen Märkte (ab Realisation der asiatischen Freihandelszone AFTA) geplant.[463]

---

[460] Vgl. BMW-Konzern Geschäftsbericht (2002).

[461] Vgl. dazu ZIEBART, W. (2000): a.a.O., S. 10.

[462] Vgl. o. V. (2002): BMW strebt nach Asien. In: FTD vom 14.11.2002; o. V. (2003): BMW will nach Verkaufsrekord in Asien bis 2007 den Absatz verdoppeln. In: Die Welt vom 28.03.2003.

[463] Vgl. o. V. (2002): BMW kündigt Vertriebsoffensive in Asien an. In: FTD vom 21.07.2002.

Nicht zuletzt aufgrund der proaktiven Standortstrategie konnte der BMW-Konzern 2002 75,6 Prozent des Absatzes außerhalb des Heimatmarktes realisieren. Darüber hinaus erscheinen die ehrgeizigen Absatzziele für Asien aufgrund des lokalen Standortaufbaus durchaus realisierbar. Insgesamt kann festgehalten werden, dass BMW die Bedeutung der Standortnähe in der Automobilindustrie erkannt hat und damit proaktiv den Grundstein für zukünftiges Wachstum legt.

Als zweites erfolgreiches Beispiel für ein schlüssiges globales Standortkonzept kann die Toyota Motor Corporation angeführt werden. Toyota- und Lexusfahrzeuge werden in 170 Staaten über 166 Marketinggesellschaften verkauft (vgl. Abbildung 62). Außerhalb Japans ist das Unternehmen in 26 Ländern mit 45 eigenen Produktionsstätten vertreten. In Nordamerika hat das Unternehmen zudem eigene Forschungs- und Entwicklungszentren aufgebaut (1977), um rechtzeitig auf lokale Markttrends reagieren zu können. Die frühe Präsenz in Nordamerika kann als ursächlich für die starken Verkäufe des Unternehmens (35,2 Prozent des Konzernabsatzes entfallen auf Nordamerika) in der Region angesehen werden.

Region	Marketinggesellschaften	Produktionsstätten	R&D-Zentren	Produktionsanteil 2002 (%)*	Absatzanteil 2002 (%)*
Nordamerika	5	11	2	21,4	35,2
Lateinamerika und Karibik	41	4	-	0,5	1,8
Europa	27	6	1	6,1	13,7
Afrika	48	2	-	1,4	2,5
Asien (ohne Japan)	12	16	1	6,1	8,2
Ozeanien	15	1	-	1,5	3,3
Nahost und Südwestasien	18	5	-	1,2	4,9
Japan	-	15	2	61,8	30,4
Σ	166	60	6	100,0	100,0

* Produktion Toyota/ Lexus 2002: 5.641 Tsd. Fzg.
Absatz Toyota/ Lexus 2002:   5.519 Tsd. Fzg.

Abbildung 62: Globales Produktions- und Vertriebsnetzwerk des Toyota-Konzerns[464]

In Europa hingegen realisierte Toyota aufgrund fehlender Marktpräsenz bis 1997 nur verhältnismäßig geringe Absätze. Seit 1998 entwickelt und produziert Toyota in Frankreich (Toyota Europe Design Development) Fahrzeuge für den europäischen Markt. Die stärkere Marktnähe zu Europa kann als wesentliche Ursache für den deutlichen Anstieg der Toyota-Verkäufe in Europa in den letzten fünf Jahren (2002 geg. 1997: +60,4 Prozent) angesehen werden.[465]

---

[464] Vgl. TOYOTA MOTOR CORPORATION (2003): 2003 Data Book, S. 3, 6, 13 - 14, 23 - 24. Angaben für Toyota und Lexus, ohne Daihatsu und Hino.

[465] Im Geschäftsjahr 1997 setzte Toyota 471,2 Tsd. Fahrzeuge (Toyota und Lexus) in Europa ab, das entsprach einem Anteil von 9,7 Prozent am Konzernabsatz. Im Jahre 2002 verkaufte der Konzern in Europa bereits 755,6 Tsd. Fahrzeuge und erhöhte den Absatzanteil Europas auf 13,7 Prozent. Vgl. TOYOTA MOTOR CORPORATION (2003): a.a.O., S. 6.

Bis 2005 will der Toyota-Konzern seinen Absatz in Europa auf 800 Tsd. Fahrzeuge p. a. erhöhen (Absatz 2002: 755,6 Tsd. Fzg.).[466] Angesichts der bisherigen Absatzentwicklung und der verstärkten Präsenz in Europa erscheint das Ziel durchaus realistisch. Aus der globalen Geschäftstätigkeit des Konzerns resultiert darüber hinaus der geringe Abhängigkeitsgrad vom Heimatmarkt: Rund 69,6 Prozent der Toyota- und Lexusfahrzeuge wurden im Geschäftsjahr 2002 außerhalb des Heimatmarktes abgesetzt.[467]

Ein drittes Beispiel für Bedeutung der Standortpolitik liefert der Volkswagen-Konzern in China: Volkswagen baute lange vor den anderen Fahrzeugproduzenten (1985) eigene Produktionsstätten vor Ort auf, die etablierte Präsenz in dem Land verschafft dem Unternehmen heute eine überdurchschnittlich starke Marktstellung in dem Land (nahezu 50 Prozent Marktanteil).[468] Zudem können Absatzschwächen in anderen Regionen durch den starken Chinaabsatz kompensiert werden.[469] Neben China produziert Volkswagen in sechs weiteren Ländern außerhalb Deutschlands (Mexiko, Brasilien, Argentinien, Südafrika, Israel, Indien). Dank der langfristig angelegten, globalen Standortstrategie konnte der Konzern im Geschäftsjahr 2002 81,1 Prozent des Absatzes außerhalb des Heimatmarktes realisieren.

Als **weniger erfolgreiches Beispiel** muss dagegen die Standortpolitik des Fiat-Konzerns eingestuft werden. Das Unternehmen ist weltweit in 15 Ländern präsent und produziert bzw. montiert in 12 Staaten. Der wichtigste Produktionsstandort ist Italien (sieben eigene Fabriken und ein Joint Venture mit PSA).[470] In Asien ist das Unternehmen mit fünf Tochterunternehmen, vier Gemeinschaftsunternehmen und zwei Lizenzverträgen zwar relativ stark vertreten, dafür besteht auf dem nordamerikanischen Markt keine Repräsentanz. Dort werden bislang nur Ferrari- und Maserati-Fahrzeuge in marginalen Stückzahlen abgesetzt (2002: 2.378 Fahrzeuge).[471] Ab Jahresende 2003 sollen jedoch Fiat-Fahrzeuge in Mexiko (über das GM-Vertriebsnetz) und ab 2007 auch Alfa-Romeo-Fahrzeuge in den USA angeboten werden.[472] Angesichts der starken lokalen Konkurrenz (General Motors, Ford, Chrysler) sowie etablierter ausländischer Hersteller (Toyota, Honda) erscheint ein nennenswerter Markterfolg des Fiat-Konzerns in Nordamerika ohne eine unterstützende Standortstrategie jedoch kaum realisierbar. Aufgrund der unzureichenden globalen Präsenz gehört der Fiat-Konzern zu den am

---

[466] Vgl. o. V. (2002): Toyota nennt ehrgeiziges Vekraufsziel für Deutschland. In : FTD vom 29.05.2002.

[467] Zu den Globalisierungsgraden vgl. Abbildung 37, S. 90.

[468] Vgl. Abbildung 52, S. 116.

[469] Im Geschäftsjahr 2002 setzte die Volkswagen AG 512.548 Fahrzeuge in China ab, das entsprach etwa 10 Prozent des Konzernabsatzes. Vgl. Geschäftsbericht des Volkswagen-Konzerns (2002). Vgl. dazu auch o. V. (2003): VW: China überholt Deutschland als größter Absatzmarkt. In: FTD vom 18.02.2003.

[470] Vgl. Geschäftsbericht der Fiat S.p.A. (2002).

[471] Vgl. Geschäftsbericht der Fiat S.p.A. (2002).

[472] o. V. (2003): Fiat darf Vertrieb von General Motors nutzen. In: Die Welt vom 20.05.2003.

stärksten heimatmarktabhängigen Unternehmen: Nur rund 60,3 Prozent des Absatzes entfallen auf Gebiete außerhalb Italiens.

Neben der erforderlichen Marktnähe muss eine Standortpolitik auch unter Kostengesichtspunkten beurteilt werden. Dezentralen Produktionseinheiten müssen hinreichend ausgelastet sein, damit nicht der Vorteil Standortnähe durch hohe Fixkosten geschmälert wird. Die negative Wirkung unzureichender Auslastungsgrade lässt sich anhand einiger europäischer Standorte des General Motors Konzerns darstellen: Das Unternehmen verfügte 2002 zwar über elf Produktionsstätten in Europa.[473] Die Werke in Polen, Deutschland und Schweden waren 2002 jedoch nur zu 59 bzw. 50 und 69 Prozent ausgelastet, was vermutlich mit zu dem negativen Ergebnis der GM Europa Division beigetragen hat.[474] Zugleich ist die ausreichende Produktivität der Standorte eine wichtige Voraussetzung. Die Produktivität misst den Output eines Unternehmens (e. g. das Produktionsvolumen p. a.) beispielsweise in Relation zu einer Zeiteinheit oder zu einem Mitarbeiter. Dadurch relativieren sich die Standortkosten, d. h. der Bau eines Werks in einem Niedriglohnland ist nur dann sinnvoll, wenn die Lohnkostenersparnis nicht durch zu geringe Produktivitätsraten aufgezehrt wird.

Zusammenfassend lässt sich festhalten, dass der Faktor „Standortnähe" in einem globalisierten Wirtschaftszweig wie der Automobilindustrie nur über eine umfangreiche internationale Präsenz sicherzustellen ist. Unter Kostengesichtspunkten ist dabei zu berücksichtigen, dass dezentrale Kapazitäten hinreichende Auslastungsgrade und Produktivitätsraten aufweisen sollten.

3.2.2.4 Kundenbindungs- und -beziehungsmanagement

Der Aufbau und die Pflege langfristiger Kundenbeziehungen gewinnen auf den Automobilmärkten immer mehr an Bedeutung. Die Ursachen dafür liegen v. a. in der Marktstagnation in der Triade, d. h. die Nachfrage wird überwiegend durch Ersatzkäufe konstituiert.[475] Darüber hinaus lässt sich auch die Kostenwirkung eines erfolgreichen Kundenbindungs- bzw. -beziehungsmanagement (CRM) als Argument anführen: Die Neugewinnung eines Kunden erfordert ein fünf- bis achtfaches Marketingbudget, das für die Bindung eines bestehenden Kunden erforderlich ist.[476] Ein drittes Motiv für die aktive Kundenbindung in der Automobilindustrie stellen die Ertragspotenziale jenseits der Fahrzeugauslieferung dar: Nach dem Neu-

---

[473] Die europäischen Produktionsstätten befinden sich in Belgien (1), Deutschland (3), Grobritannien (3), Polen (1), Portugal (1), Schweden (1) und Spanien (1). Vgl. AWKNOWLEDGE (Hrsg., 2002): a.a.O., o. S.

[474] Vgl. AWKNOWLEDGE (Hrsg., 2002): a.a.O., o. S.

[475] Vgl. HOLLAND, H. (2002): Kundenbindungsmanagement in der Automobilbranche. In: HINTERHUBER, H. H.; MATZLER, K. (Hrsg., 2002): Kundenorientierte Unternehmensführung – Kundenorientierung – Kundenzufriedenheit – Kundenbindung, S. 417 ff.

[476] Vgl. MUELLER, W. (1994): Kundenbindungs-Management. In: MUELLER, W.; BAUER, H. H. (Hrsg., 1994): Wettbewerbsvorteile erkennen und sichern. Erfahrungsberichte aus der Marketing-Praxis, S. 197.

wagenverkauf können zusätzlich Erträge aus Finanzdienstleistungen, Ersatzteilgeschäft, Versicherungen etc. abgeschöpft werden. Der Zusammenhang zwischen loyalen Kunden und Unternehmenserfolg in der Automobilindustrie konnte von DITTMAR empirisch nachgewiesen werden.[477]

In der Automobilindustrie ist die Bindung bestehender Kunden jedoch nicht ganz einfach zu realisieren: Einen zunehmenden Störfaktor stellt das variety-seeking-Verhalten der Kunden dar, d. h. der zunehmende Wunsch nach Abwechslung.[478] Dadurch sehen sich Fahrzeughersteller mit stetig sinkenden Kundenloyalitäten konfrontiert. Ferner sind die Kaufzyklen in der Automobilindustrie länger als bei kurzlebigen Konsumgütern. Infolgedessen ist der Kontakt zum Kunden seltener. Drittens befindet sich zwischen dem Hersteller und dem Kunden die Handelsstufe, was zu einem kundenbezogenen Informationsdefizit seitens der Hersteller führt.[479] Somit stehen dem Hersteller nur indirekte Wege zum Aufbau von Kundenbeziehungen offen. Zu wichtigen Instrumenten gehören deshalb:

- die Ausdehnung des Produkt- und Markenprogramms,

- die Ausweitung des Dienstleistungsangebots,

- die internetgestützte Kundenansprache,

- die Herstellergarantie,

- das Beschwerde- bzw. Kulanzmanagement.

Die Ausdehnung des **Produkt- und Markenprogramms** stellt auf aufstrebende bzw. nach Abwechslung suchende Kundengruppen ab. Auf diese Weise sollen wandelnde Kundenpräferenzen durch Eintritt in neue Lebensphasen (beispielsweise Studium, Beruf, Pensionierung) mit passenden Fahrzeugen und Marken bedient werden.[480] Ebenso kommt eine große Vielfalt an Modellvarianten dem variety-seeking-Verhalten der Konsumenten entgegen. Die Ausweitung des **Dienstleistungsangebots** bezieht sich vor allem auf Finanz- und Versicherungs-

---

[477] Vgl. DITTMAR, M. (2000): Profitabilität durch das Management von Kundentreue: Theoretische Diskussion, Methodik und empirische Ergebnisse am Beispiel der Automobilindustrie, S. 203 ff.

[478] Die negative Wirkung des variety seeking auf die Kundenbindung in der Automobilindustrie weisen DICHTL/ PETER empirisch nach. Vgl. DICHTL, E.; PETER, S. (1996): Kundenzufriedenheit und Kundenbindung in der Automobilindustrie. In: BAUER, H. H.; DICHTL, E.; HERRMANN, A. (1996): Automobilmarktforschung: Nutzenorientierung von Pkw-Herstellern, S. 15 – 31. Ähnlich dazu auch PEREN, F. W.; LATZ, R. (2002): Customer Relationship Management: Ein unverzichtbarer Bestandteil moderner Unternehmensführung. In: ZfAW, Jg. 5, Nr. 2, S. 47.

[479] Vgl. BRAEKLER, M.; DIEHL, R.; WORTMANN, U. (2003): Integriertes Customer Relationship Management bei der BMW Group Deutschland. In: TEICHMANN, R. (Hrsg., 2003): Customer and Shareholder Relationship Management. Erfolgreiche Kunden- und Aktionärsbindung in der Praxis, S. 149.

[480] Vgl. HIPPNER, H.; WILDE, K. D. (2003): Customer Relationship Management - Strategie und Realisierung. In: TEICHMANN, R. (Hrsg., 2003): a.a.O., S. 16.

dienstleistungen, die über den Händler an den Kunden vermittelt werden. Traditionelle Services, die während der Kaufphase (e. g. Verkaufsberatung, Bestellung, Fahrzeugüberführung) angeboten werden, können inzwischen von allen Herstellern in zufriedenstellender Qualität vermittelt werden. Dennoch können Zusatzleistungen den Wert der automobilen Kernleistung erhöhen und somit Wechselbarrieren aufbauen.[481] Schätzungen zufolge ist die Loyalität eines Autokunden (zur Marke und zum Händler), der eine Finanzierung über die Herstellerbank des Fabrikats abgeschlossen hat, ungefähr 20 Prozent höher als die Loyalität eines Autokunden, der seinen Fahrzeugkauf nicht herstellerseitig finanziert hat.[482]

Zusätzliche Services können auch über das Medium **Internet** angeboten werden: Beispielsweise werden im Volkswagen-Internetportal „DriverLounge" interaktive Betriebsanleitungen dem Fahrzeughalter zur Verfügung gestellt. Mittels Nutzerregistrierung im Portal können wertvolle Kundendaten ermittelt und für Marktforschungszwecke ausgewertet werden. Der Erfolg dieser Form der Kundenansprache ist jedoch stark von der Auskunftsbereitschaft der Kunden abhängig. Eine Studie, in der 411 deutsche Haushalte in Telefoninterviews befragt wurden, ergab, dass 76 Prozent der befragten Personen nicht bereit waren, ihre Daten zur gezielteren Kundenansprache an Unternehmen preiszugeben.[483] Aus diesem Grund sind im Vorfeld geplanter CRM-Maßnahmen die Determinanten der Auskunftsbereitschaft der Kunden zu ermitteln bzw. die Maßnahmen derart zu konstruieren, dass der Kunde sich nicht seitens der Unternehmen „durchleuchtet" fühlt.

Ein viertes Instrument stellt die **Herstellergarantie** dar, die den Autobesitzer bei Reparaturen und Inspektionen an die eigene Vertragswerkstatt binden soll. Der Volkswagen-Konzern offeriert beispielsweise Neufahrzeugkunden eine „LongLife Mobilitätsgarantie". Die Garantie beinhaltet eine zweijährige Frist zwischen den Inspektionen. Darüber hinaus werden Dienstleistungen angeboten, die den Kunden im Ernstfall mobil halten sollen (e. g. Abschleppdienst, Ersatzwagen).[484] Auf diese Weise will sich VW als Mobilitätsmarke von den Wettbewerbern abheben und Kunden durch den „Added-Service" zum Wiederkauf bewegen.

Für den Fall, dass gesetzliche oder vertragliche Gewährleistungen und die Herstellergarantie bereits abgelaufen sind, kann ein Produzent durch ein effektives **Kulanzmanagement** die Kundenzufriedenheit wieder herstellen.[485] Den gleichen Zweck verfolgt auch das Beschwer-

---

[481] Vgl. MEYER, A.; BLÜMELHUBER, C. (2000): Kundenbindung durch Services. In: BRUHN, M.; HOMBURG, C. (Hrsg., 2000): Handbuch Kundenbindungsmanagement: Grundlagen, Konzepte, Erfahrungen, S. 279 ff.

[482] Vgl. o. V. (2002): „Finanzdienstleistungen erhöhen die Kundenbindung". In: Automobilwirtschaft, Jg. 4, Nr. 4, S. 44 - 45 [Anführungszeichen im Originaltext].

[483] Vgl. LEBER, M.; RENTZMANN, René (2003): Die Perspektive des Kunden. In: absatzwirtschaft, Jg. 46, Nr. 2, S. 87.

[484] Vgl. Volkswagen-Informations-Mappe zur LongLife Mobilitätsgarantie „Doppelt so lang. Doppelt so gut".

[485] Vgl. EGGERT, A. (2003): Kulanz – Erfolgskriterium oder notwendiges Übel? In: Autohaus, Jg. 47, Nr. 3, S. 38 – 39.

demanagement. Bei beiden Instrumenten sollen Kundenbeschwerden destimuliert, verarbeitet und in konkrete Verbesserungsaktionen umgewandelt werden.[486] Auch so erzielte Kundenzufriedenheit dürfte sich in stärkerer Kundenbindung niederschlagen.

Die Ausführungen zeigen, dass ein loyaler Kundenstamm – als Ergebnis guter Kundenbeziehungen – eine wichtige Größe für den Unternehmenserfolg darstellt, da er „nachhaltigen finanziellen Erfolg (Gewinne, Deckungsbeiträge) und [...] stabilsten Schutz vor Wettbewerberangriffen"[487] sichert. Die Höhe der Loyalitätsrate hängt davon ab, wie effektiv ein Hersteller Zufriedenheit beim Kunden erzeugt bzw. diese im Falle unglücklicher Umstände wieder herstellt.[488] In den Triademärkten kann auch die Entwicklung des Marktanteils die Stärke der Kundenbindung indizieren. Bei einer stagnierenden Nachfrage dürfte ein stabiler Marktanteil ein effizientes Kundenbindungsmanagement widerspiegeln. Als wesentliche Indikatoren eines erfolgreichen Kundenbindungs- und -beziehungsmanagement können folglich die Kundenloyalität, die Kundenzufriedenheit sowie die Entwicklung des Marktanteils auf den Triademärkten herangezogen werden.

3.2.2.5 Nachhaltiges Finanz- und Investitionsmanagement

Ein solides Finanz- und Investitionsmanagement bildet grundsätzlich die Basis jedes langfristig orientierten unternehmerischen Handelns. Diesem Thema kommt in der kostenintensiven Automobilindustrie jedoch eine besondere Bedeutung zu, da während der Entwicklung und Vermarktung neuer Fahrzeuge und technischer Innovationen seitens der Hersteller erheblich vorfinanziert werden muss.[489] Eine gesunde finanzielle Basis stellt deshalb eine wesentliche Voraussetzung für die Handlungsfähigkeit von Automobilproduzenten dar.

Die Vergleichbarkeit der Finanzsituationen internationaler Automobilunternehmen wird jedoch durch abweichende Abschlussstichtage, Währungseinheiten und Rechnungslegungs-

---

[486] Vgl. STAUSS, B. (2000): Kundenbindung durch Beschwerdemanagement. In: BRUHN, M.; HOMBURG, C. (Hrsg., 2000): a.a.O., S. 296 ff.

[487] MUELLER, W. (1994): a.a.O, S. 193.

[488] Vgl. HOMBURG, C.; GIERING, A.; HENTSCHEL, F. (2000): Der Zusammenhang zwischen Kundenzufriedenheit und Kundenbindung. In: BRUHN, M.; HOMBURG, C. (Hrsg., 2000): a.a.O., S. 81 – 114.; WEINBERG, P. (2000): Verhaltenswissenschaftliche Aspekte der Kundenbindung. In: BRUHN, M.; HOMBURG, C. (Hrsg., 2000): a.a.O., S. 43.

[489] Besondere Bedeutung hat deshalb in der Automobilindustrie das so genannte „Target Costing" erlangt. Das Target Costing stellt ein marktorientiertes Kostenmanagement dar. Dabei werden der Gebrauchswert und Marktpreis eines neues Produktes aus Sicht des Kunden antizipiert und von vorn herein in den Produktplanungsprozess einbezogen. Wesentliches Ergebnis dieser Vorgehensweise sind die Allowable Cost, d. h. wie hoch dürfen die Herstellkosten eines neuen Produkts unter gegebenem Zielpreis (Target Price) und Zielgewinn (Target Profit) sein. Vgl. GRAßHOFF, J.; GRÄFE, C. (1997): Kostenmanagement in der Produktentwicklung. In: Controlling, Jg. 9, Nr. 1, S. 14 – 23; GRAßHOFF, J. (2000): Ausgewählte Erfordernisse zur erfolgreichen Anwendung des Target Costing. In: controller magazin, Jg. 25, Nr. 4, S. 346 – 353.

normen beeinträchtigt.[490] Abbildung 63 zeigt wesentliche Charakteristika der Jahresabschlüsse in der Automobilindustrie auf. Im Vorfeld soll deshalb darauf hingewiesen werden, dass die Finanzdaten von Wettbewerbern das in Kapitel 2.1.1 festgelegte Kriterium „Vergleichbarkeit" nicht uneingeschränkt erfüllen und folglich mit einer gewissen Vorsicht zu interpretieren sind.

Automobilkonzern	Sitz Mutter-unternehmen	Abschluss-stichtag	Abschluss-währung	Rechnungslegungsnorm
General Motors	USA	31.12.	US $	US GAAP
Ford	USA	31.12.	US $	US GAAP
DaimlerChrysler	USA	31.12.	US $, €	US GAAP
PSA	Frankreich	31.12.	€	French GAAP
Renault	Frankreich	31.12.	FRF, €	French GAAP
Toyota	Japan	31.3.	¥, US $	Japan GAAP, teilweise US GAAP
Honda	Japan	31.3.	¥, US $	Japan GAAP, teilweise US GAAP
Fiat	Italien	31.12.	€	IAS
BMW	Deutschland	31.12.	€	IAS
Porsche	Deutschland	31.7.	€	HGB i. V. m. AktG
Volkswagen	Deutschland	31.12.	€	IAS

Abbildung 63: Charakteristika der Jahresabschlüsse in der Automobilindustrie (2002)[491]

Zunächst sollen einige wichtige Aspekte zur Finanzsituation von Automobilherstellern beleuchtet werden. Die **Finanzsituation** eines Unternehmens lässt sich grundsätzlich unter Ertrags-, Rentabilitäts- und Liquiditätsgesichtspunkten beurteilen. Um Größenunterschiede und nachträgliche Währungsumrechnungen zu umgehen, bietet sich in erster Linie die Verwendung von Verhältniszahlen an.

Bei der Beurteilung der **Ertragslage** eines Unternehmens muss zunächst eine adäquate absolute Gewinngröße als Vergleichsmaßstab festgelegt werden. Grundsätzlich kommen dabei das operative Ergebnis sowie die Ergebnisse vor und nach Steuer in Betracht. Das operative Ergebnis dokumentiert die Erträge aus der „gewöhnlichen Geschäftstätigkeit", d. h. außerordentliche Aufwendungen bzw. Erträge (e. g. Wertpapiergeschäfte, Veräußerung von Firmenteilen) sind nicht enthalten.[492] Außerordentliche Aufwendungen bzw. Erträge sind erst in den Ergebnissen vor und nach Steuer berücksichtigt. Die Vergleichbarkeit internationaler Unter-

---

[490] Zur Vergleichbarkeit internationaler Konzernabschlüsse vgl. KÜTING, K.; HARTH, H.-J.; LEINEN, M. (2001): Fehlende Vergleichbarkeit von Jahresabschlüssen als Hindernis einer internationalen Jahresabschlussanalyse? In: Die Wirtschaftsprüfung, Jg. 54, Nr. 13, S. 681 - 690; KREMIN-BUCH, B. (2002): Internationale Rechnungslegung: Jahresabschluß nach HGB, IAS und US-GAAP: Grundlagen - Vergleich - Fallbeispiele.

[491] Für MG Rover keine Angaben verfügbar. Quelle: Geschäftsberichte der Konzerne (2002, Toyota/ Honda: 2003); Erklärung der Abkürzungen: HGB i. V. m. AktG: Handelsgesetzbuch in Verbindung mit Aktiengesetz; US GAAP: United States Generally Accepted Accounting Principles; IAS: International Accounting Standard. Die IAS-Standards sind inzwischen umbenannt worden in IFRS (International Financial Reporting Standards).

[492] Vgl. REHKUGLER, H.; PODDIG, T. (1998): Bilanzanalyse, S. 206.

nehmen im Hinblick auf die genannten Gewinngrößen wird jedoch durch länderspezifisch variierende Besteuerungsmodalitäten (Ergebnis nach Steuer), Abschreibungs- und Finanzierungsarten sowie Rechnungslegungsstandards beeinträchtigt. Daher findet man in den Geschäftsberichten börsennotierter Unternehmen häufig die Kennzahl EBITDA (Earnings Before Interest, Tax, Deprecciation and Amortisation).[493] Die Kennzahl stellt das Betriebsergebnis vor Zinsen, Steuern und Abschreibungen dar.[494] Die Verwendung der EBITDA-Kennzahl bietet den Vorteil, dass sie die direkte betriebliche Leistung, unabhängig von Abschreibungspolitik, Finanzierungsart und Steuersystem, sichtbar macht. Sie setzt jedoch auch voraus, dass Unternehmen in ihren Jahresabschlüssen die zur Berechnung notwendigen Aufwandsarten getrennt ausweisen oder aber die EBITDA-Kennzahl direkt angeben.

Als eine wesentliche **Rentabilitätskennzahl** kann die Umsatzrendite angesehen werden, die eine der Gewinngrößen ins Verhältnis zum Umsatz setzt. Grundsatzlich ist eine langfristig positive Entwicklung der Umsatzrenditen anzustreben, spiegeln diese doch auch den Kostenverlauf im Unternehmen wider. So schlägt sich beispielsweise seit 1999 die Kostenexplosion bei Ford auf das operative Ergebnis und somit auch die operative Umsatzrendite nieder (Abbildung 64).

---

[493] Beispielsweise wird die EBITDA-Kennzahl bei BMW und Fiat ausgewiesen (Konzernabschlüsse).

[494] Zur Bedeutung und Berechnung der EBITDA-Kennzahlen, vgl. GIESEL, F. (1999): a.a.O., S. 333.

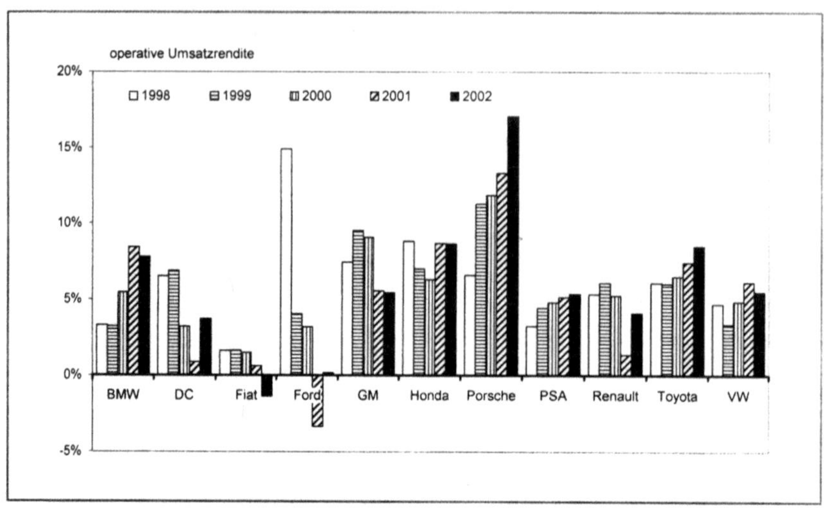

Abbildung 64: Entwicklung der Umsatzrenditen der Automobilkonzerne[495]

Analog zur Ford Motor Company verloren auch DaimlerChrysler, GM, Renault und Fiat im gesamten Beobachtungszeitraum an Ertragskraft. Deutlich zulegen konnten hingegen BMW, Toyota, VW, PSA und Porsche. Honda verzeichnete temporär sinkende Renditen, bewegt sich jedoch seit 2001 wieder über dem Branchendurchschnitt.

Sinkende Umsatzrenditen können u. a. aus hohen Fixkosten resultieren, die in der Automobilbranche aufgrund der hohen Anlageintensität entstehen. Anlagen erfordern Abschreibungen, die Fixkosten darstellen und im Krisenfall die Unternehmensgewinne aufzehren. Deshalb ist die Kapazitätsauslastung in der Automobilindustrie eine besonders kritische Größe. Positiv wirtschaften diejenigen Automobilhersteller, wie beispielsweise die BMW Group, die über flexible Kapazitäten verfügen. Bei dieser so genannten „atmenden Produktion" werden die Produktionsanlagen verschiedener Werke harmonisiert, so dass prinzipiell in jedem Werk alle Fahrzeugmodelle gefertigt werden können.[496] In Verbindung mit flexiblen Arbeitszeitmodellen kann somit die Kapazität an Nachfrageschwankungen angepasst werden. Den Erfolg dieser Methode dokumentieren die hohen Auslastungsgrade des BMW-Konzerns (Abbildung 65).

---

[495] Datenquelle: Geschäftsberichte der Konzerne (div. Jgg.). Bei Toyota, Honda und Porsche weichen die Geschäftsjahre von den Kalenderjahren ab. Abkürzungen: DaimlerChrysler (DC), Volkswagen (VW), General Motors (GM). Angaben für MG Rover nicht verfügbar.

[496] Vgl. o. V. (2002): Vernetzte Produktionswelt. In: Automobil Industrie, Jg. 47, Nr. 5, S. 33.

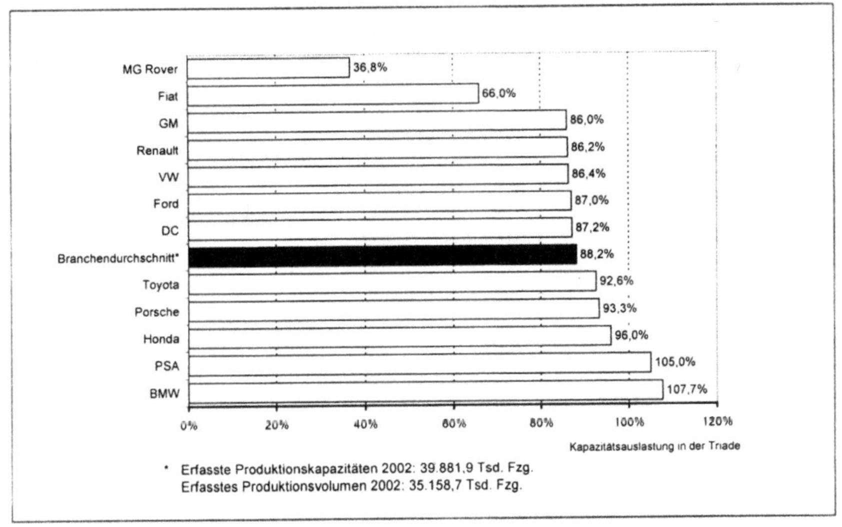

Abbildung 65: Kapazitätsauslastung von Automobilherstellern in der Triade (2002)[497]

Analog zum BMW-Konzern wiesen auch der Toyota-Konzern sowie Porsche, Honda und PSA überdurchschnittliche Auslastungsgrade auf. MG Rover und Fiat hingegen verfügten über sehr viel mehr Kapazität als erforderlich. GM, Renault, VW, Ford und DaimlerChrysler liegen knapp unter der branchendurchschnittlichen Auslastung. Vergleicht man diese Angaben mit den Renditen der Hersteller (vgl. Abbildung 64), so lässt sich feststellen, dass Unternehmen mit hohen Auslastungsgraden (Toyota, PSA, Honda, BMW, Porsche) auch tendenziell eher hohe Umsatzrenditen erwirtschaften. Die defizitären Unternehmen Fiat und MG Rover wiesen hingegen starke Überkapazitäten auf. General Motors nimmt hierbei eine Sonderstellung ein, da die geringen Erfolge der Automobilsparte durch das ertragsstarke Finanzgeschäft kompensiert werden können. Es ist jedoch anzunehmen, dass die unterdurchschnittliche Kapazitätsauslastung zum unbefriedigenden Ergebnis der GM-Automobilsparte beiträgt.[498] Insgesamt lässt sich festhalten, dass ein hoher Auslastungsgrad ein wichtiges Erfolgspotenzial in der Automobilindustrie darstellt.

Fixkosten entstehen jedoch nicht nur durch Abschreibungen, sondern auch aufgrund hoher Zinsbelastungen. Deshalb ist auch der Verschuldungsgrad von Unternehmen zu untersuchen. Hinweise darauf liefert die Analyse der Kapitalstruktur, d. h. der Anteil des Eigenkapitals

---

[497] Quelle: AWKNOWLEDGE (Hrsg., 2002): a.a.O., o. S. Minderheitsbeteiligungen der Konzerne (e. g. Nissan, Mitsubishi, Mazda, Suzuki, Subaru, Daewoo) nicht berücksichtigt.

[498] Im Geschäftsjahr 2001 wies die GM-Automobilsparte ein operatives Ergebnis von -172 Mio. US$ aus. Im Geschäftsjahr 2002 konnte die Sparte einen marginalen Gewinn i. H. v. 194 Mio. US$ erwirtschaften. Damit entfielen nur 1,9 Prozent des operativen Ergebnisses des Konzerns auf die Automobile, vgl. Abbildung 44, S. 101.

bzw. Fremdkapitals am Gesamtkapital.[499] Prinzipiell ist dabei anzuführen, dass je größer der Eigenkapitalanteil ist, umso abgesicherter ist das Unternehmen gegenüber Krisen.[500] Die Relevanz des Verschuldungsgrades für die Erfolgssituation von Herstellern zeigt Abbildung 66. Insbesondere die GM- und Ford-Konzerne wiesen im Jahre 2002 hohe Verschuldungsgrade auf, gefolgt von Fiat. Toyota und Honda hingegen blieben auf sehr geringem Verschuldungsniveau. Zieht man auch hier eine Querverbindung zu der in Abbildung 64 dargestellten Ertragssituation der Automobilproduzenten, so lässt sich feststellen, dass sich renditestarke (Honda, BMW, Porsche, Toyota) und renditeschwache (Ford, Fiat, GM-Auto) Unternehmen im Hinblick auf die Verschuldungsgrade deutlich unterscheiden.[501] Insgesamt kann folglich argumentiert werden, dass ein geringer Verschuldungsgrad die Handlungsfähigkeit von Automobilunternehmen verbessert und somit ein Erfolgspotenzial in der Automobilindustrie darstellt.

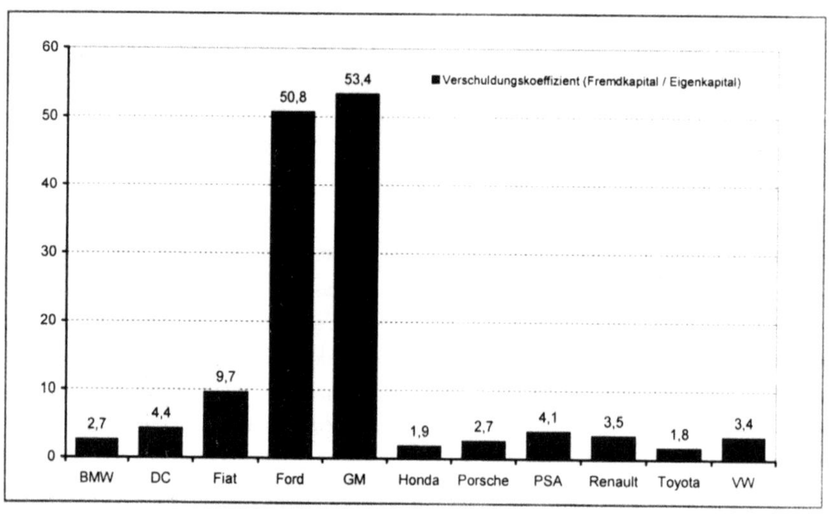

Abbildung 66: Verschuldungskoeffizienten diverser Automobilhersteller (2002)[502]

Neben der Ertragslage ist auch die **Liquidität** von Unternehmen eine wesentliche Finanzgröße. Sie ist die zentrale Voraussetzung für das Bestehen von Unternehmen, da sie die Zah-

---

[499] Vgl. REHKUGLER, H.; PODDIG, T. (1998): a.a.O., S. 180 ff.

[500] Vgl. MEYER, C. (1994): a.a.O., S. 103; SCHULT, E. (2003): a.a.O., S. 129.

[501] Die Automobilsparte von General Motors wies 2001 ein defizitäres operatives Ergebnis aus und kam 2002 auf einen marginalen operativen Ertrag. Die unbefriedigenden Ergebnisse der Autosparte kann der Konzern jedoch durch die guten Ergebnisse der Finanzsparte kompensieren, vgl. Abbildung 44, S. 101. Die relativ starken Finanzdivisionen bei Ford und GM tragen auch zu dem hohen Verschuldungsgrad bei, da Einlagen bei Finanzinstituten als Verbindlichkeiten anzusehen sind.

[502] Vgl. Geschäftsberichte der Konzerne (div. Jgg.). Angaben für MG Rover nicht verfügbar.

lungsfähigkeit eines Unternehmens determiniert.[503] Eine Kennzahl zur Beurteilung der Liquidität ist der Cash flow.[504] Der Cash flow berechnet sich aus dem Jahresüberschuss abzüglich aller nicht einzahlungswirksamen Erträge und zuzüglich aller nicht auszahlungswirksamen Aufwendungen (e. g. Abschreibungen).[505] Er stellt auf das Innenfinanzierungsvolumen eines Betriebes ab und gibt Auskunft über die frei verfügbaren Finanzmittel, die für Investitionen, Zinszahlungen, zur Schuldentilgung oder Erhöhung des Umlaufvermögens eingesetzt werden können.[506] Der Cash flow ist v. a. ein Kriterium zur reellen Beurteilung der finanziellen Spielräume einer Unternehmung, denn er macht Veränderungen des Gewinnausweises sichtbar, die auch aufgrund unterschiedlicher bilanzpolitischer Abschreibungen und Rückstellungsänderungen entstanden sind.[507] Da die Höhe des Cash flow von der jeweiligen Unternehmensgröße abhängt, erscheint ein Vergleich absoluter Größen nur beschränkt aussagefähig. Anstelle dessen kann der Cash flow ins Verhältnis zum Umsatz (Umsatzverdienstrate) gesetzt werden oder mit Hilfe des Fremdkapitals zum dynamischen Verschuldungsgrad verrechnet werden.[508]

Neben der Finanzsituation ist auch das **Investitionsmanagement** von Automobilproduzenten in die Wettbewerbsanalyse einzubeziehen, da diese Aufschluss über zukünftige Ertragschancen gibt.[509] Als Kennzahl wird die Relation Investitionen / Umsatz vorgeschlagen. Der Hintergrund ist dabei, dass Organisationen prosperierende Jahre nutzen sollten, um Investitionen für die Zukunft zu tätigen. Für Fahrzeughersteller bedeutet das die Erneuerung der Produktpaletten, die Modernisierung der Produktionsanlagen und die Investition in neue Forschungsfelder, mit anderen Worten die Erschließung zukünftiger Ertragspotenziale.

Auch an dieser Stelle kann der BMW-Konzern als positives Beispiel angeführt werden (Abbildung 67). Das Unternehmen hat die steigenden Erträge der vergangenen Jahre in das Unternehmen reinvestiert und somit die Grundlage für Produkt- und Marktoffensiven, also langfristiges Wachstum, geschaffen. Investitionen müssen jedoch solide finanziert sein: Im Idealfalle werden die Investitionen aus dem Cash flow des laufenden Jahres finanziert, da in diesem Falle der Kapitalbedarf für die Investitionen vollständig über Innenfinanzierung ge-

---

[503] Vgl. JACOBS, O. H. (1994): a.a.O., S. 136.

[504] Als weitere Kennzahlen kämen auch diverse Deckungsgrade bzw. Liquiditätsgrade in Betracht, vgl. COENENBERG, A. G. (1997): a.a.O., 600 – 605.

[505] Zu weiteren Berechnungsmethoden des Cash flow vgl. COENENBERG, A. G. (1997): a.a.O., S. 619 ff.; ZDROWOMYSLAW, N. (2001): a.a.O., S. 730 ff.; SCHULT, E. (2003): a.a.O., S. 58 ff. Vereinfacht berechnet sich der Cash flow aus dem Jahresüberschuss/ Jahresfehlbetrag plus/ minus Abschreibungsgegenwerte plus/ minus Zugänge/ Abgänge langfristiger Rückstellungen, vgl. EILENBERGER, G. (2003): Betriebliche Finanzwirtschaft: Einführung in Investition und Finanzierung, Finanzpolitik und Finanzmanagement von Unternehmungen, S. 103.

[506] Vgl. JACOBS, O. H. (1994): a.a.O., S. 129; WÖHE, G.; BILSTEIN, J. (1994): Grundzüge der Unternehmensfinanzierung, S. 27 ff.; WÖHE, G. (2002): a.a.O., S. 671.

[507] Vgl. GIESEL, F. (1999): a.a.O., S. 330 ff.

[508] Vgl. REHKUGLER, H.; PODDIG, T. (1998): a.a.O., S. 200 ff.

[509] Zur Bedeutung von Investitionen für das Unternehmen vgl. EILENBERGER, G. (2003): a.a.O., S. 133 ff.

deckt und im Rahmen des Leistungserstellungsprozesses des Unternehmens erwirtschaftet wird. Somit muss kein zusätzliches Eigen- oder Fremdkapital für die Finanzierung der Investitionen aufgenommen werden. Die Kennzahl wird deshalb auch als Maß für die „Innenfinanzierungskraft" herangezogen.[510]

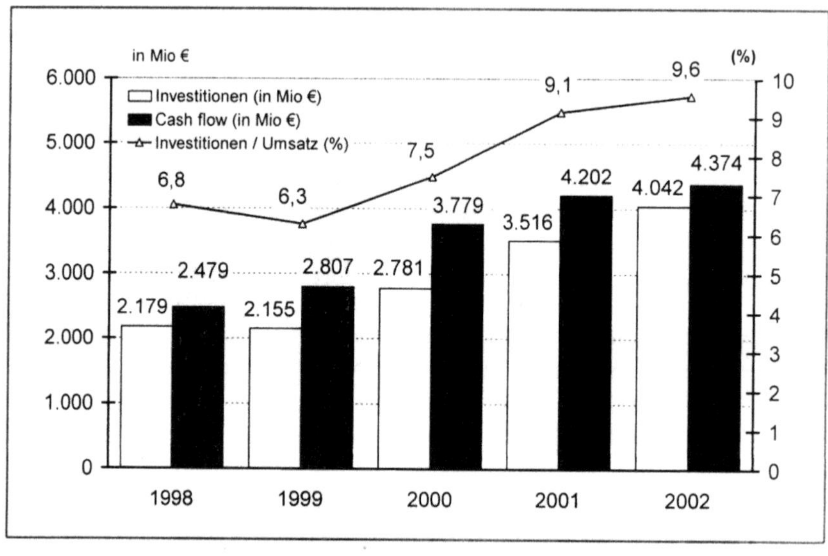

Abbildung 67: Investitionstätigkeit beim BMW-Konzern[511]

Neben der Innenfinanzierung steht den Unternehmen auch die Außenfinanzierung zur Kapitalbeschaffung offen. Eine wichtige Form der Außenfinanzierung ist der Zugang zu internationalen Kapitalmärkten. Demzufolge ist seitens der Automobilunternehmen auch einem angemessenen **Börsenwert** Rechnung zu tragen. Der Ansatz des „shareholder value" postuliert die Orientierung der Unternehmenspolitik an den finanziellen Interessen der Eigenkapitalgeber, die Maximierung des Unternehmenswertes (d. h. des Eigenkapitalwertes) steht dabei im Vordergrund.[512] Wesentliche Bewertungskriterien des Unternehmenswertes sind die Verzinsung des Eigenkapitals (Eigenkapitalrentabilität) sowie der Marktwert der Beteiligung (Akti-

---

[510] Vgl. RAUTENBERG, H. G. (1993): Finanzierung und Investition, S. 7 ff.; MEYER, C. (1994): a.a.O., S. 109; SCHULT, E. (2003): a.a.O., S. 65.

[511] Daten entnommen aus Geschäftsberichten des BMW-Konzerns (div. Jgg.); BMW bilanzierte bis 1999 nach den Richtlinien des HGB, seit 2000 legt das Unternehmen IAS-Konzernstandards zugrunde.

[512] Vgl. KUNZ, R. M. (1998): Das Shareholde-Value-Konzept: Wertsteigerung durch eine aktionärsorientierte Unternehmensstrategie. In: BRUHN, M.; LUSTI, M.; MÜLLER W. R. et al. (1998): Wertorientierte Unternehmensführung: Perspektiven und Handlungsfelder für die Wertsteigerung von Unternehmen, S. 391 – 412; WÖHE, G. (2002): a.a.O., S. 72.

enkurs).[513] Aufgrund der Bedeutung internationaler Kapitalmärkte für expansive Unternehmen kann dem Aktionärsinteresse keine Nebenrolle beigemessen werden. Die Kennzahlen Price-Earnings-Ratio sowie die Marktkapitalisierung (Aktienkurs multipliziert mit Anzahl ausgegebener Aktien) im Verhältnis zum Eigenkapital können deshalb bei der Beurteilung des Finanzpotenzials von Automobilproduzenten behilflich sein.

Schließlich soll noch auf die Bedeutung der **Aktionärsstruktur** bei der Beurteilung der Krisenfestigkeit des Börsenwerts eingegangen werden. Ein Beispiel für eine relativ krisenfeste Aktionärsstruktur liefert der Volkswagen-Konzern (vgl. Abbildung 68). Am gesamten Aktienkapital hält das Land Niedersachen 13,7 Prozent; 9,8 Prozent werden von der unternehmenseigenen Volkswagen Beteiligungsgesellschaft mbH gehalten. Institutionelle Anleger kommen auf insgesamt 37,9 Prozent, die Anteile der Privatanleger belaufen sich auf 38,6 Prozent.[514]

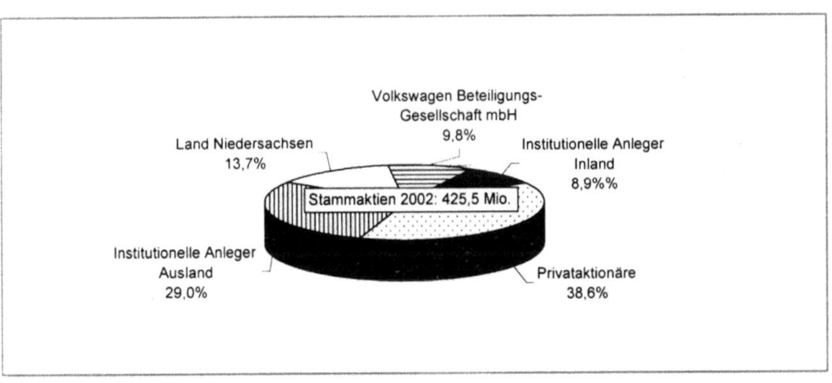

Abbildung 68: Aktionärsstruktur des Volkswagen-Konzerns (2002)[515]

Durch die Beteiligung des Landes Niedersachsen kann die Volkswagen Gruppe als „quasi-unantastbar" angesehen werden, da eine feindliche Übernahme durch den Anteil des Bundeslandes blockiert wird („VW-Gesetz"). Ebenso dürften rückläufige Gewinne nicht zu übermäßigen Kurseinbrüchen führen, da der Anteil institutioneller Anleger vergleichsweise gering ist. Der Vorteil, den das Unternehmen aufgrund der Landesbeteiligung genießt, wird jedoch bereits von der europäischen Kommission auf wettbewerbsbeeinträchtigende Wirkung geprüft.[516]

---

[513] Zu Berechnungsmethoden des shareholder value vgl. RAPPAPORT, A. (1995): a.a.O., S. 53 ff.; HORVATH & PARTNER (Hrsg.; 2000): a.a.O., S. 208 ff.

[514] Vgl. o. V. (2003): Erstes Quartal wird bei VW extrem kritisch. In: Börsen-Zeitung vom 13.03.2003.

[515] Quelle: Geschäftsbericht Volkswagen-Konzern (2002).

[516] Vgl. o. V. (2003): EU leitet Verfahren gegen VW-Gesetz ein. In: Handelsblatt vom 20.03.2003.

Eine wesentliche Herausforderung im Automobilgeschäft besteht folglich darin, langfristige Wachstumsprojekte mit den kurzfristigen Gewinnzielen in Einklang zu bringen und somit ein rentables Unternehmenswachstum zu generieren. Abschließend kann festgehalten werden, dass sich erfolgreiche Unternehmen in der Automobilindustrie durch eine gesunde Ergebnissituation (positive Ergebnisse, geringe Fixkostenbelastung), nachhaltige Zahlungsfähigkeit (Cash flow), eine solide Investitionspolitik (Deckung der Sachinvestitionen durch den Cash flow) und eine ausreichende Aktionärsorientierung auszeichnen.

3.3 Synthese der Ergebnisse zu einem Branchenmodell der Wettbewerbsanalyse

Die vorangegangenen Kapitel haben sich der Aufgabe gewidmet, zentrale Wettbewerbskräfte und Erfolgsbedingungen in der Automobilindustrie zu identifizieren. Ein wichtiger Folgeschritt besteht nun darin, diese Ergebnisse in das eingangs vorgestellte Grundmodell zur Wettbewerbsanalyse (vgl. Kapitel 2.5) zu integrieren. Dies bedeutet, dass die theoretisch erforderlichen Komponenten einer Wettbewerbsanalyse mit branchenspezifischen Inhalten zu belegen sind. Zur Wiederholung sollen die erforderlichen Komponenten einer Wettbewerbsanalyse noch einmal angeführt werden:

- Analyse der Umwelt- und Erfolgssituation der Wettbewerber,

- Analyse der Unternehmenssituation der Wettbewerber,

- Analyse der Ziele und Strategien der Wettbewerber.

In erster Linie sind die Umwelt- und die Unternehmensanalysen von branchenspezifischen Rahmenbedingungen betroffen. Die Ziel- und Strategieanalyse hingegen ist von den Absichten jedes einzelnen Wettbewerbers abhängig, kann also nur unternehmensindividuell betrachtet werden. Darüber hinaus bleibt auch die Subkomponente Erfolgsanalyse unberührt, da die in Kapitel 2.2.2 ermittelten Indikatoren als branchenübergreifend gültig angesehen werden können. Im Folgenden soll sich deshalb auf die inhaltliche Anpassung der Umwelt- und Unternehmensanalysen beschränkt werden.

Die grundlegende Aufgabe der *Umweltanalyse* bestand darin, direkt oder indirekt wirkende Trends des Unternehmensumfeldes ausfindig zu machen. Zunächst werden die indirekt wirkenden Umwelttrends in der Automobilindustrie beleuchtet. Diese spielen sich nicht auf dem Automobilmarkt ab, wirken sich jedoch auf die Verhaltensweisen der Marktakteure aus. Entsprechend der in Kapitel 2.2.2 vorgeschlagenen Einteilung in politisch-rechtliche, ökologische, sozio-kulturelle und ökonomische Trends werden die Entwicklungen in der Automobilindustrie in Abbildung 69 dargestellt.

politisch-rechtlich	**ökologisch**
• Liberalisierung des Fahrzeugvertriebs (EU) • Schärfere Umweltschutzauflagen • Fahrzeug-Recycling • Kraftstoffbesteuerung	• Ressourcenverknappung • Anstieg globaler Emissionen • Suche nach alternativen Energiequellen • Steigendes Umweltbewusstsein
sozio-kulturell	**ökonomisch**

• Individualisierte Gesellschaft in Industrie-
  ländern
• Steigendes Informationsniveau (Internet)
• Steigende Realeinkommen in Industrielän-
  dern
• Uneinheitliche Einkommensverteilung
• Erhöhte Freizeitorientierung
• Verstädterung
	• Liberalisierung der Märkte
	• Bildung regionaler Wirtschaftszonen
	• Technischer Fortschritt
	• Tendenz zu Käufermärkten
	• Wechselkursschwankungen
	• Nachgebende Weltkonjunktur
	• Zunehmende Bedeutung internationa-
	  ler Kapitalmärkte

Abbildung 69: Megatrends in der Automobilindustrie[517]

Darüber hinaus müssen auch die direkten Wettbewerbstrends in die Umweltanalyse einbezogen werden. Im Grundmodell zur Wettbewerbsanalyse (Kapitel 2.5) kam der Ansatz von PORTER zur Anwendung. Nach PORTER gehören die Rivalität unter den bestehenden Anbietern, die Nachfrager- und Anbietermacht, die Gefahr neuer Konkurrenten sowie die Bedrohung durch Substitutionsprodukte zu den wichtigen Wettbewerbskräften einer Branche. In diesen Ansatz können nun die in Kapitel 3.1 identifizierten branchenspezifischen Wettbewerbskräfte integriert werden (vgl. Abbildung 70). Einschränkend ist jedoch anzumerken, dass die ermittelten Branchenkräfte nicht auf alle Anbieter mit gleicher Intensität einwirken, beispielsweise wirkt sich der Preisdruck in der Automobilindustrie weniger auf Hersteller aus, die Premiumprodukte anbieten (e. g. BMW, Porsche).[518]

---

[517] Quelle: Eigene Darstellung auf Basis der Ausführungen in den Kapiteln 3.1 und 3.2.

[518] Beispielsweise werden Premiumanbieter (e. g. BMW, Mercedes) vom Preisdruck in der Branche weniger tangiert als Volumenhersteller (e. g. Volkswagen, Ford).

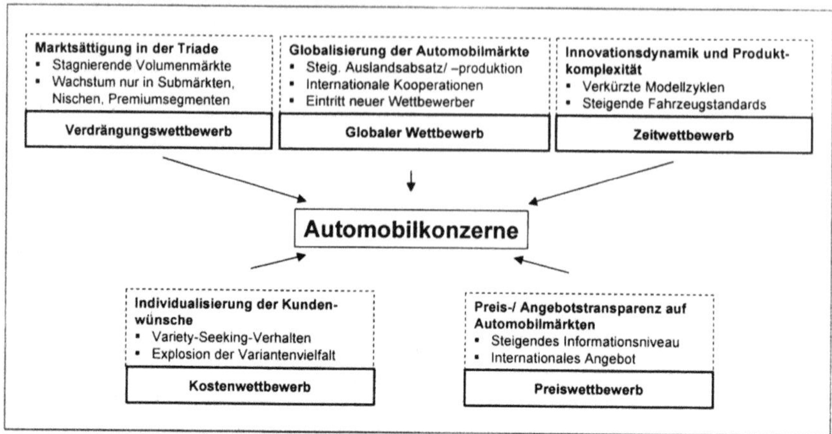

Abbildung 70: Wettbewerbskräfte in der Automobilindustrie[519]

Die zweite im Rahmen der Wettbewerbsanalyse zu berücksichtigende Komponente ist die Analyse des Unternehmens selbst. In die „*Unternehmensanalyse*" können die in Kapitel 3.2.1 und 3.2.2 ermittelten strategischen Erfolgsfaktoren und –potenziale der Automobilindustrie integriert werden. Diese stellen Bewertungsmaßstäbe für die Untersuchung einzelner Automobilproduzenten dar. Die zentralen Ergebnisse des Kapitels 3.2 werden in Abbildung 71 zu einer Erfolgspyramide in der Automobilindustrie zusammengefasst.

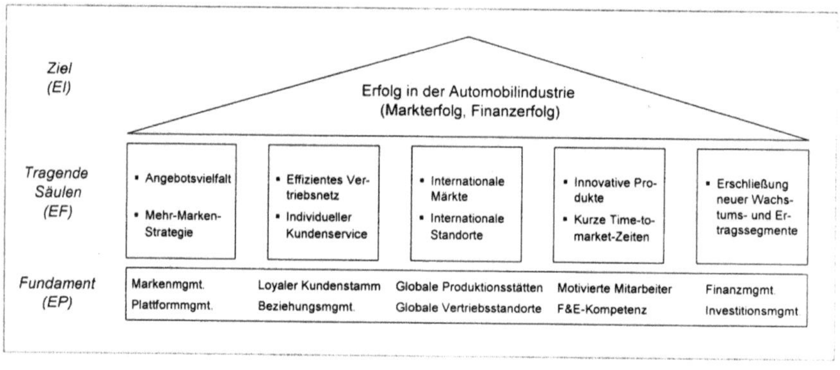

Abbildung 71: Erfolgspyramide in der Automobilindustrie[520]

Als Erfolgsindikatoren („Dach" der Erfolgspyramide) wurden der Markterfolg (Marktanteil) und der Finanzerfolg (operative Umsatzrendite) der Konzerne bzw. Automobilsparten heran-

---

[519] Quelle: Eigene Darstellung.

[520] Quelle: Eigene Darstellung. Abkürzungen: Erfolgsindikatoren (EI), Erfolgsfaktoren (EF) und Erfolgspotenziale (EP).

gezogen. Die tragenden Säulen und das Fundament bestehen aus Eigenschaften, die erfolgreiche Fahrzeugproduzenten als Antwort auf zentrale Wettbewerbstendenzen in der Branche entwickelt haben. Um eine Brücke zwischen der theoretischen und empirischen Ebene zu schlagen, lassen sich – auf Basis der Darstellungen in Kapitel 3.1 und 3.2 – den Erfolgsfaktoren und –potenzialen messbare Indikatoren zuordnen. Anhand derer können die Ausprägungen des jeweiligen Faktors bzw. Potenzials als Stärke und Schwäche interpretiert werden. In diesem Zuge muss besonders darauf geachtet, dass den Erfolgsfaktoren und -potenzialen jeweils eine ungerade Zahl an Indikatoren zugeordnet wird. Zielsetzung dieser Vorgehensweise ist es, den einzelnen Messgrößen nach Möglichkeit positive bzw. negative Werte zuordnen zu können. Abbildung 72 stellt die Liste der Indikatoren dar.

Erfolgsfaktoren	Erfolgspotenziale
Angebotsvielfalt und Mehr-Marken-Strategie	**Marken-Management und Plattformstrategie**
• Segmentabdeckung • Anzahl und Positionierung der Marken • Markenimage	• Anzahl Plattformen • Modelle je Plattform/ Losgröße je Plattform • Differenzierung der Marken
Vertriebsnetzoptimierung und Kundenservice	**Mitarbeiterpotenzial und F&E-Kompetenz**
• Händlernetzstruktur • Händler-/ Servicenetzdichte • Kundenzufriedenheit/ Händlerzufriedenheit	• Mitarbeitereffizienz • Aufwand F&E-Aufwand / Umsatz • Technische Kooperationen
Marktarealstrategie und globale Standortpolitik	**Globales Produktions- und Marketingpotenzial**
• Globalisierungsgrad • Weltmarktabdeckung und Länderportfolio • Präsenz in Wachstumsregionen	• Produktion außerhalb des Heimatmarkts • Globale Standortverteilung • Produktion in Niedriglohnländern
Innovationskraft und Aktionsgeschwindigkeit	**Kundenbindungsmanagement und proaktive Untenehmensstrategie**
• Altersstruktur der Produktpalette • Entwicklungs-/ Time-To-Market-Zeiten • Innovationsrate auf Ausstattungsebene	• Marken-/ Konzernloyalität • Kundenzufriedenheit • Marktanteil (Triade)
Erschließung von Wachstumspotenzialen	**Nachhaltiges Finanz- und Investitionsmanagement**
• Penetration von Submärkten (Diesel-, Allroad-Märkte) • Produktentwicklungsstrategie • Diversifikation entlang der Wertkette	• Erfolgsanalyse (Ergebnis, Rendite) • Kostenanalyse (Fixkostenbelastung) • Liquiditätsanalyse (Cash flow) • Investitionsanalyse (Sachinvestitionen) • Wertanalyse (Shareholder Value)

Abbildung 72: Automobilrelevante Inhalte der Unternehmensanalyse[521]

Auf Basis der Unternehmens- und Umweltinformationen lassen sich nun abschließend die Chancen und Risiken von Automobilproduzenten beurteilen. Das bedeutet, dass die Umwelt- bzw. Branchentrends den Stärken und Schwächen der Hersteller hinsichtlich zentraler Erfolgsbedingungen der Branche in einer SWOT-Analyse gegenübergestellt werden (vgl.

---

[521] Quelle: Eigene Darstellung.

Abbildung 73). Diese Vorgehensweise bietet den Vorteil, dass die Stärken bzw. Schwächen sowie Möglichkeiten und Grenzen der Wettbewerber strukturiert erfasst und auf einheitlicher Basis mit denen des eigenen Unternehmens verglichen werden können.

Trends in der Automobilbranche	Bewertung	Stärken/ Schwächen des Automobilproduzenten			
		Erfolgsfaktoren der Branche	Urteil	Erfolgspotenziale der Branche	Urteil
Individualisierung der Kundenbedürfnisse	O/T	Angebotsvielfalt und Mehr-Marken-Strategie	S/W	Mehr-Marken-Management und Plattformstrategie	S/W
Preistransparenz	O/T	Vertriebsnetzoptimierung und Serviceorientierung	S/W	Kundenbindungs- und -beziehungsmanagement	S/W
Globalisierung	O/T	Marktarealstrategie und globale Standorte	S/W	Globales Produktions- und Marketingpotenzial	S/W
Innovationsdynamik und Produktkomplexität	O/T	Innovationskraft und Aktionsgeschwindigkeit	S/W	Mitarbeiterpotenzial und F&E-Kompetenz	S/W
Marktsättigung und -schrumpfung in der Triade	O/T	Erschließung neuer Wachstums- und Ertragssegmente	S/W	Nachhaltiges Finanz- und Investitionsmanagement	S/W

S = Schwäche   W = Schwäche   O = Chance   T = Risiko

Abbildung 73: SWOT-Analyseraster für die Automobilindustrie[522]

Bezieht man abschließend die Ergebnisse der *Ziel- und Strategieanalyse* in die Untersuchung mit ein, so lässt sich ein deutliches Bild davon entwerfen, welche zukünftigen Schritte von einem Automobilhersteller zu erwarten sind. Gegenüber dem Grundmodell (Kapitel 2.5) bietet das Branchenmodell den Vorteil, dass es die grundlegend erforderlichen Inhalte von Wettbewerbsanalysen mit einer möglichst starken Ausrichtung auf die Zielgruppe (Management von Automobilkonzernen) kombiniert. Somit dürfte den anfänglich definierten Zielsetzungen der Abdeckung theoretisch erforderlicher Inhalte sowie branchenspezifischer Anforderungen Rechnung getragen werden. Abbildung 74 stellt abschließend das entwickelte Branchenmodell zur Wettbewerbsanalyse dar.

---

[522] Quelle: Eigene Darstellung.

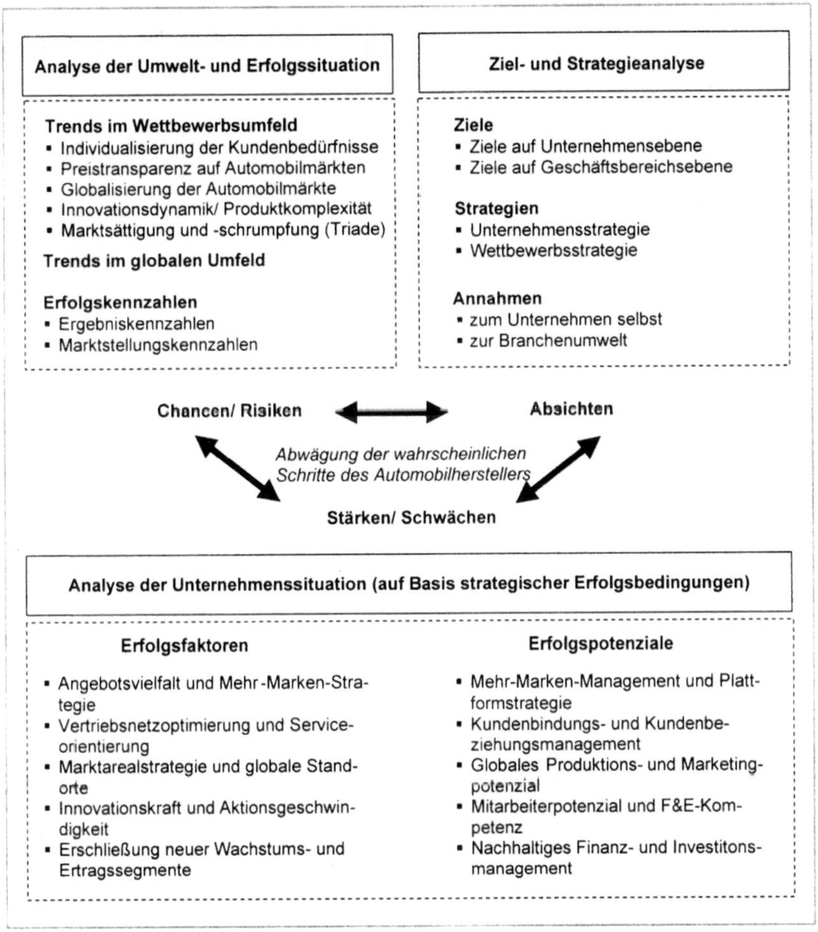

Abbildung 74: Branchenmodell zur Wettbewerbsanalyse in der Automobilindustrie[523]

---

[523] Quelle: Eigene Darstellung.

4 Ausgewählte Fallstudien zur Wettbewerbsanalyse in der Automobilindustrie

4.1 Auswahl der Unternehmen und Systematik der Analysen

Im einleitenden Kapitel der vorliegenden Arbeit wurde die Anwendbarkeit des zu konzipierenden Modells in der Unternehmenspraxis als zentrale Anforderung formuliert. Im Folgenden soll anhand von Fallstudien der Automobilindustrie geprüft werden, inwieweit das dargelegte Modell zur Wettbewerbsanalyse dieser Anforderung Rechnung trägt.

Als Fallstudien dieser Arbeit wurden der BMW-Konzern (BMW) sowie die General Motors Corporation (GM) ausgewählt. Die Auswahl erfolgte primär unter der Zielsetzung, jeweils ein Beispiel für einen erfolgreichen sowie weniger erfolgreichen Automobilproduzenten zu liefern, um die Relevanz der ermittelten Erfolgskriterien beurteilen zu können. Der BMW-Konzern erwirtschaffet seit Jahren positive Finanzergebnisse sowie Marktanteile ilsgewinne und stehl deshalb stellvertretend lür die Gruppe der erfolgeeichen Untemehmen. Der General Motors Konzern weist zwar keinen negativen Konzernerfolg aus, er repräsentiert jedoch aufgrund des unbefriedigenden Geschäftsverlaufs des Konzernbereichs Automobile (GMA) sowie nachgebender Weltmarktanteile die Gruppe der weniger erfolgreichen Automobilunternehmen.[524]

Ein zweites Argument für die Auswahl der beiden Unternehmen ist die Vorstellung von Unternehmen verschiedener strategischer Gruppen der Automobilindustrie. General Motors kann als Volumenanbieter klassifiziert werden. Volumenanbieter realisieren vergleichsweise hohe Absatzmengen und agieren auf stark umkämpften Märkten, die durch hohe Preiselastizitäten gekennzeichnet sind. Der BMW-Konzern, als Vertreter der Premiumanbieter, agiert in solchen Segmenten des Automobilmarkts, die in der Regel konjunkturstabiler und ertragreicher sind als die Volumensegmente. Mit der Auswahl beider Unternehmen können somit zentrale Unterschiede bezüglich der Anfälligkeit von Unternehmen verschiedener strategischer Gruppen im Hinblick auf Branchenentwicklungen veranschaulicht werden. Ein weiterer Vorteil der Auswahl beider Unternehmen ergibt sich aus der Kongruenz der Abschluss-Stichtage: Beide Unternehmen schließen jeweils zum 31.12. des laufenden Geschäftsjahres ab. Somit sind die Jahresabschlüsse zeitlich direkt miteinander vergleichbar.

In einigen Punkten lassen sich jedoch auch Einschränkungen bezüglich der Auswahl anführen: Aufgrund unterschiedlicher Heimatmärkte weichen die Abschlusswährungen (GM: US$; BMW: €) sowie die Bilanzierungsstandards (GM: US GAAP, BMW: IAS) von einander ab.

---

[524] Zur Klassifizierung der Automobilproduzenten vgl. Kapitel 3.2. Dabei ist insbesondere das defizitäre europäische Automobilgeschäft (GME) für die schwache Ertragslage der GM-Automobilsparte verantwortlich. Deshalb wird vordergründig das europäische GM-Automobilgeschäft in der Analyse berücksichtigt.

Eine nachträgliche Währungsumrechung ist somit unumgänglich. Die unterschiedlichen Bilanzierungsstandards schränken zudem die Vergleichbarkeit monetärer Unternehmenskennzahlen ein. Darüber hinaus unterscheiden sich die Unternehmen hinsichtlich der Quantität und Qualität der Firmenpublikationen. Der General Motors Konzern veröffentlicht beispielsweise deutlich weniger Unternehmensdaten als der BMW-Konzern und fokussiert stärker auf aktionärsrelevante Informationen. Mit der Auswahl der Unternehmen kann also auch ein realistisches Bild von der teilweise problembehafteten Ausgangssituation von Wettbewerbsvergleichen gezeigt werden.

Neben der Auswahl der Unternehmen soll auch die verwendete Systematik der Wettbewerbsanalysen im Vorfeld begründet werden. Damit eine Wettbewerbsanalyse für Führungskräfte im Unternehmen eine aussagefähige Entscheidungsgrundlage liefert, muss sie sowohl inhaltlich als auch formell an den Anforderungen der Bedarfsträger ausgerichtet sein. Als inhaltliche Anforderungskriterien wurden in Kapitel 2.1.1 nachstehende fünf Merkmale festgelegt:

- Aufgabenrelevanz,

- Branchenrelevanz,

- Wahrheitsgehalt,

- Aktualität,

- Verdichtungsgrad.

Zu den formellen Kriterien, die an eine Wettbewerbsanalyse gestellt werden, gehören in erster Linie deren:

- Übersichtlichkeit (schnell erfassbare Inhalte),

- Vergleichbarkeit (einheitliche Inhalte und Darstellungen),

- Erweiterbarkeit (Verweise auf weiterführende Quellen).

Diesen Anforderungen entsprechend wurde für die vorliegenden Fallstudien eine eigene Systematik entwickelt. Abbildung 75 stellt vorab das Inhaltsverzeichnis und das verwendete Layout der beiden Analysen (hier: BMW-Analyse) vor.

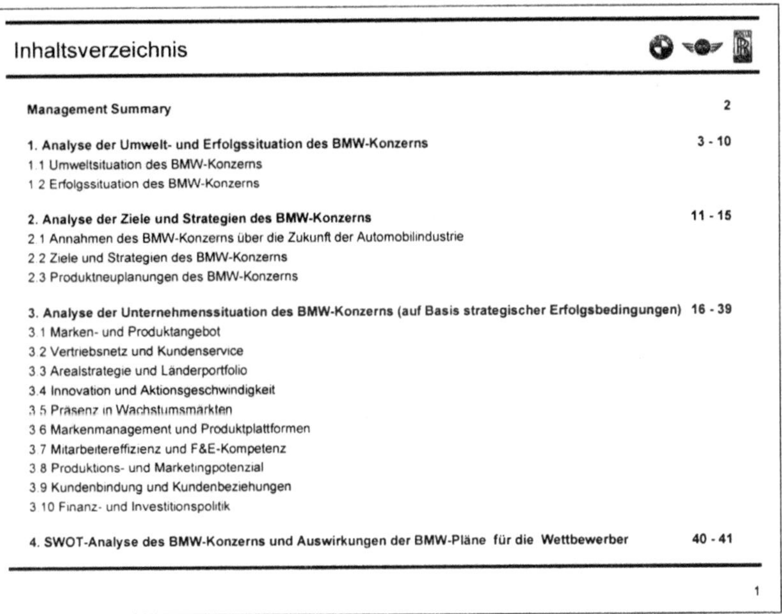

Abbildung 75: Inhaltsverzeichnis der BMW-Analyse

Die Wettbewerbsanalysen sind sowohl inhaltlich als auch optisch einheitlich aufgebaut. Wie im theoretisch-konzeptionellen Teil der Arbeit vorgeschlagen, werden die Wettbewerbsanalysen in die drei inhaltlichen Komponenten „Analyse der Umwelt- und Erfolgssituation", „Ziel- und Strategieanalyse" sowie „Analyse der Unternehmenssituation" untergliedert. Letzterer liegen die in Kapitel 2.5 der vorliegenden Arbeit ermittelten branchenspezifischen Erfolgsbedingungen der Automobilindustrie als Bewertungsraster zugrunde. Den Rahmen der Wettbewerbsanalysen bilden die Management Summary (zu Beginn) sowie die SWOT-Analyse und die Beurteilung der zu erwartenden Auswirkungen der Pläne des jeweiligen Wettbewerbers für andere Automobilhersteller (als Abschluss).

Die Management Summary dient dazu, in kurzen und knappen Zügen über die wichtigsten Eckpunkte zum Wettbewerber zu informieren, Seitenverweise führen dann zu detaillierteren Informationen (Fundstellen) in der Analyse. Auf diese Weise kann die Zielgruppe der Wettbewerbsanalysen (Management) die Kernaussagen der Analyse in kurzer Zeit erfassen und die Summaries mehrerer Wettbewerber gegenüber stellen. Den Abschluss beider Fallstudien bildet der Überblick zu den Stärken/ Schwächen und Chancen/ Risiken sowie die Beurteilung der Auswirkungen der Unternehmenspläne für die Wettbewerbsintensität in der Branche. In der SWOT-Analyse werden die ermittelten Branchentrends und Unternehmensmerkmale der Fallbeispiele zusammenfassend gegenübergestellt und Chancen bzw. Risiken abgeleitet. Die

Beurteilung der Auswirkungen auf den Wettbewerb in der Branche musste in den Fallstudien vergleichsweise allgemein gehalten werden. Normalerweise würden an dieser Stelle die Auswirkungen für einen Wettbewerber evaluiert werden, in dessen Auftrag die Analyse erstellt wird. Wenn beispielsweise der DaimlerChrysler-Konzern das Unternehmen BMW analysierte, dann ständen an dieser Stelle die Auswirkungen der BMW-Pläne für DaimlerChrysler. Da in den Fallstudien jedoch kein konkreter Auftraggeber existierte, beziehen sich die ermittelten Auswirkungen auf den Wettbewerb der Branche insgesamt.

Neben der inhaltlichen Relevanz müssen die Analysen auch den formellen Kriterien Übersichtlichkeit, Vergleichbarkeit und Erweiterbarkeit genügen. Die Übersichtlichkeit soll durch das einheitliche Layout im Präsentationsformat gewährleistet werden. Eine Analyse dient vorrangig der Präsentation der Ergebnisse vor dem Management zum Zwecke der Entscheidungsfindung. Darüber hinaus lässt sich ein Präsentationsformat auf einige besonders interessante Teile der Analyse zusammenkürzen, so dass bei Bedarf auch nur die Management Summary, die SWOT und die Beurteilung der Auswirkungen an das Management vorgelegt werden können. Die Vergleichbarkeit der Wettbewerbsanalysen wird durch das einheitliche inhaltliche Analyseraster sowie die optische Einheitlichkeit sichergestellt. Die geforderte Erweiterbarkeit der Studien wird durch die Quellenverweise im Analysetext gewährleistet, darüber hinaus liefert das Quellenverzeichnis am Ende jeder Analyse Hinweise auf weiterführende Literatur. Mit dem vorgeschlagenen inhaltlichen und optischen Aufbau der Wettbewerbsanalysen soll zum einen den inhaltlichen Anforderungen nach Aufgaben- und Branchenrelevanz Rechnung getragen, zum anderen aber auch den formellen Anforderungen der Zielgruppe der Analysen entsprochen werden.

Ferner wurden als informatorische Grundlage der Wettbewerbsanalysen nur Informationsquellen herangezogen, die einen hinreichenden Wahrheitsgehalt, Aktualität sowie Verdichtungsgrad aufwiesen. Sämtliche verwendeten Quellen wurden deshalb im Vorfeld einer Quellenbewertung unterzogen, fragwürdige Datenquellen wurden entweder eliminiert oder mit Alternativquellen abgeglichen. Darüber hinaus flossen auch Verfügbarkeits- und Kosten-Nutzen-Gesichtspunkte in die Quellenauswahl ein. Realistisch betrachtet steht dem Konkurrenzforscher zwar eine große Anzahl an Informationsquellen offen, es ist jedoch zu erwarten, dass in der Unternehmenspraxis aus Budget- und Zeitzwängen heraus häufig auf frei zugängliche Quellen zurückgegriffen werden muss. In den Fallstudien wurde sich deshalb ausschließlich auf frei zugängliche und relativ kostengünstige Informationsquellen beschränkt, um zu überprüfen, inwieweit diese zur Deckung des Informationsbedarfs beitragen.

4.2 Vorstellung und Begründung der verwendeten Informationsquellen

Die in den Fallstudien verarbeiteten Informationen stammen ausschließlich aus Sekundärmaterialien.[525] Im Folgenden soll nun die Auswahl an Informationsquellen vorgestellt und deren Verwendung begründet werden. Dabei wird – dem Inhaltsverzeichnis der Wettbewerbsanalyse folgend – zunächst auf Quellen von Branchen- und Erfolgsdaten eingegangen. Anschließend werden Informationsresourcen der Ziel- und Strategieanalyse sowie der Analyse der Unternehmenssituation aufgezeigt und bewertet.

Bei der Suche nach Informationen über die **Automobilbranche (Analysepunkt 1.1)** kann in erster Linie auf Publikationen der statistischen Ämter (KBA) und Branchenverbände (VDA) zurückgegriffen werden. Ergänzende Informationen liefern auch Branchenzeitschriften, Branchenportale und die Wirtschaftspresse. Das Kapitel 3 der vorliegenden Arbeit hat sich bereits ausführlich mit der Identifikation globaler und branchenspezifischer Umweltentwicklungen der Automobilindustrie auseinander gesetzt. Die Schemata wurden deshalb direkt aus dem Kapitel 3 übernommen.

Informationen zur **Erfolgssituation von Wettbewerbern (1.2)** sind primär den aktuellen und früheren Geschäftsberichten der Hersteller zu entnehmen.[526] Die Umsatzerlöse und Ergebnisse nach Regionen bzw. Geschäftsfeldern sind in beiden Fallstudien in den Jahresabschlüssen angegeben. Darüber hinaus enthalten beide Geschäftsberichte differenzierte Angaben zu absoluten und relativen Absatzerfolgen. Die Renditekennzahlen ROS, ROE und ROI sowie die relativen Marktanteile basieren ebenfalls auf Geschäftsberichtsangaben, sind jedoch eigenständig zu berechnen.

Die Ermittlung der Umwelt- und Erfolgssituationen von Automobilkonzernen kann folglich als komplikationslos eingestuft werden. Eine wichtige Datenquelle stellen dabei die Geschäftsberichte der Hersteller dar. Diese werden kostenfrei zur Verfügung gestellt und weisen aufgrund der erforderlichen Bestätigung durch Abschlussprüfer eine hohe Authentizität der Daten auf.[527]

---

[525] Ausführliche Quellenangaben können dem Quellenverzeichnis am Ende jeder Fallstudie entnommen werden. Zu allgemeinen Informationsquellen von Wettbewerbsanalysen, vgl. KAHANER, L. (1997): Competitive intelligence: how to gather, analyse, and use information to move your business to the top, S. 53 ff.; KUNZE, C.; HAVEMANN, W. (1998): Das Internet als Instrument der Wettbewerbsanalyse; KASSLER, H.; SANDMAN, M. A. (2000): Information Ressources for Intelligence. In: MILLER, J. (2000): Millennium Intelligence: Understanding and Conducting Competitive Intelligence in the Digital Age, S. 97 ff.

[526] Zur Eignung von Geschäftsberichten für Konkurrenzanalysen vgl. MEINDL, B. (1992): Die Bedeutung veröffentlichter Geschäftsberichte für die Konkurrenzanalyse; EFFING, W. (2002): a.a.O. Mit „Geschäftsbericht" sind in den folgenden Ausführungen die Konzernberichte der Automobilproduzenten gemeint.

[527] Einschränkend ist jedoch darauf hinzuweisen, dass der Konzernabschluss auch Möglichkeiten zur zielorientierten Gestaltung bietet, vgl. KÜTING, K.; WEBER, C.-P. (2001): a.a.O., S. 521 ff.

Ziele, strategische Pläne sowie Annahmen (2.1, 2.2) der Automobilunternehmen lassen sich Quellen entnehmen, in denen sich Wettbewerber gegenüber Interessensgruppen (e. g. Aktionäre, Kunden) äußern. In der BMW-Fallstudie stammen beispielsweise zentrale Unternehmenszielsetzungen und –pläne aus der Rede des Vorstandsvorsitzenden Helmut Panke auf der Bilanzpressekonferenz am 19. März 2003. Bei General Motors basieren die Konzernziele bzw. –annahmen auf Angaben der Präsentation des GM-Finanzvorstandes John M. Devine auf der New York Auto Show Conference. Darüber hinaus sind Pläne der Wettbewerber auch Fachzeitschriften und Tageszeitungen zu entnehmen. Zu themenrelevanten, aktuellen und qualitativ guten Datenquellen gehören folgende Periodika:

- *„Automotive News"* (Branchenzeitschrift, wöchentlich, englischsprachig),

- *„Autoweek"* (Branchenzeitschrift, wöchentlich, englischsprachig),

- *„Automotive News Europe"* (Branchenzeitschrift, Zwei-Wochen-Takt, englischsprachig),

- *„Automobilwoche"* (Branchenzeitschrift, Zwei-Wochen-Takt, deutschsprachig),

- *„Automobilindustrie"* (Branchenzeitschrift, Zwei-Monats-Takt, deutschsprachig).

Darüber hinaus kann auch die Wirtschaftspresse für diesen Analysezweck herangezogen werden (e. g. FAZ, Handelsblatt, FTD). Detaillierte Informationen zur **Produktneuplanung (2.3)** von Automobilunternehmen werden im *„Automotive Quarterly Review"* (AQR) publiziert. Die Publikation wird vom Informationsdienstleister Awknowledge (Tochterunternehmen der Marketing Systems GmbH) vierteljährlich herausgegeben und enthält Firmenprofile (Finanz-, Absatzdaten, Pläne, Produktplanung für die nächsten vier Geschäftsjahre) der wichtigsten Automobilhersteller. Ergänzend können auch hier Fahrzeugberichte aus Branchenzeitungen herangezogen werden. Grundsätzlich sind angekündigte Ziele und Pläne seitens der Wettbewerber jedoch als bewusst eingesetzte Marktsignale zu interpretieren. Eine Überprüfung der Ankündigungen im Hinblick auf ihre Durchsetzbarkeit und den Durchsetzungswillen erscheint deshalb äußerst ratsam.

Als Datenquellen für das **Marken- und Produktangebot (3.1)** der beiden Hersteller können die Internet-Homepages der Hersteller herangezogen werden, darüber hinaus geben die Geschäftsberichte sowie der *„Schweizer Automobilkatalog"* (Schweizer Automobil Revue, jährlich, deutschsprachig) Auskunft über Marken, Modelle, Größenklassen und Karosserieformen. Dennoch bestehen bei der General Motors Analyse Probleme aufgrund der Größe und Komplexität des Unternehmens: Das Unternehmen ist weltweit mit 12 Konzernmarken präsent. Allein in Nordamerika unterhält General Motors sieben Konzernmarken. Somit kann das GM-Produktangebot in Nordamerika aufgrund der Vielzahl an Modellen nicht dargestellt werden. Da bei General Motors das defizitäre Europageschäft der Hauptverursacher des schwachen Automobilerfolgs ist, wird sich an vielen Stellen (Analysepunkte 3.4; 3.6; 3.9) in der Analyse auf die Untersuchung der europäischen GM-Marken (Opel, Saab) beschränkt. Aus diesem Grunde wird auch die Markenimageanalyse nur für den deutschen Automobilmarkt (für GM-Marken Opel und Saab) durchgeführt, wenngleich einzuräumen ist, dass die Bedeutung des deutschen Marktes für GME zwar maßgeblich ist (Absatzanteil 2002: 22,3 Prozent), nicht jedoch für den gesamten GM-Konzern (Anteil 2002: 4,1 Prozent).[528] Die Ergebnisse müssen deshalb dahingehend relativiert werden. Die Imagewerte entstammen dem „*ADAC Automarkenindex*", der vierteljährlich vom ADAC in Kooperation mit dem Centre of Automotive Research (Fachhochschule Gelsenkirchen) ermittelt wird. Die Studie wird auf den ADAC-Seiten im Internet kostenfrei zur Verfügung gestellt. Eine vergleichbare Datenquelle für andere Märkte steht nicht frei zur Verfügung.

Weniger komplex stellt sich die Situation bei BMW dar. Der Konzern ist mit nur drei Marken global vertreten und beschränkt sich mit sieben Modellreihen auf die Premiumsegmente. Darüber hinaus werden viele Informationen im Geschäftsbericht publiziert, so dass beispielsweise auch der Absatzmix der BMW-Produkte untersucht werden kann. Zur Ermittlung der Markenstärke wird ebenfalls der „*ADAC Automarkenindex*" Deutschland herangezogen. Die Gründe dafür sind der hohe Anteil des deutschen Marktes am BMW-Absatz (2002: 24,4 Prozent Absatzanteil) sowie die Vergleichbarkeit mit den Angaben in der GM-Analyse.

Zur Untersuchung des **Vertriebsnetzes (3.2)** der beiden Automobilhersteller stehen für Europa und die USA ausreichend Daten zur Verfügung. Das „*European Car Distribution Handbook*" (ECDH Handbook, jährlich, englischsprachig) ist ein Gemeinschaftswerk europäischer Automobilhersteller und wird vom unabhängigen Institut HWB International Ltd. herausgegeben. Es enthält dementsprechend Daten zu den Vertriebsorganisation der teilnehmenden Hersteller in West- und Zentraleuropa. Darüber hinaus können Informationen zu Vertriebsnetzstrategien aus Fachzeitschriften des Automobilhandels entnommen werden. Aufgrund der leichten Zugänglichkeit (Internet) und der Themenspezifität werden folgende Fachzeitschriften vorgeschlagen:[529]

- „*kfz-betrieb*" (Fachzeitschrift für den Autohandel, wöchentlich, deutschsprachig),

- „*AUTOHAUS*" (Fachzeitschrift für den Autohandel, Zwei-Wochen-Takt, deutschsprachig).

Vertriebsinformationen für den US-amerikanischen Markt liefert das „*Automotive News Market Data Book*" (jährlich, englischsprachig). Neben Vertriebsnetzdaten enthält das Handbuch auch Angaben zur Händlerzufriedenheit in den USA. Die Angaben basieren auf einer Studie

---

[528] Vgl. Geschäftsbericht GM-Konzern (2002), General Motors Europe: Year in Review (2002).

[529] Die Zeitschrift „AUTOHAUS" wird herausgegeben von Prof. Hannes Brachat im Auto Business Verlag. Die Zeitschrift „kfz-betrieb" erscheint im Vogel Auto Medien Verlag. Die Inhalte beider Zeitschriften sind auch auf den Internet-Seiten zugänglich.

der J. D. Power and Associates (*„Customer Satisfaction with Dealer Service"*). Die Studie repräsentiert Zufriedenheitswerte von fast 50.000 Neuwagenkäufern. Schließlich können der Datenquelle auch Informationen zur Händlerprofitabilität entnommen werden. Insgesamt ist die Datenlage zum Vertriebsnetz bzw. dem Kundenservice von Herstellern als zufriedenstellend zu bezeichnen.

Informationen zur **Arealstrategie bzw. zum Länderportfolio (3.3)** der beiden Konzerne sind hauptsächlich den Absatzübersichten in Geschäftsberichten und Homepages der Hersteller zu entnehmen. Darüber hinaus liefern die Publikationen *„World Car Industry Forecast Report"* von DRI-WEFA (vierteljährlich, englischsprachig) und der *„Automotive Quarterly Review"* relevante Markt- und Absatzdaten. Die Untersuchung dieses Themenfeldes ist aufgrund der guten Datenlage wenig kritisch.

Das Themenfeld **Innovation und Aktionsgeschwindigkeit (3.4)** wird mit Hilfe der Altersstruktur der Produktpaletten (Modellzyklen, Modellwechsel) sowie bedeutender Innovationen auf Ausstattungsebene beschrieben. Auf eine Darstellung der Modellzyklen sämtlicher GM-Marken muss aus Komplexitätsgründen verzichtet werden. Die Modellzyklen für die europäischen GM-Modelle (Opel, Saab) können dem *„World Car Industry Forecast Report"* entnommen und in das Lebenszyklusmodell eingetragen werden. Die Absätze pro Modell entstammen den Geschäftsberichten. Innovationstätigkeiten im Fahrzeug selbst können nur bei BMW anhand der Homepage ermittelt werden, bei den GM-Marken in Europa sind augenblicklich keine bedeutenden Innovationen zu lokalisieren.

Ein weiterer Erfolgsfaktor im Wettbewerb der Automobilindustrie ist die **Präsenz in Wachstumsmärkten (3.5)**. Als Bezugsrahmen werden diesem Kapitel einige Wachstumspotenziale der Automobilindustrie (e. g. Diesel-/ Allradfahrzeuge in Europa, Nischenmärkte, Diversifikation) vorangestellt. Für das Diesel-/ Allradangebot in Europa wird stellvertretend der deutsche Markt herangezogen.[530] Das Kraftfahrtbundesamt (KBA) stellt dabei Informationen über die Neuzulassungen von Personenkraftwagen nach Herstellern und Typgruppen (Diesel-/ Allradfahrzeuge) im Internet kostenfrei zur Verfügung (jährlich, deutschsprachig). Für die Präsenzen in Kleinwagen- und Oberklasse- sowie Nischenmärkten können das Produktangebot sowie die Absatzerfolge der Hersteller (laut Geschäftsberichten) in den jeweiligen Segmenten analysiert werden. Zur Untersuchung der Diversifikationsaktivitäten der Hersteller werden stellvertretend die Erfolge der Finanzdienstleistungssparten (Geschäftsberichte) beleuchtet. Im Großen und Ganzen genügen allgemein zugängliche Informationen zur Beurteilung der Präsenz eines Automobilherstellers in Wachstumsmärkten.

---

[530] Auch bei dieser Betrachtung sind die Ergebnisse hinsichtlich der unterschiedlichen Bedeutung des deutschen Marktes für BMW und GM zu relevieren.

Zusammenfassend lässt sich konstatieren, dass die Datenverfügbarkeit zur Ermittlung von Stärken und Schwächen der Wettbewerber hinsichtlich strategischer Erfolgsfaktoren zufriedenstellend ist. Ein wesentlicher Grund dürfte sein, dass Erfolgsfaktoren i. d. R. am Markt spürbare Unternehmensmerkmale darstellen und somit auch für Wettbewerber transparent sind. So können zumindest für die wichtigsten Absatzmärkte der analysierten Konzerne (USA und Europa, insbesondere Deutschland) ausreichend Informationen gefunden werden. Zu den aussagefähigsten Datenquellen gehören die Geschäftsberichte und Homepages.

Deutlich schwieriger ist hingegen die Ermittlung der Stärken und Schwächen der Wettbewerber hinsichtlich strategischer Erfolgspotenziale. Diese beziehen sich auf unternehmensinterne Merkmale, die zentrale Voraussetzungen für Erfolgfaktoren darstellen, aber nicht unbedingt am Markt zu spüren sein müssen. Der Konkurrenzanalyst ist deshalb in diesen Punkten deutlich stärker auf eine offene Informationspolitik der Hersteller sowie externe Studien angewiesen.

Das Thema **Markenmanagement und Produktplattformen (3.6)** kann sich der Wettbewerbsforscher durch Annäherungen erschließen. Die Modelle, die auf einer gemeinsamen Plattform basieren, sind im *„World Car Industry Forecast Report"* (DRI-WEFA) aufgelistet, die Absatzzahlen der Modelle können den Geschäftsberichten entnommen werden. Auf diesem Wege kann eine ungefähre Losgröße pro Plattform berechnet werden. Anhand dieses Wertes wird deutlich, ob die kritische Produktionsmenge pro Plattform (i. d. R. 500.000 Fahrzeuge p. a.) erreicht wird und wie hoch die economies of scale eines Herstellers zu taxieren sind. Dieser Ansatz unterstellt jedoch, dass die Absatz- und Produktionsvolumina eines Modells identisch sind (dies ist in der Regel so). Auf das Management der Marken, dass in der Regel die Grundlage für einen erfolgreichen Plattformansatz darstellt, kann ebenfalls nur indirekt geschlossen werden. Bei BMW wird beispielsweise auf eine markenübergreifende Plattformstrategie vollständig verzichtet, was die Individualität der Konzernmarken fördert, jedoch Kostennachteile mit sich bringt. Bei General Motors wurden in vergangenen Jahren amerikanische und europäische Markenfahrzeuge auf einer Plattform gebaut, was zu einer schwachen Akzeptanz der GM-Fahrzeuge auf dem europäischen Markt geführt hat. Folglich erscheint eine autonome Plattformstrategie der europäischen GM-Marken (Saab, Opel, evtl. Fiat-Auto) in Zukunft wahrscheinlicher. Mit Hilfe der Losgröße pro Plattform sowie den Plausibilitätsüberlegungen zum Markenmanagement ist zumindest eine annähernde Einschätzung der Stärken bzw. Schwächen eines Wettbewerbers im Hinblick auf das Marken- und Plattformmanagement möglich.

Die Ermittlung der **Mitarbeitereffizienz und F&E-Kompetenz (3.7)** der beiden Automobilproduzenten ist aufgrund der quantitativen Natur der Kennzahlen relativ unkompliziert. Die Grunddaten können den Geschäftsberichten entnommen werden. Lediglich die Quotienten müssen eigenständig berechnet und durch Gegenüberstellung mit anderen Wettbewerbern

(Volkwagen-Konzern, DaimlerChrysler-Konzern) relativiert werden. Mühevoller ist dagegen die Ermittlung technischer Kooperationen der Automobilhersteller. Eine wichtige Datenquelle stellt dabei die Publikation *„Interrelationships Among the Worlds's Major Automakers"* (letzte Ausgabe 2001, englischsprachig) von WARD's Automotive dar. Darin sind die wesentlichen Kooperationen und Beteiligungen in der Automobilindustrie aufgelistet. Ungünstiger Weise erschien die letzte Ausgabe im Jahr 2001, vor 2004 findet (nach Auskunft der Herausgeber) keine weitere Aktualisierung statt. Demzufolge bilden die Angaben der Publikation nur den Ausgangspunkt und müssen anhand aktuellerer Berichte in Branchen- und Tageszeitungen sowie automobilbezogener Internetportale (*„Autointell"*) überprüft und ergänzt werden.

Das **Produktions- und Marketingpotenzial (3.8)** von Automobilproduzenten kann anhand der weltweiten Präsenzen eines Herstellers dargelegt werden. Die Produktions- und Vertriebsstandorte der Hersteller sowie die Gesamtproduktionsvolumina sind bei beiden Unternehmen auf den Homepages zugänglich. Die Produktionszahlen nach Standorten müssen bei der GM-Analyse anhand einer Zweitquelle (*„World Car Industry Forecast Report"*) ermittelt werden. Mit Hilfe der Produktionsmenge je Standort kann eingeschätzt werden, ob ein Hersteller über komparative Kostenvorteile durch Produktion in Niedriglohnländern verfügt. Insgesamt sind die Stärken bzw. Schwächen der Automobilhersteller hinsichtlich des Produktions- und Marketingpotenzials aufgrund der guten Informationslage in ausreichendem Maße zu ermitteln.

Dagegen stellt das **Thema Kundenbindung und –beziehungen (3.9)** ein problematisches Informationsfeld dar. Für Loyalitäts- bzw. Eroberungsraten stehen keine frei zugänglichen Sekundärmaterialien zur Verfügung. Anstelle dessen kann sich nur auf Ergebnisse der Kundenzufriedenheitsstudie vom Marktforschungsinstitut J. D. Power and Associates beschränkt werden. In der Studie wurden 15.000 deutsche Fahrzeugbesitzer, deren Fahrzeuge zwischen Januar 1999 und Dezember 2000 zugelassen wurden, nach Ihren Erfahrungen befragt und daraus eine Rangliste der Zufriedenheiten erstellt. Aus der unterstellten Kausalbeziehung zwischen Kundenzufriedenheit und Kundenbindung kann zumindest indirekt auf die Kundenbindung bzw. –beziehung der Hersteller rückgeschlossen werden.[531] Einschränkend ist jedoch anzumerken, dass die Ergebnisse nur für den deutschen Markt gültig sind, vergleichbare Studien anderer Märkte stehen nicht frei zur Verfügung. Informationen über CRM-Maßnahmen von Wettbewerbern sind ebenfalls nur indirekt zu erschließen. Bei BMW gibt ein Fachaufsatz von BRAEKLER/ DIEHL/ WORTMANN wichtige Hinweise zum Kundenbeziehungsmanagement des Konzerns.[532] In der GM-Analyse kann nur aus der Forderung nach stärkerer Kundenorientierung im Rahmen des europäischen Sanierungsprojektes „Olympia" sowie anhand sinkender Marktanteile auf ein verbesserungswürdiges Kundenmanagement rückgeschlossen werden.

---

[531] Der Zusammenhang zwischen Kundenzufriedenheit und Kundenbindung wurde in Kapitel 3.2.2.4 erläutert.

[532] Vgl. BRAEKLER, M.; DIEHL, R.; WORTMANN, U. (2003): a.a.O. In: TEICHMANN, R. (Hrsg., 2003): a.a.O., S. 149 ff.

Abschließend ist folglich anzumerken, dass der Punkt 3.9 zwar äußerst bedeutsam ist, sich die Informationslage jedoch für einen externen Beobachter als unbefriedigend darstellt.

Das letzte zu untersuchende Erfolgspotenzial ist die **Finanz- und Investitionspolitik (3.10)** der Automobilkonzerne. Bei der Analyse des BMW-Konzerns kann im wesentlichen auf die Informationen des Geschäftsberichts zurückgegriffen werden. Der General Motors Konzern publiziert dagegen nur einen Bruchteil der Angaben im Geschäftsbericht. Beispielsweise sind die Aktionärsstruktur, die Marktkapitalisierung und der Cash flow im Geschäftsbericht nicht enthalten und müssen entweder durch eigene Berechnungen oder über Zweitquellen ermittelt werden. Angaben zu Kapazitätsauslastungen können der Publikation „Capacity Utilization Data" von Awknowledge entnommen werden. Informationen zu Kurs-Gewinn-Verhältnissen sind bei diversen Internet-Brokerage-Unternehmen einsehbar. Als geeigneter Anbieter von Finanzdaten im Internet kann „MSN Money" vorgeschlagen werden. Der Anbieter weist eine hohe Kongruenz mit den Geschäftsberichtsangaben auf.

Das Kapitel endet mit der Darlegung der Aktionärsstruktur der Unternehmen (BMW-Datenquelle: Geschäftsbericht; GM-Datenquelle: MSN Money, GM 10-K Report) sowie einer kurzen Beurteilung der Finanzsituationen beider Hersteller. Insgesamt lässt sich festhalten, dass sich bei der Publizierung von Finanzdaten große Unterschiede zwischen den Konzernen auftaten. Während sich beim erfolgreichen Autokonzern BMW der Geschäftsbericht als ergiebige Informationsquelle erweist, muss bei General Motors häufig aus Zweitquellen ergänzt werden. Die wichtigsten Erkenntnisse aus der „Unternehmensanalyse auf Basis kritischer Erfolgsbedingungen" sind in beiden Analyse in einer abschließenden Summary zusammengefasst.

Abschließend kann konstatiert werden, dass in der Automobilindustrie ausreichend frei verfügbare Informationen zur Verfügung stehen, um eine SWOT-Analyse von Wettbewerbern zu erstellen und Auswirkungen von Wettbewerberaktivitäten für das eigene Unternehmen abzuschätzen. Im Folgenden werden nun die Vorschläge zur Wettbewerbsanalyse des BMW Konzerns sowie der General Motors Corporation umgesetzt.

4.3   Fallstudie 1: Wettbewerbsanalyse des BMW-Konzerns

Inhaltsverzeichnis 

Management Summary

- Die **BMW Group** war im Geschäftsjahr 2002 mit einem Produktionsvolumen von 1.090,3 Tsd. Fahrzeugen - vor MG Rover und Porsche - der **drittkleinste Automobilkonzern der Welt**.

- Das Unternehmen beschränkt sich mit den Konzernmarken BMW, Mini und Rolls-Royce ausschließlich auf die **Premiumsegmente des Automobilmarktes** (S. 19).

- Die BMW Group setzt Fahrzeuge in über 130 Staaten ab, die **wichtigsten Automobilmärkte** des Konzerns sind **Deutschland** (Anteil 2002: 24,4%), die **USA** (24,3%) und **Großbritannien** (11,4%). In den Schwellenmärkten (Osteuropa, Asien) ist der Konzern bislang schwach vertreten (S. 23).

- Der BMW-Konzern gliedert seine Aktivitäten in **drei Geschäftssegmente**: BMW-Automobile, Motorräder und Finanzdienstleistungen. Bis 2000 gehörte auch das defizitäre Rover-Segment dem Konzern an (S. 6).

- Seit Trennung von der Rover Group in 2000 konnte das Unternehmen - durch Wachstum in sämtlichern Geschäftsfeldern - sein Finanzergebnis kontinuierlich verbessern. Im Geschäftsjahr (GJ) 2002 erwirtschaftete der Hersteller erneut ein Rekordergebnis. Die Umsatzrendite des operativen Ergebnisses belief sich 2002 auf 7,8% und lag damit **deutlich über dem Branchendurchschnitt** (5,8%) (S. 7).

- Seine **Marktposition** konnte die BMW Group absolut und relativ **ausbauen**. Der Weltmarktanteil stieg von 1,3% in 1998 auf 1,8% in 2002, der relative Marktanteil erhöhte sich von 3,5% auf 4,9% (S. 9).

- Für die kommenden Jahre plant der Konzern eine **Modell- und Marktoffensive** zur Verbesserung der Segmentabdeckung und des Länderportfolios (S. 12).

- **Zentrale Stärken** des Unternehmens liegen im **hohen Markenimage**, einer **jungen Modellpalette**, der **starken Position im konjunkturstabilen Premiumsegment** sowie der **gesunden Finanzbasis**. **Nachteilig** wirken sich die **geringen Produktionsvolumina** (economies of scale) und die Abhängigkeit von Triademärkten aus (S. 40).

1. Umwelt- und Erfolgsanalyse

1.1 Umweltsituation des BMW-Konzerns

Analyse des weiteren Unternehmensumfeldes der BMW Group

politisch-rechtlich	ökologisch
• Liberalisierung des Fahrzeugvertriebs (EU) • Schärfere Umweltschutzauflagen • Fahrzeug-Recycling • Kraftstoffbesteuerung	• Ressourcenverknappung • Anstieg globaler Emissionen • Suche nach alternativen Energiequellen • Steigendes Umweltbewusstsein
sozio-kulturell	**ökonomisch**
• Individualisierte Gesellschaft in Industrie-ländern • Steigendes Informationsniveau (Internet) • Steigende Realeinkommen in Industrielän-dern • Uneinheitliche Einkommensverteilung • Erhöhte Freizeitorientierung • Verstädterung	• Liberalisierung der Märkte • Bildung regionaler Wirtschaftszonen • Technischer Fortschritt • Tendenz zu Käufermärkten • Wechselkursschwankungen • Nachgebende Weltkonjunktur • Zunehmende Bedeutung internationa-ler Kapitalmärkte

Quelle: Eigene Darstellung

3

---

1. Umwelt- und Erfolgsanalyse

1.1 Umweltsituation des BMW-Konzerns

Analyse des automobilen Wettbewerbsumfeldes der BMW Group

Marktsättigung in der Triade	**Globalisierung der Automobilmärkte**	**Innovationsdynamik und Produkt-komplexität**
• Stagnierende Volumenmärkte • Wachstum nur in Submärkten, Nischen, Premiumsegmenten	• Steig. Auslandsabsatz/ –produktion • Internationale Kooperationen • Eintritt neuer Wettbewerber	• Verkürzte Modellzyklen • Steigende Fahrzeugstandards
Verdrängungswettbewerb	**Globaler Wettbewerb**	**Zeitwettbewerb**

BMW-Group

Individualisierung der Kunden-wünsche	**Preis-/ Angebotstransparenz auf Automobilmärkten**
• Variety-Seeking-Verhalten • Explosion der Variantenvielfalt	• Steigendes Informationsniveau • Internationales Angebot
Kostenwettbewerb	**Preiswettbewerb**

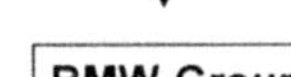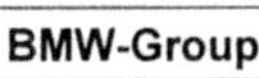

Quelle: Eigene Darstellung

4

1. Umwelt- und Erfolgsanalyse

1.2 Erfolgssituation des BMW-Konzerns

Umsätze nach Regionen und Erträge (in Mio. Euro)	1998	1999		2000		2001		2002	
	abs.	abs.	Δ g. Vj.	abs.	Δ g. Vj.	abs.	Δ g. Vj.	abs.	Δ g. Vj.
Umsatzerlöse	32.280	34.402	6,6%	37 226	8,2%	38 463	3,3%	42 282	9,9%
Nordamerika	6 413	8 098	26,3%	10 835	33,8%	11 672	7,7%	13 071	12,0%
Deutschland	9 271	9 206	(-0,7%)	9 126	(-0,9%)	10 238	12,2%	10 343	1,0%
Großbritannien	5 615	4.826	(-14,1%)	4 807	(-0,4%)	4 398	(-8,5%)	4 667	6,1%
übriges Europa	7 194	8 118	12,8%	7 553	(-7,0%)	7 379	(-2,3%)	8 450	14,5%
Asien/ Ozeanien	2.822	3.201	13,4%	3 750	17,2%	3 586	(-4,4%)	4 592	28,1%
sonstige Märkte	965	953	(-1,2%)	1 155	21,2%	1 190	3,0%	1 159	(-2,6%)
Operatives Ergebnis[1]	1.061	1 111	4,7%	2 032	82,9%	3 242	59,5%	3.297	1,7%
Jahresüberschuss/-fehlbetrag	462	(-2.487)	·	1 209	·	1.866	54,3%	2.020	8,3%

- Die **Umsatzerlöse** des BMW-Konzerns konnten im Zeitraum von 1998 bis 2002 **kontinuierlich gesteigert** werden (Δ 1998/ 2002: +31,0%). Im Geschäftsjahr **2002** erzielte der Konzern einen **Rekordumsatz** i. H. v. 42,282 Mrd. Euro.
- **Nordamerika, Deutschland und Großbritannien sind die Hauptumsatzträger des Unternehmens.** Die Nordamerikaumsätze entwickelten sich proportional zum Konzernumsatz. In Deutschland waren die Erlöse 1999 und 2000 leicht rückläufig. Die Umsätze in Großbritannien gaben infolge des Rover-Debakels 1999 bis 2001 deutlich nach.
- Das **operative Ergebnis** hat sich über den gesamten Beobachtungszeitraum mehr als **verdreifacht** (Δ 1998/ 2002: +210,7%) und erreichte **2002** einen **Spitzenwert** i. H. v. 3,297 Mrd. Euro.
- Im **Geschäftsjahr 1999** musste der BMW-Konzern aufgrund hoher **Verlustzuweisungen von Rover** einen Jahresfehlbetrag i. H. v. 2,487 Mrd. Euro ausweisen. **Seit der Trennung von Rover** (Mai/ Juni 2000) arbeitet das Unternehmen **wieder profitabel.**

Quelle: Geschäftsbericht BMW-Group (div. Jgg.)

1) Das BMW-Geschäftsjahr ist identisch mit dem Kalenderjahr, das operative Ergebnis entspricht dem Ergebnis v. Steuer
2) Rechnungslegung 1998/ 1999 nach HGB, seit GJ 2000 nach IAS-Standard

---

1. Umwelt- und Erfolgsanalyse

1.2 Erfolgssituation des BMW-Konzerns

Umsätze und Erträge nach Segmenten (in Mio. Euro)	1998	1999		2000[2]		2001		2002	
	abs.	abs.	Δ g. Vj.	abs.	Δ g. Vj.	abs.	Δ g. Vj.	abs.	Δ g. Vj.
Umsatzerlöse	32.280	34.402	6,6%	35 356	2,8%	38 463	8,8%	42 282	9,9%
BMW-Automobile	17.946	19.673	9,6%	29 639	50,7%	33 542	13,2%	38 179	13,8%
Rover-Automobile[1]	7.739	7.427	(-4,0%)	3.896	(-47,5)	·	·	·	·
Motorräder	652	767	17,6%	928	21,0%	1.059	14,1%	1.130	6,7%
Finanzdienstleistungen	5.512	5 748	4,3%	7 050	22,7%	7 514	6,6%	8 213	9,3%
nachrichtl.: Konsolidierungen	431	787	·	-6.157	·	-3.652	·	-5 240	·
Operatives Ergebnis	1 061	1 111	4,7%	1 663	49,7%	3 242	94,9%	3 297	1,7%
BMW-Automobile	2.003	2 106	5,1%	2 380	13,0%	2.792	17,3%	2 883	3,3%
Rover-Automobile[1]	(-957)	(-1.207)	·	(-762)	·	·	·	·	·
Motorräder	16	18	12,5%	27	50,0%	59	118,5%	60	1,7%
Finanzdienstleistungen	298	316	6,0%	345	9,2%	390	13,0%	422	8,2%
nachrichtl.: Konsolidierungen	-299	-122	·	-327	·	1	·	-68	·

- BMW gliedert seine Aktivitäten in **drei Segmente** (Automobile, Motorräder, Finanzdienstleistungen). Bis 2000 bildeten die Rover-Automobile ein viertes eigenständiges Segment.
- **Hauptumsatzträger** ist das **Segment BMW-Automobile,** es folgen die Finanzdienstleistungen und die Motorräder. Alle drei Segmente trugen mit positiven Steigerungsraten zum Wachstum des Gesamtumsatzes bei. Lediglich **Rover** verbuchte 1999 und 2000 **Umsatzrückgänge.**
- Der **Zuwachs des operativen Ergebnisses** basiert ebenfalls auf Steigerungen aller drei Segmente. Rover wies bis 2000 hohe operative Verluste aus.

Quelle: Geschäftsbericht BMW-Group (div. Jgg.)

1) Rover Cars und Land Rover wurden am 9. Mai bzw. 30. Juni 2000 veräußert.
2) Nur HGB-Angaben verfügbar.

1. Umwelt- und Erfolgsanalyse

1.2 Erfolgssituation des BMW-Konzerns

Renditekennzahlen[1] in %	1998	1999	2000	2001	2002
ROS (Umsatzrendite) v. Steuer	3,3%	3,2%	5,5%	8,4%	7,8%
ROS (Umsatzrendite) n. Steuer	1,4%	(-7,2%)	3,2%	4,9%	4,8%
ROE (Eigenkapitalrendite) v. Steuer	20,2%	17,2%	51,7%	34,4%	30,6%
ROE (Eigenkapitalrendite) n. Steuer	8,8%	(-38,6%)	30,7%	19,8%	18,8%
ROI (Gesamtkapitalrendite[2]) v. Steuer	3,9%	3,6%	5,4%	6,7%	6,5%
ROI (Gesamtkapitalrendite[2]) n. Steuer	1,7%	(-8,1%)	3,2%	3,8%	4,0%

- Der Premiumanbieter **BMW** erwirtschaftete 2002 eine überdurchschnittlich hohe **Umsatzrendite vor St. (7,8%)**
- **Sämtliche Vorsteuer-Renditen (ROS, ROE und ROI) sanken** 1999 aufgrund der Rover-Belastung ab. Nach Steuer wies der BMW Konzern 1999 in allen Bereichen negative Renditen aus.
- In den Geschäftsjahren 2000 und 2001 konnten die ROS- und ROI-Kennzahlen g. Vj. wieder deutlich zulegen. Der ROE stieg in 2000 an und fällt seitdem stetig ab. Im abgelaufenen Geschäftsjahr gaben alle Kennzahlen (ausgenommen ROI n. St.) auf hohem Niveau leicht nach.
- Die **Gesamtkapitalrendite (ROI) nach Steuern** konnte **seit** dem Geschäftsjahr **2000 kontinuierlich gesteigert** werden und erreichte 2002 einen Wert von 4,0%.

Quelle: Geschäftsbericht BMW-Group (div. Jgg.), eigene Berechnungen

1) ROE- und ROI-Kennzahlen berechnen sich aus der Erfolgsgröße in Relation zum Eigenkapital/ Gesamtkapital des Vj.
2) Gesamtkapital = Eigenkapital + Fremdkapital (Rückstellungen + Verbindlichkeiten).

---

1. Umwelt- und Erfolgsanalyse

1.2 Erfolgssituation des BMW-Konzerns

Auslieferungen an Kunden (in 1.000)	1998	1999		2000		2001		2002	
	abs.	abs.	Δ g. Vj.	abs.	Δ g. Vj.	abs.	Δ g. Vj.	abs.	Δ g. Vj.
Fahrzeug-Auslieferungen[1]	699,4	751,3	7,4%	822,2	9,4%	905,7	10,2%	1.057,3	16,7%
nach Regionen[1]									
Nordamerika	139,3	164,0	17,7%	200,4	22,2%	225,8	12,7%	273,3	21,0%
Deutschland	237,5	240,0	1,1%	240,6	0,2%	245,8	2,2%	258,2	5,0%
Großbritannien	84,0	78,5	8,8%	88,0	(-0,1%)	98,0	88,1%	120,0	88,0%
übriges Europa	166,6	185,6	11,4%	208,5	12,3%	225,4	8,1%	260,7	15,7%
Asien/Pazifik	66,1	66,2	0,2%	75,9	14,7%	82,3	8,4%	106,5	29,4%
sonstige Märkte	25,1	25,0	(-0,4%)	28,5	14,0%	35,5	24,6%	37,8	6,5%
nach Marken									
BMW-Automobile	699,4	751,3	7,4%	822,2	9,4%	880,7	7,1%	913,2	3,7%
Mini-Automobile						25,0	-	144,1	476,4%
nachrichtl.: Rover-Automobile	497,6	391,9	(-21,2%)	192,2	(-51,0%)	-		-	
Motorräder	60,3	65,2	8,1%	81,3	24,7%	95,3	17,2%	103,0	8,1%

- Die **BMW-Fahrzeugauslieferungen** konnten von 1998 bis 2002 **um 51,2% gesteigert** werden.
- Die **Absatzschwerpunkte** liegen in **Europa** und **Nordamerika** (Absatzanteil 2002: 60,5% bzw. 25,8%). Deutschland und Großbritannien sind die wichtigsten Einzelmärkte. In nahezu **allen Regionen** – ausgenommen Großbritannien und sonstige Märkte – konnte der **BMW-Absatz erhöht** werden.
- Wichtigste **Absatzträger** sind die Fahrzeuge der **Marke BMW** (Absatzanteil 2002: 86,4%). Der **Absatz** der 2001 hinzugekommenen **Marke Mini** konnte 2002 gegenüber dem Vorjahr **verfünffacht** werden.
- Die **Rover-Absätze** sanken im gesamten Beobachtungszeitraum.

Quelle: Geschäftsbericht BMW-Group (div. Jgg.)

1) Angaben ohne Rover-Auslieferungen.

1. Umwelt- und Erfolgsanalyse

1.2 Erfolgssituation des BMW-Konzerns

Marktanteile	1998	1999	2000	2001	2002
BMW-Fahrzeug-Auslieferungen (ohne Rover)	699,4	751,3	822,2	905,7	1.057,3
Fahrzeug-Gesamtmarkt (Pkw, Trucks und Nfz.)	52.681,0	55.512,0	57.297,0	56.627,0	57.295,3
Marktanteil BMW	1,3%	1,4%	1,4%	1,6%	1,8%
Marktanteile der drei größten Automobilproduzenten					
Marktanteil General Motors	15,5%	15,6%	15,0%	15,1%	14,9%
Marktanteil Ford Motor Company	13,0%	13,0%	13,0%	12,3%	12,2%
Marktanteil Toyota Motor Corporation	9,8%	9,7%	10,1%	10,5%	10,8%
kumulierte Marktanteile	38,3%	38,2%	38,1%	37,9%	37,8%
relativer Marktanteil BMW[1]	3,5%	3,5%	3,8%	4,2%	4,9%

- Der Weltmarktanteil des **BMW-Konzerns** ist – aufgrund der **Beschränkung auf den Premiummarkt** – im Vergleich zu Volumenherstellern **relativ unbedeutend** (2002: 1,8%).
- Die **Marktanteile** des BMW-Konzerns konnten von 1998 bis 2002 **kontinuierlich erhöht** werden.
- Gegenüber den drei größten Wettbewerbern (GM, Ford, Toyota) konnte BMW seine Position deutlich ausbauen, der **relative Marktanteil stieg** von 3,5% (1998) auf 4,9% (2002).

Quelle: Geschäftsberichte BMW-, Ford-, GM- u. Toyota-Konzern (div. Jgg.), eigene Berechnungen

1) Marktanteil BMW in Relation zu Marktanteilen der drei größten Automobilproduzenten.

---

1. Umwelt- und Erfolgsanalyse

Summary zur Umwelt- und Erfolgssituation des BMW-Konzerns:

- In dem **wettbewerbsintensiven Umfeld** der Automobilindustrie kann sich der **BMW-Konzern überdurchschnittlich erfolgreich** behaupten.

- Der **Absatzschwerpunkt** des Fahrzeugherstellers liegt auf den **Triademärkten**, die durch **stagnierendes Wachstum** gekennzeichnet sind. **Entgegen dem allgemeinen Markttrend konnte der BMW-Konzern** in den vergangenen Jahren sowohl **absolut als auch relativ wachsen**.

- Die **Fahrzeugauslieferungen** konnten 2002 gegenüber 1998 – insbesondere durch den **erfolgreichen Relaunch der Marke MINI** – um 51,2% **gesteigert** werden. Der **Marktanteil stieg** im gleichen Zeitraum von 1,3% **auf 1,8%.** Die überdurchschnittliche Entwicklung des Konzerns spiegelt sich in dem **deutlich steigenden relativen Marktanteil** wider.

- Der Weltmarktanteil des **BMW-Konzerns** (2002: 1,8%) ist – aufgrund der **geringen Produktionsvolumina** (2002: 1.057,3 Tsd. Fzg) – im Vergleich zu Volumenherstellern **relativ unbedeutend**.

- Die **Finanzergebnisse** des Konzerns **verbesserten sich seit Trennung vom Rover-Geschäft (2000)** stetig. Die Umsatzerlöse stiegen 2002 gegenüber 1998 um 31,0%, das **operative Ergebnis** konnte im Zeitraum mehr als **verdreifacht** werden.

- Das **Geschäftsjahr 2002** schloss der Konzern mit einem **Rekordergebnis** ab, wenngleich sich das Wachstumstempo gegenüber den früheren Jahren verlangsamt hat. Mit einer **Vorsteuer-Umsatzrendite von 7,8%** war der Hersteller 2002 **überdurchschnittlich profitabel**.

2. Ziel- und Strategieanalyse

2.1 Annahmen des BMW-Konzerns über die Zukunft der Automobilindustrie

Die Geschäftsplanung des BMW-Konzerns für die kommenden Jahre basiert auf folgenden **zentralen Annahmen**:

- Das augenblicklich schwierige weltwirtschaftliche Umfeld wird sich stabilisieren, **das Konjunkturklima wird sich nicht wesentlich verbessern**: *„Angesichts der angespannten weltpolitischen Lage, der Entwicklungen an den Kapital- und Rohölmärkten und dem weithin ausgeprägten Mangel an Vertrauen und Zuversicht ist derzeit ein breiter konjunktureller Aufschwung nicht abzusehen."* (Helmut Panke, Vorsitzender des Vorstandes BMW AG, Rede auf der Bilanzpressekonferenz 19. März 2003).

- Das **Wachstum der Premiumsegmente** des Automobilmarktes beläuft sich in den nächsten zehn Jahren auf **50%**, die Volumensegmente hingegen wachsen im gleichen Zeitraum nur um 25%.

- Auf den größten Automobilmärkten der Welt (Triade) ist kaum signifikantes Wachstum zu erwarten, **dynamisches Wachstum** bietet sich vor allem **in Mitteleuropa und Asien**.

- **Asien** bietet **Potenzial** für **Premiumfahrzeuge**, insbesondere in China, Thailand und Malaysia. In Indonesien besteht Bedarf an Oberklassefahrzeugen.

Quelle: BMW Group

11

---

2. Ziel- und Strategieanalyse

2.2 Ziele und Strategien des BMW-Konzerns

- Die Zukunftsmaxime des BMW-Konzerns lautet „**langfristig profitables Wachstum**" in der Reihenfolge „profitabel" und „Wachstum".
- Die BMW Group verfolgt dazu eine konsequente **Premiummarkenstrategie** und wird nur solche Segmente bedienen, die zum Charakter der jeweiligen Marke passen und ein überdurchschnittliches Ertragspotenzial aufweisen.
- **Bis 2008** will der Konzern seinen **Absatz auf 1,4 Mio. Einheiten** p. a. ausdehnen und insgesamt 16 Mrd. Euro weltweit investieren. Wesentliche **Pfeiler** dieser **Expansionsstrategie** sind die **Produkt-, Marken- und Marktoffensive**:

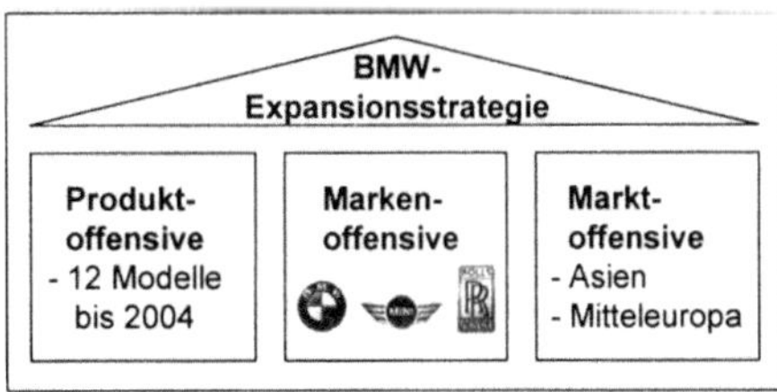

- Im Rahmen der **Produktoffensive** sollen bis 2004 **sieben neue und fünf überarbeitete Modelle bzw. Modellvarianten** auf den Markt kommen (vgl. Produktneuplanungen).

Quelle: FTD, MM, AQR 1/03, BMW Group

12

---

2. Ziel- und Strategieanalyse

2.2 Ziele und Strategien des BMW-Konzerns

- Mit den **Marken BMW, Mini** und **Rolls-Royce** will der Konzern künftig **die Premiumsegmente von der Kleinwagen- bis zur absoluten Luxusklasse** abdecken. Die Kernmarke BMW steht im Mittelpunkt, die Lifestyle-Marke MINI dient der Expansion des Produktportfolios nach unten, die Luxusmarke Rolls-Royce rundet das Angebot nach oben ab.

- Mit der geplanten **Marktoffensive** will der BMW-Konzern seine internationale Marktpräsenz weiter ausbauen. Besonderes Augenmerk wird auf **Mitteleuropa und Asien** gelegt.

- In **Asien** will der Konzern in den nächsten fünf Jahren seinen **Absatz mehr als verdoppeln** (Absatzziel: 150.000 Einheiten p. a.). Wichtige Maßnahmen sind:
  - Seit Sommer 2003 arbeitet ein neues BMW-Vertriebszentrum in **Malaysia**.
  - In **Thailand** wird das Werk Rayong zur Belieferung **Indonesiens** mit Fahrzeugen der **7-er Baureihe** ausgebaut.
  - Mit dem chinesischen Minibus-Hersteller **Brilliance China** hat BMW ein JV gegründet, in dem ab der zweiten Jahreshälfte 2003 BMW 3-er und 5-er Fahrzeuge vom Band laufen (Produktionsziel: 30.000 Einheiten p. a.).

- Mittelfristig soll auf die **Hauptabsatzmärkte Deutschland** (Absatzanteil 2002: 24,4%), restliches Europa (36,1%), Nordamerika (25,8%) und Asien (10,1%) **jeweils ein Viertel des Absatzes entfallen.**

- Weitere Ziele der BMW-Group sind **Kapazitätserweiterungen** in den Werken **Oxford** (UK, Produktion MINI) und **Spartanburg** (USA, Produktion X5, Z4).

- Das Unternehmen setzt künftig auf ausgewählte **projektbezogene Kooperationen** (e. g. Brennstoffzellen-Projekt mit General Motors, Entwicklung von Benzinmotoren mit PSA) **anstelle kostenintensiver Unternehmensbeteiligungen.**

- Die **Vertriebsnetze** für **Rolls-Royce** und **MINI** befinden sich derzeit **im Aufbau.** Für Rolls-Royce wurden 2002 bereits 60 Stützpunkte fixiert. MINI wird als globale Marke (:global, jung und frech) positioniert und war Ende 2002 in 70 Märkten und mit 1.400 Handelsbetrieben präsent.

- **Für 2003 wird eine weitere Steigerung des Absatzes aller Marken gegenüber 2002 prognostiziert.**

Quelle: FTD, MM, WAMS, AQR 1/03, BMW Group

---

2. Ziel- und Strategieanalyse

2.3 Produktneuplanungen des BMW-Konzerns

2003	2004	2005	2006
• BMW 3-er Coupé, Cabriolet, Compact FL	• BMW 1-er ME	• BMW 3-er NF	• BMW V3 (3-er MPV) ME
• BMW 6-er Coupé ME	• BMW X-7 ME	• BMW 1-er Dreitürer	• BMW V5 (5-er MPV) ME
• BMW 5-er NF	• BMW 6-er Cabriolet ME		
• BMW X-3 ME	• BMW 5-er Touring NF		
• Mini Cabriolet ME			
• Rolls Royce Phantom ME			

ME: Markteinführung   NF: Nachfolger   FL: Facelift

Quelle: AQR 1/03

2. Ziel- und Strategieanalyse

Summary zu den Zielen und Strategien des BMW-Konzerns:

- Die Ziele und Pläne des BMW-Konzerns fußen auf **sehr moderaten Erwartungen** für das zukünftige Wachstum der Automobilmärkte. **Signifikante Steigerungsraten** werden nur für die **Premiumsegmente** des Automobilmarkts sowie die **Regionen Asien-Pazifik** und **Mitteleuropa** prognostiziert.

- Auf Basis dieser Annahmen **konzentriert der BMW-Konzern seine Wachstumsbestrebungen der Zukunft auf die Premiumsegmente des Automobilmarkts** sowie die Region **Asien/ Pazifik**. Die BMW-Expansionsstrategie basiert auf den **Säulen Produkt-, Marken- und Marktoffensive:**

    - Im Rahmen der **Produktoffensive** lanciert BMW bis 2004 insgesamt sieben neue und fünf überarbeitete Modelle bzw. Modellvarianten. Aktuelle Lücken im Modellprogramm (u. a. Kompaktklasse, MPV-Segment) werden dadurch geschlossen.
    - Die BMW-Produktpläne werden von einer **Markenoffensive** begleitet. Mit den drei Marken BMW, MINI und Rolls-Royce (seit Januar 2003) will der Konzern alle Premiumsegmente von der Kleinwagen- bis zur absoluten Luxusklasse bedienen.
    - In **Asien** verfolgt der Konzern eine ehrgeizige Wachstumsstrategie: Der **Absatz** in der Region soll durch sukzessiven Ausbau der lokalen Produktions- und Vertriebsstandorte **verdoppelt** werden (Absatzziel: 150.000 Fahrzeuge p. a.). Ein wesentlicher Pfeiler der BMW-Asienstrategie ist das Produktions-JV mit dem lokalen Hersteller Brilliance China.

- **Bis 2008** will der BMW-Konzern **seinen globalen Fahrzeugabsatz auf 1,4 Mio. Einheiten p. a. ausdehnen.** Dabei werden **ausgeglichene Absatzanteile** (jeweils 25%) der Regionen Deutschland, restliches Europa, Nordamerika und Asien angestrebt.

---

3. Unternehmensanalyse auf Basis strat. Erfolgsbedingungen

3.1 Marken- und Produktangebot - Segmentabdeckung

Karosserieform

	Mini-Klasse	Kleinwagen-Klasse	Kompakt-Klasse	Mittelklasse	Obere Mittelklasse	Oberklasse	Luxusklasse
Voll-/ Schrägheck		Mini		3-er Compact			
Stufenheck				3-er Reihe	5-er Reihe	7-er Reihe	Phantom[1]
Kombi				3-er Touring	5-er Touring		
Coupé				3-er Coupé, Z3			
Cabrio/ Roadster				3-er Cabrio, Z3		Z8 Roadster	
MPV/ Van					X5		
SUV							
Pickup							

☐ Mini ☐ Rolls-Royce ☐ BMW Größenklassen

Quelle: BMW Geschäftsbericht 2002, Schweizer Automobilkatalog 2003

1) Phantom ist bislang das einzige Rolls-Royce-Modell.

3. Unternehmensanalyse auf Basis strat. Erfolgsbedingungen 

3.1 Marken- und Produktangebot - Auslieferungen nach Modellreihen (in 1.000 Einheiten)[1]

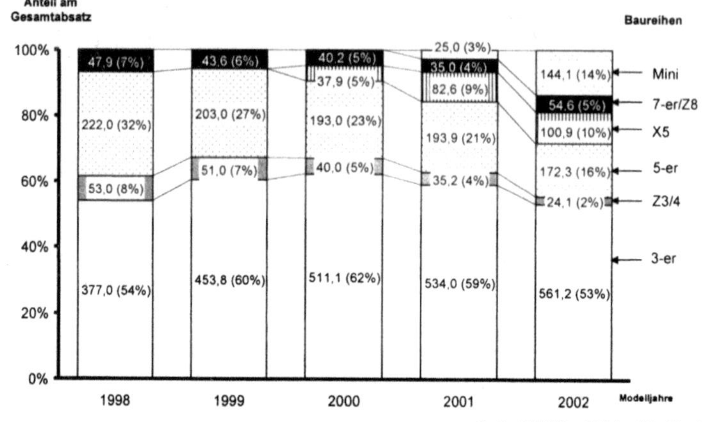

1) Rolls-Royce gehört erst seit 01.01.2003 zum BMW-Konzern, daher ist die Marke hier nicht erfasst.

---

3. Unternehmensanalyse auf Basis strat. Erfolgsbedingungen 

3.1 Marken- und Produktangebot - Markenpositionierung und -stärke

März 2003 Rang	Herstellermarke	Diff. Rang zu Dez. 2002
1	Mercedes	+/-
2	Audi	+1
3	BMW	-1
4	Porsche	+1
5	Volkswagen	-1
6	Toyota	+/-
7	Renault	+7
8	Ford	+1
9	Opel	+1
10	Skoda	-2
...	...	...
19	Saab	+2
20	Citroen	-3
21	Hyundai	-1
22	Mitsubishi	+1
23	Daihatsu	+2
24	Suzuki	-1
25	Alfa Romeo	+1
26	Jaguar	-2
27	Fiat	+1
28	KIA	+1
29	Lancia	-1
30	Chrysler	+/-
31	Daewoo	+/-
32	Rover	-1

<u>Markenimageranking Deutschland 2003[1]</u>

- Auf dem Hauptabsatzmarkt der BMW Group (Deutschland) rangiert die Konzernmarke **BMW** hinter Mercedes und Audi **auf Platz drei** (Marken MINI und Rolls-Royce nicht erfasst).

- **Gegenüber** der Markenindexuntersuchung im **Dezember 2002 gibt BMW** um einen Rang nach.

- Das BMW-Markenranking verschlechtert sich **qualitätsbedingt**: Vier Rückrufaktionen in 2002 (X5: Bremspedal; Mini: Schaltseil; 7-er: Benzintank und Drosselklappe) beeinträchtigten das Markenimage.

Quelle: ADAC Automarkenindex März 2003, FTD

1) Anzahl untersuchter Marken: 32.

3. Unternehmensanalyse auf Basis strat. Erfolgsbedingungen   

3.1 Marken- und Produktangebot

- Der BMW-Konzern besetzt mit seinen drei Konzernmarken insgesamt 13 der 56 Fahrzeugsegmente. **Schwerpunkt der Aktivitäten sind die Premiumsegmente des Automobilmarktes.**

- Von der Mittelklasse bis zur Oberklasse ist der Konzern mit der Kernmarke **BMW** präsent. Das Kleinwagen-Segment wird von einem **MINI**-Schrägheckmodell besetzt. Seit dem 1. Januar 2003 ist die BMW-Group mit der Marke **Rolls-Royce** auch in der Luxusklasse vertreten.

- **BMW** ist die **dominierende Konzernmarke.** Auf sie entfielen 2002 rund 86% des Absatzes. Im Hauptabsatzmarkt Deutschland gehört **BMW zu den Spitzenmarken.** Sie nimmt im Image-Ranking den dritten Platz hinter Mercedes und Audi ein.

- Mit der Marke **BMW** will sich der Hersteller zu einem **Full-range-Anbieter in den Premiumsegmenten** entwickeln:
    - Die **Nischensegmente** deckt die Marke bislang nur mit dem X5-Modell ab. In 2003 und 2004 sollen die Modelle **X3** (Mittelklasse) und **X7** (Oberklasse) folgen.
    - In der **oberen Mittelklasse** wurden die Karosserieformen Cabriolet und Coupé bislang vernachlässigt. Die Lücken sollen durch das **6-er** Coupé (2003) und **6-er** Cabriolet (2004) geschlossen werden.
    - In der **Kompaktklasse** ist der Konzern bislang nicht vertreten. Ab 2004 soll das neue BMW **1-er** Modell das Downtrading des Konzerns in das Volumensegment ermöglichen.

- Die **absatzstärkste Produktgruppe** des Konzerns ist die **3-er Reihe** (Absatzanteil 2002: 53%). Sämtliche Modellreihen - ausgenommen 5-er Reihe und Z3 - trugen 2002 zu einer deutlichen Absatzsteigerung bei. Die Einführung des **X5** (seit 2000) sowie des **MINI** (seit 2001) konnten die produktzyklusbedingten Rückgänge der 5-er Reihe und des Z3 mehr als kompensieren. Zudem trugen sie zur Verringerung der Abhängigkeit von der 3-er Baureihe und somit zu einer **Verbesserung des Konzern-Modellmix** bei.

- Die drei Konzernmarken sind produktpolitisch **überschneidungsfrei positioniert,** durch verschiedene Markenkerne (BMW: Full-range-Marke, Mini: Lifestyle-Marke, Rolls-Royce: Luxus-Marke) wird eine **Kannibalisierung im Konzern vermieden.** Von anderen Herstellern differenzieren sie sich durch ihre Premiumpositionierung.

---

3. Unternehmensanalyse auf Basis strat. Erfolgsbedingungen   

3.2 Vertriebsnetz und Kundenservice

- Weltweit ist die BMW Group mit **27 eigenen Vertriebsgesellschaften** sowie einer Handelsorganisation von mehr als 2.000 selbständigen Händlern (zzgl. 3.000 Betriebsstätten) **in mehr als 130 Ländern** präsent. Die Marke MINI konnte 2002 auf mehr als 1.400 Handelsbetriebe in 70 Ländern zurückgreifen. Die Vertriebsorganisation für Rolls-Royce befindet sich noch im Aufbau. 2002 wurden 60 Händlerverträge für die Marke abgeschlossen.

- In der Absatzregion **Europa** organisiert die BMW Group den Vertrieb über 12 Vertriebsgesellschaften und 18 unabhängige Importeure. Auf Händlerebene besitzt das Unternehmen **52 Niederlassungen** und **1.552 unabhängige Haupthändler.**

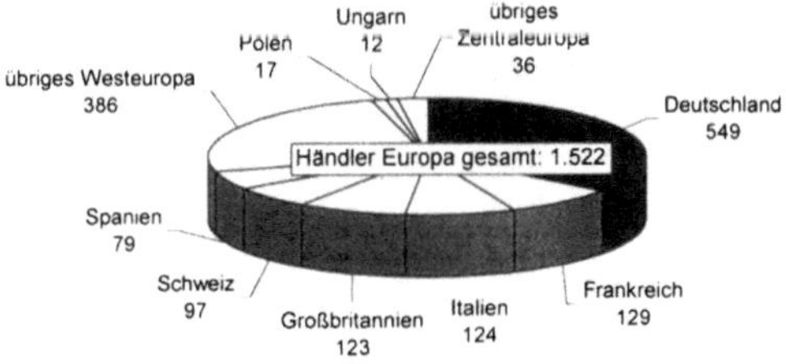

- Die **Schwerpunkte des** europäischen BMW-**Vertriebsnetzes** liegen in **Deutschland, Frankreich, Italien** und **Großbritannien.** In Zentraleuropa ist die Marke insbesondere in Ungarn und Polen präsent.

- Alle europäischen **BMW-Niederlassungen** nehmen sowohl **Verkaufs- als auch Serviceaufgaben** wahr. Im Durchschnitt wurden in Europa im Geschäftsjahr 2002 rund **412 Fahrzeuge**[1] **pro Händler abgesetzt** (Absatz 2002: 639 800 Fahrzeuge, Anzahl Händler 2002: 1.552).

Quelle: ECDH-Handbuch, Stand: 01/02

---

1) Durchschnittsangaben ohne BMW-Niederlassungen.

3. Unternehmensanalyse auf Basis strat. Erfolgsbedingungen   

3.2 Vertriebsnetz und Kundenservice

Customer Service Index (USA 2002)[1]

Marke	Wert	Rang
Saturn	900	1
Infinity	897	2
Lexus	894	3
Cadillac	890	4
Volvo	883	5
Buick	882	6
Acura	881	7
Saab	875	8
BMW	**873**	**9**
Lincoln	868	10
Oldsmobile	868	10
Jaguar	867	12
Porsche	864	13
Mercury	862	14
Honda	859	15
Chrysler	856	16
Toyota	849	17
Chevrolet	846	18
Land Rover	845	19
GMC	844	20
Industriedurchschnitt	**843**	**21**

- Im zweitwichtigsten Absatzmarkt **USA** erfolgt der Fahrzeugvertrieb über zwei Vertriebsgesellschaften sowie **340 BMW Pkw-** (davon 186 Exklusivhändler) und **327 SAV- sowie 70 MINI-Händler.**

- Bei der jährlich durchgeführten **Customer Service Index Study (CSI)** kam die BMW-Group 2002 in den USA auf den neunten Platz (Anzahl untersuchter Marken: 37) und rangiert damit über dem Industriedurchschnitt.

- Die **BMW-Händlerprofitabilität** in den USA liegt ebenfalls weit über dem Branchendurchschnitt (Bruttogewinn/ Fahrzeug: $ 3.136; hinter Porsche, Lexus und Mercedes Benz).

- Insgesamt ist das **Vertriebsnetz** der BMW Group als **hinreichend dicht und rentabel** anzusehen. Die Zentren des Netzes befinden sich in wichtigen Absatzmärkten (Deutschland, USA, UK).

- Im Zuge der Anpassung an die neue Gruppenfreistellungsverordnung dürfte der Aufbau von **Mehr-Marken-Händlern** (für Mini, BMW, Rolls-Royce) in Europa erwägenswert sein. Eine Trennung der Neuwagen- und Servicefunktionen der BMW-Händler könnte zu einer weiteren Verbesserung der Kundennähe beitragen.

Quelle: Market Data Book 2003, kfz-betrieb, AUTOHAUS

1) Bewertung nach Marken für Pkw und Light Trucks.

21

---

3. Unternehmensanalyse auf Basis strat. Erfolgsbedingungen   

3.3 Arealstrategie und Länderportfolio

Globalisierungsgrade in der Automobilindustrie 2002[1]

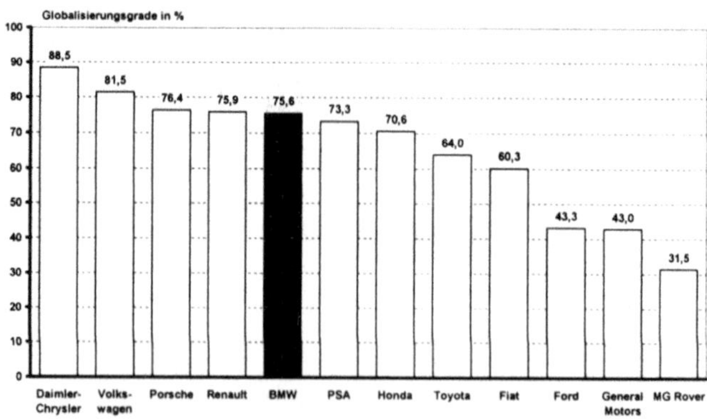

Quelle: Geschäftsberichte der Hersteller, MG Rover: AQR 01/03

1) Gemessen am Absatzanteil, der außerhalb des Heimatmarkts realisiert wurde (Heimatmarkt = Land mit Sitz des Mutterunternehmens).

22

3. Unternehmensanalyse auf Basis strat. Erfolgsbedingungen  

3.3 Arealstrategie und Länderportfolio

<u>Länderportfolio der BMW Group 2002 (Absatzanteile in %)[1]</u>

Durchschnittliches Marktwachstum 1999- 2002 (% p. a.)

	Niedrig < 0,2 Mio.	Mittel 0,2 - 1,0 Mio.	Hoch > 1 Mio.
Hoch > 9%		diverse asiatische Märkte (3,8)	China (1,5) Südkorea (0,5)
Mittel 3 - 9%			Kanada (1,6) Großbritannien (11,4)
Niedrig < 3%			Frankreich (4,1) USA (24,3) Italien (6,0) Deutschland (24,4) Japan (4,3)

Marktgröße (Mio.)

Quelle: DRI-WEFA (12/02), BMW Geschäftsbericht 2002

1) Nicht erfasst: 18,1% des BMW-Absatzes in „sonstigen Märkten".

23

---

3. Unternehmensanalyse auf Basis strat. Erfolgsbedingungen   

3.3 Arealstrategie und Länderportfolio

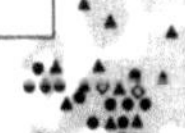

Quelle: BMW Geschäftsbericht 2002

24

3. Unternehmensanalyse auf Basis strat. Erfolgsbedingungen 

3.3 Arealstrategie und Länderportfolio

- Der BMW-Konzern bedient mit **27 eigenen Vertriebsgesellschaften, 23 Produktions- und Montagestandorten** und **drei Forschungs- und Entwicklungszentren** insgesamt über **130 Staaten** der Erde.

- Das **Unternehmen gehört** mit einem Absatzanteil außerhalb des Heimatmarktes (Deutschland) von 75,6 Prozent – **zu den stark globalisierten Automobilproduzenten.**

- Rund **drei Viertel** (76,1%) **des Konzernabsatzes** erwirtschaftet die BMW-Group **auf den Triademärkten**, die durch hohe Marktvolumina, jedoch geringe jährliche Wachstumsraten gekennzeichnet sind.

- In den wachstumsintensiven Märkten Asiens ist der Hersteller **derzeit schwach vertreten**. Insbesondere im Zukunfts- markt **China** zählt die BMW Group mit einem Absatz von 15.473 Fzg. (2002) zu den **Nachzüglern** (zum Vergleich: Der Volkswagen-Konzern lieferte im gleichen Zeitraum 512.548 Fzg. in China aus).

- Künftig soll das **BMW-Länderportfolio deshalb um asiatische Wachstumsmärkte erweitert** werden. Der Absatz in **Asien** (ohne Pazifik) soll in den nächsten fünf Jahren **auf 150.000 Einheiten p. a.** steigen.

  - Die BMW-Präsenzen in Thailand, Malaysia und Indonesien werden ausgebaut.

  - In China will BMW künftig 3-er und 5-er Modelle beim JV-Partner Brilliance China bauen lassen.

- Mittelfristig soll auf die **Wachstumsregion Asien rund ein Viertel des weltweiten Konzernabsatzes** entfallen.

- Die BMW Group verfolgt eine **Mischstrategie zwischen geo- und regiozentrischer Orientierung. Weltweit** werden die Konzernfahrzeuge unter den **Marken BMW und Mini** vertrieben. Durch die Existenz von **Vertriebsgesellschaften** in wichtigen Märkten bzw. einem **Forschungs- und Entwicklungszentrum in Newbury Park (USA)** wird jedoch auch lokalen Bedürfnissen entsprochen.

---

3. Unternehmensanalyse auf Basis strat. Erfolgsbedingungen 

3.4 Innovation und Aktionsgeschwindigkeit

- Der BMW-Konzern verfügt über eine **junge Modellpalette**, sieben der acht beobachteten Produktreihen sind nicht älter als vier Jahre. **Im Durchschnitt** wurde seit 1999 mindestens **ein Modell pro Jahr** erneuert bzw. neu lanciert.

- Der Hauptabsatzträger des BMW-Konzerns, die **3-er Baureihe**, befindet sich auf dem **Höhepunkt des Lebenszyklus**.

- Die **5-er Reihe** befindet sich aktuell im **Modellwechsel**. Der **Z4** ersetzte 2002 den früheren Z3. Der Z4 wurde zunächst auf dem US-amerikanischen Markt eingeführt und ist seit Frühjahr 2003 auch in Europa erhältlich.

Quelle: DRI-WEFA 09/02, BMW Geschäftsbericht 2002

Legende: (...) = Wert vorhanden, jedoch in geringer Größe.

3. Unternehmensanalyse auf Basis strat. Erfolgsbedingungen   

3.4 Innovation und Aktionsgeschwindigkeit

- Die BMW Group konzentriert ihre **Innovationsaktivitäten** auf die Gebiete **Sicherheit, Komfort, Informations- und Kommunikationstechnik (IuK)** sowie die **Verbrauchs-/ Emissionsreduzierung**.

Innovationsfeld	BMW-Aktivitäten
Sicherheit	**BMW Assist** (Fahrerassistenzsystem) **Dynamic Drive** (Wank-Stabilisierungssystem)
Komfort	**iDrive** (Bedien- und Ergonomiekonzept, multifunktionaler Drehknopf, erstmaliger Einsatz 2001 in der BMW 7-er Baureihe)
IuK	**Internetanschluss** (erstmals 2001 in der BMW 7-er Baureihe angeboten)
Verbrauchs-/ Emissionsreduzierung	**Valvetronic** (stufenloses Einlassventil im Ottomotor, Einsparung bis 10%) **Diesel-Rußpartikelfilter** ab Mitte 2004 in 5-er und 7-er Baureihen serienmäßig

- Zu wichtigen **Zukunftsprojekten** des BMW-Konzerns gehören die Konzepte **conneced drive** (Vernetzung von Informations-, Kommunikations- und Fahrerassistenzsystemen innerhalb und außerhalb des Fahrzeugs), BMW **clean energy** (Forschung auf dem Gebiet des Wasserstoffantriebs), **Leichtbau** (Kombination verschiedener Karosseriewerkstoffe, e. g. Aluminium, Faserverbundwerkstoffe) sowie Mechatronic-Systeme (mechanische Systeme mit elektronischer Steuerung, e. g. **steer-by-wire, break-by-wire**).
- Insgesamt weist der **BMW-Konzern** sowohl auf Produkt- als auch Ausstattungsebene ein **hohes Innovationsniveau** auf. Insbesondere die 2001 erneuerte **7-er Baureihe** ist ein Träger diverser Innovationen. Unsicher ist jedoch, in wieweit die Innovationen des 7-er BMW tatsächlich auf Marktakzeptanz stoßen.
- Die Produktpalette des BMW-Konzerns wird in regelmäßigen Abständen erneuert bzw. um neue Modelle ergänzt. Somit ist gewährleistet, dass die angebotenen Modelle über ein aktuelles technisches Niveau verfügen und auf Markttrends zeitnah reagiert werden kann.

Quelle: www.bmwgroup.com, Handelsblatt

---

3. Unternehmensanalyse auf Basis strat. Erfolgsbedingungen   

3.5 Präsenz in Wachstumsmärkten

- **Wachstumspotenziale in der Automobilindustrie** sind derzeit bei den Diesel- und Allrad-Fahrzeugen (besonders in Europa), bei den Kleinwagen- und Oberklasse-Fahrzeugen, auf Nischenmärkten (SUV, MPV) sowie entlang der automobilen Wertschöpfungskette (e. g. Fahrzeugfinanzierung) zu lokalisieren.
- Die **Auslieferungen von BMW-Dieselfahrzeugen** sowie deren Anteil am Gesamtabsatz konnten von 1998 (91,8 Tsd. Fzg., Anteil: 13,1%) bis 2002 (245,9 Tsd. Fzg., Anteil: 26,9%) **mehr als verdoppelt** werden.
- In Deutschland verläuft der **BMW-Dieselabsatz** fast **proportional** zum Gesamtmarkt, im Jahre 2002 erreichte das Unternehmen einen Dieselanteil von 37,5%, der Dieselanteil an den Neuzulassungen insgesamt betrug 38,0%. Als Reaktion auf die hohe Nachfrage sollen ab 2004 auch **Mini**-Fahrzeuge **mit Dieselmotoren** angeboten werden.
- Durch das SAV-Modell **X5** liegt der BMW-Konzern in Deutschland bei den **Allrad-Fahrzeugen über dem Gesamtmarkt** (Allrad-Anteil BMW 2002: 6,5%; Allrad-Anteil bei Neuzulassungen in Deutschland 2002: 6,1%).
- An der wachsenden **Oberklasse** partizipiert der BMW-Konzern durch seine Positionierung als **Premium-Anbieter**, insbesondere jedoch durch die **7-er und Z8- Baureihen** (Δ 2002/2001: +56,0%).
- Im wachsenden **Kleinwagen-Segment** ist das Unternehmen erfolgreich mit der neuen **Marke Mini** vertreten (Δ 2002/2001: +476,9%).
- In den **Nischenmärkten SUV (USA) und MPV (Europa)** kann BMW nur teilweise punkten. Mit dem **X-5-Modell** ist der Konzern in den USA äußerst erfolgreich (Δ 2002/2001: +5,2%). Es ist zu erwarten, dass die neuen Modelle X-3 und X-7 den positiven Trend fortsetzen. Für den **MPV-Trend** in Europa hat das Unternehmen derzeit noch **kein passendes Modellangebot**. Ab 2006 sollen die neuen BMW-Modelle V3 und V5 diese Lücke schließen.
- Die **Finanzdienstleistungssparte** des BMW-Konzerns **wächst seit Jahren mit hohen Steigerungsraten** (Operatives Ergebnis: 2002: +8,2%; 2001: +13,0%; 2000: +9,2%; 1999: +6,0%). Der Spartenanteil am Konzernumsatz stieg 2002 auf 19,4%. Der Anteil am operativen Ergebnis belief sich 2002 auf 14,6%.
- Insgesamt ist der **BMW-Konzern** in nahezu allen **Wachstumsmärkten stark vertreten**. Bestehende Lücken (kein MPV-Angebot, schwache Präsenz in Asien[1]) werden im Zuge der geplanten Modell- und Marktoffensive eliminiert.

Quelle: BMW Geschäftsbericht 2002, KBA

1) Zur Asienstrategie des BMW-Konzerns vgl. Kapitel 3.3.

3. Unternehmensanalyse auf Basis strat. Erfolgsbedingungen 

3.6 Markenmanagement und Produktplattformen

Plattformen	Marken/ Modelle	Losgröße pro Plattform (2002; in 1.000 Einheiten)
R50	Mini	144,1
E46	BMW 3-er Baureihe, Z4	561,2
E39	BMW 5-er Baureihe	172,3
E65	BMW 7-er Baureihe	54,6
Z07	BMW Z8	1,1
E53	BMW X5	100,9
RR01	Rolls Royce Phantom (ab 2003)	0

- Die BMW Group baut seine **acht Modellreihen auf** insgesamt **sieben Plattformen**. Die **kritische Losgröße** von 500.000 Fahrzeugen pro Plattform wird **nur auf der 3-er Plattform (incl. Z4) erreicht**. Insofern weist die BMW Group - gegenüber Volumenanbietern - einen **Kostennachteil** auf, der nur zum Teil durch realisierte Preispremien kompensiert werden kann.

- Die 2003 lancierte 6-er Reihe soll auf der E39-Plattform gebaut werden (bislang für 5-er Reihe). Der X3 läuft ab 2003 von der E46-Plattform. Für die 1-er Reihe (2004) wird eine vollständig neue Plattform (E80) entwickelt.

- Auf eine **Plattformstrategie i. e. S. wird im BMW-Konzern verzichtet**, um eine Verwässerung der Konzernmarken zu vermeiden. Durch eine **baureihenübergreifende Gleichteilestrategie** (betrifft vorwiegend Elektronikkomponenten) sollen jedoch Synergiepotenziale ausgenutzt und bestehende Kostennachteile verringert werden.

Quelle: DRI-WEFA (09/02), BMW Geschäftsbericht 2002, Bayrische Landesbank Aktienreport Nr. 34 (2002)

29

---

3. Unternehmensanalyse auf Basis strat. Erfolgsbedingungen 

3.7 Mitarbeitereffizienz und F&E-Kompetenz

Mitarbeitereffizienz in der BMW Group

	1998	1999	2000	2001	2002
Eckdaten zum BMW-Konzern[1]					
Mitarbeiter (in 1.000)	118,5	115,0	93,6	96,3	101,4
Produktion (in 1.000 Fzg.)	1.204,0	1.147,4	834,5	946,7	1.090,3
Umsatzerlöse (in Mio. €)	32.280	34.402	35.356	38.463	42.282
Operatives Ergebnis (in Mio. €)	1.061	1.111	1.663	3.242	3.297
Mitarbeiterkennzahlen des BMW-Konzerns[2]					
Arbeitsproduktivität (Fahrzeuge/ Mitarbeiter)	10,2	10,0	8,9	9,8	10,8
Umsatz je Mitarbeiter (in €)	272.405	299.148	377.735	399.408	416.982
Operatives Ergebnis je Mitarbeiter (in €)	8.954	9.661	17.767	33.666	32.515

- Bedingt durch den Verkauf der Rover-Sparte gingen im Geschäftsjahr 2000 die absolute Mitarbeiterzahl und die Fahrzeugproduktion zurück. Der Umsatz bzw. das operative Ergebnis konnten indes gesteigert werden. Seit 2001 erholen sich die Mitarbeiterzahl sowie die Produktions- und Finanzergebnisse.

- Die **Arbeitsproduktivität** des BMW-Konzerns gab bis 2000 nach und steigt seitdem wieder deutlich an. Die BMW-Werte fallen - aufgrund des geringen Produktionsvolumens - **im Vergleich zu anderen Fahrzeugproduzenten deutlich geringer** aus (2002: DaimlerChrysler: 13,8; Volkswagen: 15,5; Toyota: 25,6).

- Der **Umsatz** und das **Ergebnis je Mitarbeiter** konnten im gesamten Beobachtungszeitraum **gesteigert** werden. Das **Ergebnis je Mitarbeiter** konnte im GJ 2000 nahezu verdoppelt werden (Δ g. Vj. +83,9%) und liegt seit dem **deutlich über den Margen der Wettbewerber** (2002 Daimler Chrysler: 19.244 €; VW: 14.654 €). Im GJ 2002 gab das Ergebnis je Mitarbeiter aufgrund hoher Vorleistungen für die Produkt- und Marktoffensive leicht nach (-3,4%).

Quelle: BMW-, Volkswagen-, DaimlerChrysler-, Toyota-Geschäftsberichte (div. Jgg.)

1) Angaben ab 2001 incl. Mini, 1998 und 1999 incl. Rover, 2000 HGB-Angaben.
2) Ein separater Vergleich der Konzernbereiche Automobile ist aufgrund fehlender Datenverfügbarkeit nicht durchführbar.

30

3. Unternehmensanalyse auf Basis strat. Erfolgsbedingungen   

3.7 Mitarbeitereffizienz und F&E-Kompetenz

Forschungs- und Entwicklungsaktivitäten der BMW Group (Wettbewerbsvergleich)

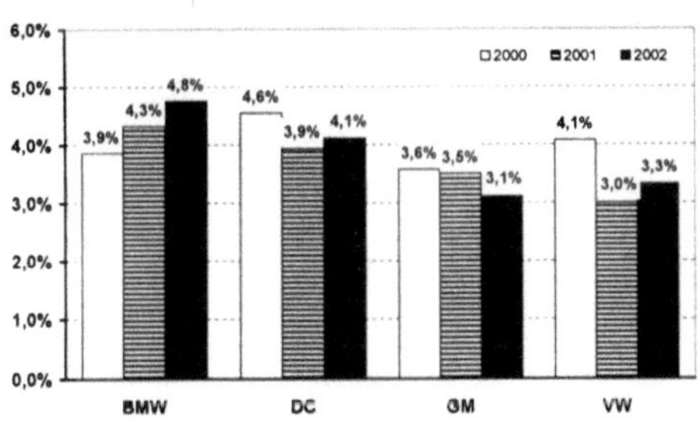

- Die BMW AG beschäftigt weltweit rund **8.000 Mitarbeiter** in fünf Forschungs- und Entwicklungszentren.
- Die **Forschungs- und Entwicklungsaktivitäten** des BMW-Konzerns wurden in den vergangenen drei Jahren **deutlich ausgeweitet.**
- **Seit 2001** liegt die **BMW-Rate** (Forschungs- und Entwicklungsaufwand / Umsatz) **über** denen der **Wettbewerber** DaimlerChrysler, General Motors und Volkswagen.

Quelle: BMW-, Volkswagen-, DaimlerChrysler-, GM-Geschäftsberichte (div. Jgg.)

1) Angaben für frühere Jahre nicht verfügbar.

---

3. Unternehmensanalyse auf Basis strat. Erfolgsbedingungen   

3.7 Mitarbeitereffizienz und F&E-Kompetenz
Wesentliche technische Kooperationen der BMW Group

Kooperationspartner	Inhalt und Umfang der Kooperation
Bertone:	Bertone baut den BMW **C1** (Hybrid aus Zweirad und Automobil).
Brilliance China :	Paritätisches JV mit dem Minibus-Hersteller zur jährlichen **Produktion** von 30.000 BMW-Fahrzeugen (3-er, 5-er) **in China.**
DaimlerChrysler:	Gemeinsame **Motorenproduktion** (für Mini, PT Cruiser) in **Brasilien.**
Ford:	BMW liefert Motoren und Komponenten für den **Land/Range Rover.**
General Motors:	GM liefert **Automatikgetriebe** an BMW. BMW beliefert GM im Gegenzug mit **Dieselmotoren** für den Opel Omega. Ab 2003 gemeinsame **Forschung** am **Wasserstoffantrieb** (geplante Serienreife: 2010).
PSA:	Gemeinsame **Entwicklung** und Produktion **kleiner Benzinmotoren** ab 2005 für Peugeot/ Citroen und Mini. Produktionsziel: 1 Mio. Motoren p. a.
Porsche:	Das **BMW**-Werk in Mexiko **montiert Porsche-Fahrzeuge.**
Toyota:	Toyota liefert ab 2003 jährlich 15.000 **Diesel-Motoren für den Mini.**
Volkswagen:	Die **Rolls-Royce**-Markenrechte gingen am 1.1.2003 von Volkswagen an BMW
sonstige:	Die Vietnam Motors Corp. baut die 3-er und 5-er Baureihe in Vietnam. Die Houssam Aboul Fotouh Group (Ägypten) montiert BMW-Fahrzeuge für den lokalen Markt. Avtotor (Russland) baut die 5-er Reihe.

Quelle: WARD's Automotive (2001), FTD, www.autointell-news.com

3. Unternehmensanalyse auf Basis strat. Erfolgsbedingungen 

3.8 Produktions- und Marketingpotenzial

Produktionsstandorte der BMW Group (Fahrzeugproduktion)

Werke	Nation	2002	2001	Δ 2001 - 2002	Modelle	Belegschaft
Dingolfing	Deutschland	288.000	289.200	- 0,4%	5-er Reihe, 7-er Reihe, M3	21.000
Regensburg	Deutschland	254.600	241.300	+ 5,5%	3-er Reihe, M3	9.500
München	Deutschland	208.600	203.100	+ 2,7%	3-er Reihe, Z8	11.000
Spartanburg	USA	123.400	121.700	+ 1,4%	Z4, X5	
Rosslyn	Südafrika	55.600	49.000	+ 13,5%	3-er Reihe	3.500
Oxford	Großbritannien	160.000	42.400	+ 227,5%	Mini	4.500
BMW Group		1.090.258	946.730	+ 15,2%		49.500

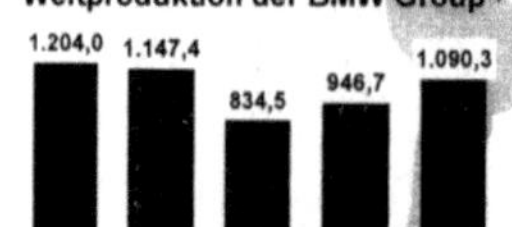

- Der **Schwerpunkt der Fahrzeugproduktion** (68,9%) liegt in **Deutschland**.
- Der Anteil der Auslandsproduktion erhöhte sich im GJ 2002 auf 31,1% (Vorjahr: 22,5%).
- Die **BMW-Group** produziert überwiegend in **Industrieländern** (**Kosten-nachteil**). Ab 2003 kommen Standorte in Goodwood (Großbritannien, Rolls-Royce Phantom), Shenyang (China, 3-er und 5-er Reihe) und ab 2004 in Leipzig (Deutschland, 1-er Reihe) hinzu.
- Neben den Produktionsstandorten verfügt die BMW Group weltweit über **27 Vertriebsstandorte** und **7 Montagewerke** (überwiegend in Asien).

Quelle: www.bmwgroup.com

1) In 1.000 Einheiten, bis 1999 incl. Rover.

33

---

3. Unternehmensanalyse auf Basis strat. Erfolgsbedingungen 

3.9 Kundenbindung und Kundenbeziehungen

Kundenzufriedenheitswerte (CSI-Index) ausgewählter Hersteller/ Modelle (Deutschland 2002)[1]

- Die **Kundenzufriedenheit bei BMW ist überdurchschnittlich**: In Deutschland lagen 2002 die Zufriedenheits-werte sämtlicher BMW-Modelle über dem Mittelwert aller an der Studie partizipierenden Modelle (132).
- Die BMW Group fokussiert auf **nachhaltige, profitable Kundenbeziehungen**. Mit dem CRM-System „**Top Drive**" will der Konzern in der gesamten Wertschöpfungskette **Premium-Standards etablieren** um „den Kun-den einen Grund mehr zu liefern, sich (immer wieder) für einen BMW zu entscheiden" (CRM-Motto BMW).

Quelle: J. D. Power Report 2002, Braekler/ Diehl/ Wortmann (2003)

1) Stichprobe: 15.000 deutsche Autofahrer mit durchschnittlich zwei Jahren Erfahrung mit dem Fahrzeug. Anzahl Modelle: 132, Beurteilungskriterien: Mechanik, Innenraum, Karosserie, Leistungsvermögen, Innenraum, Händler, Unterhaltskosten.

34

3. Unternehmensanalyse auf Basis strat. Erfolgsbedingungen 

3.10 Finanz- und Investitionspolitik

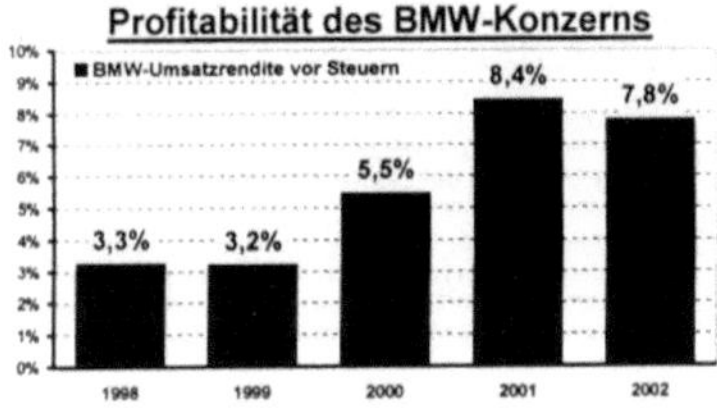

- Die **Umsatzrendite der BMW-Group** wurde von 1998 bis 2002 mehr als **verdoppelt**. Im Geschäftsjahr **2001** erreichte sie einen **Spitzenwert von 8,4%**. Damit ist der BMW-Konzern **überdurchschnittlich profitabel**.
- Im Geschäftsjahr **2002** entwickelte sich das **Ergebnis vor Steuern** - infolge hoher Vorleistungen des Unternehmens für die geplante Produkt- und Marktoffensive - **unterproportional zum Konzernumsatz**. Infolge dessen ermäßigte sich die Umsatzrendite auf 7,8%.
- Das **EBITDA-Ergebnis** (Ergebnis vor Zinsen, Steuern, Abschreibungen) wird im BMW-Jahresabschluss erst seit 2000 ausgewiesen. Im Zeitraum 2000 - 2002 konnte das EBITDA-Ergebnis von 4.500 Mio. Euro (2000) um rund **23 %** auf 5.521 Mio. Euro (2002) **gesteigert** werden.
- Die **Verschuldung** der BMW-Group (Fremdkapital / Eigenkapital) ist **seit 2000 rückläufig**
- Die **Kapazitätsauslastung** des BMW-Konzerns erreichte im Geschäftsjahr 2002 den Branchenhöchstwert von 107,7% (Triade).
- Die **Fixkostenbelastung des BMW-Konzerns** ist demzufolge als **äußerst gering** einzustufen.

Quelle: BMW Geschäftsbericht 2002, AW Knowledge, eigene Berechnungen

1) Die Verschuldungskoeffizienten der Jahre 1998 und 1999 wurden nicht berücksichtigt. Sie sind mit denen der Folgejahre aufgrund der Umstellung des Aktiennennwerts in 1999 nur eingeschränkt vergleichbar.

---

3. Unternehmensanalyse auf Basis strat. Erfolgsbedingungen 

3.10 Finanz- und Investitionspolitik

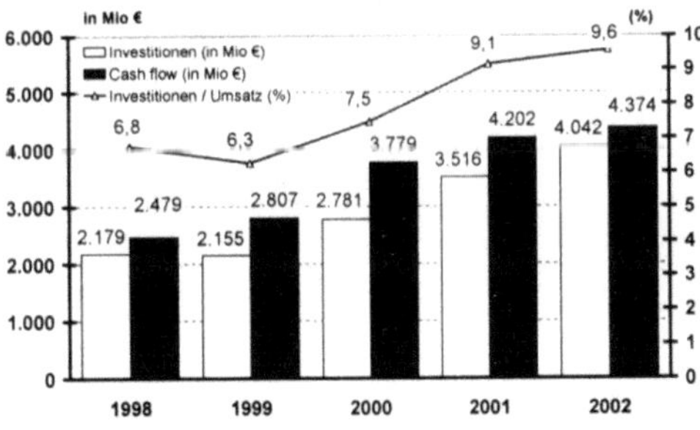

- Die **Investitionen** der BMW-Group **erhöhten sich** von 1998 bis 2002 **um 85,5%**. Sie konnten im gesamten Beobachtungszeitraum **aus dem Cash flow** des laufenden Jahres **finanziert werden**.
- Die Rate Investitionen/ Umsatz stieg seit 2000 kontinuierlich an und erreichte 2002 einen Spitzenwert von 9,6%.
- Die **BMW Group verwendet kontinuierlich einen Teil ihres Cash flow bzw. ihres Umsatzes für Investitionen**. Damit sichert das Unternehmen **langfristiges Wachstum**.

Quelle: BMW Geschäftsberichte (div. Jgg.)

3. Unternehmensanalyse auf Basis strat. Erfolgsbedingungen 

3.10 Finanz- und Investitionspolitik

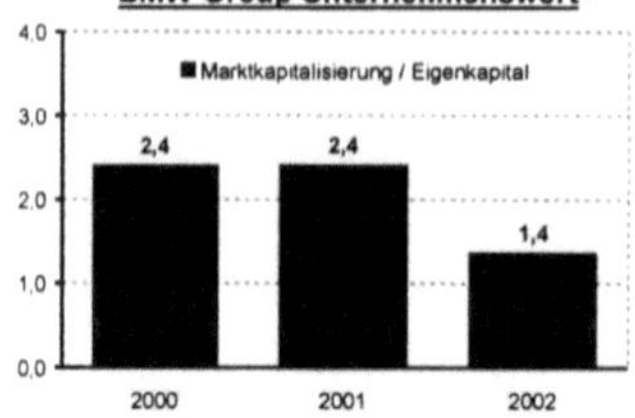

**KGVs europäischer Automobil-
hersteller (Jahresdurchschnitt)**

	2000	2002
Premiumsegment		
BMW	21,2	12,6
DaimlerChrysler	38,9	8,9
Porsche	23,3	14,2
Volumensegment		
PSA	7,5	7,0
Renault	10,9	6,1
Volkswagen	9,1	6,9

- Die Marktkapitalisierung der BMW-Group (Jahresschlusskurse der Stamm-/ Vorzugsaktien * Anzahl ausgegebener Aktien) überstieg das Eigenkapital im gesamten Beobachtungszeitraum. Somit wird die **BMW Group an der Börse höher bewertet als** sein tatsächliches **Eigenkapital**.
- **Im Geschäftsjahr 2002** ging der Aktienkurs aufgrund einer **verschlechterten Kostensituation** des Konzerns und der Börsenbaisse zurück. Infolgedessen sank auch der Unternehmenswert.

- Das **Kurs-Gewinn-Verhältnis** (Aktienkurs / Gewinn je Aktie) für **BMW**-Stämme **verschlechterte** sich von 21,2 Euro in 2000 auf 12,6 Euro in 2002 (Hauptursache: Börsenbaisse).
- **Im Vergleich zur Porsche AG** ist die BMW-Aktie **günstiger bewertet**.
- Der DaimlerChysler-Börsenkurs 2002 wird durch die Restrukturierung von Chrysler negativ beeinflusst.
- **Gegenüber den Volumenherstellern** ist die **BMW**-Aktie aufgrund höherer Margen **besser bewertet**.

Quelle: BMW Geschäftsberichte (div. Jgg.),
www.moneycentral.msn.com/investor

1) Die Werte der Jahre 1998 und 1999 wurden nicht berücksichtigt. Sie sind mit denen der Folgejahre
aufgrund der Umstellung des Aktiennennwerts in 1999 nur eingeschränkt vergleichbar.

---

3. Unternehmensanalyse auf Basis strat. Erfolgsbedingungen 

3.10 Finanz- und Investitionspolitik

Aktionärsstruktur der BMW Group

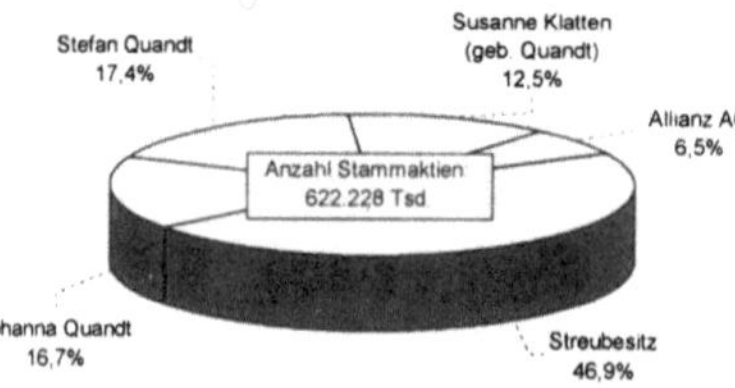

- BMW-Aktien werden **seit 1926** an der Börse gehandelt, der **Haupthandelsplatz** des Unternehmens ist **Frankfurt**.
- Das BMW-**Aktienkapital** gliedert sich in **622.228 Tsd. Stammaktien** (stimmberechtigt) und **51.468 Tsd. Vorzugsaktien** (Streubesitz, stimmrechtslos).
- Der **Nennwert** der BMW-Aktie beträgt seit 1999 **1,00 Euro** (vorher: 50,00 DM).
- **46,6% des Aktienkapitals** befindet sich im **Eigentum der Großaktionärsfamilie Quandt**.

Finanz- und Investitionspolitik der BMW Group

- Die BMW-Group ist insgesamt zu den **profitabelsten** Automobilproduzenten zu zählen. Die **Verschuldung** des Konzerns ist **marginal** und die **Kapazitätsauslastung** rangiert **an der Spitze der Branche**. Somit wird das Unternehmen nur geringfügig mit Fixkosten belastet.
- Das Unternehmen betreibt eine **solide Finanzierungs- und Investitionspolitik**: Die Investitionen der vergangenen Jahre sind kontinuierlich mit dem Umsatz gestiegen und konnten vollständig aus dem Cash flow finanziert werden.
- Wenngleich sich der Börsenkurs 2002 leicht verschlechtert hat, so ist für die kommenden Jahre eine Erholung zu erwarten. Eine **Übernahmegefahr besteht** aufgrund der Kontrollmehrheit der Quandt-Familie **nicht**.

Quelle: www.bmwgroup.com

3. Unternehmensanalyse des BMW-Konzerns 

Summary zu den Stärken und Schwächen des BMW-Konzerns:

- Mit den drei Automobilmarken BMW, MINI und Rolls-Royce verfolgt der BMW-Konzern eine **erfolgreiche Mehr-Marken-Strategie**, die sich ausschließlich an die **Premiumsegmente** des Automobilmarktes richtet.
- Die Marke **BMW** gehört in Deutschland zu den **imagestärksten Automobilmarken** und ermöglicht dem Hersteller die **Realisierung von Preisprämien**.
- In den Hauptabsatzmärkten Deutschland und USA verfügt der BMW-Konzern über **hinreichend dichte** und **ertragsstarke Vertriebsnetze**.
- Die BMW-Group gehört zu den **am stärksten globalisierten Unternehmen** in der Automobilindustrie. In der **Asien-Pazifik-Region** (insbesondere in China) ist der Hersteller noch vergleichsweise **schwach** vertreten.
- **Besondere Stärken** weist der Konzern hinsichtlich des **Innovationsgrades** auf. Eine junge Modellpalette sowie ein hohes Innovationsniveau auf Ausstattungsebene verschaffen dem Hersteller **First-Mover-Vorteile** in der Branche.
- Durch sein **proaktives Verhalten auf Marktveränderungen** ist der Konzern in nahezu allen Wachstumsmärkten der Automobilindustrie stark vertreten.
- Durch den Verzicht auf eine baureihenübergreifende Plattformstrategie, die geringen Economies of Scale sowie die überwiegende Fahrzeugproduktion in Industrieländern entstehen dem BMW-Konzern hohe **Kostennachteile**.
- Der BMW-Konzern verfolgt eine **selektive Kooperationsstrategie**. Die eigenen Forschungs- und Entwicklungsaktivitäten der BMW-Group konnten in den vergangenen Jahren deutlich gesteigert werden.
- Die **Zufriedenheit der BMW-Kunden** liegt deutlich **über dem Branchendurchschnitt**. Das Unternehmen fokussiert auf nachhaltige, profitable Kundenbeziehungen.
- Die **Fixkostenbelastung** des BMW-Konzern ist vergleichsweise **gering**. Indizien dafür sind die geringe Verschuldung sowie die überdurchschnittlich hohe Kapazitätsauslastung.
- Die BMW-Group betreibt eine **solide Finanz- und Investitionspolitik**: Das Unternehmen erwirtschaftet überdurchschnittliche Finanzergebnisse. Die Investitionen sind kontinuierlich mit den Umsatz gestiegen und wurden vollständig aus dem Cash flow finanziert.

---

4. SWOT-Analyse und Auswirkungen für den Wettbewerb  

SWOT-Analyse

Branchentrends		Chancen/ Risiken BMW-Konzern		Stärken/ Schwächen BMW-Konzern			
				Erfolgsfaktoren der Branche	BMW	Erfolgspotenziale der Branche	BMW
Individualisierung der Kundenbedürfnisse	➡	O/ T	◀	Angebotsvielfalt und Mehr-Marken-Strategie	S	Mehr-Marken-Management und Plattformstrategie	S/ W
Preistransparenz	➡	O	◀	Vertriebsnetzoptimierung und Serviceorientierung	S	Kundenbindungs und -beziehungsmanagement	S[1]
Globalisierung	➡	T	◀	Marktarealstrategie und globale Standorte	W	Globales Produktions- und Marketingpotenzial	W
Innovationsdynamik und Produktkomplexität	➡	O	◀	Innovationskraft und Aktionsgeschwindigkeit	S	Mitarbeiterpotenzial und F&E-Kompetenz	S
Marktsattigung und -schrumpfung in der Triade	➡	O	◀	Erschließung neuer Wachstums- und Ertragssegmente	S	Nachhaltiges Finanz- und Investitionsmanagement	S

S = Stärke   W = Schwäche   O = Chance   T = Risiko

- Die zentralen **Stärken** der BMW Group liegen in ihrem hohen Markenimage, einer überdurchschnittlichen und nachhaltigen Profitabilität, einer klaren Markenführung, einer hohen Innovationskraft, der schlüssigen Produktentwicklungsstrategie, der starken Position im Premiumsegment sowie der gesunden Finanzsituation.
- **Chancen** bestehen für das Unternehmen im Hinblick auf ungenutzte Innovationspotenziale, bei der Erschließung ertragreicher Segmente sowie der Ausschöpfung des Kundenpotenzials.
- **Schwachpunkte** weist der Konzern hinsichtlich des Länderportfolios (schwache Präsenz in Asien), einer nachteiligen Kostensituation (geringe Produktionsvolumina) und der Verteilung der Produktionsstandorte (überwiegend in Industrieländern) auf.
- **Risiken** ergeben sich deshalb hinsichtlich globaler Wachstumschancen sowie unzureichender Economies of scale.

1) Angabe nur für BMW in Europa zutreffend.

4. SWOT-Analyse und Auswirkungen für den Wettbewerb 

Auswirkungen der BMW-Aktivitäten für die Wettbewerber

- Die Ziele bzw. Pläne der BMW Group erscheinen angesichts zentraler Wettbewerbsstärken des Unternehmens plausibel und durchsetzbar.

- Die geplante **Modelloffensive** der BMW Group dürfte eine **weitere Verschärfung des Verdrängungswettbewerbs** auf den Triademärkten nach sich ziehen, insbesondere die **Expansion in die Kompaktklasse** (1-er Baureihe ab 2004) stellt eine **Bedrohung für die Volumenhersteller** dar. Auch in den Premiumsegmenten wird sich der Wettbewerb - u. a. bedingt durch neue up-trading-Wettbewerber (Volkswagen Phaeton, Renault Vel Satis) - nicht verringern.

- Die **Nischenstrategie** des BMW-Konzerns (Ausdehnung der X-Reihe) sowie die Begründung neuer Segmente (Premium-Segment im Kleinwagenmarkt durch MINI) korrespondiert mit dem Variety-seeking-Verhalten der Konsumenten. Sie **forciert die weitere Fragmentierung des Automobilmarktes** und erhöht somit den Produktentwicklungs- und damit Kostendruck für andere Hersteller.

- Die geplante **internationale Expansion** der BMW Group (insbesondere in asiatischen Märkten) erscheint aufgrund reger Investitionstätigkeit in der Vergangenheit, der gesunden finanziellen Basis des Konzerns sowie einem boomenden Oberklassemarkt in China durchaus **erfolgsversprechend**. Der **Eintritt BMWs in den chinesischen Markt** dürfte für lokal etablierte Fahrzeughersteller (e. g. Volkswagen, Daihatsu, General Motors) den Wettbewerb vor Ort intensivieren.

- Die BMW Group setzt mit **zahlreichen Fahrzeuginnovationen** kontinuierlich neue Standards. Der **Reaktions-Druck auf andere Hersteller** wird sich auch hierbei fortsetzen.

- Auf den zunehmenden Preisdruck **in der Automobilindustrie** hat der BMW-Konzern mit seinen Aktivitäten **keinen Einfluss**.

Quellenverzeichnis zur Wettbewerbsanalyse (1) 

Wirtschaftspresse:

- O. V. (2002): BMW macht Mini zur Lifestyle-Marke. In: FTD vom 20.10.2002.
- O. V. (2002): BMW strebt nach Asien. In: FTD vom 14.11.2002.
- O. V. (2002): Mängelserie bedroht das Image von BMW. In: FTD vom 05.09.2002.
- O. V. (2002): Panke packt's an. In: Manager Magazin vom 22.12.2002.
- O. V. (2003): BMW baut neue Rolls Royce Limousinen. In: FTD vom 03.01.2003.
- O. V. (2003): BMW-Chef Helmut Panke sieht das Unternehmen nicht in der Krise – trotz schwacher Absatzzahlen. In: Welt am Sonntag vom 09.03.2003.
- O. V. (2003): BMW plant 2003 Absatzrekord. In: FTD vom 04.03.2003.
- O. V. (2003): BMW rüstet seine Diesel-Pkw künftig mit Partikelfilter aus. In: Handelsblatt vom 29.07.2003.
- O. V. (2003): BMW schielt auf den chinesischen Markt. In: FTD vom 27.02.2003.
- O. V. (2003): BMW vs. Mercedes: Das Duell der Giganten. In: Manager-Magazin vom 07.01.2003.
- O. V. (2003): Mit neuen Modellen zielt BMW auf Rekordabsatz. In: FTD vom 09.04.2003.
- O. V. (2003): Neue BMW-Modelle sollen Absatz beflügeln. In: FTD vom 19.03.2003.

Unternehmenspublikationen/ Fachaufsätze:

- Bayerische Landesbank (2002): Aktienreport, Nr. 34, 2002.
- BMW Group Presse- und Öffentlichkeitsarbeit (2003): Presse-Information vom 19.03.2003 (Veröffentlichung der Rede des Vorstandsvorsitzenden Helmut Panke auf der Bilanzpressekonferenz).
- Braekler, M.; Diehl, R.; Wortmann, U. (2003): Integriertes Customer Relationship Management bei der BMW Group Deutschland. In: Teichmann, R. (Hrsg., 2003): Customer and shareholder relationship Management. Erfolgreiche Kunden- und Aktionärsbindung in der Praxis, S. 149 – 160.
- Geschäftsberichte der Automobilkonzerne: BMW Group, General Motors, Ford Motor Company, Toyota Motor Corporation, diverse Jahrgänge.

Quellenverzeichnis zur Wettbewerbsanalyse (2) 

Branchenpublikationen/ Fachzeitschriften:

- ADAC (Hrsg., 2003): Automarkenindex-Studie, März 2003.
- Automotive News (Hrsg., 2003): Market Data Book, 2003.
- Awknowledge (Hrsg., 2002): Capacity Utiilization Data, June 2002.
- Awknowledge (Hrsg., 2003): Automotive Quarterly Review, 1st Quarter 2003.
- Büchler Grafino AG (Hrsg., 2003): Schweizer Automobil Revue, 2003.
- DRI-WEFA (Hrsg., 2002): World Car Industry Forecast Report, September 2002.
- DRI-WEFA (Hrsg., 2002): World Car Industry Forecast Report, December 2002.
- J. D. Power and associates (2002): J. D. Power report 2002. In: mot, Nr. 23/ 24, 2002.
- HWB International Ltd. (Hrsg., 2002): GMAP: European Car Distribution Handbook, 2002.
- KBA (Hrsg., 2001): Statistische Mitteilungen 2001.
- KBA (Hrsg., 2002): Statistische Mitteilungen 2002.
- WARD's Automotive (Hrsg., 2001): Interrelationships Among The World's Major Car Makers, 2001.

Internet-Quellen:

- http://www.adac.de.
- http://www.autohaus-online.de.
- http://www.autointell-news.com.
- http://www.bmwgroup.com.
- http://www.kfzbetrieb.de.
- http://www.moneycentral.msn.com.

4.4 Fallstudie 2: Wettbewerbsanalyse des GM-Konzerns

Inhaltsverzeichnis 

Management Summary

- Der **General Motors Konzern** (GM) war mit einem Produktionsvolumen von 8.276 Tsd. Fahrzeugen und einem Umsatz i. H. v. 186,8 Mrd. US $ auch im Geschäftsjahr 2002 unangefochten **der größte Automobilkonzern der Welt**

- Mit seinen insgesamt **12 Konzernmarken** bedient der GM-Konzern sowohl **Volumen- als auch Premiumsegmente** in über 190 Automobilmärkten der Erde (S. 17, 25, 26).

- Das Unternehmen gliedert seine Aktivitäten in **zwei Geschäftsfelder**: Die **ACO-Sparte** umfasst das Automobilgeschäft (GMA), Communication Services sowie sonstige Aktivitäten. Die Sparte ist mit einem Umsatzanteil von 85,5% (2002) der dominante Umsatzträger (S. 5). Im **FIO-Geschäftsfeld** werden die **Finanz- und Versicherungsgeschäfte** des Konzerns zusammengefasst. FIO erwirtschaftete 2002 98% des operativen Konzernergebnisses (S. 5).

- Die **Schwerpunkte** des Automobilgeschäfts sind **Nordamerika** (Absatzanteil 2002: 66,0%) und **Westeuropa** (Absatzanteil 2002: 19,5%) (S. 6, 8). Auf den Automobilmärkten **Asiens** ist der Konzern mit eigenen Tochtergesellschaften sowie durch **Minderheitsbeteiligungen an Suzuki, Subaru, Isuzu und Daewoo** vertreten. (S. 26, 33, 34)

- GM konnte im Jahre 2002 den **Umsatz auf 186,8 Mrd. US $ steigern**, das Ergebnis nach Steuern wuchs gegenüber dem extrem schwachen Vorjahr auf 1,7 Mrd. US$ (S. 5). Das Konzernergebnis wurde vom schwachen Automobilgeschäft geschmälert. Wesentliche Ursachen für die Ertragsschwäche sind die kostenintensive Incentivepolitik auf dem US-Markt sowie das defizitäre Europageschäft (S. 6).

- Seine **Marktposition** konnte der GM-Konzern weder absolut noch relativ verbessern. Der **Fahrzeugweltmarktanteil sank** von 15,5% (1998) auf 14,9% (2002), hauptsächlich verursacht durch die Marktschwäche in Europa. Der relative Marktanteil verschlechterte sich von 40,5% (1998) auf 39,3% (2002) (S. 9).

- Die **Herausforderungen** des Konzerns im GJ 2003 bestehen in der **Sanierung des Europageschäftes** (Opel, Saab), der **Lösung** des finanziellen Engagements bei **Fiat**, der **Integration der Marke Daewoo** sowie der geplanten **Asienoffensive** (S. 11, 12, 13, 14).

- **Zentrale Stärken** des Unternehmens liegen in der profitablen Finanzdienstleistungssparte, den Größenvorteilen sowie dem guten Marktzugang in Asien. **Nachteilig** wirken sich die hohe Abhängigkeit vom Heimatmarkt, das unzureichende Markenmanagement sowie die angespannte Konzern-Finanzsituation aus (S. 43).

1. Umwelt- und Erfolgsanalyse

GM

1.1 Umweltsituation des GM-Konzerns

Analyse des weiteren Unternehmensumfeldes des GM-Konzerns

politisch-rechtlich	**ökologisch**
• Liberalisierung des Fahrzeugvertriebs (EU) • Schärfere Umweltschutzauflagen • Fahrzeug-Recycling • Kraftstoffbesteuerung	• Ressourcenverknappung • Anstieg globaler Emissionen • Suche nach alternativen Energiequellen • Steigendes Umweltbewusstsein
sozio-kulturell	**ökonomisch**
• Individualisierte Gesellschaft in Industrieländern • Steigendes Informationsniveau (Internet) • Steigende Realeinkommen in Industrieländern • Uneinheitliche Einkommensverteilung • Erhöhte Freizeitorientierung • Verstädterung	• Liberalisierung der Märkte • Bildung regionaler Wirtschaftszonen • Technischer Fortschritt • Tendenz zu Käufermärkten • Wechselkursschwankungen • Nachgebende Weltkonjunktur • Zunehmende Bedeutung internationaler Kapitalmärkte

Quelle: Eigene Darstellung

3

---

1. Umwelt- und Erfolgsanalyse

GM

1.1 Umweltsituation des GM-Konzerns

Analyse des automobilen Wettbewerbsumfeldes des GM-Konzerns

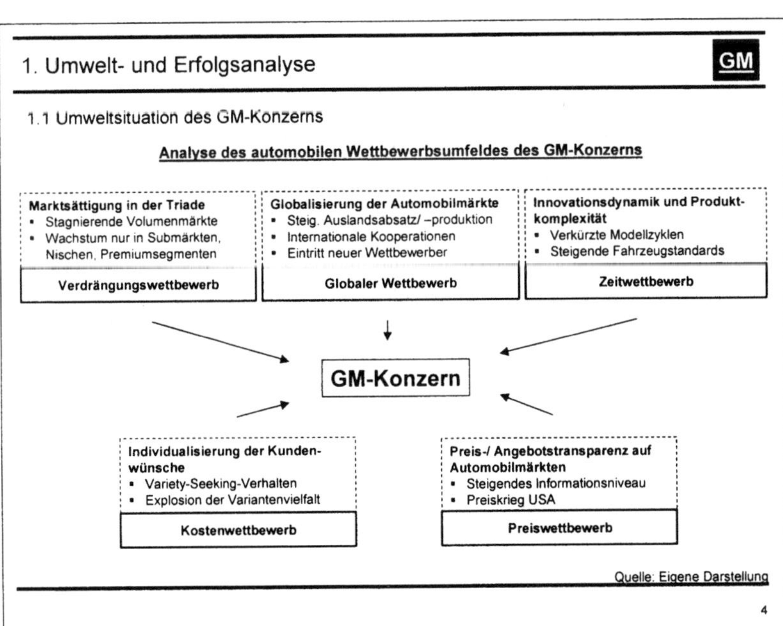

Quelle: Eigene Darstellung

4

1. Umwelt- und Erfolgsanalyse

GM

1.2 Erfolgssituation des GM-Konzerns

Umsätze und Erträge nach Segmenten (in Mio. US$)	1998	1999		2000		2001		2002	
	abs.	abs.	Δ g. Vj.	abs.	Δ g. Vj.	abs.	Δ g. Vj.	abs.	Δ g. Vj.
Umsatzerlöse	155.445	176.558	13,6%	184.632	4,6%	177.260	(-4,0%)	186.763	5,4%
ACO (Automotive, Communications service, other ops)	137.161	156.107	13,8%	160.627	2,9%	151.491	(-5,7%)	159.737	5,4%
FIO (Financing and insurance operations)	18.284	20.451	11,9%	24.005	17,4%	25.769	7,3%	27.026	4,9%
Operatives Ergebnis	11.573	16.797	45,1%	16.716	(-0,5%)	9.865	(-41,0%)	9.795	(-0,7%)
ACO (Automotive, Communications service, other ops)	3.752	7.672	104,5%	6.078	(-20,8%)	(-172)	-	194	-
FIO (Financing and insurance operations)	7.821	9.125	16,7%	10.638	16,6%	10.037	(-5,6%)	9.601	(-4,3%)
Ergebnis v. Steuer	4.944	9.047	83,0%	7.164	(-20,8%)	1.518	(-78,8%)	2.080	37,0%
Ergebnis n. Steuer (net income)	3.049	5.576	82,9%	4.453	(-20,1%)	601	(-86,5%)	1.736	188,9%

- Der **Umsatz** des General Motors Konzerns konnte **von 1998 bis 2002** deutlich **gesteigert** werden (+ 16,5%). Die **Konzernergebnisse** (operativ, Vorsteuer-/ Nachsteuerergebnis) entwickelten sich bis zum GJ 1999 proportional zum Umsatz, **brachen** jedoch in den **GJ 2000 und 2001 ein**. Im Geschäftsjahr 2002 konnten die Vor- und Nachsteuerergebnisse wieder verbessert werden.

- Der GM-Konzern gliedert seine Aktivitäten in die Segmente **ACO** (Automobilgeschäft, Communication Services, sonstige Aktivitäten) und **FIO** (Finanz- und Versicherungsgeschäft).

- Der **Hauptumsatzträger** im GM-Konzern ist das **ACO-Segment** (Umsatzanteil 2002: 85,5%). Die Geschäftssparte erwirtschaftet jedoch **seit 2001 unbefriedigende Ergebnisse**. Die **profitable FIO-Sparte** trägt nur zu 14,5% zum Konzernumsatz bei, kompensiert jedoch die schwachen operativen Erfolge des ACO-Geschäfts.

Quelle: Geschäftsberichte GM-Konzern (div. Jgg.), Yahoo Finance, eigene Berechnungen

---

1. Umwelt- und Erfolgsanalyse

GM

1.2 Erfolgssituation des GM-Konzerns

Automobilumsätze und -erträge nach Regionen (in Mio. US$)	1998	1999		2000		2001		2002	
	abs.	abs.	Δ g. Vj.	abs.	Δ g. Vj.	abs.	Δ g. Vj.	abs.	Δ g. Vj.
Umsatzerlöse GMA[1]	**129.054**	**146.056**	13,2%	**147.400**	0,9%	**140.703**	(-4,5%)	**147.990**	5,2%
GMNA	92.617	111.935	20,9%	112.723	0,7%	106.938	(-5,1%)	114.444	7,0%
GME	25.840	26.225	1,5%	25.358	(-3,3%)	23.700	(-6,5%)	23.912	0,9%
GMLAAM	7.553	4.709	(-37,7%)	5.713	21,3%	5.864	2,6%	5.110	(-12,9%)
GMAP	3.044	3.187	4,7%	3.606	13,1%	4.201	16,5%	4.524	7,7%
Ergebnis n. Steuer GMA[1]	**1.634**	**4.981**	204,8%	**2.291**	(-54,0%)	**367**	(-84,0%)	**1.896**	416,6%
GMNA	1.633	4.857	197,4%	3.174	(-34,7%)	1.270	(-60,0%)	2.900	128,3%
GME	419	423	1,0%	(-676)	(-259,8%)	(-765)	13,2%	(-1.011)	32,2%
GMLAAM	(-175)	(-81)	(-53,7%)	26	-	(-81)	(-411,5%)	(-181)	-
GMAP	(-243)	(-218)	-	(-233)	-	(-57)	-	188	-

- Die **Umsatzerlöse** der Automobilsparte GMA stiegen von 1998 bis 2000 deutlich an, gaben im GJ 2001 um 4,5% nach und legten im GJ 2002 wieder leicht zu.

- Die GMA untergliedert sich in **vier regionale Subdivisionen**: GMNA (Nordamerika), GME (Europa), GMLAAM (Lateinamerika, Afrika, Nahost) und GMAP (Asien/ Pazifik). Die **wichtigsten Umsatzregionen** des GM-Automobilgeschäfts sind **Nordamerika** (Umsatzanteil 2002: 77,3%) und **Europa** (16,2%). GMLAAM und GMAP tragen nur 3,5% bzw. 3,1% zum Konzernumsatz bei.

- **Profitabel** arbeitet das Automobilgeschäft derzeit nur in **Nordamerika** und in der **Asien/ Pazifik-Region**. Die **GME-Sparte ist seit GJ 2000 defizitär** und belastet das Spartenergebnis erheblich. Die Regionaldivision wies im GJ 2002 einen Rekordverlust i. H. v. 1.011 Mio. US$ aus.

Quelle: Geschäftsberichte GM-Konzern (div. Jgg.), Welt

1) GMA repräsentiert das Automobilgeschäft in der ACO-Sparte, Angaben zum operativen Ergebnis nach Regionen nicht verfügbar.

1. Umwelt- und Erfolgsanalyse 

1.2 Erfolgssituation des GM-Konzerns

Renditekennzahlen[1] in %	1998	1999	2000	2001	2002
ROS (Umsatzrendite) v. Steuer	3,2%	5,1%	3,9%	0,9%	1,1%
ROS (Umsatzrendite) n. Steuer	2,0%	3,2%	2,4%	0,3%	0,9%
ROE (Eigenkapitalrendite) v. Steuer	28,1%	60,1%	34,7%	5,0%	10,6%
ROE (Eigenkapitalrendite) n. Steuer	17,3%	37,0%	21,6%	2,0%	8,8%
ROI (Gesamtkapitalrendite[2]) v. Steuer	2,2%	3,7%	2,6%	0,5%	0,6%
ROI (Gesamtkapitalrendite[2]) n. Steuer	1,4%	2,3%	1,6%	0,2%	0,5%

- Der General Motors Konzern erwirtschaftete 2001 und 2002 nur sehr marginale **Umsatzrendite v. St. (0,9% bzw. 1,1%).**

- **Sämtliche GM-Renditen (ROS, ROE und ROI) sanken** im GJ 2000 leicht und **im GJ 2001 deutlich ab.** Im GJ 2002 stiegen die Renditen wieder an, jedoch **auf geringem Niveau.** Für die schwachen Renditen ist die **unbefriedigende Geschäftsentwicklung der ACO-Sparte** verantwortlich zu machen.

Quelle: Geschäftsberichte GM-Konzern (div. Jgg.), eigene Berechnungen

1) Rechnungslegung nach US GAAP.
2) Gesamtkapital = Eigenkapital + Fremdkapital (Rückstellungen + Verbindlichkeiten).

7

---

1. Umwelt- und Erfolgsanalyse 

1.2 Erfolgssituation des GM-Konzerns

Entwicklung der Fahrzeugauslieferungen des GM-Konzerns[1]

Auslieferungen an Kunden (in 1.000)	1998	1999		2000		2001		2002	
	abs.	abs.	Δ g. Vj.	abs.	Δ g. Vj.	abs.	Δ g. Vj.	abs.	Δ g. Vj.
GMNA	5.243	5.700	8,7%	5.660	(-0,7%)	5.591	(-1,2%)	5.623	0,6%
GME	1.849	1.970	6,5%	1.855	(-5,8%)	1.800	(-3,0%)	1.662	(-7,7%)
GMLAAM	654	536	(-18,0%)	603	12,5%	665	10,3%	635	(-4,5%)
GMAP	439	468	6,6%	473	1,1%	524	10,8%	605	15,5%
GM Welt	8.185	8.674	6,0%	8.591	(-1,0%)	8.580	(-0,1%)	8.525	(-0,6%)

- Die **Auslieferungen** des General Motors Konzerns **stiegen** im Zeitraum von 1998 bis 2002 **um 4,2%.** Die höchste Zuwachsrate erzielte der Konzern im Geschäftsjahr 1999 (+ 6,0% g. Vj.). Seit 2000 geben die Konzernauslieferungen leicht nach (2000: - 1,0%; 2001: - 0,1%; 2002: - 0,6%).

- Die **wichtigsten Absatzregionen** des Konzerns sind **Nordamerika** (Absatzanteil 2002 : 66,0%) und **Europa** (19,5%). In Europa verzeichnet der Konzern seit 2000 hohe Absatzverluste.

- Die Auslieferungen in Lateinamerika/ Afrika/ Nahost gaben im Beobachtungszeitraum leicht nach (-2,9%), der Absatz in der Asien-Pazifik-Region verbesserte sich gegenüber 1998 um 37,8%. Beide Regionen tragen aufgrund der geringen Volumina nur marginal zum Konzernabsatz bei (Absatzanteile 2002: GMLAAM: 7,4%; GMAP: 7,1%).

Quelle: Geschäftsbericht GM-Konzern (div. Jgg.)

1) Angaben incl. Pkw und Trucks, Geschäftsjahre = Kalenderjahre.

8

1. Umwelt- und Erfolgsanalyse

1.2 Erfolgssituation des GM-Konzerns

Entwicklung der Marktanteile des GM-Konzerns

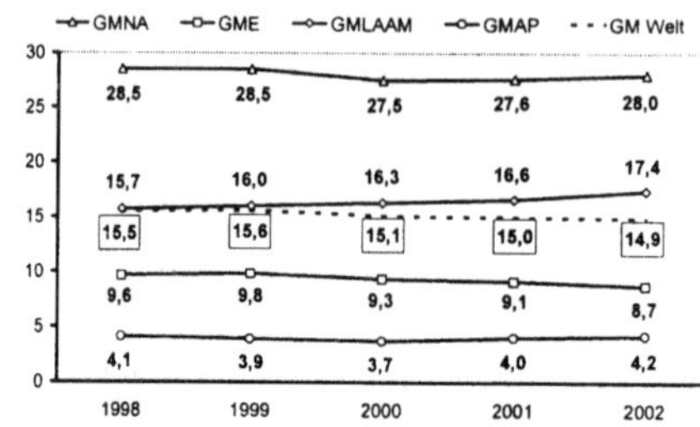

Weltmarktanteile	1998	1999	2000	2001	2002
Marktanteil General Motors	15,5%	15,6%	15,1%	15,0%	14,9%
Marktanteil Ford Motor Company	13,0%	13,0%	13,0%	12,3%	12,2%
Marktanteil Toyota Motor Corporation	9,8%	9,7%	10,1%	10,5%	10,8%
kumulierte Marktanteile	38,3%	38,3%	38,2%	37,8%	37,9%
relativer Marktanteil GM[1)]	40,5%	40,7%	39,5%	39,7%	39,3%

- Der **Weltmarktanteil** des General Motors Konzerns **gab** von 1998 bis 2002 **deutlich nach** (1998: 15,5%; 2002: 14,9%).
- Insbesondere in den absatzstarken Märkten Nordamerikas (GMNA) und Europas (GME) sinken die Anteile des Konzerns.
- In Lateinamerika/ Afrika/ Nahost (GMLAAM) konnte der Hersteller seine Marktposition ausbauen.
- In der Asien/ Pazifik-Region (GMAP) steigen die Marktanteile des Konzerns, jedoch auf geringem Niveau.
- **Der relative Marktanteil des GM-Konzerns geht seit dem Geschäftsjahr 2000 zurück.**
- Von den drei größten Fahrzeugproduzenten konnte sich lediglich die Toyota Motor Corporation in den letzten vier Jahren verbessern.

Quelle: Geschäftsberichte Ford-, GM- und Toyota-Konzern (div. Jgg.), eigene Berechnungen

1) Marktanteil GM in Relation zu Marktanteilen der drei größten Automobilproduzenten, Gesamtmarkt beinhaltet Pkw, leichte und schwere Nutzfahrzeuge.

---

1. Umwelt- und Erfolgsanalyse des GM-Konzerns

Summary zur Umwelt- und Erfolgssituation des GM-Konzerns:

- In dem **wettbewerbsintensiven Umfeld** der Automobilindustrie kann sich der **GM-Konzern nur unterdurchschnittlich erfolgreich** behaupten.

- Im Zeitraum 1998 bis 2002 **verschlechterte** sich die **GM-Marktposition** sowohl absolut als auch relativ. Der Weltmarktanteil sank im Zeitraum von 15,5% auf 14,9%; der relative Marktanteil verschlechterte sich von 40,5% auf 39,3%.

- Der **Absatzschwerpunkt** des Fahrzeugherstellers liegt auf dem Heimatmarkt Nordamerika, gefolgt von Europa. Die GM-Fahrzeugauslieferungen in Nordamerika stagnieren seit 2001. In **Europa** verzeichnet GM seit Jahren **sinkende Auslieferungszahlen.** In der Asien/ Pazifik-Region wächst der Konzern mit hohen Steigerungsraten.

- Der **Finanzerfolg** des Konzerns ist nach Sparten getrennt zu betrachten. General Motors verfügt über eine mehrstufige Spartenorganisation. Auf der ersten Ebene unterteilt sich der Konzern in die **ACO- und die FIO-Sparte.** Die beiden Divisionen entwickeln sich gegenläufig: Die FIO-Sparte konnte seine Umsätze und Erträge in den vergangenen Jahren deutlich steigern. Die Umsätze der ACO stagnieren und **seit 2001** arbeitet die Sparte **nicht mehr profitabel.**

- Ein Teilgeschäft der ACO-Sparte ist das **General Motors Automobilgeschäft (GMA),** das sich wiederum in die vier Regionalsparten GMNA (Nordamerika), GME (Europa), GMLAAM (Lateinamerika/ Afrika/ Naher Osten) sowie GMAP (Asien/ Pazifik) untergliedert. Die **GME- und GMLAAM-Sparten** sind seit 2001 bzw. 1998 **defizitär.** Das GMNA-Geschäft ist die ertragsstärkste Sparte. 2002 wies die GMAP-Sparte erstmals einen positiven Erfolg aus.

- Das **Geschäftsjahr 2002** schloss die GM-Automobilsparte mit einem **schwachen Ergebnis** ab. Das Ergebnis wurde insbesondere vom **Rekordverlust des Europageschäfts** geschmälert. Im Vergleich zu anderen Automobilproduzenten ist der GM-Konzern unterdurchschnittlich profitabel.

2. Ziel- und Strategieanalyse 

2.1 Annahmen des GM-Konzerns über die Zukunft der Automobilindustrie

Der General Motors Konzern legt für seine Geschäftsplanung folgende Annahmen zur Entwicklung einzelner Automobilmärkte zugrunde:

- Das **Weltautomarktvolumen** beläuft sich im Geschäftsjahr 2003 auf 57 Mio. Fahrzeuge (2002: 57,3 Mio.) Die hohe
Wettbewerbsintensität der Branche wird sich – aufgrund des steigenden Preisdrucks, dem großen Modellangebot
sowie den bestehenden Überkapazitäten – fortsetzen.

- Der **US-amerikanische Automobilmarkt** wird im Geschäftsjahr 2003 nur ca. 16 Mio. Fahrzeuge aufnehmen (2002:
17,1 Mio.). Die negative Entwicklung resultiert aus der hohen Arbeitslosenrate sowie der steigenden Preissensibilität
der Konsumenten. Positive Effekte sind von den sinkenden Fahrzeugpreisen, geringen Zinskosten sowie möglichen
Steuervergünstigungen zu erwarten.

- In **Europa** werden 2003 insgesamt zwischen 18,8 und 19,1 Mio. Fahrzeuge abgesetzt (2002: 19,2). Das Marktwachstum bleibt aufgrund rückläufiger Märkte in Deutschland, Frankreich und Spanien auf geringem Niveau. In Osteuropa
wird für 2003 ein Marktwachstum von 16% erwartet.

- Der **lateinamerikanische Markt** nimmt 2003 ca. 3,5 Mio. Fahrzeuge auf (2002: 3,7 Mio.). Anhaltend schwierige
Marktbedingungen in Brasilien, Argentinien und Venezuela sorgen für unsichere Erwartungen.

- Das Marktvolumen der **Asien-Pazifik-Region** steigt 2003 auf 15,2 Mio. Fahrzeuge an (2002: 14,4 Mio.). Für Japan
wird eine leichte Nachfrageerholung prognostiziert. In China setzt sich der Verkaufsboom fort. Der Markt in Südkorea
verbessert sich leicht und in Australien bleibt die Nachfrage stabil.

Quelle: Präsentation J. Devine (Vice Chairman, CFO) auf der New York Auto Show Conference

---

2. Ziel- und Strategieanalyse 

2.2 Ziele und Strategien des GM-Konzerns

Im Geschäftsjahr 2003 will der GM-Konzern seine **Marktposition weltweit verbessern** und **in sämtlichen Geschäftsbe-
reichen zumindest profitable Ergebnisse** erwirtschaften. Um die ambitionierten Ziele zu erreichen, wird der **Effizienz-
steigerung des Automobilgeschäfts** besondere Priorität eingeräumt. In den kommenden Jahren soll in die Modernisierung und Flexibilisierung der Werke, die Verkürzung der Entwicklungszeiten, die Entwicklung neuer Produkte, die Verbesserung des Qualitätsimages sowie die Erschließung neuer Wachstumsmärkte investiert werden.

GME

- Die defizitäre **GME** (europäische Automobildivision) wird im Rahmen des „Olympia"-Projektes saniert und soll 2003
wieder schwarze Zahlen ausweisen. Wichtige Eckpunkte des Sanierungsplans sind der Kapazitätsabbau um 30% (b.
2004), die Senkung der Einkaufskosten um 6%, die Schließung des Vauxhall-Werks in Luton (GB), der Abbau von
insgesamt 5.000 Arbeitsplätzen und die Eliminierung der Omega-Modellreihe.

- Zur **Sanierung der defizitären Saab-Sparte** werden 2003 1.300 Mitarbeiter entlassen, die Modelle 9-3 und 9-5 auf
einer gemeinsamen Produktionslinie gefertigt und die variantenarme Modellpalette um Fahrzeuge anderer Konzernmarken bzw. von Beteiligungen des General Motors Konzerns ergänzt. Die neuen Versionen des Saab 9-3 (Kombi,
Cabrio) sollen dazu beitragen, **den Saab-Absatz (2002: 117 Tsd.) bis 2005 auf 200 Tsd. Fahrzeuge p. a.** zu steigern.

- **Das europäische Modellangebot soll deutlich verjüngt und stärker an lokale Bedürfnisse angepasst werden.**
Indizien dafür sind die neuen europäischen Opel/ Vauxhall-Modelle Meriva und Signum sowie die geplante Ausdehnung des europäischen Dieselangebots (vier neue Dieselmotoren bis 2004). Darüber hinaus ist eine Überarbeitung der
Markenstrategie in Europa geplant: Zusammen mit der hinzugekommenen Marke Daewoo soll der Vertrieb von Opel-
und Saab-Fahrzeugen künftig unter einem Händlerdach erfolgen. Die Aufstockung des europäischen Cadillac-Ange-
bots in Europa steht noch zur Disposition.

Quelle: AQR 1/03, Börsen-Zeitung, GM Group, FAZ, FTD, Frankfurter Rundschau

2. Ziel- und Strategieanalyse 

2.2 Ziele und Strategien des GM-Konzerns

- Mittelfristig ist eine **Vereinheitlichung der europäischen Plattformen** vorgesehen: Auf der S-Plattform sollen künftig die Modelle Corsa, Meriva, Combo und der Fiat Punto gebaut werden, auf der T-Plattform basieren die Modelle Astra und Zafira. Die Epsilon-Plattform bildet künftig die Basis für die Mittelklassemodelle Vectra, Signum und Saab 9-3. **Die Entwicklung gemeinsamer Plattformen für amerikanische und europäische Fahrzeuge wird** - aufgrund erfolgloser vergangener Versuche (Bsp.: Opel Omega - Cadillac Catera) - **nicht erwogen**.

- Eine besondere Belastung besteht für GM im **finanziellen Engagement bei der Fiat-Auto. GM hält seit 2000 insgesamt 20% an Fiat-Auto und hat sich zum Kauf der restlichen Fiat-Auto-Anteile verpflichtet** (Put-Option). Die danach erforderliche Sanierung der Fiat Auto durch General Motors ist - aufgrund des erheblichen Aufwands - eher skeptisch einzuschätzen. GM prüft zurzeit die juristische Gültigkeit des Optionsvertrages.

GMNA:

- Um die Auslastungsgrade der Werke zu verbessern, sollen in Nordamerika **(GMNA)** weitreichende **Kapazitätseinschränkungen** - u. a. durch **Auslauf der Marke Oldsmobile in 2004** - vorgenommen werden. Gehaltskürzungen bis zu 10% bei der GMNA sollen die finanzielle Situation der GMNA verbessern.

- **Produktoffensiven sowie die Fortsetzung der Incentive-Politik** sollen die Verkäufe in Nordamerika stabilisieren: Durchschnittlich werden **14 neue/überarbeitete Produkte p. a. auf den Markt kommen**, die starke **Position im Light-Truck-Segment soll ausgebaut werden**. Im Pkw-Segment wird die Anzahl der Mittelklassefahrzeuge von derzeit 15 bis 2006 auf 10 reduziert.

GMLAAM:

- In Lateinamerika/Afrika/Nahost **(GMLAAM)** will sich GM vor allem auf **kostengünstige SUV- und Pickup-Fahrzeuge** konzentrieren. Investitionen (2,5 Mrd. US $ bis 2005) werden im Gravatai-Werk in Brasilien getätigt, das zum **Exportschwerpunkt** ausgebaut werden soll. Künftig sollen rund sechzig Prozent der Produktion des Werks in den Export gehen.

Quelle: AQR 1/03, Börsen-Zeitung, Business Week, FTD, GM Group

13

---

2. Ziel- und Strategieanalyse 

2.2 Ziele und Strategien des GM-Konzerns

GMAP:

- In Asien/Pazifik **(GMAP)** plant General Motors eine **Modell- und Marktoffensive:** In **China** soll GM Shanghai (JV zwischen GM und der Shanghai Automotive Industry Corporation) 2003 150 Tsd. Fahrzeuge für den heimischen Markt produzieren (2002: 111,6 Tsd. Einheiten), langfristig (bis 2007) soll ein Jahres-Output von einer Millionen Fahrzeuge erreicht werden. **Pro Jahr soll ein neues GM-Modell auf den chinesischen Markt kommen**.

- In **Südkorea** setzt der Konzern **verstärkt auf die Integration der neuen GMDAT-Division:** Seit 2002 hält GM 42,1% an der GM Daewoo Auto & Technology Co. Ltd. (GMDAT). Das JV mit Suzuki und SAIC soll im Jahr 2005 500 Tsd. Fahrzeuge produzieren und im gleichen Jahr die Gewinnzone erreichen.

- In **Australien** strebt General Motors mit der **Marke Holden die Marktführerschaft** (vor Toyota und Ford) an. Daewoo-Fahrzeuge werden über Holden vertrieben.

- **Expansionspläne** hat GM auch im **indischen Markt:** Seit 2003 wird der Subaru Forester (SUV) unter der Marke Chevrolet in Indien angeboten. 2004 sollen hier 1.000 Fahrzeuge des Forester-Modells abgesetzt werden. **Daewoo und Isuzu-Modelle sollen sukzessive folgen.** Bislang bietet der Konzern in Indien nur Opel-Fahrzeuge an, die bei GM India gefertigt werden. Unter Nutzung seiner Beteiligungen an Suzuki (Kontrollmehrheit an Maruti), Fuji Heavy Industries und Isuzu will der Konzern bis 2005 seinen Gesamtabsatz in Indien auf 50 Tsd. Einheiten erhöhen.

- Die Markt- und Modelloffensive soll dazu dienen, den **GM-Marktanteil (incl. GMDAT) in der Asien/Pazifik-Region** von derzeit 4,2% bis 2004 auf **10% mehr als zu verdoppeln. Langfristig strebt der Konzern** - unter Mithilfe der asiatischen Beteiligungen Isuzu, Subaru und Suzuki - **in jedem Markt der Asien/Pazifik-Region eine Position unter den Top drei der Fahrzeugproduzenten an.**

Quelle: FTD, AQR 1/03, GM Group

14

2. Ziel- und Strategieanalyse 

2.3 Produktneuplanungen des GM-Konzerns

2003	2004	2005	2006
• Buick Bengal ME	• Buick LeSabre NF	• Buick MPV ME	• Buick Rendezvous NF
• Buick Rainier SUV ME	• Buick Regal NF	• Cadillac DTS ME	• Opel Agila NF
• Cadillac STS ME	• Cadillac MPV ME	• Chevrolet Impala NF	• Opel Corsa NF
• Cadillac XLR ME	• Chevrolet Bel Air ME	• GMC Yukon NF	• Pontiac Montana NF
• Chevrolet Malibu NF	• Chevrolet Corvette NF	• GMC Sierra NF	
• GMC Envoy MV	• Chevrolet Equinox NF	• Opel Zafira NF	
• GMC Canyon ME	• Chevrolet Aveo ME	• Pontiac Solstice ME	
• Hummer H2 MV	(Dawoo Kalos)	• Saab 9-3 MV	
• Opel Meriva ME	• Chevrolet Cavalier NF	SUV/Sportwagon	
• Opel Signum ME	• Hummer H3 ME	• Saturn L series NF	
• Pontiac Grand Prix NF	• Opel Astra NF	• Saturn Sky ME	
• Pontiac GTO ME	• Pontiac Grand Am NF	• Saturn MPV ME	
• Saab 9-3 MV	• Pontiac Bonneville		
	Montana MV		
	• Saab SUV ME		
	• Saab 9-5 NF		

NF: Nachfolger   ME: Markteinführung   MV: Modellvariante

Quelle: AQR 1/03

15

---

2. Ziel- und Strategieanalyse 

Summary zur Ziel- und Strategieanalyse des GM-Konzerns:

- General Motors rechnet für das Geschäftsjahr 2003 mit einer anhaltend **schwachen Entwicklung der Automobil-märkte** in Nordamerika, Europa und Lateinamerika. Lediglich für **Osteuropa und die Asien-/ Pazifik-Region** werden **positive Wachstumsraten** prognostiziert.

- In naher Zukunft will der Konzern die **Effizienz seines Automobilgeschäfts** steigern. Wesentliche Maßnahmen sind die Modernisierung und Flexibilisierung der Werke, die Verkürzung der Entwicklungszeiten, die Entwicklung neuer Pro-dukte, die Verbesserung des Qualitätsimage sowie die Erschließung neuer Wachstumsmärkte.

- Das **defizitäre Europageschäft** wird im Rahmen des Projekts „Olympia" saniert, 2003 soll die Sparte wieder profita-bel arbeiten. Wichtige Teilpläne des Projektes sind:

  - der Kapazitätsabbau um 30%,
  - der Abbau von 5.000 Arbeitsplätzen,
  - die Revitalisierung der Marken Saab und Opel,
  - die Verjüngung des europäischen Modellangebots,
  - die stärkere Berücksichtigung europäischer Marktbedürfnisse,
  - die Vereinheitlichung der europäischen Plattformen.

- Für **Nordamerika** plant der Konzern eine **Produktoffensive** (14 neue/ überarbeitete Produkte) sowie die **Fortsetzung** der kostenintensiven **Incentivepolitik**. Die Marke **Oldsmobile** wird **2004 eingestellt**. Die Produktionswerke in **Latein-amerika** werden zur **Exportbasis** umgebaut.

- In der **Asien-/ Pazifik-Region** verfolgt GM eine **ambitionierte Wachstumsstrategie**. Unter Mithilfe der asiatischen GM-Beteiligungen (Isuzu, Subaru, Suzuki, Daewoo) will der Konzern in der Region eine Markt- und Modelloffensive starten und damit seinen **Marktanteil** in der Region von aktuell 4,2% auf **10%** mehr als **verdoppeln**.

16

3. Unternehmensanalyse auf Basis strategischer Erfolgsbedingungen 

3.1 Marken- und Produktangebot - GM-Markenangebot nach Regionen

GMNA

Buick, Cadillac, Chevrolet, GMC, HUMMER, Oldsmobile, Pontiac, Saab, Saturn

GME

Opel, Vauxhall, Saab, Cadillac, Chevrolet

GMLAAM

Buick, Cadillac, Chevrolet, GMC, HUMMER, Opel, Saab

GMAP

Buick, Cadillac, Chevrolet, Holden, Opel, Saab

- Der General Motors Konzern verfügt insgesamt über **zwölf Konzernmarken**, von denen sechs Marken nur regional begrenzt angeboten werden.
- **Oldsmobile, Pontiac und Saturn werden nur in Nordamerika** angeboten. **Opel/ Vauxhall[1]** vertreten den Konzern **in Europa. Die Marke Holden** wird ausschließlich **in Asien/ Pazifik** angeboten. HUMMER- und GMC-Fahrzeuge sind nur in Nord- und Südamerika erhältlich.
- Lediglich Saab, Cadillac und Chevrolet sind globale Fahrzeugmarken. Die Marke **Oldsmobile läuft** im GJ **2004 aus.**

Quelle: GM Geschäftsbericht 2002

1) Opel mit marginalen Stückzahlen auch in Lateinamerika und Asien/ Pazifik.

17

3. Unternehmensanalyse auf Basis strategischer Erfolgsbedingungen GM

3.1 Marken- und Produktangebot - GM-Segmentabdeckung in Nordamerika[1]

	Mini-Klasse	Kleinwagen-Klasse	Kompakt-Klasse	Mittelklasse	Obere Mittelklasse	Oberklasse	Luxusklasse
Voll-/ Schrägheck	CH	CH	CH, P				
Stufenbeck		CH	CH, P	CH, P, ST. O, SB	CH, C, B, SB, P	C, B, P, O	
Kombi		CH	CH	ST	SB		
Coupé			P	CH, P, O, ST	CH, P, B	CH, C	
Cabrio/ Roadster			CH	SB	CH, P	CH	
MPV/ Van			CH	CH, GMC	CH, P, GMC		
SUV			CH, P	CH, ST	CH, GMC, O, B	CH, GMC, C, HUMMER	
Pickup		CH		CH, GMC	CH, GMC	CH, HUMMER	

CH = Chevrolet P = Pontiac O = Oldsmobile B = Buick

C = Cadillac ST = Saturn SB = Saab

☐ Überschneidungen der Konzernmarken

Quelle: GM Geschäftsbericht 2002, Schweizer Automobilkatalog 2003

1) Das vollständige GM-Modellangebot in Nordamerika ist in seiner Vielfalt nicht darstellbar.

18

3. Unternehmensanalyse auf Basis strategischer Erfolgsbedingungen 

3.1 Marken- und Produktangebot - GM-Segmentabdeckung in Europa[1)]

Voll-/ Schrägheck		Opel Corsa	Opel Astra	Opel Vectra	Opel Signum		
Stufenheck			Opel Astra	Opel Vectra, SB 9-3	SB 9-5	C Seville	
Kombi			Opel Astra	Opel Vectra	SB 9-5		
Coupé			Opel Astra			C Corvette	
Cabrio/ Roadster			Opel Astra	SB 9-3, Opel Speedster[2)]		C Corvette	
MPV/ Van	Opel Agila	Opel Meriva, Combo	Opel Zafira	Opel Vivaro	Opel Movano, CH Tr. Sport		
SUV				Opel Frontera	CH Blazer	CH Tahoe, Trail Blazer	
Pickup		Opel Combo		Opel Campo, CH S-10	CH Silverado		
	Mini-Klasse	Kleinwagen-Klasse	Kompakt-Klasse	Mittelklasse	Obere Mittelklasse	Oberklasse	Luxusklasse

CH = Chevrolet SB = Saab C = Cadillac   ☐ Überschneidungen der Konzernmarken

Quelle: GM Geschäftsbericht 2002, Schweizer Automobilkatalog 2003

1) Opel incl. Vauxhall (identisches Produktprogramm für Großbritannien).
2) Opel Speedster in Großbritannien als Vauxhall VX 220.

3. Unternehmensanalyse auf Basis strategischer Erfolgsbedingungen 

3.1 Marken- und Produktangebot – GME-Markenpositionierung und -stärke

März 2003 Rang	Herstellermarke	Diff. Rang zu Dez. 2002
1	Mercedes	+/-
2	Audi	+1
3	BMW	-1
4	Porsche	+1
5	Volkswagen	-1
6	Toyota	+/-
7	Renault	+/
8	Ford	+1
9	Opel	+1
10	Skoda	-2
...	...	...
19	Saab	+2
20	Citroen	-3
21	Hyundai	-1
22	Mitsubishi	+1
23	Daihatsu	+2
24	Suzuki	-1
25	Alfa Romeo	+1
26	Jaguar	-2
27	Fiat	+1
28	KIA	+1
29	Lancia	-1
30	Chrysler	+/-
31	Daewoo	+/-
32	Rover	-1

Markenimageranking Deutschland 2003[1)]

- Im **Markenimage-Ranking in Deutschland** rangiert die Marke Mercedes unangefochten auf **Platz eins**, gefolgt von Audi, BMW und Porsche.

- Von den **Volumenanbietern** schneiden **Volkswagen** und **Toyota** am besten ab (Plätze 5 und 6).

- Die europäische GM-Marke **Opel** liegt **auf Platz neun**. Gegenüber der Markenindexuntersuchung im Dezember 2002 verbesserte sich die Marke um einen Rang.

- Die GM-Marke **Saab** liegt im Markenimage-Ranking **abgeschlagen auf dem Platz 19**. Gegenüber der früheren Untersuchung verbessert sich Saab um zwei Ränge.

Quelle: ADAC Automarkenindex März 2003

1) Anzahl untersuchter Marken: 32.

3. Unternehmensanalyse auf Basis strategischer Erfolgsbedingungen 

3.1 Marken- und Produktangebot

- Der GM-Konzern ist **weltweit mit 12 Konzernmarken** vertreten und **besetzt sowohl Volumen- als auch Premium-segmente des Automobilmarkts**.

- Sechs der GM-Konzernmarken (Holden, Opel, Vauxhall, Oldsmobile, Pontiac, Saturn) sind **reine Regionalmarken**.

- Im Heimatmarkt **Nordamerika** deckt der GM-Konzern mit seinem Markenangebot insgesamt 31 der 56 Fahrzeugseg-mente ab. Zwischen den Produktprogrammen der Marken bestehen **große Überschneidungen** (in 18 Segmenten). In den SUV- und Pick-up-Segmenten ist der Konzern stark vertreten. In der Luxusklasse besteht kein Angebot.

- In der zweitgrößten GM-Absatzregion **Europa** tritt der Konzern mit den Marken Opel/ Vauxhall sowie Saab auf und deckt damit 27 der 56 Fahrzeugsegmente ab. Das **Saab-Angebot weist deutliche Lücken auf**, die Marke verfügt über nur zwei Baureihen (9-3 und 9-5). Das **Opel-Programm** zeigt **Schwächen in der Mini- und Kleinwagen-Klas-se** sowie beim **SUV-Angebot**; im **MPV-Segment** ist die Marke hingegen **sehr gut präsent** (Agila, Meriva, Zafira). In der Oberklasse setzt GM in Europa eine geringe Zahl an Cadillac- und Chevrolet-Fahrzeugen ab. Die Luxusklasse wird von GM nicht besetzt.

- Die mäßigen Absatzerfolge in Europa liegen u. a. in den relativ **schwachen Markenimages von Opel und Saab** begründet. Im Markenimage-Ranking in Deutschland rangieren die Marken auf Platz neun und neunzehn.

- Mit den neuen Opel- und Saab-Modellen sowie der Erweiterung des Dieselangebots will GM das europäische Angebot attraktiver gestalten und somit die Marken revitalisieren:
    - Das **Saab-Modell 9-3** bekommt ab 2003 zwei neue Modellvarianten (Kombi, Cabriolet). Ab 2005 soll die Saab-Palette um ein SUV-Angebot erweitert werden.
    - **Opel** wird um die Modelle Meriva und Signum erweitert.

- Die GM-Konzernmarken sind in erster Linie regional differenziert. Auf dem **nordamerikanischen Markt** bestehen zwi-schen den Marken **große Überschneidungen**, eine **Kannibalisierung** innerhalb des Konzerns ist nicht auszuschlie-ßen. **Eine Mehr-Marken-Strategie i. e. S. ist beim General Motors Konzern nur ansatzweise zu erkennen.**

21

---

3. Unternehmensanalyse auf Basis strategischer Erfolgsbedingungen 

3.2 Vertriebsnetz und Kundenservice

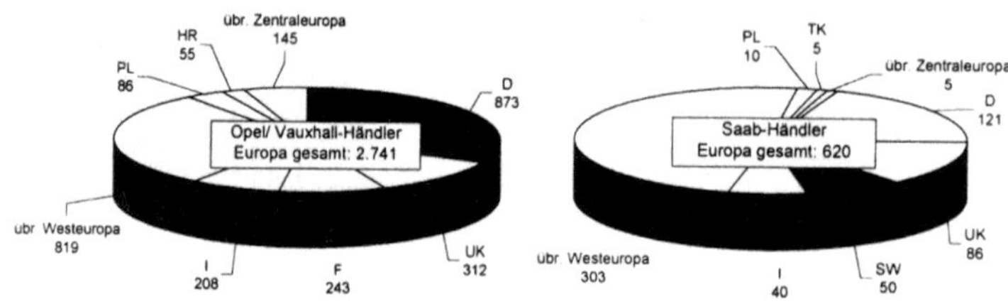

- **General Motors** ist in Europa mit den Marken **Opel/ Vauxhall, Saab** und seit Oktober 2002 auch **Daewoo** (JV GM Daewoo Europe) vertreten.
- Der Opel-Vertrieb in Europa lief bislang über 32 eigene Vertriebsgesellschaften. Saab verfügte über 11 Gesellschaf-ten und 17 Importeure. **Im März 2003** wurden - im Zuge des Sanierungsplans „Olympia" - die **Opel- und Saab-Ver-triebsorganisationen fusioniert.**
- **Regionale Schwerpunkte** des Opel-Vertriebsnetzes liegen in Deutschland, Großbritannien und Frankreich. Sämtliche Stützpunkte umfassen sowohl den Neuwagenverkauf als auch den Service. **Schwerpunkte** des Saab-Händlernetzes liegen in **Deutschland, Großbritannien und Schweden.** 194 der 620 Saab-Stützpunkte nehmen reine Serviceaufgaben wahr.
- Im Oktober 2002 ging die Daewoo-Vertriebsorganisation in der **GM Daewoo Europe** auf. Das Vertriebsnetz des JV umfasst 17 eigene Vertriebsgesellschaften, 11 Importeure, 58 Niederlassungen und 1.522 unabhängige Händler. In **Zentraleuropa** (Polen, Rumänien, Ungarn) ist der koreanische Hersteller **stark vertreten** (504 Händler).

Quelle: ECDH-Handbuch (Stand: 01/02)

Legende: D = Deutschland F = Frankreich I = Italien HR = Ungarn RO = Rumänien
PL = Polen UK = Großbritannien TK = Türkei SW = Schweden übr. = übrige

22

3. Unternehmensanalyse auf Basis strategischer Erfolgsbedingungen 

3.2 Vertriebsnetz und Kundenservice

- Im Durchschnitt verkaufte ein Opel-Händler in 2002 (Europa) ca. 569 Fahrzeuge, ein Saab-Händler 118 Fahrzeuge und ein Daewoo-Händler 95 Fahrzeuge.[1] **Opel verfügt somit über das dichteste und absatzstärkste Händlernetz der GM-Marken in Europa.** Saab und Daewoo liegen deutlich unter den Wettbewerbern (Ford : 841 Fzg.; VW: 842 Fzg., BMW : 412 Fzg.).

- In den **USA** ist General Motors mit **15.916 Mehr-Marken-Händlern** (Buick: 2.766, Cadillac: 1.488, Chevrolet: 4.180, GMC: 2.237, Oldsmobile: 1.848, Pontiac: 2.807, Saturn: 440) **und 3.204 exklusiven Händlern** (davon 1.994 Chevrolet-Händler) **deutlich stärker als der Wettbewerb** (Ford: 7.308 Mehr-Marken-/ 2.583 Exklusivhändler, Chrysler Gruppe: 8.547 Mehr-Marken-/ 1.665 Exklusivhändler) **präsent**.

- In der jährlich durchgeführten **Customer Service Index Study (CSI)** auf dem US-Markt schnitten die GM-Marken **überdurchschnittlich** ab (Ausnahme: Pontiac). Saturn erzielte den ersten Platz unter den 37 untersuchten Marken. Der überwiegende Teil der GM-Markenhändler in den USA erwirtschaftet hohe Bruttogewinne/ Fzg. (Ausnahmen: Pontiac, Oldsmobile).

- Während das GM-Vertriebsnetz in den USA hinreichend dicht und rentabel ist, muss das **GM-Vertriebsnetz** in Europa - mit drei separaten Händlernetzen - als **wenig effizient** bezeichnet werden. Zwar verfügt Opel über ein absatzstarkes und dichtes Händlernetz, Saab und Daewoo sind jedoch äußerst schwach vertreten und nicht genügend ausgelastet.

- **Zukunftschancen** für den GM-Vertrieb in Europa bieten sich durch die etablierte Daewoo-Präsenz **in Zentraleuropa** sowie die geplante **Zusammenlegung der Opel-, Saab- und Daewoo-Vertriebsnetze** zu größeren, rentableren Einheiten.

<u>Customer Service Index (USA 2002)</u>[2]

Marke	Wert	Rang
Saturn	900	1
Infinity	897	2
Lexus	894	3
Cadillac	890	4
Volvo	883	5
Buick	882	6
Acura	881	7
Saab	875	8
BMW	873	9
Lincoln	868	10
Oldsmobile	868	10
Jaguar	867	12
Porsche	864	13
Mercury	862	14
Honda	859	15
Chrysler	856	16
Toyota	849	17
Chevrolet	846	18
Land Rover	845	19
GMC	844	20
Industriedurchschnitt	843	21

Quelle: Market Data Book 2003, ECDH-Handbuch, GM-, Volkswagen-, BMW-, Ford-Geschäftsberichte 2002, Handelsblatt, kfz-betrieb, AUTOHAUS, FAZ

- Angaben für unabhängige Händler (ohne Niederlassungen).
- Bewertung nach Marken für Pkw und Light Trucks.

---

3. Unternehmensanalyse auf Basis strategischer Erfolgsbedingungen 

3.3 Arealstrategie und Länderportfolio

Globalisierungsgrade in der Automobilindustrie 2002[1]

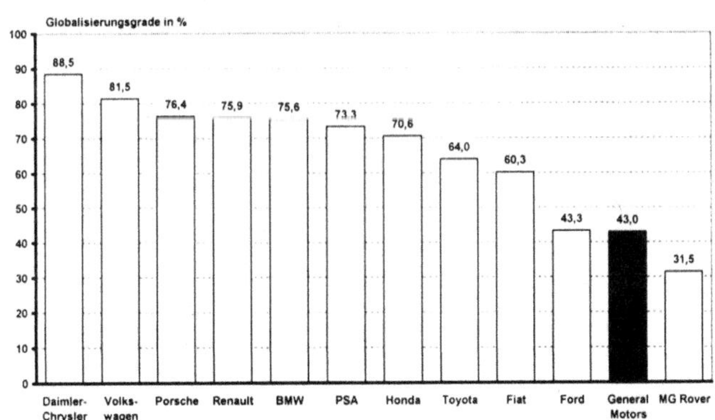

Quelle: Geschäftsberichte der Hersteller, MG Rover: AQR 01/03

1) Gemessen am Absatzanteil, der außerhalb des Heimatmarktes realisiert wurde (Heimatmarkt = Land mit Sitz des Mutterunternehmens)

3. Unternehmensanalyse auf Basis strategischer Erfolgsbedingungen 

3.3 Arealstrategie und Länderportfolio

Länderportfolio des GM-Konzerns 2002 (Absatzanteile in %)[1]

Durchschnittliches Marktwachstum 1999- 2002 (% p. a.)

Quelle: DRI-WEFA (12/02), AQR 1/03, GM-Geschäftsbericht 2002

1) Nicht erfasst: 8,7% des GM-Absatzes in übrigen Märkten.   Legende: (...) = Wert vorhanden, jedoch in geringer Größe.

---

3. Unternehmensanalyse auf Basis strategischer Erfolgsbedingungen 

3.3 Arealstrategie und Länderportfolio

- Der weltweit größte Automobilproduzent General Motors vertreibt Fahrzeuge **in über 190 Märkten** und verfügt über **Produktionskapazitäten in 32 Staaten** der Erde.

- Von den General Motors Gesamtzulassungen entfallen **57,0% auf den Heimatmarkt USA**. Der GM-Konzern gehört deshalb - trotz internationaler Präsenzen - zu den am stärksten heimatmarktabhängigen **Automobilproduzenten.**

- Rund **90% des Konzernabsatzes** erwirtschaftet der General Motors Konzern **auf den Triademärkten**, die durch hohe Marktvolumina, jedoch geringe jährliche Wachstumsraten gekennzeichnet sind.

- In den wachstumsintensiven Märkten Asiens (incl. Pazifik) setzte der Hersteller **2002** rund **605.000 Fahrzeuge** (Anteil GMAP am Konzernabsatz: 7,1%) ab. Mit den **regionalen Produktionsstätten** (Australien, China, Indien, Indonesien, Thailand) sowie den **asiatischen Beteiligungen** (Isuzu, Suzuki, SAIC, Daewoo) verfügt der GM-Konzern jedoch über **gute Voraussetzungen** für die geplante Produkt- und Modelloffensive in Asien.

- **Künftig** will der Konzern seine Position in der Asien-/ Pazifik-Region deutlich ausbauen und somit das Länderportfolio um Wachstumsmärkte erweitern:

    - In **China** sollen im GJ 2003 150.000 Fahrzeuge produziert und abgesetzt werden (JV mit SAIC).
    - In **Indien** will GM - unter Mithilfe von Suzuki, Subaru, Isuzu und Daewoo - bis 2005 einen Gesamt-
    absatz von 50.000 Fahrzeugen p. a. realisieren.

- Der GM-Konzern geht derzeit von einem **stark heimatorientierten Ansatz** zu einer eher **regiozentrischen Interna-tionalisierungsstrategie** über. Opel, Vauxhall, Holden, Saturn, Oldsmobile und Pontiac sollen künftig die Rolle lokal angepasster Regionalmarken einnehmen, die auch am Ort der Nachfrage produziert werden.

3. Unternehmensanalyse auf Basis strategischer Erfolgsbedingungen **GM**

3.4 Innovation und Aktionsgeschwindigkeit – GM in Europa

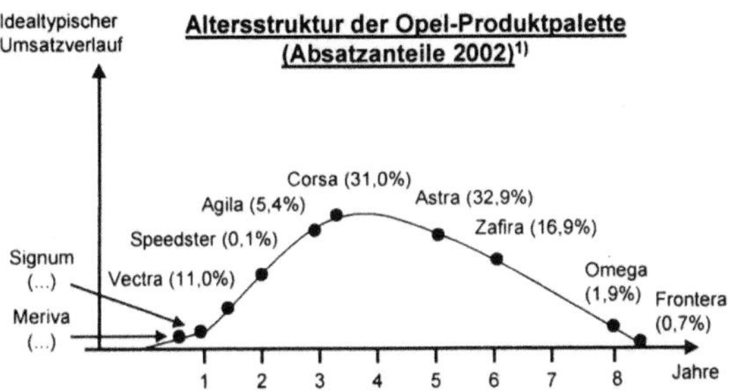

- Die **Opel-Produktpalette** befindet sich aktuell **in der Überarbeitung**. Bis zum GJ 2002 wurde der überwiegende Teil des Absatzes mit Fahrzeugen realisiert, die älter als vier Modelljahre waren (Astra, Zafira, Omega, Frontera).
- Die Hauptabsatzträger der Marke Opel (Corsa, Astra) befinden sich auf dem **Höhepunkt ihrer Lebenszyklen und bedürfen in den kommenden drei Jahren einer Erneuerung.** Die neuen Modelle Signum und Meriva sollen den Opel-Modellmix verbessern und zur Verjüngung der Produktpalette beitragen. Die Omega-Baureihe wird 2003 aufgrund der geringen Marktakzeptanz eingestellt.
- Die **Opel-Innovationsaktivitäten** waren in den vergangenen Jahren **nur unzureichend**. Die letzte bedeutende Neuerung geht in das Jahr 1998 zurück, als Opel als erster deutscher Hersteller mit dem Zafira in das Segment der Compact Vans vorstieß.

Quelle: DRI-WEFA 09/02, www.gmeurope.com

1) Opel-Nutzfahrzeuge nicht enthalten; Legende: (...) = Wert vorhanden, jedoch in geringer Größe.

---

3. Unternehmensanalyse auf Basis strategischer Erfolgsbedingungen **GM**

3.4 Innovation und Aktionsgeschwindigkeit – GM in Europa

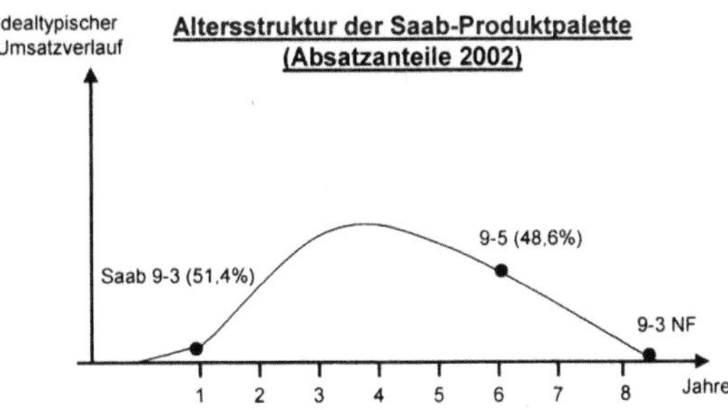

- Die Saab-Produktpalette besteht aus **nur zwei Baureihen** (9-3, 9-5). Die 9-3-Reihe wird in 2003 erneuert. Die 9-5-Baureihe befindet sich nahezu am Ende des Produktlebenszyklus und bedarf einer Erneuerung bis 2005.
- **Ab 2003 sollen die neuen Modellvarianten** des 9-3 (Kombi, Cabrio) sowie ein SUV auf Basis des 9-3 das **Saab-Produktangebot attraktiver und jünger** gestalten.
- Aufgrund der geringen Saab-Modellvielfalt und des hohen Modellalters der bestehenden Baureihen kann dem Hersteller nur ein **unzureichender Innovationsgrad** attestiert werden.

Quelle: DRI-WEFA 09/02, www.gmeurope.com

NF = Nachfolgemodell

3. Unternehmensanalyse auf Basis strategischer Erfolgsbedingungen `GM`

3.4 Innovation und Aktionsgeschwindigkeit – GM in Europa

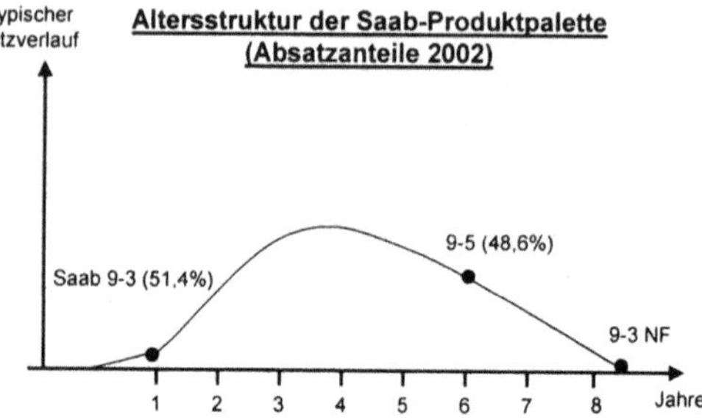

- Die Saab-Produktpalette besteht aus **nur zwei Baureihen** (9-3, 9-5). Die 9-3-Reihe wird in 2003 erneuert. Die 9-5-Baureihe befindet sich nahezu am Ende des Produktlebenszyklus und bedarf einer Erneuerung bis 2005.
- **Ab 2003 sollen die neuen Modellvarianten** des 9-3 (Kombi, Cabrio) sowie ein SUV auf Basis des 9-3 das **Saab-Produktangebot attraktiver und jünger** gestalten.
- Aufgrund der geringen Saab-Modellvielfalt und des hohen Modellalters der bestehenden Baureihen kann dem Hersteller nur ein **unzureichender Innovationsgrad** attestiert werden.

Quelle: DRI-WEFA 09/02, www.gmeurope.com

NF = Nachfolgemodell

---

3. Unternehmensanalyse auf Basis strategischer Erfolgsbedingungen `GM`

3.6 Markenmanagement und Produktplattformen – GM in Europa[1)]

Plattformen	Marken/ Modelle	Losgröße pro Plattform (2002; in 1.000 Einheiten)
Alto (Suzuki-Plattform)	Opel/ Vauxhall Agila	79,2
GM 4300 (Gamma)	Opel/ Vauxhall Meriva, Corsa	453,3
GM 3300	Opel/ Vauxhall Astra, Zafira	728,0
GM 3200 (Epsilon)	Opel/ Vauxhall Vectra, Signum	160,3
Amigo (Isuzu-Plattform)	Opel/ Vauxhall Frontera	10,4
M111 (Elise)	Opel Speedster/ Vauxhall VX 220	1,7
J Car 2400/ ab 2003 GM 2900	Saab 9-3	37,7
GM 2900	Saab 9-5	35,7

- Der GM-Konzern baut in Europa elf **Modellreihen (drei Marken)** auf insgesamt acht **Plattformen**. Die **kritische Losgröße** von 500.000 Fahrzeugen pro Plattform wird auf der GM 3300 vollständig und auf der GM 4300 nahezu erreicht. Insofern kann Opel - auf beiden Plattformen - hohe Economies of Scale generieren.
- Bis 2005 will der GM-Konzern die **Anzahl der europäischen Plattformen auf sechs reduzieren**. Künftig (ab 2005) sollen die Modelle Saab 9-2, 9-3, 9-5, 9-X sowie die Opel/ Vauxhall-Modelle Vectra und Signum gemeinsam auf der Epsilon-Plattform gebaut werden. Darüber hinaus sollen die Plattformen mit dem Allianzpartner Fiat vereinheitlicht werden. Künftig könnten die Opel/ Vauxhall-Modelle Corsa, Meriva, Combo gemeinsamen mit dem Fiat Punto von der S-Plattform (Nachfolger Gamma) rollen.
- **Auf eine gemeinsame Plattformstrategie mit den amerikanischen Konzernmarken** wird aufgrund erfolgloser vergangener Versuche (Cadillac Catera – Opel Omega) **verzichtet**. Auf fertige Fahrzeuge asiatischer Allianzpartner (e g. Suzuki, Isuzu) sowie gleiche Fahrzeugkomponenten wird jedoch zurückgegriffen.

Quelle: DRI-WEFA (09/02), www.gmeurope.com, autonews

1) Angaben für US-amerikanische GM-Modelle nicht verfügbar.

3. Unternehmensanalyse auf Basis strategischer Erfolgsbedingungen 

3.7 Mitarbeitereffizienz und F&E-Kompetenz

Mitarbeitereffizienz im GM-Konzern

	1998	1999	2000	2001	2002
Eckdaten zum GM-Konzern					
Mitarbeiter (in 1.000)	406	398	390	366	350
Produktion (in 1.000 Fzg.)	7.596	8.456	8.494	7.786	8.276
Umsatzerlöse (in Mio. US$)	155.445	176.558	184.632	177.260	186.763
Operatives Ergebnis (in Mio. US$)	11.573	16.797	16.716	9.865	9.795
Mitarbeiterkennzahlen des GM-Konzerns					
Arbeitsproduktivität (Fahrzeuge/ Mitarbeiter)	18,7	21,2	21,8	21,3	23,6
Umsatz je Mitarbeiter (in US$)	382.869	443.613	473.415	484.317	533.609
Operatives Ergebnis je Mitarbeiter (in US$)	28.505	42.204	42.862	26.954	27.986

- Von 1998 bis 2002 sank die GM-Belegschaft um rund 44.000 Mitarbeiter. Die Fahrzeugproduktion des Konzerns konnte im gleichen Zeitraum deutlich gesteigert werden (Δ 2002/1998:+ 9,0%).
- Die Verschlankung des Unternehmens wirkt sich positiv auf die **Arbeitsproduktivität** des Konzerns aus (Δ 2002/ 1998: + 26,2%). Die GM-Werte fallen - aufgrund des hohen Produktionsvolumens - **im Vergleich zu anderen Fahrzeugproduzenten deutlich höher** aus (2002: DaimlerChrysler: 12,2; Volkswagen: 15,5).
- Der **Umsatz je Mitarbeiter** konnte im gesamten Beobachtungszeitraum **gesteigert** werden. Die **Ergebnisse je Mitarbeiter** stiegen von 1998 bis 2000, brachen jedoch im Geschäftsjahr 2001 – aufgrund des stark rückläufigen operativen Ergebnisses – wieder ein (- 35,6% g. Vj.).

Quelle: Geschäftsberichte GM, Volkswagen, DaimlerChrysler (div. Jgg.)

---

3. Unternehmensanalyse auf Basis strategischer Erfolgsbedingungen 

3.7 Mitarbeitereffizienz und F&E-Kompetenz

Forschungs- und Entwicklungsaktivitäten des GM-Konzerns (Wettbewerbsvergleich)

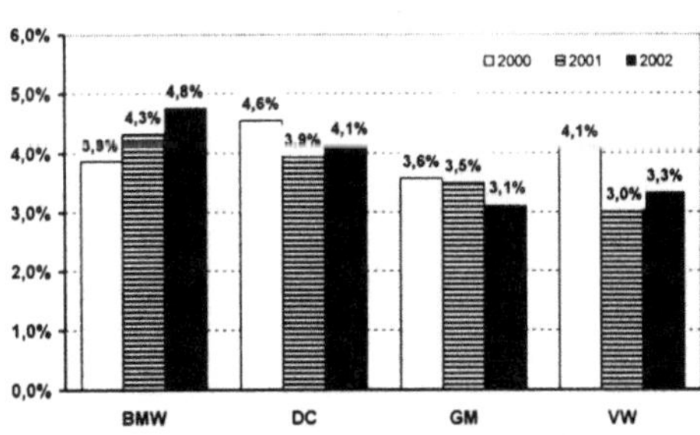

- Die **Forschungs- und Entwicklungsaktivitäten** des GM-Konzerns wurden in den vergangenen drei Jahren deutlich **gedrosselt**.
- Im GJ 2002 lag die **GM-Rate** (Forschungs- und Entwicklungsaufwand / Umsatz) **unter allen verglichenen Wettbewerbern** (BMW, DaimlerChrysler, Volkswagen).

Quelle: Geschäftsberichte GM, Volkswagen, DaimlerChrysler (div. Jgg.)

1) Angaben für frühere Jahre nicht verfügbar.

---

3. Unternehmensanalyse auf Basis strategischer Erfolgsbedingungen   **GM**

3.7 Mitarbeitereffizienz und F&E-Kompetenz
Wesentliche technische Kooperationen der GM Group

Kooperationspartner	Inhalt und Umfang der Kooperation
AutoVAZ (Russland):	• **GM-Beteiligung** i. H. v. **41,5%**, GM liefert Einspritz-, Zünd- und Abgassysteme an AutoVAZ.
BMW :	• GM liefert Automatik-Getriebe an BMW. BMW liefert Dieselmotoren für Opel Omega. **Ab 2003 gemeinsame Forschung am Wasserstoffantrieb** (geplante Serienreife: 2010).
Bertone:	• Bertone baut **Opel Astra-Cabrio und -Coupé**.
Daewoo:	• Indirekte **GM-Beteiligung i.H.v. 42,1%** (über Holden) an GM Daewoo Auto & Technology Corporation. Holden liefert Antriebsstränge für Daewoo. Opel, Daewoo und Saab planen für Europa gemeinsamen Fahrzeugvertrieb.
DaimlerChrysler:	• Gemeinsam mit Ford, Renault und Nissan starteten GM und DaimlerChrysler im Jahre 2000 den Internet-Marktplatz (B2B) „**Covisint**". JV New Venture Gear Inc. (GM: 35%; DC: 64%) beliefert Partner mit Schaltgetrieben und Allradantriebskomponenten.
Fiat:	• GM erwarb im GJ **2000 20%** an der **Fiat Auto** Sparte, im Gegenzug beteiligte sich die Fiat S.p.A. mit 5,6% an GM. Fiat gab den Anteil 2002 wieder ab. Teil der Allianz sind die **GM-/ Fiat-Einkaufsgemeinschaft** für Komponenten, das JV **Fiat GM Powertrain Ltda. Brasilien** und die gegenseitige Belieferung mit Dieselmotoren. GM besitzt die Option, den restlichen Anteil von Fiat Auto (80%) zwischen 2004 und 2009 zu übernehmen.

Quelle: WARD's Automotive (2001)

33

---

3. Unternehmensanalyse auf Basis strategischer Erfolgsbedingungen   **GM**

3.7 Mitarbeitereffizienz und F&E-Kompetenz
Wesentliche technische Kooperationen der GM Group

Kooperationspartner	Inhalt und Umfang der Kooperation
First Automotive Works:	• JV zur **Produktion** von Chevrolet Blazer und S-10 Pickup **in China**.
Fiji Heavy Industry :	• **GM-Beteiligung von 20%** an Fuji (Mutterunternehmen Subaru) und nutzt Subaru-Allrad-Systeme.
Isuzu:	• **GM-Beteiligung von 48,5%** an Isuzu. **Badge-Engineering** der beiden Hersteller in Europa (Isuzu Campo/ Opel Campo, Isuzu Rodeo/ Opel Frontera), gemeinsame Produktion von Dieselmotoren in Polen, diverse JV zur Montage von Fahrzeugen in Asien/ Südamerika.
Lotus:	• Lotus baut für GM den **Vauxhall VX 220/ Opel Speedster** in Hethel (GB).
Renault:	• **Cross-Badging** Renault Trafic und Master als Opel/ Vauxhall Arena bzw. Movano. GM liefert Achsen/ Komponenten an Renault.
SAIC:	• JV mit der Shanghai Automotive Industries Corporation zur **Produktion** des Buick Century, Sal und den Minivan GL8 in **China**.
Suzuki:	• **GM-Beteiligung von 20,1%** an Suzuki, Suzuki-Beteiligung v. 0,7% an GM. Gemeinsame Entwicklung eines Kleinwagens für Osteuropa, **Cross-Badging** in der Mini-Klasse (Suzuki Wagon R+/ Opel/ Vauxhall Agila).
Suzuki:	• JV **NUMMI** (New United Motor Mfg. Inc.) in den USA baut Toyota-Modelle mit GM-Komponenten. Gemeinsame **Entwicklung alternativer Antriebstechnologien**.

Quelle: WARD's Automotive (2001), FTD

34

3. Unternehmensanalyse auf Basis strategischer Erfolgsbedingungen 

3.8 Produktions- und Marketingpotenzial

Wesentliche Produktionsstandorte des GM-Konzerns (Fahrzeugproduktion)[1]

Standort	Volumen	Standort	Volumen	Standort	Volumen	Standort	Volumen
USA	4.093	Deutschland	888	Brasilien	321	Australien	145
Kanada	906	UK	180	Argentinien	35	China	112
Mexiko	639	Schweden	127	Südafrika	31	Thailand	38
		sonstige[1]	575	sonstige[1]	174	sonstige[1]	50
Σ GMNA	5.638	Σ GME	1.770	Σ GMLAAM	561	Σ GMAP	307

Weltproduktion des GM-Konzerns[2]

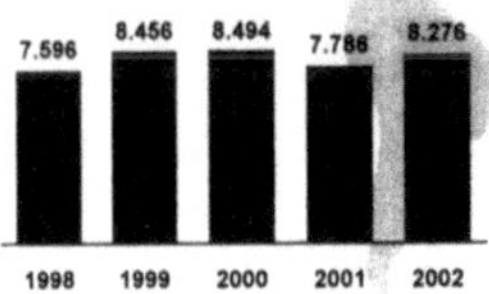

- Der **Schwerpunkt** der GM-Fahrzeugproduktion (68,9%) liegt in den **USA**.
- Gegenüber 1998 konnte die GM-Produktion um 9,0% gesteigert werden. Der Anteil der Auslandsproduktion (außerhalb NAFTA) erhöhte sich nur unwesentlich von 66,6% (1998) auf 68,1% (2002).
- Der GM-Konzern produziert überwiegend in **Industrieländern** (**Kostenproblematik**). Auf die Regionen Lateinamerika, Afrika, Nahost und Asien/Pazifik entfallen lediglich 6,8% bzw. 3,7% der Produktion. Mit der neuen Produktionsstätte in China (JV mit der Shanghai Automotive Industry Corporation) soll sich die Relation ab 2003 zugunsten der Asien/Pazifik-Region verschieben.
- **Weltweit** ist der GM-Konzern in insgesamt **64 Ländern** mit eigenen Gesellschaften bzw. JV präsent.

Quelle: DRI-WEFA (12/02), www.gm.com

1) Sonstige Standorte in der jeweiligen Region (Europa, Lateinamerika/ Afrika/ Nahost, Asien/ Pazifik).
2) Fahrzeugproduktion 2002, Angaben in 1.000 Einheiten.

---

3. Unternehmensanalyse auf Basis strategischer Erfolgsbedingungen 

3.8 Produktions- und Marketingpotenzial

Weltweite Länderpräsenzen des GM-Konzerns

GMNA
Kanada (P)
Mexiko (P)
USA (P)

GMLAAM

Argentinien (P)	Kenia (P)
Brasilien (P)	Kuwait (M)
Chile (P)	Libanon (M)
Kolumbien (P)	Nigeria (P)
Ecuador (P)	Oman (M)
Paraguay (M)	Katar (M)
Uruguay (M)	Saudi Arabien (M)
Venezuela (P)	Südafrika (P)
Bahrain (M)	Syrien (M)
Ägypten (P)	Tunesien (P)
Israel (M)	VAE (M)
Jordanien (M)	Jemen (M)

GME

Österreich (P)	Spanien (P)
Belgien (P)	Schweiz (M)
Dänemark (M)	Schweden (P)
Finnland (M)	Türkei (P)
Frankreich (P)	Großbritannien (P)
Deutschland (P)	Kroatien (M)
Griechenland (M)	Tschechien (M)
Irland (M)	Ungarn (P)
Italien (P)	Polen (P)
Niederlande (M)	Russland (P)
Norwegen (M)	Slowenien (M)
Portugal (P)	

GMAP
Australien (P)
China (P)
Hongkong (M)
Indien (P)
Indonesien (P)
Japan (M)
Südkorea (M)
Malaysia (M)
Neuseeland (P)
Singapur (M)
Taiwan (M)
Thailand (P)

P = Produktions-/ Montagestandort

M = Marketinggesellschaft/ Importeur

Quelle: www.gm.com

3. Unternehmensanalyse auf Basis strat. Erfolgsbedingungen   **GM**

3.9 Kundenbindung und Kundenbeziehungen

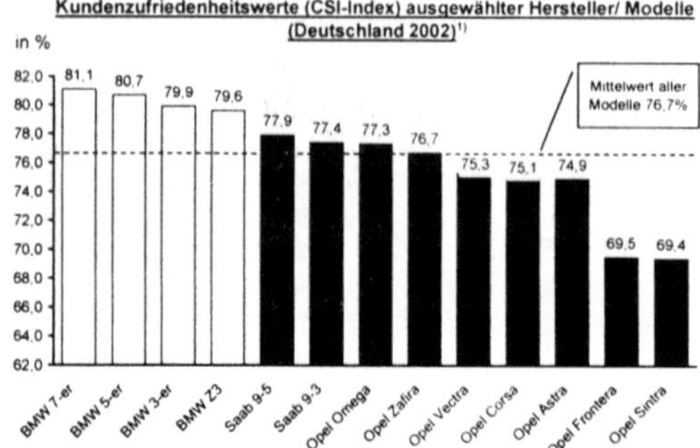

Kundenzufriedenheitswerte (CSI-Index) ausgewählter Hersteller/ Modelle (Deutschland 2002)[1]

- **Die Kundenzufriedenheitswerte für Opel-/ Saab-Modelle in Deutschland fallen unterschiedlich aus:** Während sich die Saab-Werte in Deutschland 2002 über dem Mittelwert aller an der Studie partizipierenden Modelle (132) bewegen, liegen die Opel-Modelle – ausgenommen Modell Omega und Zafira – unterhalb der Marke

- Bislang ist bei GM Europe (Studienergebnisse für den US-Markt nicht verfügbar) **kein konsistentes Kundenbindungsmanagement** zu erkennen. Im Rahmen des Olympia-Projektes wird deshalb eine verstärkte Kundenorientierung auf Hersteller- und Handelsebene angestrebt

Quelle: J. D. Power Report 2002

1) Stichprobe: 15.000 deutsche Autofahrer mit durchschnittlich zwei Jahren Erfahrung mit dem Fahrzeug. Anzahl Modelle: 132
Beurteilungskriterien: Mechanik, Innenraum, Karosserie, Leistungsvermögen, Innenraum, Händler, Unterhaltskosten

37

---

3. Unternehmensanalyse auf Basis strategischer Erfolgsbedingungen   **GM**

3.10 Finanz- und Investitionspolitik

Profitabilität des GM-Konzerns

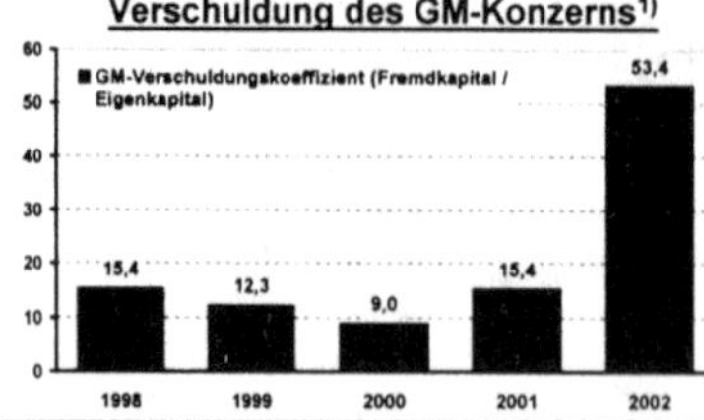

- Die **Umsatzrendite** des GM-Konzerns hat sich im Beobachtungszeitraum von 3,2% (1998) auf 1,1% (2002) **verschlechtert**. Der Konzern ist im Branchenvergleich unterdurchschnittlich profitabel

- Die **geringste Rendite wurde 2001** ausgewiesen. Die Ursache dafür war ein Einbruch des Konzerngewinns um 78,8%, der seinerseits durch die hohen Verluste im ACO-Geschäft begründet wurde

- Die **Verschuldung** des GM-Konzerns (Fremdkapital/ Eigenkapital) hat sich von 1998 bis 2002 mehr als verdreifacht

Verschuldung des GM-Konzerns[1]

- Im Geschäftsjahr **2002** wurde ein **Spitzenwert** v. 53,4 erreicht. Ursachen dafür war ein stark vermindertes Eigenkapital sowie ein Anstieg der kurzfristigen Verbindlichkeiten in der Finanzsparte

- Die **Kapazitätsauslastung** des GM-Konzerns lag im GJ 2002 mit 86,0% unterhalb des Branchendurchschnitts (88,2%)

- Die hohe **Fixkostenbelastung** des GM-Konzerns ist insgesamt als **kritisch** einzustufen

Quelle: GM-Geschäftsbericht 2002, Awknowledge. eigene Berechnungen

1) Der hohe Verschuldungsgrad des GM-Konzerns liegt u. a. in der starken Finanzsparte begründet (Finanzdienstleistungs-Institute haben generell eine deutlich geringere Eigenkapitalquoten als Industrieunternehmen)

38

3. Unternehmensanalyse auf Basis strategischer Erfolgsbedingungen 

3.10 Finanz- und Investitionspolitik

GM-Konzern Investitionspolitik[1]

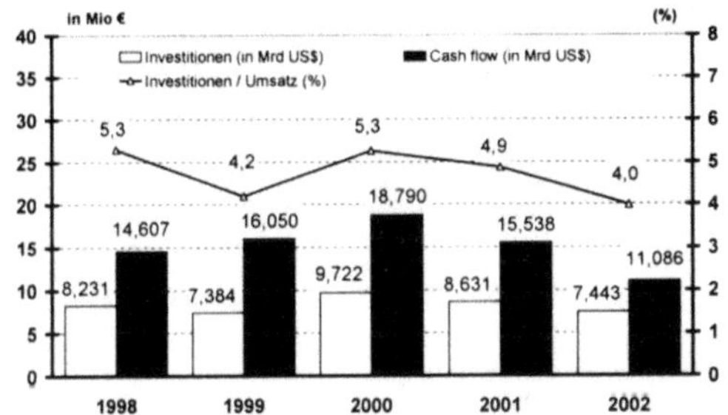

- Die **Investitionen** der GM-Group **sanken** von 1998 bis 2002 **um 9,6%**. Sie konnten im gesamten Beobachtungszeitraum **aus dem Cash flow** des laufenden Jahres **finanziert werden.**
- Die Rate **Investitionen / Umsatz** ging 1998 stark zurück, stieg in 2000 wieder auf das Vorjahresniveau an und **gibt seit dem deutlich nach.**
- Die Investitionspolitik des Konzerns war **bis 2000 stark reaktiv** - die Ergebnisse des Vorjahres beeinflussten den Investitionsaufwand des Folgejahres (vgl. S. 5). **Seit 2001 geben die Investitionen stetig nach.**

Quelle: GM Geschäftsberichte (div. Jgg.), eigene Berechnungen

1) Investitionen: Expenditures for property; Cash flow = Jahresergebnis + Abschreibungsgegenwerte +/- Veränderungen der mittel-/ langfristigen Rückstellungen.

---

3. Unternehmensanalyse auf Basis strategischer Erfolgsbedingungen 

3.10 Finanz- und Investitionspolitik

GM-Unternehmenswert[1]

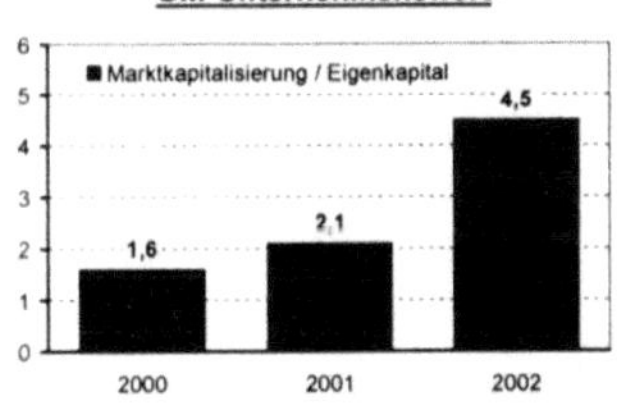

- Die Marktkapitalisierung des GM-Konzerns (Jahresschlusskurse der Stamm-/ und GM-Hughes-Aktien * Anzahl ausgegebener Aktien) überstieg das Eigenkapital im gesamten Beobachtungszeitraum. **Die GM Group wird somit an der Börse höher bewertet als ihr tatsächliches Eigenkapital.**
- Für den seit 2001 ansteigenden Unternehmenswert ist das **schrumpfende Konzern-Eigenkapital** verantwortlich.

KGVs amerikanischer Automobilhersteller (Jahresdurchschnitt)

in US$	2000	2002
General Motors	10,7	14,8
DaimlerChrysler	38,9	8,9
Ford Motor Company	7,6	83,8

- Das **Kurs-Gewinn-Verhältnis** (Aktienkurs / Gewinn je Aktie) für **GM-Stämme verbesserten sich von 2000 auf 2002 leicht.**
- **Im Vergleich zur Ford-Aktie ist GM 2002 günstiger bewertet.**
- Der **DaimlerChrysler**-Börsenkurs 2002 wird primär durch die **Restrukturierung** von **Chrysler** negativ beeinflusst (sekundäre Ursache: Börsenbaisse).

Quelle: GM Geschäftsberichte (div. Jgg.); www.moneycentral.msn.com/investor, eigene Berechnungen

1) Die Werte der Jahre 1998 und 1999 wurden nicht berücksichtigt. Sie sind mit denen der Folgejahre aufgrund der Aktien-Splits in 1998 (GM-Stämme) und 1999 (GMH-Akien) nur eingeschränkt vergleichbar.

3. Unternehmensanalyse auf Basis strategischer Erfolgsbedingungen 

3.10 Finanz- und Investitionspolitik

Aktionärsstruktur des GM-Konzerns

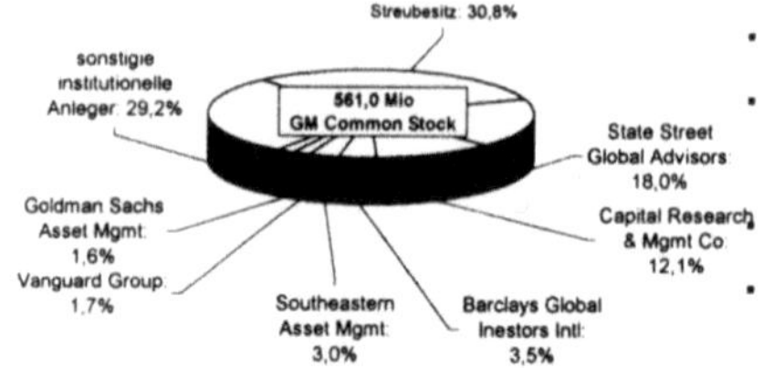

- General Motors Aktien werden an der **New York Stock Exchange** gehandelt.
- Das **GM-Aktienkapital** gliedert sich in 561 Mio. **Stammaktien** (1 Stimme je Aktie) sowie einem stimmrechtslosen Trading-Stock für die Konzerngesellschaft Hughes (GMH-Aktien).
- **69,2% des GM-Stammkapitals** befindet sich im Eigentum **institutioneller Anleger.**
- Der **größte GM-Einzelaktionär** ist die State Street **Global Advisors Bank.**

Finanz- und Investitionspolitik des GM-Konzerns

- Der General Motors Konzern befindet sich insgesamt – aufgrund der schwachen Ergebnisse der vergangenen zwei Jahre – in einer **angespannten finanziellen Situation.** Das Konzerneigenkapital ist dramatisch gesunken, das Unternehmen erwirtschaftet nur marginale Renditen und die Verschuldung hat sich gegenüber 2001 vervierfacht. Hohe Überkapazitäten führen darüber hinaus zu einer immensen Fixkostenbelastung.
- Eine langfristige Aktienkursstabilität ist aufgrund des hohen Anteils institutioneller Anleger nicht gewährleistet.
- Das Unternehmen betreibt **keine nachhaltige Finanzierungs- und Investitionspolitik:** Die Investitionen der vergangenen Jahre konnten zwar aus dem Cash Flow finanziert werden, sind jedoch kontinuierlich gesunken. Dem GM-Konzern ist insgesamt ein großer **Nachholbedarf** in punkto Kostenorientierung und Investitionsaktivität zu attestieren.

Quelle: www.gm.com, GM 10-K Report, www.moneycentral.msn.com/investor

41

---

3. Unternehmensanalyse auf Basis strategischer Erfolgsbedingungen 

Summary zu den Stärken und Schwächen des GM-Konzerns:

- Der General Motors Konzern erzielt mit seinen sieben Automobilmarken in **Nordamerika** eine hohe Segmentabdeckung. Gleichzeitig weist das Unternehmen jedoch hohe **Überschneidungen** im Marken- und Produktangebot auf.
- Eine **Mehr-Marken-Strategie i. e. S.** ist bei den regional differenzierten Marken des GM-Konzerns **nicht erkennbar.**
- In **Europa** ist der Konzern mit den Marken Opel/ Vauxhall, Saab und seit 2002 auch mit Daewoo vertreten. **Opel** und **Saab** weisen in Deutschland **geringe Markenimagewerte** auf. Das **Saab-Produktprogramm** ist mit nur zwei Baureihen **lückenhaft** und teilweise **veraltet.** Die Opel-/ Vauxhall-Produktpalette wird derzeit überarbeitet.
- Das **Vertriebsnetz** der GM-Marken in **Europa** ist mit drei separaten Händlernetzen **wenig effizient.** In den USA ist das GM-Händlernetz hingegen deutlich **stärker** als das der Wettbewerber.
- Der GM-Konzern verfügt durch seine regionalen Produktionsstätten sowie die Unternehmensbeteiligungen an Isuzu, Suzuki, Subaru, SAIC und Daewoo über **guten Marktzugang in Asien.**
- Trotz seiner umfassenden **internationalen Präsenzen** gehört der GM-Konzern zu den am stärksten **heimatmarktabhängigen** Automobilkonzernen, rund 57% des Konzernabsatzes entfallen auf die Vereinigten Staaten.
- In den **Wachstumsmärkten** der Automobilindustrie ist General Motors **nur punktuell vertreten.** Stärken weist das Unternehmen im Finanzdienstleistungsgeschäft, im MPV-Segment in Europa sowie bei den SUV-Fahrzeugen in Nordamerika auf. Hinsichtlich der **boomenden Dieselnachfrage in Europa** ist **GM** jedoch als **Nachzügler** einzustufen.
- Aufgrund der hohen Produktionsvolumina generiert der Hersteller **hohe economies of scale.** Weitere Kostenvorteile erzielt der Konzern aus den **Synergien** seines starken Kooperationsnetzwerks.
- Die hohe Verschuldung sowie die schwache Kapazitätsauslastung führen zu einer **starken Fixkostenbelastung** des GM-Konzern. **Kostennachteile** hat das Unternehmen auch aufgrund der vorrangigen Produktion in Industrieländern.
- Der GM-Konzern weist **Mängel in der Finanz- und Investitionspolitik** auf: Die angespannte finanzielle Situation der vergangenen Jahre hat zu einer absinkenden Investitionstätigkeit geführt.

42

4. SWOT-Analyse und Auswirkungen für den Wettbewerb 

SWOT-Analyse

Branchentrends		Chancen/ Risiken GM-Konzern		Stärken/ Schwächen GM-Konzern			
				Erfolgsfaktoren der Branche	GM	Erfolgspotenziale der Branche	GM
Individualisierung der Kundenbedürfnisse	-▶	T	◀-	Angebotsvielfalt und Mehr-Marken-Strategie	W	Mehr-Marken-Management und Plattformstrategie	W[1]
Preistransparenz	-▶	T	◀-	Vertriebsnetzoptimierung und Serviceorientierung	W[1]	Kundenbindungs- und -beziehungsmanagement	W[1]
Globalisierung	-▶	O	◀-	Marktarealstrategie und globale Standorte	S	Globales Produktions- und Marketingpotenzial	S
Innovationsdynamik und Produktkomplexität	-▶	T	◀-	Innovationskraft und Aktionsgeschwindigkeit	W[1]	Mitarbeiterpotenzial und F&E-Kompetenz	S/ W
Marktsättigung und -schrumpfung in der Triade	-▶	T	◀-	Erschließung neuer Wachstums- und Ertragssegmente	W	Nachhaltiges Finanz- und Investitionsmanagement	W

S = Stärke   W = Schwäche   O = Chance   T = Risiko

- Die zentralen **Stärken** des GM-Konzerns liegen in der profitablen Finanzdienstleistungssparte FIO sowie der lokalen Präsenz in Asien. In Europa bzw. Nordamerika verfügt der Konzern über hohe Kompetenzen in MPV- bzw. Light Truck-Segmenten.
- **Chancen** ergeben sich hinsichtlich der geplanten Asienstrategie sowie der Integration von Daewoo in die europäische Mehr-Marken-Strategie (Daewoo als Marke für Osteuropa).
- **Schwachpunkte** weist der Konzern hinsichtlich der Abhängigkeit vom Heimatmarkt, der Markenkannibalisierung in Nordamerika sowie der schwachen Finanzlage auf. Im Europageschäft schlagen sich die schwachen Markenimages von Opel/ Saab, die geringe Saab-Produktvielfalt, die mäßige Vertriebseffizienz sowie der schwache Innovationsgrad auf die Ertragslage nieder.
- **Risiken** ergeben sich für den Konzern letztlich hinsichtlich des Fortbestandes des Unternehmens (drohende Überschuldung).

1) Angaben nur für GM in Europa zutreffend.

---

4. SWOT-Analyse und Auswirkungen für den Wettbewerb 

Auswirkungen der GM-Aktivitäten für die Wettbewerber

- Angesichts der angespannten Finanzlage des GM-Konzerns dürften zunächst die **Sanierungspläne des Konzerns Vorrang vor langfristigen Wachstumsambitionen** haben.
- Die geplante **Modelloffensive** des GM-Konzerns in Europa dürfte **Marktanteilsverluste europäischer Volumenhersteller (z. B. Volkswagen, PSA, Renault) nach sich ziehen** und somit zu einer weiteren **Verschärfung des Verdrängungswettbewerbs** beitragen. Erste Auswirkungen zeigen sich bereits an den Ergebnissen des ersten Quartals 2003: Opel konnte seinen Marktanteil im schrumpfenden westeuropäischen Markt auf Kosten anderer Volumenhersteller verbessern.
- In den **USA** führen die geplante Produktoffensive sowie die **aggressive Preispolitik** des GM-Konzerns zu einem weiter **zunehmenden Preisdruck** und somit **zur Senkung der allgemeinen Branchenrendite**. Davon sind sämtliche auf dem US-Markt anbietenden Volumenhersteller betroffen. Die Premiumhersteller werden   aufgrund verminderter Preisempfindlichkeit der Zielgruppe   nur am Rande von der GM-Preispolitik berührt.
- Der GM-Konzern konzentriert sich auf die eher traditionellen und volumenstarken Fahrzeugsegmente Pkw und Trucks. Cross-over-Fahrzeuge bietet der GM-Konzern derzeit nicht an. **Aus der Produktstrategie des Konzerns resultiert nicht zwingend eine weitere Fragmentierung des Automobilmarktes.**
- Die geplante **Ausdehnung des GM-Konzerns in Asien** erscheint angesichts der hohen Heimatmarktabhängigkeit dringend notwendig. GM verfügt über gute Voraussetzungen (etablierte GM-Regionalmarken Holden, Daewoo sowie Beteiligungen an asiatischen Fahrzeugherstellern), dieses Vorhaben zu realisieren. Dennoch setzt dies eine zeitnahe Lösung der finanziellen Probleme des Konzerns voraus. Die Ausdehnung des Konzerns im asiatischen Markt dürfte für lokal etablierte Fahrzeughersteller (e. g. Volkswagen, Toyota, Honda) den Wettbewerb vor Ort intensivieren.
- Hinsichtlich der **Fahrzeuginnovationen** liefert der GM-Konzern **keine wesentlichen Impulse**. Die Innovationsdynamik der Branche wird sich folglich aufgrund der GM-Pläne kaum verändern.

Quellenverzeichnis zur Wettbewerbsanalyse (1) 

Wirtschaftspresse:

- O. V. (2001): Opel verzichtet auf Kündigungen. In: FTD vom 21.08.2001.
- O. V. (2002): Autogruppe Saab entlässt 1300 Mitarbeiter. In: FAZ vom 28.11.2002.
- O. V. (2002): Bremsspuren bei General Motors. In: Die Welt vom 15.07.2002.
- O. V. (2002): Die GM-Zentrale in Zürich erarbeitet eine neue Mehrmarkenstrategie. In: FAZ vom 23.11.2002.
- O. V. (2002): Fiat verkauft GM-Anteil: In: FTD vom 23.12.2002.
- O. V. (2002): Ford und GM versagen die Luxusmarken. In: FTD vom 26.11.2002.
- O. V. (2002): GM pension fund shortfall highlights wider problem. In: Financial Times vom 01.10.2002.
- O. V. (2002): Saab startet rigoroses Sparprogramm. In: FTD vom 28. 11.2002.
- O. V. (2003): Can GM Save An Icon? In: Business Week vom 08.04.2002.
- O. V. (2003): General Motors verweigert Kauf von Fiat-Anteilen. In: FTD vom 14.07.2003.
- O. V. (2003): GM und Ford weiter mit Nullzinsprogramm. In: Börsen-Zeitung vom 11.07.2003.
- O. V. (2003): GM will sich von Fiat-Option freikaufen. In: FTD vom 04.02.2003.
- O. V. (2003): Opel übernimmt Vertrieb von Saab in weiten Teilen Europas. In: Handelsblatt vom 25.03.2003.
- O. V. (2003): Opel will 2003 schwarze Zahlen schreiben. In: FTD vom 07.01.2003.
- O. V. (2003): Rick Wagoner's Game Plan. In: Business Week vom 11.02.2003.
- O. V. (2003): US-Autoriese GM hat sich selbst ausgebremst. In: Börsen-Zeitung vom 06.03.2003.

Unternehmenspublikationen/ Fachaufsätze:

- General Motors Corporation (2001): 10-K Report 2001.
- General Motors Corporation (2003): GM Production Schedule 04/01/03.
- General Motors Corporation (2003): Präsentation J. Devine auf der New York Auto Show Conference.
- Geschäftsberichte der Automobilkonzerne: BMW Group, General Motors, Ford Motor Company, Toyota Motor Corporation, diverse Jahrgänge.

Quellenverzeichnis zur Wettbewerbsanalyse (2) 

Branchenpublikationen/ Fachzeitschriften:

- ADAC (Hrsg., 2003): Automarkenindex-Studie, März 2003.
- Automotive News (Hrsg., 2003): Market Data Book, 2003.
- Awknowledge (Hrsg., 2002): Capacity Utiilization Data, June 2002.
- Awknowledge (Hrsg., 2003): Automotive Quarterly Review, 1st Quarter 2003.
- Büchler Grafino AG (Hrsg., 2003): Schweizer Automobil Revue, 2003.
- DRI-WEFA (Hrsg., 2002): World Car Industry Forecast Report, September 2002.
- DRI-WEFA (Hrsg., 2002): World Car Industry Forecast Report, December 2002.
- J. D. Power and associates (2002): J. D. Power report 2002. In: mot, Nr. 23/ 24 2002.
- HWB International Ltd. (Hrsg., 2002): GMAP: European Car Distribution Handbook, 2002.
- KBA (Hrsg., 2001): Statistische Mitteilungen 2001.
- KBA (Hrsg., 2002): Statistische Mitteilungen 2002.
- WARD's Automotive (Hrsg., 2001): Interrelationships Among The World's Major Car Makers, 2001.

Internet-Quellen:

- http://finance.yahoo.de.
- http://www.adac.de.
- http://www.autohaus-online.de.
- http://www.autointell-news.com.
- http://www.autonews.com.
- http://www.gm.com.
- http://www.gmeurope.com.
- http://www.kfzbetrieb.de.
- http://www.moneycentral.msn.com.

4.5   Kritische Beurteilung des Branchenmodells

Die zentrale Zielsetzung der Erstellung der Fallstudien war, Ansätze zur praktischen Umsetzung des konzipierten Wettbewerbsanalysemodells aufzuzeigen. Dazu wurde jeweils ein Beispiel für erfolgreiche und weniger erfolgreiche Hersteller herausgegriffen und nach dem vorgeschlagenen inhaltlichen Schema analysiert. Als Resümee der Fallstudien kann festgehalten werden, dass das konzipierte Wettbewerbsanalysemodell als aussagefähiges, komprimiertes und praxistaugliches Instrument für die Zielgruppe (Management der Automobilindustrie) einzustufen ist. Diese Aussage lässt sich mit drei Argumenten belegen:

- Die in Kapitel 2 vorgeschlagene Dreiteilung von Wettbewerbsanalysen führt zu plausiblen Schlussfolgerungen.

- Die in Kapitel 3 ermittelten Bewertungskriterien für die Wettbewerbsanalyse besitzen Erfolgsrelevanz.

- Das Branchenmodell zur Wettbewerbsanalyse ist in der Unternehmenspraxis einsatzfähig.

Das erste Argument ist, dass die simultane Analyse der Branchentrends, der Ziele und Strategien sowie der Unternehmensressourcen begründete Schlussfolgerungen zu den zu erwartenden Wettbewerberaktivitäten in der Automobilindustrie zulässt. Beispielsweise muss sich der GM-Konzern angesichts seiner angespannten Finanzlage (schwache Renditen, hohe Konzernverschuldung) zunächst auf die Sanierung des Unternehmens konzentrieren, bevor ambitionierte Expansionspläne (e. g. das Anstreben eines Marktanteils von 10 Prozent in der Asien-/ Pazifik-Region) überhaupt in den Vordergrund rücken können. Dagegen erscheinen die Asienpläne des BMW-Konzerns aufgrund der soliden Finanzbasis (hohe Renditen, geringe Konzernverschuldung) und einer proaktiven Standortpolitik (bspw. in Malaysia und China) durchaus realisierbar. Die Fallbeispiele haben folglich demonstriert, dass die vorgeschlagene Dreiteilung einer Wettbewerbsanalyse in Umwelt-, Ziel-/ Strategie- und Unternehmensanalyse zu plausiblen Ergebnissen führt.

Ein zweites Argument ist die Relevanz der branchenspezifischen Erfolgskriterien. Dies zeigt sich anhand der Unterschiede, die erfolgreiche und weniger erfolgreiche Unternehmen im Hinblick auf die ermittelten Kriterien aufweisen. Der General Motors Konzern verfügt in sechs der zehn Erfolgskriterien über Schwächen und ist somit, insbesondere in Europa, im Hinblick auf aktuelle Branchentrends schwach positioniert. Insbesondere in der Kategorie „Finanz- und Investitionsmanagement" weist der GM-Konzern große Defizite auf, die den Handlungsspielraum des Unternehmens einschränken. Die BMW Group hingegen verfügt in sieben der angegebenen Kategorien über klare Stärken, insbesondere die starke Finanzposition in Verbindung mit einer klaren Unternehmensstrategie lassen die ehrgeizigen Pläne des Unternehmens realisierbar erscheinen. Die deutlichsten Unterschiede der beiden Hersteller treten hinsichtlich der Globalisierungsgrade (Abhängigkeit vom Heimatmarkt), der Markenstrategie, der Innovationsaktivitäten/ Forschung & Entwicklung sowie den Finanzsituationen auf. Abschließend kann folglich argumentiert werden, dass die ermittelten Erfolgskriterien relevante Bewertungsmaßstäbe in einer Wettbewerbsanalyse darstellen.

Das dritte Argument für das vorgestellte Modell ist deren Praktikabilität. In den Fallstudien wurde sich auf frei zugängliche Informationsquellen beschränkt, da unternehmensinterne Informationen dem Wettbewerbsanalysten in der Regel nicht zur Verfügung stehen. Dennoch konnte eine erstaunlich hohe Verfügbarkeit von Wettbewerbsdaten festgestellt werden. Selbst auf den ersten Blick unzugängliche Daten wie beispielsweise Pläne, Strategien und unternehmensinterne Ressourcen von Wettbewerbern sind bei intensiver Recherche zu ermitteln. Dabei kann sich der Wettbewerbsanalyst insbesondere die Publizitätspflicht von Kapitalgesellschaften zunutze machen. Nahezu alle Informationsfelder konnten mithilfe der Geschäftsberichte, der Homepages, Branchenstudien sowie Berichten der Fach- und Tagespresse abgedeckt werden. Einschränkend ist jedoch einzuräumen, dass die Beurteilung der Aktivitäten des Wettbewerbers im Bereich der Kundenbindungen und Kundenbeziehungen von einer unbefriedigenden Informationslage gekennzeichnet war.

Ergänzend kann angemerkt werden, dass aufgrund der branchenweit dominierenden Rechtsform der Kapitalgesellschaft ein großer Teil der Informationen auch kostenfrei (Jahresabschlüsse, Homepages) zur Verfügung steht. Fachzeitschriften sowie Tageszeitungen sind im Internet vertreten und bieten ebenfalls zumeist kostenfrei die Online-Recherche in Archiven an (e. g. Financial Times Deutschland). Durch Zukauf themenrelevanter Branchenstudien (e. g. ECDH-Handbook) und -publikationen (e. g. DRI-WEFA, WARD's) kann der Informationsstand weiter verbessert werden. Stellt man den Informationsvorsprung, den eine Wettbewerbsanalyse gegenüber den Kontrahenten generiert, den Kosten der Informationsgewinnung gegenüber, so lässt sich eine durchaus vertretbare Kosten-Nutzen-Relation attestieren. Somit kann der Auffassung HOFFMANNs zugestimmt werden, dass die mit der Beschaffung von Wettbewerbsinformationen verbundenen Probleme lösbar sind und vielmehr die Selektion relevanter und authentischer Informationen die eigentliche Schwierigkeit darstellen.[533]

Durch die Zusammenfassung der wichtigsten Analyseergebnisse in der Management Summary sowie der SWOT-Analyse kann dem wachsenden Bedarf nach zeitnaher und relevanter Informationsversorgung Rechnung getragen werden. An zwei Stellen taten sich jedoch einige Grenzen der Praxisfähigkeit des vorgeschlagenen Konzeptes auf. Es gab Probleme bezüglich der Zuordnung der Unternehmensmerkmale zu Stärken und Schwächen. Bei der BMW-Analyse äußerte sich das Problem in Bezug auf das Markenmanagement und die Plattformstrategie. Im BMW-Konzern kompensiert die starke Individualität der Marken des BMW-Konzerns (Grundlage für Premiumpreise) den aus zu geringer Plattformauslastung resultie-

---

[533] Vgl. HOFFMANN, K. (1979): a.a.O., S. 76.

renden Kostennachteil, so dass am Ende weder Stärke noch Schwäche zuzuordnen waren. Bei General Motors entstand das Problem hinsichtlich der F&E-Kompetenz. Zwar hat der Konzern seine F&E-Ausgaben in den vergangenen Jahren deutlich heruntergefahren, dieser Effekt kann jedoch aus den zahlreichen gut funktionierenden Kooperationen des Konzerns (insbesondere mit asiatischen Automobilherstellern Isuzu, Suzuki, Subaru) resultieren. Somit war nicht eindeutig zu sagen, ob der Konzern hinsichtlich der F&E-Kompetenz klare Stärken oder Schwächen aufweist.

Als zweites Problem stellt sich die unzureichende Differenzierung der Geschäftsberichtsangaben dar. Beispielsweise konnte die Mitarbeitereffizienz nur für die Konzerne insgesamt ermittelt werden. Eine getrennte Analyse nach Konzernbereichen wäre an dieser Stelle sinnvoller gewesen, scheiterte jedoch an der Verfügbarkeit der Mitarbeiterdaten. Beispielsweise ist anzunehmen, dass der überwiegende Teil der GM-Mitarbeiter der Automobilsparte angehört. Die schwachen Erträge des Automobilgeschäfts werden bei GM jedoch durch die deutlich stärkere Finanzsparte (FIO) kompensiert, so dass eine verzerrte Kennzahl „Ertrag pro Mitarbeiter" im GM-Konzern ausgewiesen wird. Sie ist – streng genommen – nicht mit denen von Herstellern vergleichbar, die ihre Erträge vornehmlich aus dem Automobilgeschäft erzielen (e. g. Toyota, Honda).

Bei der Umsetzung des vorgeschlagenen Modells ist auch darauf zu achten, dass die Analyse von Wettbewerbern aufgrund der intensiven Recherche- und Bewertungsaktivitäten ein sehr zeitintensives Unterfangen ist. Darüber hinaus stellt die Analyse von Erfolgsfaktoren eine vergangenheitsbezogene Sichtweise dar, die nicht zwingend Gültigkeit für die Zukunft besitzen muss. Bei der Anwendung des Modells sollten deshalb folgende Anwendungsrichtlinien beachtet werden:

- Die Erfolgskriterien sollten regelmäßig auf Gültigkeit überprüft werden.

- Der Informationsbedarf und das Informationsangebot sollten regelmäßig abgeglichen werden.

- Die Wettbewerbsinformationen sollten laufend gesammelt und vorstrukturiert werden.

- Die Wettbewerbsanalysen sollten regelmäßig aktualisiert und Veränderungen kenntlich gemacht werden.

Abschließend kann folglich festgehalten werden, dass unter Berücksichtigung der genannten Punkte eine permanente Wettbewerbsanalyse in der vorgeschlagenen Form den Anforderungen aus der Unternehmenspraxis gerecht wird.

5 Schlussbemerkungen

Vor dem Hintergrund des anhaltenden Verdrängungswettbewerbs in der Automobilindustrie besteht seitens der Unternehmensführung der Automobilkonzerne ein aktueller Bedarf, über Branchenentwicklungen und bevorstehende Maßnahmen der Wettbewerber zeitnah informiert zu sein. Die zentrale Zielsetzung der vorliegenden Arbeit war es daher, der Unternehmensführung von Automobilkonzernen ein Instrument an die Hand zu geben, das branchenrelevante Inhalte in anforderungsgerechter Form zur Verfügung stellt. Aus dieser übergeordneten Zielsetzung wurden in Kapitel 1.4 drei Teilzielsetzungen abgeleitet:

- Identifikation der grundlegenden Anforderungen an die Inhalte von Wettbewerbsanalysen, unabhängig von der untersuchten Branche,

- Identifikation der automobilbranchenbezogenen Anforderungen an die Inhalte von Wettbewerbsanalysen,

- Prüfung der praktischen Anwendbarkeit des Branchenmodells anhand ausgewählter Fallstudien aus dem Automobilsektor.

Nachstehend werden die zentralen Ergebnisse der Arbeit zusammengefasst und Implikationen der Ergebnisse der Arbeit für Theorie und Praxis aufgezeigt.

Erstes Ergebnis: Entwurf einer branchenübergreifend gültigen Grundstruktur der Wettbewerbsanalyse: Die erste Zielsetzung der Arbeit bestand darin, eine branchenübergreifend gültige Grundstruktur auf theoretisch-fundiertem Wege zu ermitteln. Dazu wurden in Kapitel 2 zunächst die wesentlichen Aufgaben der Wettbewerbsanalyse identifiziert, an denen sich die Struktur zur Wettbewerbsanalyse orientieren kann:

- Entdeckung von Gelegenheiten (Identifikation von Chancen und Risiken),

- Lieferung von Beurteilungsmaßstäben (Identifikation von Stärken und Schwächen),

- Vermeidung von Überraschungen (Identifikation der Absichten der Wettbewerber).

Diesen Aufgaben entsprechend wurden drei Analysekomponenten als erforderliche Grundbestandteile von Wettbewerbsanalyse ermittelt und inhaltlich präzisiert:

- Analyse der Umwelt- und Erfolgssituation der Wettbewerber,

- Analyse der Unternehmenssituation der Wettbewerber,

- Analyse der Ziele und Strategien der Wettbewerber.

Zur Bestimmung relevanter Bewertungsmaßstäbe für die Unternehmensanalyse wurde in der vorliegenden Arbeit die Methode der „kritischen Erfolgsfaktoren" herangezogen. Die ermittelten Faktoren entstammen den Pionierstudien der Erfolgsfaktorenforschung (e. g. PIMS-Studie, PETERS/ WATERMAN-Studie). Darüber hinaus wurden sie mit den Ergebnissen aktuellerer Studien (e. g. GÖTTGENS, HAEDRICH/ JENNER) abgeglichen und ergänzt.

Die im Rahmen der Aufgaben- und Erfolgsfaktorenanalyse ermittelten Inhalte der Wettbewerbsanalyse wurden abschließend mit den Kernaussagen früherer theoretischer Konzepte abgeglichen und zu relevanten Informationsfeldern der Wettbewerbsanalyse verdichtet.

Das Ergebnis des Kapitels 2 der vorliegenden Arbeit ist ein branchenübergreifendes Grundmodell zur Wettbewerbsanalyse. Das Modell ermöglicht die Identifikation von Chancen und Risiken einer Branche, liefert Beurteilungsmaßstäbe für die Unternehmensanalyse und ermöglicht eine Prognose der zu erwartenden Wettbewerberaktivitäten. Gegenüber früheren Konzepten beschränkt sich das Grundmodell überwiegend auf erfolgskritische Inhalte und weist einen höheren Aktualitätsgrad auf.

Zweites Ergebnis: Entwurf eines Branchenmodells zur Wettbewerbsanalyse im Automobilsektor: Angesichts zentraler Besonderheiten in der Automobilindustrie ist davon auszugehen, dass die Erfolgsfaktoren in der Branche von denen anderer Wirtschaftszweige hinsichtlich ihrer Intensität, Wirkung und Richtung abweichen. Folglich bestand die zweite Teilzielsetzung dieser Arbeit in der Anpassung des Grundmodells an die branchenspezifischen Anforderungen der Automobilindustrie.

Der Fokus des Kapitels 3 lag deshalb auf der Erfolgsfaktorenanalyse für die Automobilbranche. Den Ausgangspunkt bildete die Identifikation der Kräfte in der Branche, die maßgeblichen Einfluss auf die Wettbewerbsintensität ausüben. Diese konnten zu fünf zentralen Triebkräften des Wettbewerbs verdichtet und als relevante Analyseinhalte in die Komponenten „Analyse der Umwelt- und Erfolgssituation" integriert werden. Im zweiten Schritt wurden die Automobilkonzerne selbst beleuchtet. Die zwölf in der Branche verbliebenen Konzerne wurden in „erfolgreiche Unternehmen" und „weniger erfolgreiche Unternehmen" gruppiert. Als Trennkriterien waren die operativen Ergebnisse der Konzerne und deren Automobilsparten sowie die Entwicklung der Weltmarktanteile ausschlaggebend. Anschließend wurden beide Unternehmensgruppen hinsichtlich zentraler Unterscheidungsmerkmale verglichen. Ein entscheidender Anhaltspunkt war dabei, wie sich die einzelnen Unternehmen an die Wettbewerbskräfte der Branche angepasst hatten. Insgesamt konnten zehn kritische Erfolgsdeterminanten der Automobilindustrie ermittelt und in Erfolgsfaktoren und –potenziale unterteilt werden. Diejenigen Unternehmensmerkmale, die am Markt wahrnehmbar sind, wurden den strategischen Erfolgsfaktoren in der Automobilbranche zugeordnet. Andere Faktoren, die für die Existenzsicherung in der Branche von elementarer Bedeutung sind, jedoch von Kunden per se nicht wahrgenommen werden können (e. g. Finanzmanagement), gingen unter dem

Begriff „Erfolgspotenziale" in die Wettbewerbsanalyse ein. Dieser theoretisch-deduktive Ansatz erschien angesichts der geringen Stichprobe von zwölf Automobilkonzernen nahe liegend. Empirische Belege wurden durch Einzeluntersuchungen erbracht. Das Ergebnis des Kapitels 3 ist ein Modell zur Wettbewerbsanalyse in der Automobilindustrie, das auf brancheindividuellen Erfolgsmerkmalen fußt. Gegenüber dem Grundmodell weist das Branchenmodell eine eindeutige Zielgruppenspezifität auf.

Drittes Ergebnis: Anwendbarkeit des Branchenmodells in der Unternehmenspraxis: Neben der inhaltlichen Relevanz der Wettbewerbsanalyse stellt die Zielgruppe auch Anforderungen an die Umsetzbarkeit von Modellen. Vielen theoretischen Konzepten ist zur Last zu legen, dass sie zwar auf wissenschaftlich fundiertem Wege zu sehr guten Ergebnissen kommen, jedoch für die Umsetzung in der Unternehmenspraxis häufig zu abstrakt sind. Aus diesem Grunde bestand die dritte Zielsetzung der vorliegenden Arbeit darin, die praktische Anwendbarkeit des Branchenmodells anhand von Beispielen aus dem Automobilsektor zu prüfen.

In Kapitel 4 wurde für den erfolgreichen Automobilkonzern BMW sowie den weniger erfolgreichen Hersteller General Motors jeweils eine Wettbewerbsanalyse auf Basis des konzipierten Branchenmodells erstellt. Das Kapitel hat zu drei Ergebnissen geführt. Da sich die Unternehmen hinsichtlich der zugrunde gelegten Beurteilungsmaßstäbe unterschieden, konnte mit Hilfe der Fallstudien die Erfolgsrelevanz der ermittelten Bewertungskriterien an zwei Beispielen aus dem Automobilsektor demonstriert werden. Des Weiteren konnte dem Unternehmenspraktiker eine Systematik vorgelegt werden, nach der Wettbewerbsanalysen erstellt und die Ergebnisse anforderungsgerecht präsentiert werden können. Nicht zuletzt konnten auch wichtige Hinweise auf relevante Informationsquellen und Darstellungsmöglichkeiten in der Wettbewerbsanalyse gegeben werden. Als Endresultat lässt sich festhalten, dass das Branchenmodell in der Unternehmenspraxis umsetzbar ist.

Viertes Ergebnis: Weiterentwicklungsmöglichkeiten für Theorie und Praxis: Schließlich soll auch auf einige Aspekte hingewiesen werden, die im Rahmen dieser Arbeit nicht behandelt werden konnten und somit Ansatzpunkte für die weitere Forschung eröffnen. Zunächst ist anzuführen, dass Erfolgsfaktorenanalysen eine retrospektive Betrachtung anstellen, d. h. die Erfolgsbedingungen der Vergangenheit untersuchen. Ein zweiter Aspekt betrifft die Marktabgrenzung: Die Fallstudien ließen offen, inwieweit Erfolgsunterschiede zwischen Fahrzeugherstellern auch in der Zugehörigkeit zu unterschiedlichen strategischen Gruppen (Volumen-/ Premiumanbieter) begründet liegen. Letztlich soll auch die eingeschränkte Vergleichbarkeit von Jahresabschlüssen nicht unerwähnt bleiben: Solange Automobilkonzerne noch nach unterschiedlichen internationalen Rechnungslegungsstandards bilanzieren, eignen sich Jahresabschlüsse nur bedingt für die Wettbewerbsanalyse.

Aus den genannten Punkten lassen sich zwei konkrete Handlungsempfehlungen für die Unternehmenspraxis ableiten:

- Erfolgsfaktorenbasierende Ansätze sind von retrospektiver Natur. Um der wachsenden Umweltdynamik in der Unternehmenspraxis gerecht zu werden, sind Wettbewerbsanalysen in regelmäßigen Abständen an aktuelle Branchenentwicklungen anzupassen.

- Das Branchenmodell liefert den Wettbewerbsanalysten einen Ansatz zur Strukturierung des objektiven Informationsbedarfs. In der Unternehmenspraxis sollte das Modell an den subjektiven Informationsbedarf der Entscheidungsträger angepasst werden. Es empfiehlt sich dabei, die Adressaten der Wettbewerbsanalyse in regelmäßigen Abständen zu befragen.

Über praktische Handlungsempfehlungen hinaus soll auch ein Ausblick auf vertiefende Forschungsprojekte gegeben werden:

- Vor dem Hintergrund der aktuellen Diskussion um die Harmonisierung von Rechnungslegungsvorschriften könnten die Auswirkungen unterschiedlicher internationaler Rechnungslegungsvorschriften im Rahmen von Wettbewerbsvergleichen untersucht werden. Dabei wären insbesondere erfolgs- und finanzbezogene Informationsfelder einer tiefergehenden Analyse zu unterziehen.

- Im automobilbranchenspezifischen Kontext können die Erfolgsunterschiede zwischen strategischen Gruppen detaillierter hinterfragt werden. In einer separaten Untersuchung könnte beispielsweise eine nach strategischen Gruppen differenzierte Erfolgsfaktorenanalyse durchgeführt und das vorgelegte Branchenmodell um die Ergebnisse ergänzt werden.

Wenngleich nicht sämtliche Problemkreise zur Wettbewerbsanalyse im Rahmen dieser Arbeit geklärt werden konnten, so bleibt doch festzuhalten, dass die Wettbewerbsanalyse auf der Grundlage der Ergebnisse der Erfolgsfaktorenforschung ein interessantes Forschungsgebiet darstellt. Die vorliegende Arbeit soll dazu anregen, den erfolgsfaktorenbasierenden Ansatz auf andere Branchen zu übertragen und somit den wissenschaftlichen Erkenntnisstand in der Wettbewerbsforschung weiter voran zu treiben.

Literaturverzeichnis

AAKER, D. A. (1989): Strategisches Markt-Management: Wettbewerbsvorteile erkennen; Märkte erschließen; Strategien entwickeln, Wiesbaden: Gabler-Verlag.

ABELL, D. (1980): Defining the business – the starting point of strategic planning, Englewood Cliffs: Prentice-Hall-Verlag.

ABOTT, L. (1958): Qualität und Wettbewerb – ein Beitrag zur Wirtschaftstheorie, München (et al.): Beck-Verlag.

ACEA (Hrsg., 2003): Tax Guide 2003.

ADAC (Hrsg., 2002): Automarxx-Studie vom Dezember 2002.

AHLERT, D. (1994): Strategische Erfolgsforschung und Erfolgsgestaltung im Automobilhandel. In: MEINIG, W. (Hrsg., 1994): Wertschöpfungskette Automobilwirtschaft: Zulieferer – Hersteller – Handel; internationaler Wettbewerb und globale Herausforderungen, Wiesbaden: Gabler-Verlag, S. 277 – 308.

ALBACH, H. (1992): Strategische Allianzen, strategische Gruppen und strategische Familien. In: ZfB, Jg. 62, Nr. 6, S. 663 – 670.

ANSOFF, H. J. (1988): The New Corporate Strategy, New York (et al.): Wiley-Verlag.

APFELTHALER, G. (1999): Internationale Markteintrittsstrategien: Unternehmen auf Weltmärkten, Wien (et al.): Manz-Verlag.

AUTOMOTIVE NEWS (Hrsg., 2003): Market Data Book.

AWKNOWLEDGE (Hrsg., 2002): Capacity Utilisation Data, 2002.

BACKHAUS, K., BÜSCHKEN, J, VOETH, M. (2000): Internationales Marketing, 4. Aufl., Stuttgart: Schäffer-Poeschel-Verlag.

BARZEN, D.; WAHLE, P. (1990): Das PIMS-Programm – was es wirklich wert ist. In: Harvard Manager, Jg. 12, Nr. 1, S. 100 – 109.

BAUER, H. H. (1989): Marktabgrenzung: Konzeption und Problematik von Ansätzen und Methoden zur Abgrenzung und Strukturierung von Märkten unter besonderer Berücksichtigung von marketingtheoretischen Verfahren, Berlin: Verlag Duncker & Humblot.

BAUER, H. H.; DICHTL, E.; HERRMANN, A. (1996): Automobilmarktforschung: Nutzenorientierung von Pkw-Herstellern, München: Vahlen-Verlag.

BAUM, H.-G.; COENENBERG, A. G.; GÜNTHER, T. (1999): Strategisches Controlling, 2. Aufl., Stuttgart: Schäffer-Poeschel-Verlag.

BECKER, J. (2001): Marketing-Konzeption: Grundlagen des ziel-strategischen und operativen Marketing-Managements, 7. Aufl., München: Verlag Vahlen.

BECKER, R. (2002): Verzerrte Sicht in deutschen Führungsetagen: Studie: Excellence Barometer weist unternehmerische Erfolgsfaktoren nach. In: QM-Systeme, Jg. 48. Nr. 3, S. 202 – 207.

BEGER, R. (1994): Megatrends in der europäischen Automobilwirtschaft. In: MEINIG, W. (Hrsg., 1994): Wertschöpfungskette Automobilwirtschaft: Zulieferer – Hersteller – Handel; internationaler Wettbewerb und globale Herausforderungen, Wiesbaden: Gabler-Verlag, S. 13 – 34.

BEIERSDORF, H. (1995): Informationsbedarf und Informationsbedarfsermittlung im Problemlösungsprozess „Strategische Unternehmungsplanung", München (et al.): Hampp-Verlag.

BENKENSTEIN, M. (2002): Strategisches Marketing: Ein wettbewerbsorientierter Ansatz. 2. Aufl., Stuttgart (et al.): Kohlhammer-Verlag.

BENKENSTEIN, M. (2001): Entscheidungsorientiertes Marketing: Eine Einführung, Wiesbaden: Gabler-Verlag.

BERG, H. (2001): Megafusionen: Ursachen – Wirkungen – Probleme. In: ZfAW, Jg. 12; Nr. 4. S. 32 – 36.

BEREKOVEN, L; ECKERT, W.; ELLENRIEDER, P. (2002): Marktforschung: Methodische Grundlagen und praktische Anwendung, 9. Aufl., Wiesbaden: Gabler-Verlag.

BERNDT, R. (1996): Marketing: Käuferverhalten, Marktforschung und Marketing-Prognosen. Bd. 1, 3. Aufl., Berlin (et al.): Springer-Verlag.

BLEICHER, F. (1990): Effiziente Forschung und Entwicklung: Personelle, organisatorische und führungstechnische Instrumente, Wiesbaden: Deutscher Universitätsverlag.

BLOECH, J.; GÖTZE, U.; BUCH, B. et al. (1994): Strategische Planung: Instrumente, Vorgehensweisen und Informationssysteme, Heidelberg: Physica-Verlag.

BLOOM, P. N.; KOTLER, P. (1983): Strategien für Unternehmen mit hohem Marktanteil. In: Harvard Manager, Jg. 5, Nr. 3, S. 74 – 82.

BODE, J. (1997): Der Informationsbegriff in der Betriebswirtschaftslehre. In: ZfbF, Jg. 49, Nr. 5, S. 449 – 468.

BORCHARDT, K.; FIKENTSCHER, W. (1957): Wettbewerb, Wettbewerbsbeschränkungen, Marktbeherrschung, Stuttgart: Enke-Verlag.

BORRMANN, B. (1992): Analyse des absatzpolitischen Instrumentariums und der Marktbedingungen im Rahmen der Konkurrenzforschung des Export-Marketing, Dissertation der Universität Jena.

BOTTA, V. (1997): Kennzahlensysteme als Führungsinstrumente: Planung, Steuerung und Kontrolle der Rentabilität im Unternehmen, 5. Aufl., Berlin: Schidt-Verlag.

BOYNTON, A. C.; ZMUD, R. W. (1984): An Assessment of Critical Success Factors. In: Sloan Managment Review, Jg. 25, Nr. 4, S. 17 – 27.

BRAEKLER, M.; DIEHL, R.; WORTMANN, U. (2003): Integriertes Customer Relationship Management bei der BMW Group Deutschland. In: TEICHMANN, R. (Hrsg., 2003): Customer and Shareholder Relationship Management. Erfolgreiche Kunden- und Aktionärsbindung in der Praxis, Berlin: Springer-Verlag, S. 149 – 160.

BREZSKI, E. (1993): Konkurrenzforschung im Marketing: Analyse und Prognose, Wiesbaden: Deutscher Universitätsverlag.

BROCKHAUS, R. (1992): Informationsmanagement als ganzheitliche, informationsorientierte Gestaltung von Unternehmen: Organisatorische, personelle und technologische Aspekte, Göttingen: Unitext-Verlag.

BRUHN, M. (Hrsg., 1989): Handbuch des Marketing: Anforderungen an Marketingkonzeptionen aus Wissenschaft und Praxis, München: Beck-Verlag.

BRUHN, M.; HOMBURG, C. (Hrsg., 2000): Handbuch Kundenbindungsmanagement: Grundlagen, Konzepte, Erfahrungen, 3. Aufl., Wiesbaden: Gabler-Verlag.

BÜCHELHOFER, R. (2002): Markenführung im Volkswagen-Konzern im Rahmen der Mehrmarkenstrategie. In: MEFFERT, H.; BURMANN, C.; KOERS, M. (Hrsg., 2002): Markenmanagement: Grundfragen der identitätsorientierten Markenführung, Wiesbaden: Gabler-Verlag, S. 525 – 541.

BUCHINGER, G. (Hrsg., 1983): Umfeldanalysen für das strategische Marketing – Konzeptionen – Praxis – Entwicklungstendenzen, Wien: Signum-Verlag.

BÜRGEL, H. D.; ZELLER, A. (1997): Controlling kritischer Erfolgsfaktoren in Forschung und Entwicklung. In: Controlling, Jg. 9, Nr. 4, S. 218 – 225.

BURMANN, G. (1995): Marktarealstrategien der internationalen Automobilhersteller. In: HUENERBERG, R.; HEISE, G.; HOFFMEISTER, M. (Hrsg., 1995): Internationales Automobilmarketing: Wettbewerbsvorteile durch marktorientierte Unternehmensführung, Wiesbaden: Gabler-Verlag, S. 121 – 132.

BUSSE VON COLBE, W.; HAMMANN, P.; LASSMANN, G. (1992): Betriebswirtschaftstheorie: Absatztheorie, Bd. 2., 4. Aufl., Berlin (et al.): Springer-Verlag.

BUZZEL, R. D.; GALE, B. T. (1989): Das PIMS-Programm: Strategien und Unternehmenserfolg, Wiesbaden: Gabler-Verlag.

CLARK, K.; FUJIMOTO, T. (1992): Automobilentwicklung mit System: Strategie, Organisation und Management in Europa, Japan und USA, Frankfurt/ Main (et al.): Campus-Verlag.

COENENBERG, A. G. (1997): Jahresabschluß und Jahresabschlußanalyse: Grundfragen der Bilanzierung nach betriebswirtschaftlichen, handelsrechtlichen, steuerrechtlichen und internationalen Grundsätzen, 16. Aufl., Landsberg/ Lech: Verlag Moderne Industrie.

CORSTEN, H. (Hrsg., 1995): Produktion als Wettbewerbsfaktor: Beiträge zur Wettbewerbs- und Produktionsstrategie, Wiesbaden: Gabler-Verlag.

CORSTEN, H. (1998): Grundlagen der Wettbewerbsstrategie. Stuttgart (et al.): Teubner-Verlag.

COX, H. (1981): Handbuch des Wettbewerbs, München: Verlag Vahlen.

COX, H.; HÜBENER, H. (1981): Wettbewerb. Eine Einführung in die Wettbewerbstheorie und Wettbewerbspolitik. In: COX, H. (1981): Handbuch des Wettbewerbs, München: Verlag Vahlen, S. 1 – 48.

CREUTZIG, J. (2002): Was ist neu, was bleibt? Ein Vergleich zwischen der Kfz-GVO 1475/ 95 und der Kfz-GVO 1400/ 2002. In: DIEZ, W. (2002b): GVO 2002: Die neue Herausforderung im Automobilhandel, Ottobrunn: Auto-Business-Verlag, S. 29 – 62.

DEUTSCHE BUNDESBANK (Hrsg., 2003): Monatsbericht Juni 2003.

DICHTL, E.; ANDRITZKY; K.; SCHOBERT, R. (1977): Ein Verfahren zur Abgrenzung des „relevanten Marktes" auf der Basis von Produktperzeptionen und Präferenzurteilen. In: WiST, Jg. 5, Nr. 6, S. 290 – 301.

DICHTL, E.; PETER, S. (1996): Kundenzufriedenheit und Kundenbindung in der Automobilindustrie. In: BAUER, H. H.; DICHTL, E.; HERRMANN, A. (1996): Automobilmarktforschung: Nutzenorientierung von Pkw-Herstellern, München: Vahlen-Verlag, S. 15 – 31.

DIEZ, W. (2000): Die Neustrukturierung der Automobilwirtschaft. Vortrag bei der IHK Region Stuttgart, Bezirkskammer Ludwigsburg, 24.10.2000.

DIEZ, W. (2001a): Das Management der automobilwirtschaftlichen Wertschöpfungskette. In: DIEZ, W.; BRACHAT, H. (Hrsg., 2001): Grundlagen der Automobilwirtschaft, Ottobrunn: Auto-Business-Verlag, S. 51 – 96.

DIEZ, W. (2001b): Die Automobilindustrie im Zeichen der Globalisierung. In: DIEZ, W.; BRACHAT, H. (Hrsg.; 2001): Grundlagen der Automobilwirtschaft, Ottobrunn: Auto-Business-Verlag, S. 97 – 117.

DIEZ, W. (2001c): Automobilmarketing: Erfolgreiche Strategien, Praxisorientierte Konzepte, Effektive Instrumente, 4. Aufl., Landsberg/ Lech: Verlag Moderne Industrie.

DIEZ, W.; BRACHAT, H. (Hrsg.; 2001): Grundlagen der Automobilwirtschaft, Ottobrunn: Auto-Business-Verlag.

DIEZ, W. (2002a): Automobilvertrieb: Wie die Hersteller auf die neue GVO reagieren müssen. In: absatzwirtschaft, Jg. 45, Nr. 9, S. 52 – 55.

DIEZ, W. (2002b): GVO 2002: Die neue Herausforderung im Automobilhandel, Ottobrunn: Auto-Business-Verlag.

DIEZ, W. (2002c): Premiummarkt zieht weiter an. In: Handelsblatt vom 04.09.2002.

DILLER, H.; LÜCKING, J. (1993): Die Resonanz der Erfolgsfaktorenforschung beim Management von Großunternehmen. In: ZfB, Jg. 63.; Nr. 12, S. 1229 – 1249.

DITTMAR, M. (2000): Profitabilität durch das Management von Kundentreue: Theoretische Diskussion, Methodik und empirische Ergebnisse am Beispiel der Automobilindustrie.

DRI-WEFA (Hrsg., 2002): World Car Industry Forecast Report, September 2002.

DRI-WEFA (Hrsg., 2002): World Car Industry Forecast Report, December 2002.

DUDENHÖFFER, F. (1996): Auto-Marken morgen. In: Marketing Journal, Jg. 29, o. Nr., S. 82 – 88.

DUDENHÖFFER, F. (1997): Outsourcing, Plattform-Strategien und Badge Engineering: Markenentwicklung bei austauschbaren Produkten. In: WiSt, Jg. 26, Nr. 3, S. 144 - 149.

DUDENHÖFFER, F. (2000): Im Mittelpunkt strategischer Übernahmen steht ein Marketingproblem. In: absatzwirtschaft, Jg. 43, Nr. 11, S. 56 – 61.

DUDENHÖFFER, F. (2000): Plattformeffekte in der Fahrzeugindustrie. In: Controlling, Jg. 14, Nr. 3, S. 145 – 152.

DUDENHÖFFER, F. (2001): Konzentrationsprozesse in der Automobilindustrie: Stellgrößen für die Rest-Player. In: ZfB, Jg. 71, Nr. 4, S. 393 – 412.

EFFING, W. (2002): Jahresabschlussbasierte Konkurrenzanalyse – Eignung von Jahresabschlüssen zur Befriedigung des Informationsbedarfs der Konkurrenzanalyse. Aachen: Shaker-Verlag.

EGGERT, A. (2003): Kulanz – Erfolgskriterium oder notwendiges Übel? In: Autohaus, Jg. 47, Nr. 3, S. 38 – 39.

EILENBERGER, G. (2003): Betriebliche Finanzwirtschaft: Einführung in Investition und Finanzierung, Finanzpolitik und Finanzmanagement von Unternehmungen, 7. Aufl., München (et al.): Oldenbourg-Verlag.

ELSNER, U. (1996): Kooperationsstrategien internationaler Automobilhersteller unter besonderer Berücksichtigung der horizontalen Kooperationen, Gießen: Dissertation an der Justus-Liebig-Universität.

ENGELHARD, P.; GEUE, H. (Hrsg., 1999): Theorie der Ordnungen – Lehren für das 21. Jahrhundert, Stuttgart: Lucius & Lucius Verlag.

ENIS, B. M.; ROERING, K. J (1981, Hrsg.): Review of Marketing 1981, Publikation der American Marketing Association und der Univesity of Missouri-Columbia.

ESCHENBACH, R.; ESCHENBACH, S.; KUNESCH, H. (2003): Strategische Konzepte: Management-Ansätze von Ansoff bis Ulrich, 4. Aufl., Stuttgart: Schäffer-Poeschel-Verlag.

EUROPÄISCHEN KOMMISSION (2002): Car prices in the European Union: still substantial price differences, especially in the mass market segments, Pressemitteilung vom 22.07.2002.

FISCHER, G. (1986): Strategische Konkurrenzanalyse. In: WIESELHUBER, N.; TÖPFER, A. (Hrsg., 1986): Handbuch Strategisches Marketing, 2. Aufl., Landsberg/ Lech: Verlag Moderne Industrie, S. 103 – 115.

FLECK, A. (1995): Hybride Wettbewerbsstrategien, Wiesbaden: Deutscher Universitätsverlag.

FLEISHER, C. S., BENSOUSSAN, B E. (2003): Strategic and Competitive Analysis: Methods and Techniques for Analyzing Business Competition, Upper Saddle River: Prentice Hall Verlag.

FRITZ, W. (1993): Die empirische Erfolgsfaktorenforschung und ihr Beitrag zum Marketing: Eine Bestandsaufnahme, Publikation an der Technischen Universität Braunschweig.

FRITZ, W. (1994): Die Produktqualität – ein Schlüsselfaktor des Unternehmenserfolgs? In: ZfB, Jg. 64, Nr. 8, S. 1045 – 1062.

GAIDANIDES, M.; WESTPHAL, J. (1995): Strategische Gruppen und Unternehmenserfolg. In: Corsten, H. (Hrsg., 1995): Produktion als Wettbewerbsfaktor: Beiträge zur Wettbewerbs- und Produktionsstrategie, Wiesbaden: Gabler-Verlag, S. 99 – 117.

GÄLWEILER, A. (1990): Strategische Unternehmensführung, 2. Aufl., Frankfurt/ Main (et al.): Campus-Verlag.

GANAL, M. (2002): Die Marken BMW und Mini: In Nischen wachsen. In: ZfAW, Jg. 5, Nr. 1, S. 29 – 31.

GARCHE, J.; JÖRISSEN, L. (2000): Brennstoffzellenanwendungen im Fahrzeug – Automobiltechnologie der Zukunft? In: ZfAW, Jg. 3, Nr. 2, S. 34 – 41.

GASSMANN, O.; KOBE, C.; VOIT, E. (Hrsg., 2001): High-Risk-Projekte: Quantensprünge in der Entwicklung erfolgreich managen.

GEITNER, U. W. (1993): Betriebsinformatik für Produktionsbetriebe, München: Hanser-Verlag.

GIERL, H.; HELM, R., STUMPP, S. (2002): Markentreue und Kaufintervalle bei langlebigen Konsumgütern. In: ZfbF, Jg. 54, Nr. 5, S. 215 – 232.

GIESEL, F. (1999): Wandel der externen Unternehmensanalyse durch Globalisierung der Finanzmärkte. In: PAUSENBERGER, E.; GIESEL, F.; GLAUM, M. (Hrsg., 1999): Globalisierung: Herausforderung an die Unternehmensführung zu Beginn des 21. Jahrhunderts, München: Beck-Verlag, S. 323 – 345.

GIVON, M. (1984): Variety Seeking Through Brand Switching. In: Marketing Science, Jg. 3, Nr. 3, S. 1 – 22.

GLAUM, M.; HOMMEL, U.; THOMASCHEWSKI, D. (Hrsg., 2002): Wachstumsstrategien internationaler Unternehmungen: Internes vs. externes Unternehmenswachstum. Stuttgart: Schäffer-Poeschel-Verlag.

GÖTTGENS, O. (1996): Erfolgsfaktoren in stagnierenden und schrumpfenden Märkten: Instrumente einer erfolgreichen Unternehmenspolitik, Wiesbaden: Gabler-Verlag.

GRAUMANN, M. (1992): Marktinformation als Wettbewerbsstrategie. In: Wirtschaft und Wettbewerb, Bd. 42, Nr. 11, S. 906 – 917.

GRAßHOFF, J.; GRÄFE, C. (1997): Kostenmanagement in der Produktentwicklung. In: Controlling, Jg. 9, Nr. 1, S. 14 – 23.

GRAßHOFF, J. (2000): Ausgewählte Erfordernisse zur erfolgreichen Anwendung des Target Costing. In: controller magazin, Jg. 25, Nr. 4, S. 346 – 353.

GREISCHEL, P. (2003): Balances Scorecard: Erfolgsfaktoren und Praxisberichte. München: Verlag Vahlen.

GUTMANN, H. (2000): Wissensvorsprung ist Wettbewerbsvorteil. In: Notes Magazin, o. Jg., Nr. 3, S. 43 – 45.

HABERLAND, G. (1993): Checklist Unternehmensanalyse, 2. Aufl., Landsberg/ Lech: Verlag Moderne Industrie.

HAEDRICH, G.; JENNER, T. (1995): Die Bedeutung strategischer Gruppen für die Marktwahl- und Marktbearbeitungsentscheidung bei der Neuproduktplanung in Konsumgütermärkten. In: ZFP, Jg. 17, Nr. 1, S. 29 – 36.

HAEDRICH, G.; JENNER, T. (1996): Strategische Erfolgsfaktoren in Konsumgütermärkten. In: Die Unternehmung, Jg. 50, Nr. 1, S. 13 – 26.

HAENECKE, H. (2002): Methodenorientierte Systematisierung der Kritik an der Erfolgsfaktorenforschung. In: ZfB, Jg. 72, Nr. 2, S. 165 – 183.

HAINZL. M. (1985): Konkurrenzanalyse in der strategischen Planung, Wien: Signum-Verlag.

HAHN, D. (1999): Stand und Entwicklungstendenzen der strategischen Planung. In: HAHN, D.; TAYLOR, B. (1999): Strategische Unternehmensplanung, strategische Unternehmensführung: Stand und Entwicklungstendenzen, 8. Aufl., Heidelberg: Physikca-Verlag, S. 1 – 27.

HAHN, D. (1999): US-amerikanische Konzepte strategischer Unternehmungsführung. In: In: HAHN, D.; TAYLOR, B. (1999): Strategische Unternehmensplanung, strategische Unternehmensführung: Stand und Entwicklungstendenzen, 8. Aufl., Heidelberg: Physikca-Verlag, S. 144 – 164.

HAMEL. G.; PRAHALAD, C. K. (1991): Nur Kernkompetenzen sichern das Überleben. In: Harvard Manager, Jg. 13, Nr. 2, S. 66 – 78.

HAMMER, R. M. (1998): Unternehmungsplanung: Lehrbuch der Planung und strategischen Unternehmungsführung, 7. Aufl., München (et al.): Oldenbourg-Verlag.

HANSEN, J. (2002): Ernüchtertes Verhältnis zum Fahrzeug? Kernmerkmale zum Automobilmarkt bei Pkw-Fahrern. In: ZfAW, Jg. 5, Nr. 2, S. 30 – 33.

HECKNER. F. (1998): Identifikation marktspezifischer Erfolgsfaktoren: Ein heuristisches Verfahren angewendet am Beispiel eines pharmazeutischen Teilmarktes, Bern (et al.): Lang-Verlag.

HEIDELOFF, F.; MATTHIES, G. (2002): Auf dem Weg zum Konsumgut – Wohin steuert die Automobilindustrie? In: ZfAW, Jg. 5, Nr. 2, S. 51 – 58.

HEINEN, K.-C. (2002): Die Berücksichtigung von Kosten in der Konkurrenzanalyse, Frankfurt/ Main (et al.): Lang-Verlag.

HEITMANN, H. (2000): Erfolg durch geeignete Markenstrategien. In: ZfAW, Jg. 3, Nr. 1, S. 50 – 53.

HELMIG, B. (1997): Variety-seeking-behavior im Konsumgüterbereich: Beeinflussungsmöglichkeiten durch Marketinginstrumente, Wiesbaden: Gabler-Verlag.

HENNES, W (1995): Informationsbeschaffung Online: Wettbewerbsvorteile durch weltweite Kommunikation, Frankfurt/ Main (et al.): Campus-Verlag.

HENTZE, J., BROSE, P., KAMMEL, A. (1993): Unternehmensplanung: Eine Einführung, 2. Aufl., Bern (et al.): Haupt-Verlag.

HINTERHUBER, H. H. (1983): Konkurrenzanalyse. In: BUCHINGER, G. (Hrsg., 1983): Umfeldanalysen für das strategische Marketing – Konzeptionen – Praxis – Entwicklungstendenzen, S. 243 – 253.

HINTERHUBER, H. H. (1990): Wettbewerbsstrategie, 2. Aufl., Berlin (et al.): De-Gruyter-Verlag.

HINTERHUBER, H. H. (1996): Strategische Unternehmensführung: 1. Strategisches Denken: Vision, Unternehmungspolitik, Strategie, 6. Aufl., Berlin (et al.): De-Gruyter-Verlag.

HINTERHUBER, H. H.; FRIEDRICH, St. A. (1997): Markt- und ressourcenorientierte Sichtweise zur Steigerung des Unternehmungswertes. In: HAHN, D.; TAYLOR, B. (1999): Strategische Unternehmensplanung, strategische Unternehmensführung: Stand und Entwicklungstendenzen, 8. Aufl., Heidelberg: Physikca-Verlag, S. 990 – 1018.

HINTERHUBER, H. H.; MATZLER, K. (Hrsg., 2002): Kundenorientierte Unternehmensführung – Kundenorientierung – Kundenzufriedenheit – Kundenbindung, 3. Aufl., Wiesbaden: Gabler-Verlag.

HIPPNER, H.; WILDE, K. D. (2003): Customer Relationship Management - Strategie und Realisierung. In: TEICHMANN, R. (Hrsg., 2003): Customer and Shareholder Relationship Management. Erfolgreiche Kunden- und Aktionärsbindung in der Praxis, S. 3 – 52.

HOFER, C. W.; SCHENDEL, D. (1982): Strategy formulation: Analytical Concepts, 7th reprint. St. Paul (et al.): West Publishing Company.

HOFFMANN, K. (1979): Die Konkurrenzuntersuchung als Determinante der langfristigen Absatzplanung, Göttingen: Schwartz-Verlag.

HOFFMANN, F. (1986): Kritische Erfolgsfaktoren – Erfahrungen in großen und mittelständischen Unternehmungen. In: ZfbF, Jg. 38, Nr. 10, S. 831 – 843.

HOLLAND, H. (2002): Kundenbindungsmanagement in der Automobilbranche. In: HINTERHUBER, H. H.; MATZLER, K. (Hrsg., 2002): Kundenorientierte Unternehmensführung – Kundenorientierung – Kundenzufriedenheit – Kundenbindung, Wiesbaden: Gabler-Verlag, S. 415 – 430.

HOMBURG, C.; GIERING, A.; HENTSCHEL, F. (2000): Der Zusammenhang zwischen Kundenzufriedenheit und Kundenbindung. In: BRUHN, M.; HOMBURG, C. (Hrsg.,

2000): Handbuch Kundenbindungsmanagement: Grundlagen, Konzepte, Erfahrungen, 3. Aufl., Wiesbaden: Gabler-Verlag, S. 81 – 114.

HOMBURG, C.; SÜTTERLIN, S. (1992): Strategische Gruppen: Ein Survey. In: ZfB, Jg. 62, Nr. 6, S. 658 – 661.

HOPPMANN, E. (1974): Die Abgrenzung des relevanten Marktes im Rahmen der Mißbrauchsaufsicht über marktbeherrschende Unternehmen, Baden-Baden: Nomos-Verlagsgesellschaft.

HORNUNG, K.; MAYER, J. H. (1999): Erfolgsfaktoren-basierte Balanced Scorecards zur Unterstützung einer wertorientierten Unternehmensführung. In: Controlling, Jg. 11, Nr. 8/ 9, S. 389 – 398.

HORVÁTH, P. (2001): Controlling, 8. Aufl., München: Verlag Vahlen.

HORVÁTH & PARTNER (Hrsg.; 2000): Das Controllingkonzept: Der Weg zu einem wirkungsvollen Controllingsystem, 4. Aufl., München: Deutscher Taschenbuch Verlag.

HUENERBERG, R.; HEISE, G.; HOFFMEISTER, M. (Hrsg., 1995): Internationales Automobilmarketing: Wettbewerbsvorteile durch marktorientierte Unternehmensführung, Wiesbaden: Gabler-Verlag.

HUNDT, K. S. (1995): Händlernetzentwicklung internationaler Hersteller. In: HÜNERBERG, R.; HEISE, G.; HOFFMEISTER, M. (Hrsg., 1995): Internationales Automobilmarketing. Wettbewerbsvorteile durch marktorientierte Unternehmensführung, S. 374 – 389.

HUNT, M. S. (1972): Competition in the Major Home Appliance Industry (1960 – 1970), Cambridge: Harvard University Dissertation.

HWB International Ltd. (2002): European Car Distribution Handbook.

JACOBS, O. H. (1994): Bilanzanalyse: EDV-gestützte Jahresabschlußanalyse als Planungs- und Entscheidungsrechnung, 2. Aufl., München: Verlag Vahlen.

JACOBS, S. (1992): Erfolgsfaktoren der Diversifikation, Wiesbaden: Gabler-Verlag.

JENNER, T. (1999): Determinanten des Unternehmenserfolges: Eine empirische Analyse auf der Basis eines holistischen Untersuchungsansatzes, Stuttgart: Schäffer-Poeschel-Verlag.

JESSEL, R.; OEHLER, K.; WUHRER, J. (2002): Systemgestützte Erweiterung der Balanced Scorecard um Erfolgsfaktoren. In: controller magazin, Jg. 27, Nr. 2, S. 145 – 151.

KAAS, K. P.; BREZSKI, E. (1989): Systematische Konkurrenzforschung durch Competitor Intelligence-Systeme. In: Marktforschung & Management, Jg. 33, Nr. 2, S. 42-45.

KAHANER, L. (1997): Competitive intelligence: how to gather, analyse, and use information to move your business to the top, New York: Verlag Simon & Schuster.

KAPOOR, A.; GRUB, P. D. (1972): The Multinational Enterprise in Transition, Princeton: Darwin Press.

KASSLER, H.; SANDMAN, M. A. (2000): Informations Ressources for Intelligence. In: MILLER, J. (2000): Millennium Intelligence: Understanding and Conducting Competitive Intelligence in the Digital Age, Medford: CyberAge Books, S. 97 – 132.

KBA (Hrsg., 2001a): Neuzulassungen von Personenkraftwagen mit Dieselantrieb in Deutschland nach Herstellern und Typgruppen.

KBA (Hrsg., 2001b): Neuzulassungen von Personenkraftwagen mit Allrad-Antrieb in Deutschland nach Herstellern und Typgruppen.

KBA (Hrsg., 2002): Statistische Mitteilungen, Kraftfahrzeugstatistiken, Reihe 1: Kraftfahrzeuge, Heft 12.

KBA (Hrsg., 2003): Pressebericht 2003.

KELLY, J. M. (1988): So analysieren und bewerten Sie Ihre Konkurrenz: Stärken und Schwächen erkennen, auswerten und gezielt in eigene Vorteile umsetzen, Landsberg/ Lech: Verlag Moderne Industrie.

KIENBAUM, G. (1989): Umfeldanalyse. In: SZYPERSKI, N. (Hrsg.; 1989): Handwörterbuch der Planung, Stuttgart: Poeschel-Verlag, Sp. 2033 – 2044.

KIRZNER, I. (2000): Competition and the market process: some doctrinal milestones. In: Krafft, J. (Hrsg., 2000): The Process of Competition, Northampton: Edward elgar Publishing, S. 11 – 26.

KLUGE, F. (2002): Etymologisches Wörterbuch der deutschen Sprache, 24. Aufl., Berlin (et al.): De-Gruyter-Verlag.

KNIEPS, G. (2001): Wettbewerbsökonomie – Regulierungstheorie, Industrieökonomie, Wettbewerbspolitik, Berlin (et al.): Springer-Verlag.

KORNDÖRFER, W. (1999): Unternehmensführungslehre: Einführung, Entscheidungslogik, Soziale Komponenten, 9. Aufl., Wiesbaden: Gabler-Verlag.

KOTLER, P.; BLIEMEL, F. (2001): Marketing-Management: Analyse, Planung und Verwirklichung, 10. Aufl., Stuttgart: Schäffer-Poeschel-Verlag.

KRAFFT, J. (Hrsg., 2000): The Process of Competition, Northampton: Edward Elgar Publishing.

KRCAL, H.-C. (2001): Chronologie der Umweltschutzthemen in der deutschen Automobilindustrie. In: ZfAW, Jg. 4, Nr. 4, S. 56 – 67.

KREIKEBAUM, H. (1989): Wettbewerbsanalysen für Marketingentscheidungen. In: BRUHN, M. (Hrsg., 1989): Handbuch des Marketing: Anforderungen an Marketingkonzeptionen aus Wissenschaft und Praxis, München: Beck-Verlag, S. 133 – 141.

KREILKAMP, E. (1987): Strategisches Management und Marketing: Markt- und Wettbewerbsanalyse, strategische Frühaufklärung, Portfolio-Management, Berlin: Verlag de Gruyter.

KREMIN-BUCH, B. (2002): Internationale Rechnungslegung: Jahresabschluß nach HGB, IAS und US-GAAP: Grundlagen -Vergleich – Fallbeispiele, 3. Aufl., Wiesbaden: Gabler-Verlag.

KRÜGER, W. (1989): Hier irrten Peters/ Waterman. In: Harvard Manager, Jg. 11, Nr. 1, S. 13 – 18.

KRÜGER, W.; SCHWARZ, G. (1999): Strategische Stimmigkeit von Erfolgsfaktoren und Erfolgspotentialen. In: HAHN, D.; TAYLOR, B. (Hrsg., 1999): Strategische Untenehmungsplanung, strategische Unternehmungsführung: Stand und Entwicklungstendenzen, 8. Aufl., Heidelberg: Physica-Verlag, S. 75 – 104.

KRÜGER, W. (2002): Unternehmenswachstum auf der Basis von Kernkompetenzen. In: GLAUM, M.; HOMMEL, U.; THOMASCHEWSKI, D. (Hrsg., 2002): Wachstumsstrategien internationaler Unternehmungen: Internes vs. externes Unternehmenswachstum, Stuttgart: Schäffer-Poeschel-Verlag, S. 189 – 214.

KUNZ, R. M (1998): Das Shareholde-Value-Konzept: Wertsteigerung durch eine aktionärsorientierte Unternehmensstrategie. In: BRUHN, M.; LUSTI, M.; MÜLLER W. R. et al. (1998): Wertorientierte Unternehmensführung: Perspektiven und Handlungsfelder für die Wertsteigerung von Unternehmen, Wiesbaden: Gabler-Verlag, S. 391 – 412.

KUNZE, C.; HAVEMANN, W. (1998): Das Internet als Instrument der Wettbewerbsanalyse, Wuppertal: Kunze-Verlag.

KÜTING, K.; HARTH, H.-J.; LEINEN, M. (2001): Fehlende Vergleichbarkeit von Jahresabschlüssen als Hindernis einer internationalen Jahresabschlussanalyse? In: Die Wirtschaftsprüfung, Jg. 54, Nr. 13, S. 681 – 690.

KÜTING, K.; WEBER, C.-P. (2001): Die Bilanzanalyse: Lehrbuch zur Beurteilung von Einzel- und Konzernabschlüssen, 6. Aufl., Stuttgart: Schäffer-Poeschel Verlag.

LANDMANN, R. H. (1999): Mitten in einer Revolution – Herausforderungen und Lösungsansätze für den Automobilvertrieb der Zukunft. In: WOLTERS, H.; LANDMANN, R.; BERNHART, W. KURST, H. (Hrsg.; 1999): Die Zukunft der Automobilindustrie: Herausforderungen und Lösungsansätze für das 21. Jahrhundert. Wiesbaden, Gabler-Verlag, S. 75 – 97.

LANGE, B. (1982): Bestimmung strategischer Erfolgsfaktoren und Grenzen ihrer empirischen Fundierung. Dargestellt am Beispiel der PIMS-Studie. In: Die Unternehmung, Jg. 36, Nr. 1, S. 27 – 41.

LANGENBECK, J. (1997): PC-gestützte Betriebsführung mit Kennzahlen, eine Praxisanleitung zum Controlling kleinerer und mittlerer Unternehmen, Herne (et al.): Verlag neue Wirtschaftsbriefe.

LEBER, M.; RENTZMANN, René (2003): Die Perspektive des Kunden. In: absatzwirtschaft. Jg. 46, Nr. 2, S. 86 – 87.

LEHNER, F. (1995): Die Erfolgsfaktoren-Analyse in der betrieblichen Informationsverarbeitung. In: ZfB, Jg. 65, Nr. 4, S. 385 – 409.

LIEBL, F. (1996): Strategische Frühaufklärung: Trends – Issues – Stakeholders, München (et al.): Oldenbourg.

LINK, U. (1988): Strategische Konkurrenzanalyse im Konsumgütermarketing: Theoretische Grundlagen und Operationalisierung, Idstein: Verlag Schulz-Kirchner.

LÜCKE, W., NISSEN-BAUDEWIG, G. (Hrsg., 1994): Neuorientierung des Management: Rezession und wirtschaftlicher Wandel, Wiesbaden: Gabler-Verlag.

MACHARZINA, K. (1999): Unternehmensführung: Das internationale Managementwissen: Konzepte – Methoden – Praxis, 3. Aufl, Wiesbaden: Gabler-Verlag.

MAHONEY, J. T. (1995): The Management of Resources and the Resource of Management. In: Journal of Business Research, 1995, S. 91 – 101.

MALITIUS, S. (1994): Internationale Verflechtungen in der Automobilwirtschaft – Bleibt der Wettbewerb auf der Strecke? In: MEINIG, W. (Hrsg., 1994): Wertschöpfungskette Automobilwirtschaft: Zulieferer - Hersteller – Handel. Internationaler Wettbewerb und Globale Herausforderung, S. 348 – 366.

MANN, A. (1995): Grundlagen der Service-Politik im internationalen Automobil-Wettbewerb. In: HUENERBERG, R.; HEISE, G.; HOFFMEISTER, M. (Hrsg., 1995): Internationales Automobilmarketing: Wettbewerbsvorteile durch marktorientierte Unternehmensführung, Wiesbaden: Gabler-Verlag, S. 444 – 474.

MANTZAVINOS, C. (1994): Wettbewerbstheorie: Eine kritische Auseinandersetzung, Berlin: Verlag Duncker und Humblot.

MARSHALL, A. (1925): Principles of Economics, 8. Aufl., London: Macmillan.

MASLOW, A. H. (1999): Motivation und Persönlichkeit (deutsche Übersetzung: Paul Kruntorad), 9. Aufl, Reinbek bei Hamburg: Rohwohlt-Verlag.

MEFFERT, H. (1997): Marketing-Management: Analyse, Strategie, Implementierung, Nachdruck der ersten Auflage (1994), Wiesbaden: Gabler-Verlag.

MEFFERT, H. (2000): Marketing: Grundlagen marktorientierter Unternehmensführung: Konzepte – Instrumente – Praxisbeispiele; Mit neuer Fallstudie VW-Golf, 9. Aufl., Wiesbaden: Gabler-Verlag.

MEFFERT, H.; BOLZ, J. (1998): Internationales Marketing-Management, 3. Aufl, Stutgart: Kohlhammer-Verlag.

MEFFERT, H.; BURMANN, C., KOERS M. (Hrsg., 2002): Markenmanagement. Grundfragen der identitätsorientierten Markenführung, Wiesbaden: Gabler-Verlag.

MEFFERT, H.; PERREY, J. (2002): Mehrmarkenstrategien – Identitätsorientierte Führung von Markenportfolios. In: MEFFERT, H.; BURMANN, C., KOERS, M. (Hrsg., 2002): Markenmanagement. Grundfragen der identitätsorientierten Markenführung, Wiesbaden: Gabler-Verlag, S. 201 – 232.

MEINIG, W. (Hrsg., 1994): Wertschöpfungskette Automobilwirtschaft: Zulieferer – Hersteller – Handel; internationaler Wettbewerb und globale Herausforderungen, Wiesbaden: Gabler-Verlag.

MEIßNER, D. (2001): Erfolgsfaktor im Wettbewerb: Über die Bedeutung von Innovationsmanagement für die Automobilindustrie. In: Diebold Management Report, o. Jg., Nr. 6/ 7, S. 14 – 18.

MERCER MANAGEMENT CONSULTING; HYPOVEREINSBANK (Hrsg., 2002): Automobiltechnologie 2010.

MERCER MANAGEMENT CONSULTING (Hrsg., 2003): Automobilvertrieb 2010: Trends, Handlungsbedarf und Lösungswege für OEM und Handel.

MEYER, C. (1994): Betriebswirtschaftliche Kennzahlen und Kennzahlen-Systeme, 2. Aufl. Stuttgart: Schäffer-Poeschl-Verlag.

MEYER, A.; BLÜMELHUBER, C. (2000): Kundenbindung durch Services. In: BRUHN, M.; HOMBURG, C. (Hrsg., 2000): Handbuch Kundenbindungsmanagement: Grundlagen, Konzepte, Erfahrungen, 3. Aufl., Wiesbaden: Gabler-Verlag, S. 269 – 292.

MICHEL, R. (1999): Komprimiertes Kennzahlen-Know-how: Analysemethoden, Frühwarnsysteme, PC-Anwendungen, Checklisten, Wiesbaden: Gabler-Verlag.

MILES, R. E.; SNOW C. C. (1978): Organizational Strategy, Structure, and Process, Toykyo: Verlag MacGraw-Hill.

MILLER, J. (2000): Millennium Intelligence: understanding and conducting competitive intelligence in the digital age, Medford: CyberAge Books.

MONTGOMERY, D. B.; WEINBERG, C. B. (1979): Toward Strategic Intelligence Systems. In: Journal of Marketing, Jg. 43, o. Nr., S. 41 – 54.

MEUNZEL, R.; DRINGENBERG, M. (2000): Kennzahlen und Trends im Autohandel. In: Symposion Publishing & Autohaus Verlag (2000): Autohandel im Internet: Geschäftsmodelle und Strategien für den deutschen Markt, Düsseldorf: Symposion Publishing & Autohaus Verlag, S. 147 – 160.

MUENZEL, R. M.; GANZER, N. KOVACEVIC, M. (2002): Das Netz 2002. In: Autohaus, Jg. 46, Nr. 1/ 2, S. 36 – 39.

MÜLLER, W. (1991): Strategisches Marketing: Ein übersehenes Wettbewerbsinstrument in der Automobilindustrie? In: Der Betriebswirt, Jg. 51, Nr. 6, S. 781 – 799.

MÜLLER, M. (2000): Management der Entwicklung von Produktplattformen, Dissertation an der Universität St. Gallen.

MÜLLER, M. (2000): Modularisierung von Produkten. Entwicklungszeiten und –kosten reduzieren, München (et al.): Hanser-Verlag.

MÜLLER, M. (2001): Risikomanagement durch Modularisierung und Produktplattformen. In: GASSMANN, O.; KOBE, C.; VOIT, E. (Hrsg., 2001): High-Risk-Projekte: Quantensprünge in der Entwicklung erfolgreich managen, S. 45 – 68.

MUELLER, W. (1994): Kundenbindungs-Management. In: MUELLER, W., BAUER, H. H. (Hrsg., 1994): Wettbewerbsvorteile erkennen und sichern. Erfahrungsberichte aus der Marketing-Praxis, S. 187 – 208.

MÜLLER, W. (1997): Erfolgsfaktoren im Dienstleistungsmanagement des Automobilhandels – Eine empirische Bestandsaufnahme. In: GESELLSCHAFT FÜR KONSUM-, MARKT- UND ABSATZFORSCHUNG (Hrsg., 1997): Jahrbuch der Absatz- und Verbrauchsforschung, Jg. 43, Nr. 1, S. 41 – 65.

NAGEL, K. (1986): Die sechs Erfolgsfaktoren des Unternehmens: Strategie, Organisation, Mitarbeiter, Führungssystem, Informationssystem, Kundennähe, Landsberg/ Lech: Verlag Moderne Industrie.

NAGEL, K.; STALDER, J. (2001): Unternehmensanalyse: Schnell und punktgenau, Landsberg/ Lech: Verlag Moderne Industrie.

NEUBAUER, F.-F. (1999): Das PIMS-Programm und Portfolio-Management. In: HAHN, D.; TAYLOR, B. (1999): Strategische Unternehmungsplanung, strategische Unternehmungsführung: Stand und Entwicklungstendenzen, 8. Aufl., Heidelberg: Physica-Verlag, S. 469 – 496.

NIESCHLAG, R.; DICHTL, E., HÖRSCHGEN, H. (2002): Marketing, 19. Aufl., Berlin: Verlag Duncker & Humblot.

NORTON, D.P.; KAPLAN, R. S. (1998): Balanced Scorecard: Strategien erfolgreich umsetzen, Stuttgart: Schäffer-Poeschel.

NUNNENKAMP, P. (1998): Die deutsche Automobilindustrie im Prozeß der Globalisierung. In: Die Weltwirtschaft, o. Jg., Nr. 3, S. 294 – 315.

NUNNENKAMP, P.; SPATZ, J. (2002): Globalisierung der Automobilindustrie. Wettbewerbsdruck, Arbeitsmarkteffekte und Anpassungsreaktionen, Berlin: Springer-Verlag.

ODENWALD, G. (1976): Bilanzanalysen, branchenbezogen: Der Vergleich mit der Konkurrenz, Wiesbaden: Gabler-Verlag.

OEHM, E. (2000): Gesellschaftliche Trends und Kundenwünsche im Zeithalter der selbstverständlichen Mobilität. In: ZfAW, Jg. 3, Nr. 4, S. 76 – 80.

OLTEN, R. (1998): Wettbewerbstheorie und Wettbewerbspolitik, 2. Aufl., München (et al.): Oldenbourg.

OTT, A. E. (1997): Grundzüge der Preistheorie, 3. Aufl., Göttingen: Vandenhoeck und Ruprecht.

o. V. (1999): Branchenreport Automobilindustrie: Globalisierung bietet viele neue Chancen. In: Arbeitgeber, Jg. 51, Nr. 7, S. 38 – 41.

o. V. (1999): Riskante Tour. In: manager-magazin, Jg. 29, Nr. 10, S. 130 – 143.

o. V. (2000): Über die Internetnutzung beim Pkw-Kauf. In: Symposion Publishing & Autohaus Verlag (Hrsg., 2000): Autohandel im Internet: Geschäftsmodelle und Strategien für den deutschen Markt, S. 23 – 32.

o. V. (2001): Auf dem mühsamen Weg in eine Zukunft ohne Schadstoffe. In: FAZ vom 18.09.2001.

o. V. (2001): Brennstoffzelle im Auto kommt später als geplant. In: Handelsblatt vom 19.09.2001.

o. V. (2001): Brennstoffzelle – Irrweg oder Ausweg? Umweltfreundliche Wasserstoff-Aggregate sollen Energieprobleme der Zukunft lösen. In: Focus vom 17.12.2001.

o. V. (2001): Das Auto als geballtes Softwarepaket. In: FTD vom 17.08.2001.

o. V. (2001): Das Auto wird zur mobilen Kommunikationszentrale. In: FAZ vom 03.12.2001.

o. V. (2001): „Das Jahrzehnt der Automobilindustrie ist angebrochen". In: Börsenzeitung vom 17.08.2001.

o. V. (2001): Ford warnt wegen Reifenkrise vor Verlust. In: FTD vom 25.05.2001.

o. V. (2001): Internet und Autokauf – Top oder Flop? In: FAZ vom 01.09.2001.

o. V. (2001): Leider fehlt die Führung – Golf E-Generation mit Handy, Organizer und Freisprechanlage. In: FAZ vom 25.09.2001.

o. V. (2001): Öko-Autos geben Gas. In: Focus vom 03.09.2001.

o. V. (2001): Schub für Erdgas als Autokraftstoff. In: FAZ vom 12.09.2001

o. V. (2001): Surfend zum Surfen im 7er BMW. In: FAZ vom 18. 11.2001.

o. V. (2001): Vom unaufhaltsamen Vormarsch des Dieselmotors. In: FAZ vom 11.08.2001.

o. V. (2002): Alle wollen wachsen – aber die Märkte stagnieren. In: Stuttgarter Nachrichten vom 27.09.2002.

o. V. (2002): Amerikas Autokonzerne heizen Preiskrieg an. In: FTD vom 16.09.2002.

o. V. (2002): Ausländische Autobauer verstärken ihr China-Engagement. In: FAZ vom 09.09.2002.

o. V. (2002): Autobanken geben kräftig Gas. In: Welt am Sonntag vom 21.07.2002.

o. V. (2002): Autobanken rüsten auf. In: Automobilwirtschaft, Jg. 4, Nr. 4, S. 42 – 43.

o. V. (2002): Autohandel wird stärker konzentriert. In: FTD vom 18.07.2002.

o. V. (2002): Autohändler ärgern sich über Hersteller. In: Börsen-Zeitung vom 18.07.2002.

o. V. (2002): Autohersteller „entdecken" den GW-Markt. In: Automobilwirtschaft, Jg. 4, Nr. 1, S. 58 – 59.

o. V. (2002): Autos werden in Europa nicht viel billiger. In: Stuttgarter Nachrichten vom 20.09.2002.

o. V. (2002): BMW kündigt Vertriebsoffensive in Asien an. In: FTD vom 21.07.2002.

o. V. (2002): BMW strebt nach Asien. In: FTD vom 14.11.2002.

o. V. (2002): Branchenwachstum bis 2010, aber weniger Hersteller. In: FAZ vom 13.07.2002.

o. V. (2002): Brüsseler Defizite. In: FTD vom 18.07.2002.

o. V. (2002): Brüssel öffnet Autohandel dem Wettbewerb. In: Börsen-Zeitung vom 18.07.2002.

o. V. (2002): Chrysler-Chef rechnet mit anhaltend hartem Preiskampf. In: FTD vom 15.12.2002.

o. V. (2002): Das vernetzte Auto ist nicht mehr nur ein Testmodell. In: FTD vom 12.03.2002.

o. V. (2002): „Das Wildeste von allen". In: Die Zeit vom 26.09.2002.

o. V. (2002): Dem Autotrend auf der Spur. In: Automobilwirtschaft, Jg. 4, Nr. 1, S. 78 – 81.

o. V. (2002): Der Stoff, aus dem die Träume sind. In: Süddeutsche Zeitung vom 16.02.2002.

o. V. (2002): Design wird wichtigster Wettbewerbsfaktor. In: Handelsblatt vom 16.05.2002.

o. V. (2002): Deutsche haben immer mehr Lust auf Diesel. In: Auto Straßenverkehr vom 14.08.2002.

o. V. (2002): Die deutsche Oberklasse fährt mit Technik und Design nach vorn. In: FAZ vom 10.09.2002.

o. V. (2002): Die Macht der Marke. In: Automobilwirtschaft, Jg. 4, Nr. 4, 2002, S. 8 – 11.

o. V. (2002): Dienstleistungen rund um das Auto. In: Automobilwoche vom 16.09.2002.

o. V. (2002): Diesel – aber bitte nur mit Rußfilter. In: Frankfurter Rundschau vom 27.03.2002.

o. V. (2002): Enron: Management hat die Pleite bewusst riskiert. In: FTD vom 28.01.2002.

o. V. (2002): Fiat pumpt Geld in kränkelnde Autosparte. In: FTD vom 01.11.2002.

o. V. (2002): „Finanzdienstleistungen erhöhen die Kundenbindung". In: Automobilwirtschaft. Jg. 4, Nr. 4, S. 44 – 45.

o. V. (2002): Ford-Luxussparte PAG fährt im Schlingerkurs. In: Handelsblatt vom 27.06.2002.

o. V. (2002): Ford set to shake up Lincoln-Mercury. In: Financial Times vom 11.04.2002.

o. V. (2002): GVO trifft auf Missfallen der Verbände. In: Handelsblatt vom 01.10.2002.

o. V. (2002): Hersteller rufen Autos im Wochentakt zurück. In: FAZ vom 21.08.2002.

o. V. (2002): Hersteller rufen immer mehr Autos zurück. In: Die Welt vom 26.08.2002.

o. V. (2002): Hoffen auf billigere Autos . In: FAZ vom 21.07.2002.

o. V. (2002): „In der Oberklasse wird sich Allrad durchsetzen". In: Main-Echo vom 01.09.2002.

o. V. (2002): In Westeuropa hält der Dieselboom an. In: Börsen-Zeitung vom 15.08.2002.

o. V. (2002): Jagd auf die Zeit. In: Wirtschaftswoche vom 18.07.2002.

o. V. (2002): Jedes zweite neue Auto ist untere Mittelklasse oder kleiner. In: FAZ vom 07.09.2002.

o. V. (2002): MG Rover kürzt Verkaufsziele drastisch. In: FTD vom 28.10.2002.

o. V. (2002): Neues Design für den Zeitgeist. In: Die Welt vom 24.08.2002.

o. V. (2002): Nissan kauft sich im großen Stil in China ein. In: FAZ vom 20.09.2002.

o. V. (2002): Peugeot schlägt Verdrängungskurs ein. In: FTD vom 26.09.2002.

o. V. (2002): Reform des Autohandels stärkt Luxusmarken. In: FTD vom 23.07.2002.

o. V. (2002): Ricardo Expects New Technology to Continue Fuelling Diesel Sales. In: AutoTechnology, Jg. 2, Nr. 4, S. 78 – 79.

o. V. (2002): Toyota baut Kleinwagen mit Peugeot. In: FTD vom 11.04.2002.

o. V. (2002): Toyota Launches Venture in China. In: Wall Street Journal Europe vom 30.08.2002.

o. V. (2002): Toyota wird Diesel-Motoren für den Mini von BMW liefern. In: FTD vom 13.05.2002.

o. V. (2002): Unterschätzte Konkurrenz. In: Autohaus, Jg. 46, Nr. 19, S. 74 – 75.

o. V. (2002): Vernetzte Produktionswelt. In: Automobil Industrie, Jg. 47, Nr. 5, S. 32 – 37.

o. V. (2002): Versicherern droht Konkurrenz durch Autobauer. In: Die Welt vom 23.05.2002.

o. V. (2002): Viel zu tun. In: Wirtschaftswoche, 19.09.2002.

o. V. (2002): Vollbanken und Spezialisten. In: Der Handel vom 08.08.2002.

o. V. (2002): Zeit für Schnäppchen. In: Stern vom 28.11.2002

o. V. (2002a): Tor auf für den Welthandel. In: Automobil Industrie, Jg. 47, Nr. 11, S. 80 – 87.

o. V. (2002b): Schwellenländer sind im Kommen. In: Automobilwirtschaft, Jg. 4, Nr. 10, S. 94.

o. V. (2002c): Kasse statt Masse. In: Automobilwirtschaft, Jg. 4, Nr. 1, S. 60 – 61.

o. V. (2003): BMW startet Produktion in China. In: FTD vom 14.03.2003.

o. V. (2003): BMW will nach Verkaufsrekord in Asien bis 2007 den Absatz verdoppeln. In: Die Welt vom 28.03.2003.

o. V. (2003): Der zweite Versuch. In: Focus vom 03.03.2003.

o. V. (2003): Deutsche Autohersteller bieten künftig Rußfilter für Dieselfahrzeuge an: In: Handelsblatt vom 06.08.2003.

o. V. (2003): Erstes Quartal wird bei VW extrem kritisch. In: Börsen-Zeitung vom 13.03.2003.

o. V. (2003): EU leitet Verfahren gegen VW-Gesetz ein. In: Handelsblatt vom 20.03.2003.

o. V. (2003): Fiat darf Vertrieb von General Motors nutzen. In: Die Welt vom 20.05.2003.

o. V. (2003): Fiat streicht mehr als 12000 Stellen. In: Süddeutsche Zeitung vom 30.06.2003.

o. V. (2003): Mercedes bereitet Produktion in China vor. In: FTD vom 10.01.2003.

o. V. (2003): Neuer Scénic soll Renault Rivalen vom Leib halten. In: FTD vom 20.06.2003.

o. V. (2003): Rover erwartet hohen Verlust. In: Süddeutsche Zeitung vom 02.01.2003.

o. V. (2003): „Sieht aus wie ein Benz, fährt wie ein Toyota". In: Handelsblatt vom 19.08.2003.

o. V. (2003): VW: China überholt Deutschland als größter Absatzmarkt. In: FTD vom 18.02.2003.

o. V. (2003): VW kämpft mit Milliardeninvestitionen um Marktanteile in China. In: FTD vom 15.07.2003.

o. V. (2003): Wo Profit schlummert. In: DM EURO vom 01.01.2003.

PAUSENBERGER, E. (1997): Globalisierung aus volkswirtschaftlicher und betriebswirtschaftlicher Sicht. In: ZfW, Jg. 16, Nr. 12, S. 133 – 168.

PAUSENBERGER, E.; GIESEL, F.; GLAUM, M. (Hrsg., 1999): Globalisierung: Herausforderung an die Unternehmensführung zu Beginn des 21. Jahrhunderts, München: Beck-Verlag.

PEREN, F. W.; HERGETH, H. H. A. (Hrsg., 1996): Customizing in der Weltautomobilindustrie: Kundenorientiertes Produkt- und Dienstleistungsmanagement, Frankfurt/ Main (et al.): Campus-Verlag.

PEREN, F. W. (1996): Die Bedeutung des Customizing für die Automobilindustrie. In: PEREN, F. W., HERGETH H. H. A. (Hrsg., 1996): Customizing in der Weltautomobilindustrie: Kundenorientiertes Produkt- und Dienstleistungsmanagement, Frankfurt/ Main: Campus-Verlag, S. 13 – 26.

PEREN, F. W.; LATZ, R. (2000): Globale Standortplanung – Optimierte Risikoanalyse für mittelständische Automobilzulieferer. In: ZfAW, Jg. 3, Nr. 4, S. 28 – 35.

PEREN, F. W.; LATZ, R. (2002): Customer Relationship Management: Ein unverzichtbarer Bestandteil moderner Unternehmensführung. In: ZfAW, Jg. 5, Nr. 2, S. 47 – 50.

PERLMUTTER, H. V. (1986): The Tortuous Evolution of the Multinational Corporation. In: KAPOOR, A.; GRUB, P. D. (1972): The Multinational Enterprise in Transition, Princeton: Darwin Press, S. 53 – 67.

PETERAF, M. A. (1993): The Cornerstones of Competitive Advantage: A Resource Based View. In: Strategic Managment Journal, Jg. 14, Nr. 3, S. 179 – 191.

PETERS, T. J.; WATERMAN, R. H. (1984): Auf der Suche nach Spitzenleistungen – Was man on den bestgeführten US-Unternehmen lernen kann, 10. Aufl., Landsberg/ Lech: Verlag Moderne Industrie.

PETERS, T. J.; WATERMAN, R. H. (2000): Auf der Suche nach Spitzenleistungen: Was man von den bestgeführten US-Unternehmen lernen kann, 8. Aufl., Landsberg/ Lech: mvg-Verlag.

PILLER, F. T.; WARINGER, D. (1999): Modularisierung in der Automobilindustrie: Neue Formen und Prinzipien, Aachen: Shaker-Verlag.

PORTER, M. E. (1999): Wettbewerbsstrategie: Methoden zur Analyse von Branchen und Konkurrenten, 10. Aufl., Frankfurt/ Main (et al.): Campus-Verlag.

PORTER, M. E. (2000): Wettbewerbsvorteile: Spitzenleistungen erreichen und behaupten, 6. Aufl, Frankfurt/ Main (et al.): Campus-Verlag.

PRAHALAD, C. K.; HAMEL, G. (1999): The Core Competence of the Corporation. In: HAHN, D.; TAYLOR, B. (1999): Strategische Unternehmensplanung, strategische Unternehmensführung: Stand und Entwicklungstendenzen, 8. Aufl., Heidelberg: Physikca-Verlag, S. 953 – 971.

QUACK, H. (1995): Internationales Marketing: Entwicklung einer Konzeption mit Praxisbeispielen, München, Verlag Vahlen.

RABL, K. (1990): Strukturierung strategischer Planungsprozesse, Wiesbaden: Gabler-Verlag.

RAPPAPORT, A. (1995): Shareholder Value – Wertsteigerung als Maßstab für die Unternehmensführung, Stuttgart: Schäffer-Poeschel-Verlag.

RAUTENBERG, H. G. (1993): Finanzierung und Investition, 4. Aufl., Düsseldorf: VDI-Verlag.

REICHMANN, T. (2001): Controlling mit Kennzahlen und Managementberichten, 4. Aufl.. München (et al.): Oldenbourg-Verlag.

REHKUGLER, H.; PODDIG, T. (1998): Bilanzanalyse, 4. Aufl., München (et al.): Oldenbourg-Verlag.

REICHMANN, T. (2000): 15. Deutscher Controlling Congress – Tagungsband, Dortmund: Gesellschaft für Unternehmensanalyse.

RIESER, I. (1989): Konkurrenzanalyse: Wettbewerbs- und Konkurrentenanalyse im Marketing. In: Die Unternehmung, Jg. 43, Nr. 4, S. 293 – 309.

RISSE, J. (2002): Time-to-Market-Management in der Automobilindustrie: Ein Gestaltungsrahmen für ein logistikorientiertes Anlaufmanagement, Dissertation an der Technischen Universität Berlin.

ROBINSON, J. (1976): The Economics of Imperfect Competition, London: Macmillan-Verlag.

ROCKART, J. (1978): A New Approach to Defining the Chief Executive's Information Needs, Paper der Sloan School of Management, Massachusetts.

RÖMER, E. (1988): Konkurrenzforschung. In: ZfB, Jg 58, Nr. 4; S. 481 – 501.

RÖßL, D. (1986): Ein Stufenplan zur Marktabgrenzung: Informationsselektion zur effizienten strategischen Marketingplanung, Wien: Service-Fachverlag.

SCHEFCZYK, M. (1994): Kritische Erfolgsfaktoren in schrumpfenden Branchen dargestellt am Beisiel der Gießeri-Industrie, Stuttgart: Verlag für Wissenschaft und Forschung.

SCHELD, M (1985): Wettbewerbsdiagnose und –prognose im Rahmen der strategischen Unternehmensplanung von Industrieunternehmungen, Pfaffenweiler: Centaurus-Verlagsgesellschaft.

SCHNEIDER, E. (1972): Einführung in die Wirtschaftstheorie: Wirtschaftspläne und wirtschaftliches Gleichgewicht in der Verkehrswirtschaft, Bd. 2, 13. Aufl, Tübingen: Verlag J. C. B. Mohr (Paul Siebeck).

SCHREITER, C. (1999): Wettbewerbsordnung und Wettbewerbstheorie. In: ENGELHARD, P.; GEUE, H. (Hrsg., 1999): Theorie der Ordnungen – Lehren für das 21. Jahrhundert, Stuttgart: Lucius & Lucius Verlag, S. 101 – 134.

SCHRÖDER, H. (1994): Erfolgsfaktorenforschung im Handel – Stand der Forschung und kritische Würdigung der Ergebnisse. In: Marketing - Zeitschrift für Forschung und Praxis, Jg. 16, Nr. 2, S. 89 – 104.

SCHULT, E. (2003): Bilanzanalyse: Möglichkeiten und Grenzen externer Unternehmensbeurteilung, 11. Aufl., Berlin: Verlag Erich Schmidt.

SCHULZE-WISCHELER, B. (1994): „Lean Information" – die Notwendigkeit eines Informationsmanagementkonzeptes für einen effizienten Umgang mit der Information. In: LÜCKE, W.; NISSEN-BAUDEWIG, G. (Hrsg., 1994): Neuorientierung des Management: Rezession und wirtschaftlicher Wandel, S. 189 – 210.

SCHULZE-WISCHELER, B. (1995): Lean information: computergestützte Systeme in der mittelständischen Industrie, Wiesbaden: Gabler-Verlag.

SCHWARZER, B; KRCMAR, H. (1999): Wirtschaftsinformatik: Grundzüge der betrieblichen Datenverarbeitung, Stuttgart: Schäffer-Poeschel-Verlag.

SIMON, H. (1988): Management strategischer Wettbewerbsvorteile. In: ZfB, Jg. 58, Nr. 4, S. 461 – 480.

STATISTISCHES BUNDESAMT (Hrsg., 2002): Statistisches Jahrbuch, Stuttgart: Metzler-Poeschel-Verlag.

STAUSS, B. (2000): Kundenbindung durch Beschwerdemanagement. In: BRUHN, M.; HOMBURG, C. (Hrsg., 2000): Handbuch Kundenbindungsmanagement: Grundlagen, Konzepte, Erfahrungen, 3. Aufl., Wiesbaden: Gabler-Verlag, S. 293 – 318.

STEFFENHAGEN, H. (2000): Marketing: Eine Einführung, 4. Aufl., Stuttgart: Kohlhammer Verlag.

STEIN, F. (2000): Herausforderungen des Internet für die Absatzmärkte der Automobilindustrie. In: ZfAW, Jg. 3, Nr. 3, S. 6 – 9.

STEINLE, C.; KIRSCHBAUM, J.; KIRSCHBAUM, V. (1996): Erfolgreich überlegen: Erfolgsfaktoren und ihre Gestaltung in der Praxis. Frankfurt/ Main: FAZ Verlag Bereich Wirtschaftsbücher.

STEINMANN, H.; SCHREYÖGG, G. (2000): Management: Grundlagen der Unternehmensführung: Konzepte – Funktionen – Fallstudien, 5. Aufl., Wiesbaden: Gabler-Verlag.

STOCKMAR, J. (2002): Neue Vernetzung zwischen Herstellern und ihren Zulieferern. In: ZfAW, Jg. 5, Nr. 4, S. 12 – 21.

STREHLAU, R.; HEIDER, U. H. (2000): Markenwerte werden zur Überlebensfrage der Automobilindustrie. In: absatzwirtschaft, Jg. 43, Nr. 10, S. 151 – 162.

SUHREN, V. (1998): Von der kritischen Information zum Informationssystem: Operatinalisierung kritischer Erfolgsfaktoren durch die Hierarchische Informationsgruppierung, Bonn: ILB-Verlag.

Symposion Publishing & Autohaus Verlag (Hrsg., 2000): Autohandel im Internet: Geschäftsmodelle und Strategien für den deutschen Markt, Düsseldorf: Symposion Publishing & Autohaus Verlag.

SZYMANSKI, D. M.; BHARADWAJ, S. G.; VARADARAJAN, P. R. (1993): An Analysis of the Market Share-Profitability Relationship. In: Journal of Marketing, Jg. 57, Nr. 3, S. 1 - 18.

SZYPERSKI, N.; WIENAND, U. (1980): Grundbegriffe der Unternehmungsplanung, Stuttgart: Poeschel-Verlag.

SZYPERSKI, N. (Hrsg.; 1989): Handwörterbuch der Planung, Stuttgart: Poeschel-Verlag.

TEICHMANN, R. (Hrsg., 2003): Customer and Shareholder Relationship Management. Erfolgreiche Kunden- und Aktionärsbindung in der Praxis.

TOYOTA MOTOR CORPORATION (2003): 2003 Data book.

TRIFFIN, R. (1971): Monoplistic Competition and General Equilibrium Theory, 8. Aufl, Cambridge: Harvard University Press.

ULRICH, P.; FLURI, E. (1995): Management: Eine konzentrierte Einführung, 7. Aufl., Bern (et al.): Haupt-Verlag.

UNCTAD (Hrsg., 2002): Chinas Beitritt zur Welthandelsorganisation: veränderte Landschaft für den Welthandel, aber auch grosse Herausforderungen für das Reich der Mitte.

VDA (Hrsg., 2001): Tatsachen und Zahlen, 65. Folge.

VDA (Hrsg., 2002): Auto Jahresbericht 2002.

VENOHR, B. (1988): „Marktgesetze" und strategische Unternehmensführung: Eine kritische Analyse des PIMS-Programms, Wiesbaden: Gabler-Verlag.

VOIGT, K.-I. (1993): Strategische Unternehmensplanung: Grundlagen, Konzepte, Anwendung, Wiesbaden: Gabler-Verlag.

WALL, F. (1999): Planungs- und Kontrollsysteme: Informationstechnische Perspektiven für das Controlling; Grundlagen – Instrumente – Konzepte, Wiesbaden: Gabler-Verlag.

WALL, F. (2000): Die Balanced Scorecard als modernes Instrument der strategischen Unternehmenssteuerung. In: REICHMANN, T. (2000): 15. Deutscher Controlling Congress – Tagungsband, S. 203 – 222.

WEINBERG, P. (2000): Verhaltenswissenschaftliche Aspekte der Kundenbindung. In: BRUHN, M.; HOMBURG, C. (Hrsg., 2000): Handbuch Kundenbindungsmanagement: Grundlagen, Konzepte, Erfahrungen, 3. Aufl, Wiesbaden: Gabler-Verlag, S. 39 – 54.

WEIß, E. (2001): „Digitale Revolution" im Automobil. In: ZfAW, Jg. 4, Nr. 3, S. 58 – 66.

WELGE, M. K. (1985): Unternehmensführung: Planung, Bd. 1, Stuttgart: Poeschel-Verlag.

WELGE, M. K.; AL-LAHAM, A. (2001): Strategisches Management: Grundlagen – Prozess - Implementierung. Wiesbaden: Gabler-Verlag.

WIED-NEBBELING, S. (1997): Markt- und Preistheorie, 3. Aufl, Berlin (et al.): Springer-Verlag.

WIESELHUBER, N., TÖPFER, A. (Hrsg., 1986): Handbuch Strategisches Marketing, 2. Aufl., Landsberg/ Lech: Verlag Moderne Industrie.

WILD, J. (1982): Grundlagen der Unternehmensplanung, 4. Aufl., Opladen: Westdeutscher Verlag.

WILDEMANN, H. (2001): Das Just-in-Time-Konzept. Produktion und Zulieferung auf Abruf, 5. Aufl., München: Transfer-Centrum-Verlag.

WIND, Y.; MAHAJAN, V. (1981): Market Share: Concepts, Findings and Directions for Future Research. In: ENIS, B. M.; ROERING, K. J (1981, Hrsg.): Review of Marketing 1981, Publikation der American Marketing Association und der Univesity of Missouri-Columbia, S. 31 – 42.

WINZEN, U. (2002): Neue Trends in der Automobilindustrie. In: Die Wirtschaft - Wirtschaftsmagazin der Industrie- und Handelskammer Bonn Rein-Sieg, o. Jg., Nr. 7/ 8, S. 8 – 11.

WITTMANN, W. (1959): Unternehmung und unvollkommene Information, Köln: Westdeutscher Verlag.

WÖHE, G. (2002): Einführung in die allgemeine Betriebswirtschaftslehre, 21. Aufl., München: Verlag Vahlen.

WOLTERS, H.; HOCKE, R. (1999): Auf dem Weg zur Globalisierung – Chancen und Risiken. In: WOLTERS, H.; LANDMANN, R.; BERNHART, W. KURST, H. (Hrsg.; 1999): Die Zukunft der Automobilindustrie – Herausforderungen und Lösungsansätze für das 21. Jahrhundert, S. 13 – 29.

WOLTERS, H.; LANDMANN, R.; BERNHART, W. KURST, H. (Hrsg.; 1999): Die Zukunft der Automobilindustrie: Herausforderungen und Lösungsansätze für das 21. Jahrhundert, Wiesbaden, Gabler-Verlag.

WOMACK, J. P.; JONES, D. T.; ROOS, D. (1997): Die zweite Revolution der Autoindustrie: Konsequenzen aus der weltweiten Studie aus dem Massachusetts Institute of Technologie, München: Heyne-Verlag.

WOO, C. Y.; COOPER, A. C. (1983): Erfolg trotz kleinem Marktanteil. In: Harvard Manager, Jg. 5, Nr. 3, S. 72 – 75.

WOO, C. Y. (1983): Evaluation of the strategies and performance of low ROI market share leaders. In: Strategic Management Journal, Jg. 4, o. Nr., S. 123 – 135.

ZAHN, E. (1989): Strategische Planung. In: SZYPERSKI., N. (Hrsg., 1989): Handwörterbuch der Planung, Stuttgart: Poeschel-Verlag, Sp. 1903 – 1916.

ZAIRI, M. (1994): Competitive Benchmarking: An Executive Guide, Cheltenham: Verlag Stanley Thornes.

ZDROWOMYSLAW, N. (2001): Jahresabschluss und Jahresabschlussanalyse: Praxis und Theorie der Erstellung und Beurteilung von handels- und steurrechtlichen Bilanzen sowie Erfolgsrechnungen unter Berücksichtigung des internationalen Bilanzrechts, München: Oldenbourg.

ZIEBART, W. (2000): Personenwagen – BMW-Erfolgsfaktoren in der globalen Wirtschaft. In: Motortechnische Zeitschrift, Jg. 61, Nr. 3, S. 10 – 12.

ZILAHI-SZABÓ, M. G. (1993): Wirtschaftsinformatik: Anwendungsorientierte Einführung, München: Oldenbourg.

ZINSER, R.; NÖCKER, R. (1999): Wettbewerbspolitik im Zeichen der Globalisierung. In: PAU-
SENBERGER, E.; GIESEL, F.; GLAUM, M. (Hrsg.; 1999): Globalisierung – Her-
ausforderung an die Unternehmensführung zu Beginn des 21. Jahrhunderts,
S. 535 – 554.

ZÜHLKE, R. V. (1994): Strategische Planung von Informationssystemen auf der Grundlage
marktkritischer Erfolgsfaktoren. In: LÜCKE, W., NISSEN-BAUDEWIG, G. (Hrsg.,
1994): Neuorientierung des Management: Rezession und wirtschaftlicher
Wandel, Wiesbaden: Gabler-Verlag, S. 243 – 270.